国家自然科学基金资助项目(51209102、51479080)和
国家科技支撑计划课题(2012BAB02B01)

黄河水沙变化情势下的水与工程安全保障

黄河水利科学研究院
黄 河 青 年 联 合 会 编

黄 河 水 利 出 版 社
·郑 州·

内 容 提 要

本论文选集涉及河流泥沙与防汛、水资源节约与综合利用、水生态保护与修复、水土保持、重大水工程建设与安全等内容。

本书可供从事水利水电科学技术研究的技术和管理人员、高等院校的师生等参考使用。

图书在版编目(CIP)数据

黄河水沙变化情势下的水与工程安全保障/黄河水利科学研究院,黄河青年联合会编.—郑州:黄河水利出版社,2016.4

ISBN 978-7-5509-1394-3

Ⅰ.①黄… Ⅱ.①黄… ②黄 Ⅲ.①黄河-河流泥沙-文集 Ⅳ.①TV152-53

中国版本图书馆 CIP 数据核字(2016)第 066894 号

组稿编辑:贾会珍 电话:0371-66028027 E-mail:110885539@qq.com

出 版 社:黄河水利出版社

地址:河南省郑州市顺河路黄委会综合楼 14 层 邮政编码:450003

发行单位:黄河水利出版社

发行部电话:0371-66026940、66020550、66028024、66022620(传真)

E-mail:hhslcbs@126.com

承印单位:河南承创印务有限公司

开本:787 mm×1 092 mm 1/16

印张:17.75

字数:410 千字 印数:1—1 000

版次:2016 年 4 月第 1 版 印次:2016 年 4 月第 1 次印刷

定价:52.00 元

编辑委员会

前 言

随着气候变化和人类活动的不断加剧,黄河流域水沙情势发生了明显变化,尤其自1997年以来,黄河实测径流量、输沙量急剧减少,给黄河治理开发带来重大影响,已成为世人关注的热点。为适应新常态下治黄事业快速发展的需要,搭建治黄科技工作者交流的平台和沟通的桥梁,为青年科技工作者奋发成才、脱颖而出创造良好的环境,黄河水利科学研究院于2015年9月24、25日在河南郑州召开第三届黄河博士论坛暨第九届黄河水利科学研究院青年学术讨论会,本次会议的主题是流域水沙变化情势下的黄河水安全保障。

本届论坛得到了水利青年科技工作者的积极响应,共收到论文50多篇,经评审,共收录31篇论文。本论文集分为5个部分:河流泥沙与防汛(9篇)、水资源节约与综合利用(5篇)、水生态保护与修复(5篇)、水土保持(6篇)、重大水工程建设与安全(6篇)。这些论文集中反映了近年来治黄科研青年工作者的新成果、新观点和新思路。

黄河水利委员会人事劳动局、国际合作和科技局及黄河青年联合会对第三届黄河博士论坛高度重视,给予了极大的鼓励,承办单位对博士论坛给予了大量的人力、物力、财力等方面的支持。为此,向所有关心和支持论坛的领导、专家、论文作者、工作人员表示深深的谢意。

由于编辑出版本论文集的工作量大、时间仓促,书中难免有不妥之处,欢迎广大读者批评指正。

本书编辑委员会

2016年2月

目　录

河流泥沙与防汛

水资源节约与综合利用

水生态保护与修复

水土保持

重大水工程建设与安全

河流泥沙与防汛

有限控制边界下游荡型河道调整研究的相关科学问题

李军华[1,2]　江恩惠[1]　张向萍[1]　张　杨[1]

（1. 黄河水利科学研究院 水利部黄河泥沙重点实验室，郑州　450003；
2. 河海大学，南京　210098）

摘　要　游荡型河流是天然河流中常见的河型，现有的河床演变学所研究和描述的对象多为天然游荡型河道。然而，随着河流开发程度的增强，对河道具有约束作用的工程越修越多，工程实践已迫切需要对有限控制边界作用下游荡型河道的演变规律有深入的认识。本文全面论述了与冲积河流调整相关的河相关系、不同边界下河道调整过程、冲积河流线性理论的研究现状及发展动态，并在此基础上指出研究有限控制边界下游荡型河道的调整机理需解决以下科学问题：①水沙变化与有限控制边界对河道调整的耦合效应；②河道断面自调整数理分析中断面形态假定问题；③游荡型河道与单一河道输沙特性的差异问题等。对这些问题的深入研究，不但有助于加深对游荡型河道河床演变规律的认识，而且对于河道调整趋势预测、河道整治等具有重要的理论意义。

关键词　游荡型河道；有限控制边界；人工约束；线性理论

Scientific issues related to river channel adjustment of the wandering river based on the partly controlled boundaries

Li Junhua[1,2]　Jiang Enhui[1]　Zhang Xiangping[1]　Zhang Yang[1]

(1. Key Laboratory of Yellow River Sediment Research of the Ministry of Water Resources, Yellow River Institute of Hydraulic Research, Zhengzhou　450003;
2. HoHai University, Nanjing　210098)

Abstract　In nature, the wandering river is one of the most common river patterns. Nowadays, all the studied and described wandering rivers in the fluvial process are about the natural ones. However, the more the rivers are developed, the more river regulation engineering would be built. So, there is an urgent need for us to have an in-depth understanding of wandering rivers fluvial process laws within the partly controlled boundaries. In this paper, researches on the issue of hydraulic geometry related to adjustment of fluvial rivers, channel adjustment process with the different boundary, the alluvial river linear theory will be reviewed. And then on this basis, three key scientific issues will be raised to explore the wandering river adjustment mechanism within different controlled boundaries. The first is interconnection effect between channel adjustment and water-sediment changement within different controlled boundaries. The second is sectional shape assumption in the mathematical analysis of channel section self-adjustment. The last is difference of sediment transportation between single channel and wandering channel. The further study on these issues is not only helpful to deepen the understanding of wandering rivers fluvial process, but also is of significant theoretical practical values in prediction of river channel adjustment trend and the development of river regulation.

Key words wandering river; partly controlled boundaries; artificial constraints; alluvial river linear theory

1 引言

游荡型河流是天然河流中常见的河型之一，广泛存在于世界各地。如黄河下游孟津至高村河段、汉江中游的丹江口至皇庄河段、南亚的布拉马普特拉河、北美的红狄尔河等[1]。游荡型河道不仅有着独特的地貌特征，而且有着极其复杂的演变特点，给两岸防洪及工农业生产带来不利影响[2]。为了满足人们对水资源的需求和用地的不断增加，我国河流在过去60年发生了显著改变。随着大坝的不断修建，水沙过程发生了巨大变化；同时更需要关注的是，随着近十几年河流开发利用程度的增强，依据游荡型天然河道演变规律，以兼顾大洪水排洪输沙和中小洪水河势稳定控制为目的，在河道凹岸交替修建了一些河道整治工程，原有天然（或约束相对较弱）的河道边界逐步演变为由河道整治工程与天然河岸共同组成的软硬边界，这种边界既不同于单纯由水沙运动塑造的天然河道也不同于完全由人为工程修建的渠化河道，而是有限控制边界下的河道，如图1所示。

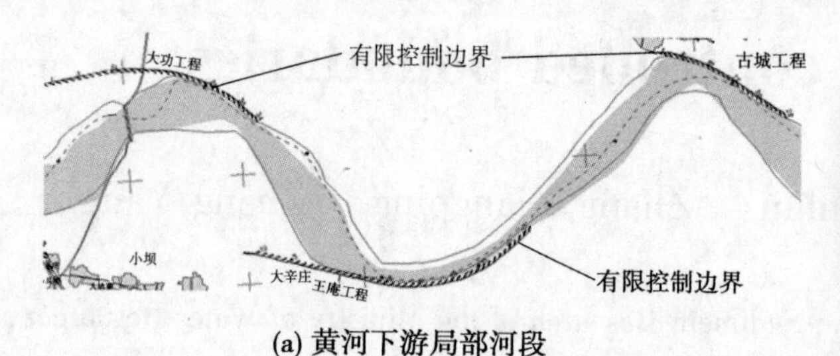

(a) 黄河下游局部河段　　(b) 黄河下游河道整治工程

图1　有限控制边界下的河道

河道演变与水沙运动及边界条件关系密切。水沙过程与边界条件的改变，往往致使河道也相应地发生大幅度调整，给防洪、引水及河流治理带来许多新的问题。譬如，小浪底水库运用后，黄河下游局部河段仍存在严重影响防洪工程及滩区村庄居民安全的畸形河湾，房屋甚至掉入河中，见图2(a)；2013年黄河下游花园口河段河道的调整，主流在原来郑州白庙水厂花园口取水点位置处向北移了2 km，致使2013年11月底至2014年1月取水泵站无法正常引水，郑州市半城只能降压供水，见图2(b)；三峡水库蓄水后，长江局部河段中枯水河床也发生调整,分汊放宽段大量洲滩的生成导致中游多处出现严重碍航问题[3-4],见图2(c);美国密西西比河各支流水库下游的河道[5-6]、埃及阿斯旺大坝以下的尼罗河河道[7]、丹江口大坝下游的汉江河道调整等也引发许多问题[8]。

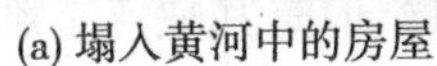
(a) 塌入黄河中的房屋

(b) 郑州半城降压供水

(c) 长江碍航

图2 河道调整对防洪、引水、航运等影响

有限控制边界的约束使得河道调整规律更为复杂,目前对于其调整机理与过程的认识主要还是以经验统计为主,调整过程的物理解释与调整结果的准确预测在理论上亟待突破[9-10]。本文在梳理国内外研究现状的基础上,对这一方面研究的科学问题做一探讨。

2 国内外研究现状及发展动态分析

冲积河流调整的结果是力求塑造一定的河道形态,使来自上游的水量和沙量能通过下游河段下泄,河流保持一定的平衡[11],研究中通常由河宽、水深、比降、弯曲度等因子确定的河道形态来表征,河床演变过程中这些因子有时共同调整,而有时单个或几个因子发生调整,使得河流在不同地域展现出不同的平衡河道形态;在河道调整过程中,水流作用于河床,使河道发生变化,河道变化又反过来影响水流结构,它们相互影响、相互制约,一直处于变化发展过程中[12]。因此,河道调整过程是多因素交织耦合的复杂过程。关于河道调整及过程的研究,多集中于河相关系、不同边界条件下河道调整过程、冲积河流线性理论等相关内容。

2.1 河相关系的研究

河相关系是指冲积河流通过自动调整作用达到平衡时,其纵剖面、断面形态与流域因素之间的某种定量关系。利用河相关系开展河道调整规律研究已有近百年的历史。早期的研究多为经验统计法,1895 年 Kennedy 首先提出了最早的经验公式[13],Lacey[14]源自稳定灌溉渠道的大量实测资料提出了较为完整的均衡理论公式,Leopold 和 Maddock[15]将均衡理论用于美国河流,建立了含有断面和沿程水力几何关系的水力几何形态模型。基于经验统计法建立的河相关系大多数情况下与河流的实测资料极为接近,表明挟沙水流与河道断面形态相互作用能够使河流达到稳定平衡状态,成果得到了工程应用;但是由于研究统计的区域有限,往往只适用于资料的来源区,且方法本身不能表征河相关系式的物理意义。

近期,河相关系理论研究可以归结为探索第四封闭方程的问题。因为,河相关系模型中有 4 个未知数(河宽、水深、流速和比降),却只有已知的三个方程,即水流连续方程、水流运动方程及输沙方程,导致了方程组不封闭,寻求额外的独立方程成为了河相关系理论研究的切入点。众多研究方法中,可以分为两种:第一种是稳定性理论,以 Parker[16]等的研究为代表，其方法是将河床边界划分为许多微小单元，然后对这些微小单元的剪切力与单元形态之间的相互作用进行受力平衡分析，再对这些宏观形态效应进行积分求解；第二种是极值假说，即通过引入一个极值假说作为第四个独立方程，与水流连续方程、水流运动方程、输沙方程闭合求解，这一假说主要有水流功率最小、最小能耗率、水流能耗率极值假说、最大熵原理、仙农熵等，以 Chang[17]、White[18]、倪晋仁[19]、黄才安[20]、拾兵[21]等的研究为代表。稳定性理论和极值假说的引入有助于从理论上探讨河相关系第四个封闭方程并为之提供清晰的物理意义，直接或间接地反映了河床与河岸抗冲性的相对关系。但是，稳定性理论求解过程极为复杂，仅能对特定地点的河流平衡断面形态进行求解。极值假说的求解过程直观简单，必要时可借助计算机迭代计算进行求解，但是其缺点是难以准确地直接推导出令人信服的极值学说的物理表达式。

此外，我国许多学者还基于黄河、长江等河流实测资料，分析了河相关系的调整规律。例如，胡春宏等[22]通过研究黄河下游不同洪水的冲淤规律，发现河相系数 ξ 是涨水增加、落水减小；潘贤娣等[23]、陈建国等[24]分析大量原型资料发现河相关系的变化与各河段河槽和河岸控制条件密切相关；陈立等[25]等对丹江口和三峡工程下游河道断面调整的研究结果也支持了这一结论。

2.2 不同边界条件下河道调整过程

河道边界是河床演变塑造出的结果，同时又反作用于水流影响河床演变。天然河流不同河岸的抗冲性本身存在着一定的差异，加之人为修建河道工程使得边界约束更多，致使河道调整过程更为复杂。由于河道边界调整过程的复杂性以及原型观测资料的限制，众多学者大多通过自然模型或概化试验，开展不同边界下河道调整规律。

Friedkin[26]利用室内模型小河对弯曲型河流的形成和演变进行了试验研究。尹学良[27]利用在边滩植草及在大水中加入黏土的方法，把边滩固定下来，塑造弯曲河流，并对河流成因和造床试验进行研究，发现河床相对抗冲性增大后，初期形成的弯曲型河道切滩不断发生逐渐变为游荡型。金德生[28]采用过程响应模型的水槽试验表明，河道的边界条件，尤其是河漫滩的物质结构和组成，对河流发育及河道调整有极大的影响。许炯心[29]通过游荡型河道清水冲刷自然模型试验，认为河道断面形态调整可分三个阶段，并给出了游荡型河道冲刷与展宽的相对关系与动态过程。倪晋仁[30]概化水槽试验表明，由初始顺直开始发展的河流，都无一例外地或迟或早经过流路弯曲直至形成边滩交错的弯曲型河流的发展阶段，在这个阶段以后，如果边滩稳定发育，则保持弯曲型河流，否则河流切滩形成游荡型河流。陈立等[31]也开展了自然模型试验，与许炯心开展的试验相比，床沙组成粗、初始河床比降小、水流强度小，表明顺直型河道在清水冲刷时将朝着宽浅方向发展，弯曲型河道水流的纵横向动量之比趋向和谐稳定。杨树青和白玉川[32]也运用自然模型法通过室内试验成功塑造了天然小河，并研究了不同初始河流几何边界条件以及水流条件对河流演变的影响，表明流量对河流展宽幅度影响最大，受边界条件影响，河流向下游演变具有滞后性及曲率变化的传递等特点。

上述自然模型试验，直观地给出了河道调整过程，但研究中河道两岸边界条件多为自然可动河床，而现行河道内修建的大量整治工程，为河床演变提供了不同程度的有限控制条件，特别是单侧修建工程，造成河道两岸可动性差异较大，河道调整的过程更为复杂。

2.3 冲积河流线性理论

模拟试验在一定程度上揭示了河流调整的过程，为探索河床演变的非线性演化特征提供了直观的研究方法。近期，许多学者在理论上对游荡型河道调整过程也进行了大量的研究，提出了许多成果，如王光谦[2]、胡春宏等[22]、吴保生等[33]、江恩惠等[34]、白玉川等[35]、夏军强等[36-37]。其中，Huang 和 Chang[38]建立的冲积河流线性理论有一定的代表性，为认识河道的非线性调整提供了一种新途径和方法。

不同于以往寻求额外第四个封闭方程研究河相关系的方法，Huang 和 Nanson[39]提出了将河道宽深比引入到已知的三大水流运动方程中以减少自变量数目的数理分析方法，认为在河流水动力方程中隐含着两个等同的极值条件，即河流输沙能力最大与水流能耗比降最小。在流量、比降和泥沙组成给定的情况下，水流输沙能力可完全由过水断面形态参数(宽深比)来决定，河流输沙能力最大时与其对应的宽深比具有唯一解，也就是说输沙能力最大是河流达到稳定平衡的条件。

Huang 等[40]在分析了水流动能与势能相互转化规律的基础上，发现水流运动在能量转换过程中存在着一种特殊的平衡状态，可以称为流体静态平衡。由于明渠水流大多数情况下都要偏离这一状态，据此提出了将冲积性河流划分为动态平衡、静态平衡及非平衡状态，当河流处于静态平衡时，河道断面有唯一解，水流将呈现线性特征。

Huang 和 Chang[38]进一步研究发现对于有泥沙输移的冲积河流处于静态平衡时，剪切力和宽深比也存在线性关系，由这种线性关系不仅得出的理论渠道几何形状与以往广泛接受的经验公式得出的结果十分接近，还给出了一个无量纲参数 H(剪切力的增量与宽深比的增量之比)，当 H 为 0.3 时，河流处于静态平衡，并基于这一发现建立了冲积河流线性理论。通过这一理论表明：

(1) H 在河流自动调整中的作用与弗劳德数 Fr 在定床明渠水流中的作用类似，即与定床明渠水流中以势能为主导的缓流($Fr<1$)、以动能为主导的急流($Fr>1$)和以总能量为最小的临界流($Fr=1$)三种状态相对应，冲积性河流存在着以侧向输沙为主导的宽浅流($H<0.3$)、垂向输沙为主导的剪切流($H>0.3$)和总能耗最小的临界流($H=0.3$)三种状态。

(2)水流也总是在这三种状态之间调整，这就为河道可能调整的方向或方式预测提供了理论依据。水流不是从 $H<0.3$ 向 $H>0.3$ 的状态过渡，就是从 $H>0.3$ 状态调整到 $H<0.3$ 的状态，中间经过 $H=0.3$ 的状态，并在 $H=0.3$ (静态平衡)时具有线性特征。

(3) H 的提出为天然河流自动调整过程的模拟提供了合理的相似比尺。

(4)此外，理论中还发现决定这一线性特征的条件是河流输沙方程与阻力方程存在有紧密联系，并在修正梅叶－彼得输沙率公式的基础上提出了适用性更强的输沙力公式。

冲积河流线性理论对于冲积河流河道的调整具有很强的适应性，已在顺直型河流[41]及分汊型河流[42]的河道调整中得到了较好的应用。

3 研究中存在的不足

目前对河道调整相关研究成果很多，研究手段各具特色，假说、理论丰富多彩，推动了学科发展，但成果尚存在以下不足之处：

(1)河流受到的人工控制边界的约束越来越强,而对河岸两侧可动性不对称边界的水力几何形态调整规律及过程的研究以及有限控制边界对河道几何形态调整的影响研究还很少,耦合河道有限边界与水沙条件共同开展游荡型河道调整规律的研究更少。

(2)以往围绕河相关系开展的断面几何形态调整研究更多侧重于几何形态的调整结果,缺乏其调整机理与过程的研究;黄河清基于变分原理提出的河道断面形态自动调整的数理分析方法,为河流几何形态的调整机理的研究提供了一种新方法,较以往研究在理论上有一定突破,但是其数理分析过程中将河流过水断面几何形态简单地概化为矩形,与天然河流的断面形态有一定的差异。

(3)冲积河流线性理论为深入认识河道非线性的演变机理提供了新途径,但是这一理论仅对顺直及分汊河道的调整机理与过程给出了清晰的物理解释,而在游荡型河流中却没有得到足够的重视与应用。

4 急需进一步深入研究的相关科学问题

在以上分析的基础上,本文提出以下科学问题应开展进一步的深入研究。

(1)水沙变化与有限控制边界对河道调整的耦合效应。

随着河流的开发利用程度增强,河流受到的边界约束也越来越多,河道调整需要考虑有限的工程(硬边界)与抗冲性较弱的天然河岸(软边界)共同影响。"有限控制边界"是对河道治理工程进行概括抽象的一个新概念,水沙过程和有限控制边界虽然是两个独立的因素,但它们对河道演变的作用是紧密相关的。因此,研究水沙变化与边界约束共同作用下的河道调整及演变也是河床演变学科的难点与关键科学问题。

因此,在今后的研究过程应基于精细的模型试验,并结合理论及原型具体河段的工程分析,首先固定单侧河道工程、变化水沙条件,研究有限控制边界下水沙对河道调整的影响;然后,在模型中布设不同密度的河道工程,重点研究软硬边界及不同密度的边界对河道调整的影响,揭示不同控制边界下游荡型河道调整机理与过程。

(2)河道断面自调整数理分析中断面形态假定问题。

冲积河流线性理论为深入认识河流形态自调整机理提供了新方法,但河道断面形态在自动调整数理分析方法中假定为矩形,与天然游荡型河流有一些差异,会导致数理分析与天然实际情况的不符。

因此,进一步的研究中可首先通过黄河下游实测断面资料初步建立不同水沙变幅下河道断面形态的判别式;其次基于模型试验成果分析输沙平衡时工程弯道处的断面形态及出弯道后自由段的断面形态,将这一断面形态代替原数理分析方法中的矩形形态;再次,采用变分方法,推导分析,构建适应于游荡型河道自调整的数理分析方法;最后,将计算成果与原型实测资料及模型试验成果对比分析,检验该方法在游荡型河道调整中的适应性。

(3)游荡型河道与单一河道输沙特性的差异问题。

河道形态调整与河流输沙有着紧密的关系,而游荡型河流输沙特性较单一河道要复杂得多,这也成为了制约游荡型河道调整预测的难题和关键科学问题。

对于这一问题的解决,可首先借鉴冲积河流线性理论,研究有限控制边界下游荡型河流弯道及工程出流自由段河道断面形态可能对河道输沙的影响,再通过黄河、渭河等大量河道平面形态、水沙资料的检验,寻求理论结果与原型实际的差别;重点分析水沙变幅、河岸抗冲性等因素所带来的影响,分析不仅有助于完善冲积河流线性理论,而且会进一步深化对游荡型河道输沙机理的认识。

5 结语

河道边界既是河床演变的结果,又反过来影响河道调整过程。现在大多数河流都受到了软硬边界共同的约束,而这种约束不同于天然河流也不同于完全渠化的河流,而是"有限控制边界"条件。以往研究更多地聚焦于水沙变化与河床演变的关系,而开展有限控制边界与水沙变化共同作用下河道调整机理的研究还很少。在今后的研究中,应注重开展水沙变化与"有限控制边界"对河道调整的耦合效应、河道断面自调整数理分析中断面形态假定问题、游荡型河道与单一河道输沙特性的差异问题等科学问题的研究。

此外,游荡型河流由于其输沙量大、河势调整迅速,通过加入"有限控制边界"条件,河道输沙平衡时弯道工程及下游自由段河道断面的形态是衔接游荡型河道输沙与断面形态塑造的关键点,模型试验测量及研究中应给予特别关注。

参考文献

[1] 谢鉴衡. 河流泥沙工程学[M]. 北京:水利出版社,1981.

[2] 王光谦,张红武,夏军强. 游荡型河流演变及模拟[M]. 北京:科学出版社,2005.

[3] 江凌,李义天,葛华,等. 荆江微弯分汊浅滩的水沙输移及河床演变[J]. 武汉大学学报,2008,11(4),10-19.

[4] 姚仕明,黄莉,卢金友. 三峡与丹江口水库下游河道河型变化研究进展[J]. 人民长江,2011,42(5):5-10.

[5] Harmar O P, Cliffod N J. Plan dynamics of the Lower Mississippi River[J]. Earth surface processes and Landforms,2006,31:825-843.

[6] Smith L R, Winkley B R. The response of the Lower Mississippi River to river engineering[J]. Engineering Geology, 1996,45:433-455.

[7] 曹文洪. 阿斯旺大坝的泥沙效应及启示[J]. 泥沙研究,1998(4):79-85.

[8] 许炯心. 中国江河地貌系统对人类活动的响应[M]. 北京:科学出版社,2007.

[9] 王光谦,胡春宏. 泥沙研究进展[M]. 北京:中国水利水电出版社,2006.

[10] 韩其为. 对我国河流泥沙基础理论创新研究方向的几点看法[C]//第七届全国泥沙基本理论研究学术讨论会论文集. 西安:陕西科学出版社,2008.

[11] 倪晋仁,张仁. 河相关系研究的各种方法及其间关系[J]. 地理学报, 1992, 47(4):368-375.

[12] 钱宁,张仁,周志德. 河床演变学[M]. 北京:科学出版社,1987.

[13] 周志德. 20世纪的河床演变学[J]. 中国水利水电科学研究院学报,2003,1(3):226-231.

[14] Lacey G. Stable channels in alluvium [C]//Proceedings of the Institution of Civil Engineers. London: William Clowes and sons Ltd., 1930, 229:259-292.

[15] Leopold L B, Maddock T Jr. The hydraulic geometry of stream channels and some physiographic implication [C]//US Geological Survey Professional Paper, 252. Washington, D C: United States Government Printing Office,1953:1-57.

[16] Parker G. Hydraulic geometry of active gravel rivers[J]. Journal of the Hydraulics Division, ASCE, 1979,105,1185-1201.
[17] Chang H H. Fluvial processes in river engineering [M]. John Wiley and Sons,Inc. 1988.
[18] White W R, Bettess R, Paris E. Analytical approach to river regime[J]. Journal of the Hydraulics Division ASCE, 1982,108:1179-1193.
[19] 倪晋仁,张仁. 河相关系的物理实质[J]. 水文,1991(4):1-6.
[20] 黄才安,周济人,赵晓冬. 基本河相关系指数的理论研究[J]. 泥沙研究, 2011(6):55-58.
[21] 拾兵,王燕,杨立鹏,等. 基于仙农熵理论的河相关系[J]. 中国海洋大学学报, 2010, 40(1):95-98.
[22] 胡春宏,陈建国,郭庆超,等. 黄河水沙调控与下游河道中水河槽塑造[M]. 北京:科学出版社, 2007.
[23] 潘贤娣,赵业安,李勇,等. 三门峡水库修建后黄河下游河道演变[C]//黄河三门峡水利枢纽运用研究文集. 郑州:河南人民出版社, 1994: 99-159.
[24] 陈建国,周文浩,陈强. 小浪底水库运用十年黄河下游河道的再造床[J]. 水利学报,2012,43(2): 127-135.
[25] 陈立,鲍傅,何娟,等. 枢纽下游近坝段不同类型河段的再造床过程及其对航道条件的影响[J]. 水运工程,2008(7):109-114.
[26] Friedkin J F. A Laboratory Study of Meandering of Alluvial Rivers[R]. Rep. Missisaippi River Comm. U. S. Waterway Exp. sta. 1945.
[27] 尹学良. 河型成因研究[J]. 水利学报,1993(4):1-11.
[28] 金德生. 边界条件对曲流发育影响过程的响应模型试验[J]. 地理研究,1986, 5(3):12-21.
[29] 许炯心. 水库下游河道复杂响应的试验研究[J]. 泥沙研究,1986(4): 50-57.
[30] 倪晋仁. 不同边界条件下河型成因的试验研究[D]. 北京:清华大学,1989.
[31] 陈立,张俊勇,谢葆玲. 河流再造床过程中河型变化的实验研究[J]. 水利学报, 2003(7):42-51.
[32] 杨树青,白玉川. 边界条件对自然河流形成及演变影响机理的实验研究[J]. 水资源与工程学报, 2012,23(1):1-5.
[33] 吴保生,马吉明,张仁,等. 水库及河道整治对黄河下游游荡型河道河势演变的影响[J]. 水利学报,2003(12):12-20.
[34] 江恩惠,曹永涛,张林忠,等. 黄河下游游荡型河段河势演变规律及机理研究[M]. 北京:中国水利水电出版社,2006.
[35] 白玉川,冀自青,徐海珏. 窄深型河湾多尺度紊流拟序结构动力稳定与自适应特征研究[J]. 中国科学:技术科学,2012,42(11):1264-1273.
[36] 夏军强,王光谦,吴保生. 平面二维河床纵向与横向变形数学模型[J]. 中国科学(E辑),2004, 34:165-174.
[37] 夏军强,王光谦,张红武,等. 河道横向展宽机理与模拟方法的研究综述[J]. 泥沙研究,2001(6): 71-78.
[38] Huang H Q, Chang H H. Scale independent linear behavior of alluvial channel flow[J]. Journal of Hydraulic Engineering, 2006,132(7),721-730.
[39] Huang H Q, Nanson G C. Hydraulic geometry and maximum flow efficiency as products of the principle of least action[J]. Earth Surface Processes and Landforms, 2000, 25:1-16.
[40] Huang H Q , Nanson G C, Fagan S D. Hydraulic geometry of straight alluvial channels and the variational principle of least action-Reply[J]. Journal of Hydraulic Research,2004, 2(2), 19-22.

[41] Huang H Q. Reformulation of the bed load equation of Meyer-Peter and Muller in light of the linearity theory for alluvial channel flow[J]. Water Resour. Res., 2010,46:1-11.
[42] 于思洋,黄河清,范北林,等. 利用河流平衡理论检验推移质输沙函数的应用性[J]. 泥沙研究,2012(2):19-25.

【作者简介】 李军华(1979—),男,河南睢县人,高级工程师,主要从事河流及泥沙方面的研究工作。E-mail:ljhyym@126.com。

冲积河流线性理论在黄河河道调整适用性初探

余　康[1]　李军华[2]　王远见[2]

（1. 清华大学 水沙科学与水利水电工程国家重点实验室，北京　100084；
2. 黄河水利科学研究院 水利部黄河泥沙重点实验室，郑州　450003）

摘　要　冲积河流线性理论为深入认识河流形态非线性自调整机理提供了新视野和新方法。目前已被较好地应用于顺直及分汊河流。黄河河道是一有限控制边界下的游荡型河道，冲积河流线性理论在此类河道调整中的适用性研究十分必要。借鉴原数理分析方法，变换断面形态表达式，推导了两种典型断面形态的自调整与床质输移的特征关系及其理论河相关系，探讨了无量纲断面形态参数宽深比在较大值范围内变化时的影响及断面形态变化对线性特性的影响。初步结果表明，断面形态对河流自调整机理和床质输移特性有重要影响，冲积河流线性理论在应用于有限控制边界下的游荡型河流中时还有待进一步丰富、完善。

关键词　游荡型河流；有限控制边界；冲积河流线性理论；断面形态；数理分析

Preliminary exploration on the applicability of linear theory of fluvial rivers in the channel adjustment of Lower Yellow River

Yu Kang[1]　Li Junhua[2]　Wang Yuanjian[2]

（1. Department of Hydraulic Engineering, Tsinghua University, Beijing　100084；
2. Key Laboratory of Yellow River Sediment Research of the Ministry of Water Resources, Yellow River Institute of Hydraulic Research, Zhengzhou　450003）

Abstract　Linear theory of fluvial rivers proposes a new perspective and methodology for understanding the non-linear self-adjust mechanisms of channel morphology, which has been successfully applied in straight and braided rivers. Lower Yellow River is a wandering river controlled by finite training work, whether the theory is applicable is still a challenge. Using mathematical analysis of the theory, this paper derived a new characteristic relation between channel morphology and sediment transportation and a new theoretic hydro-geometric relation for two cross-sectional shape. And then we discussed the impact on linear characteristics when the dimensionless width-depth ratio is large or the channel geometry changes. The preliminary results show that: the channel geometry play an important role in the self-adjust mechanisms of fluvial rivers and characteristics of sediment transportation. Linear theory should be further developed and modified when it is applied in wandering channels controlled by finite training work like Lower Yellow River.

Key words wandering river; finite training work; linear theory of fluvial rivers; channel geometry; mathematical analysis

1 引言

冲积河流河床演变是一个复杂的非线性自调整过程。不同于一般单一顺直河道及分汊河道的游荡型河道,其调整规律更为复杂。游荡型河流是天然河流中常见的河型之一,不仅有着独特的地貌特征,如断面宽浅、洲滩密布、汊道交织,而且有着极其复杂的演变特点,如水流散乱、主槽迁徙无常,给两岸防洪及工农业生产带来不利影响[1]。长期以来由于缺乏完备可信的理论支持,对游荡型河道演变过程的认识目前仍以经验为主,其调整机理的深入认识和结果的准确预测在理论上亟待突破[2]。

当前,Huang 等[3-5]建立的冲积河流线性理论为深入认识和进一步揭示河流形态自调整机理提供了新的视野和新方法,具有一定的代表性。不同于以往寻求额外第四个封闭方程研究河相关系的方法,Huang 和 Nanson[6]提出了将河道宽深比引入到已知的三大水流运动方程中以减少自变量数目的数理分析方法,并采用变分原理和河流输沙能力最大的极值条件,在河流输沙方程和阻力方程紧密联系的基础上建立起以剪切力和宽深比存在线性关系为主要特征的冲积河流线性理论。

冲积河流线性理论对于冲积河流河道的调整具有很强的适应性,目前已被较好地应用于顺直型河流[5]及分汊型河流[7],而在游荡型河流中却没有得到足够的重视与应用。黄河下游河道是一有限控制边界下的游荡型河道[8-9],冲积河流线性理论在此类河道调整中的适用性研究十分必要,亦亟待展开。建立适用于此类游荡型河流的线性理论所面临的首要技术问题和关键切入点是:Huang 和 Chang[4]基于变分原理提出的河道断面形态自调整的数理分析方法,将河流过水断面几何形态简单地概化为矩形,与天然河流尤其是游荡型河流的断面形态有一定的差异。为此,将借鉴冲积河流线性理论中河道断面形态自调整的数理分析方法,改变原断面形态假定,并考虑河道工程边界因素的影响,探讨冲积河流线性理论在黄河河道调整的适用性。

2 断面"格外宽浅"对线性特性的影响

对于类似黄河的天然河流,河道断面多以宽浅型断面(见图 1)为主,其宽深比 ξ 常大于 500,一般被认为是"格外宽浅"[10]。这与 Huang 和 Chang[4]在探讨理论河相关系时采用的 ξ 范围[2,100]存在一定的差异。为探讨冲积河流线性理论在黄河下游游荡型河道的适用性,将此范围变为更符合实际的[500,600],并采用同样的幂近似方法推求出理论河相关系[4]:

$$
\left.\begin{aligned}
&B \propto Q^b, \quad b = \frac{1}{2+x} + \frac{1+\alpha_2}{\alpha_1} \\
&h \propto Q^f, \quad f = \frac{1}{2+x} + \frac{\alpha_2}{\alpha_1} \\
&v \propto Q^m, \quad m = 1 - b - f
\end{aligned}\right\} \tag{1}
$$

式中:B 为河宽;Q 为流量;h 为水深;v 为断面平均流速;x 为阻力公式指数;α_1、α_2 为拟合指数(见表1)。

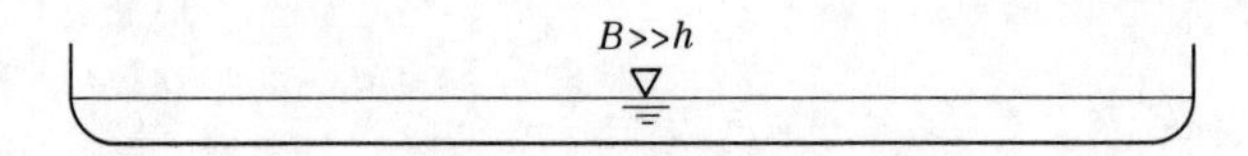

图1 宽浅型断面

表1 α_1 和 α_2 的拟合值

j	低流态		高流态		平整床面流态	
	α_1	r^2	α_1	r^2	α_1	r^2
0.5	1.159	0.975 1	1.154	0.976 3	1.151	0.977 3
1.0	1.422	0.847 9	1.401	0.860 2	1.384	0.869 8
1.2	1.607	0.717 2	1.564	0.746 1	1.532	0.767 9
1.4	1.965	0.500 9	1.840	0.546 5	1.762	0.591 5
1.5	2.477	0.692 6	2.106	0.448 6	1.952	0.470 5
1.5293	3.053	0.983 3				
1.6					2.305	0.454 3
1.600 5			3.118	0.983 6		
5/3					3.178	0.983 8
	α_2	r^2	α_2	r^2	α_2	r^2
	−0.395 2	1.0	−0.384 4	1.0	−0.374 9	1.0

注:i、j 为输沙率公式指数[4],r 为相关系数,这里取 $i=0$。

由表1和图2可知,随着 $i+j \to (i+j)^* = 1+x$,对河相关系指数的幂近似相关性越来越好,河相关系指数 b、f、m 分别以递减、递增、递增的趋势接近于实测值0.5、0.3、0.2[4],说明了冲积河流线性理论的存在。通过对比 $\xi \in [500,600]$ 和 $\xi \in [2,100]$ 的结果[4],发现当宽深比 ξ 在较大值范围内变化时,对河相关系指数的幂近似精度有所下降(见表1),由此得出的理论河相关系与实测情况亦存在一定的偏差(见图2)。由此可见,河道断面"格外宽浅"可能引起河道调整的非线性增强,从而导致河相关系偏离统计平均值。

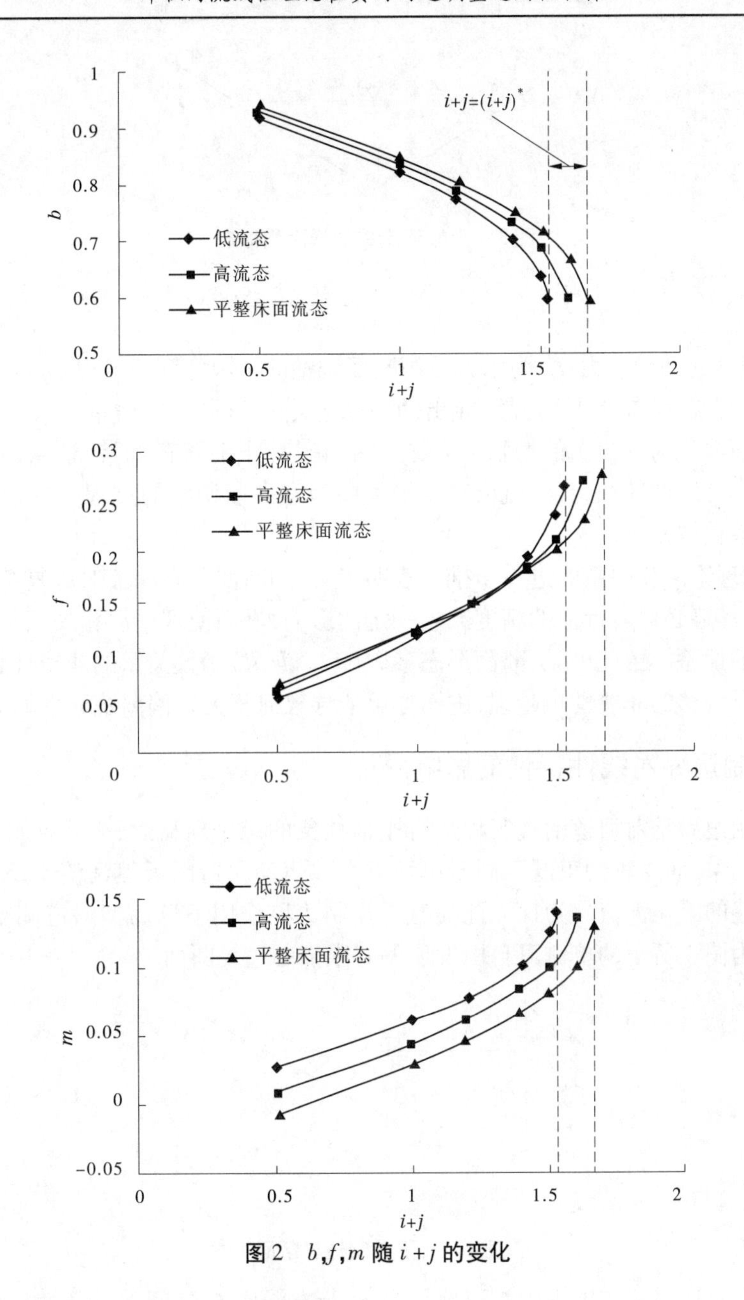

图2　b,f,m 随 $i+j$ 的变化

3　断面形态变化对线性特性的影响

天然河流中断面形态多见于复式断面,这与 Huang 和 Chang[4] 数理分析时采用的矩形断面形态假定有一定的差异。为此,考虑可向两侧发展的天然河岸软边界断面形态(见图3)重复数理分析过程,推导断面调整与床质输移的关系。

断面形态变化会引起过水断面面积 A、河宽 B、水深 h 以及水力半径 R 之间函数关系的变化,代入水流三大方程的变分式后会进一步影响断面自调整与床质输移的关系。这里推导出 $i+j=(i+j)^*=1+x$ 时水流剪切力增量 $\Delta\tau_0$ 与宽深比增量 $\Delta\xi_e$ 之间的关系:

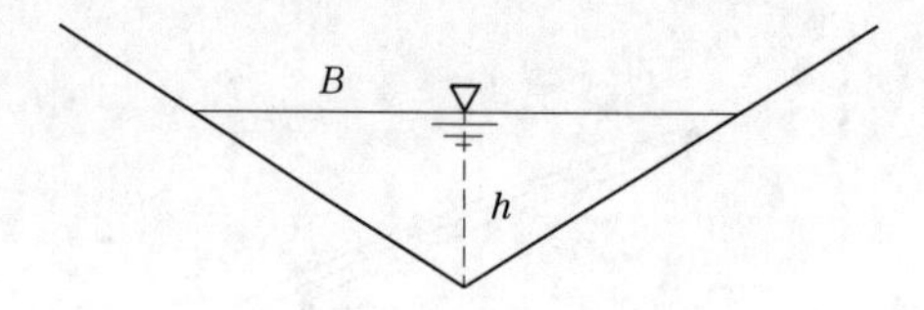

图3 天然河岸软边界断面形态

$$\frac{\Delta\tau_0}{\tau_c}\Big|_{\xi=\xi_e}=\frac{(1+x)(\Delta\xi_e+2\xi_e^l)}{4(2+x)}\Delta\xi_e \tag{2}$$

式中：τ_c 为泥沙起动剪切力；ξ_e^l 为水力平衡断面调整的下限宽深比，这里 $\xi_e^l=2$。

从式(2)可见，原矩形断面假定导出的剪切力增量与宽深比增量的线性关系因断面形态的变化而演化为一二次的抛物关系，这意味着“静止平衡态”时河道断面自调整与床质输移不再具有线性特征，且河流由动态平衡向静态平衡调整的过程中剪切力与宽深比的非线性关系也越复杂。

此外，对理论河相关系的进一步推导表明，不同的断面形态一般对应复杂程度不同的待拟合函数，其势必对幂近似的精度产生一定的影响，进而使理论河相关系与实际情况产生不同程度的偏差。由此可见，断面形态参数(A、B、h、R)函数关系的非线性越强，河道断面调整与床质输移的非线性也越强，进而亦可能导致河相关系偏离统计平均值。

4 有限控制边界对线性特性的影响

有限控制边界是对河道治理工程进行概括抽象的一个新概念，表明河流受到了软硬边界共同的约束，而这种约束既不同于单纯由水沙运动塑造的天然河流也不同于完全由人为工程修建的渠化河流。为探究此类有限控制边界作用下游荡型河道调整机理，将过水断面概化为图4所示的单侧可自由发展的有限控制边界断面。

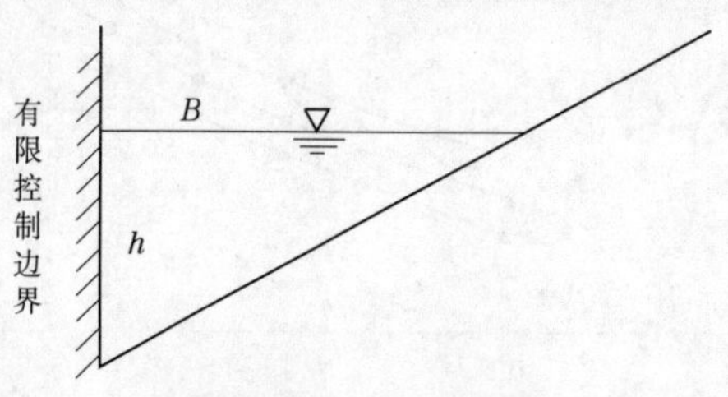

图4 有限控制边界断面

这里推导出河道调整过程中水流剪切力 τ_0 与宽深比 ξ_e 之间的关系

$$\frac{\tau_0-\tau_c}{\tau_c}\Big|_{\xi=\xi_e}=\frac{j(\sqrt{\xi_e^2+1}-2)}{(1+x-i-j)\sqrt{\xi_e^2+1}+2(i+j)-x} \tag{3}$$

从式(3)不难看出，河流达到静止平衡状态满足 $i+j=(i+j)^*=1+x$ 时，剪切力与宽深比之间复杂的非线性关系亦不能退化为简单的线性关系；河流在由动态平衡向静态平衡调整过程中的非线性相比式(2)也更强。

此外，对理论河相关系的进一步推导表明，有限控制边界断面自调整具有强非线性，这体现在理论河相关系待拟合函数的表达式更为复杂(非线性更强)，幂近似的相关度可能更低。可见,有限控制边界的存在可能使得河流调整和床质输移的非线性更强,断面调整规律更加复杂;有限控制边界作用下河相关系偏离天然河流统计平均值的程度也可能更大。

5 结语

从断面格外宽浅、断面形态变化以及有限控制边界对线性特性的影响3个方面出发,初步探究了冲积河流线性理论在游荡型河道调整的适用性。结果表明,断面格外宽浅、断面形态变化以及有限控制边界会强化河道调整的非线性,后两者甚至使得河流达到静止平衡状态时断面调整与床质输移不再具有线性特征,且取而代之的非线性关系会降低理论河相关系的准确度,进而可能导致河相关系不同程度地偏离天然河流的统计平均值。可见,冲积河流线性理论在应用于实际河流尤其是有限控制边界下的游荡型河流中时还需要结合实测资料和相关理论开展更广泛、更深入的研究。

参考文献

[1] 王光谦,张红武,夏军强. 游荡型河流演变及模拟[M]. 北京:科学出版社,2005.

[2] 廖治棋,范北林,黄莉,等. 冲积性河流河床横断面形态研究与进展[J]. 长江科学院院报,2014(5):1-6.

[3] Huang H Q, Chang H H, Nanson G C. Minimum Energy as the General Form of Critical Flow and Maximum Flow Efficiency and for Explaining Variations in River Channel Pattern[J]. Water Resources Research, 2004,40(4).

[4] Huang H Q, Chang H H. Scale Independent Linear Behavior of Alluvial Channel Flow[J]. Journal of Hydraulic Engineering-ASCE, 2006,132(7):722-730.

[5] Huang H Q. Reformulation of the Bed Load Equation of Meyer-Peter and Müller in light of the Linearity Theory for Alluvial Channel Flow[J]. Water Resources Research, 2010,46(9).

[6] Huang H Q, Nanson G C. Hydraulic geometry and maximum flow efficiency as products of the principle of least action[J]. Earth Surface Processes And Landforms, 2000,25:1-16.

[7] 于思洋,黄河清,范北林,等. 利用河流平衡理论检验推移质输沙函数的应用性[J]. 泥沙研究,2012(2):19-25.

[8] 李军华,江恩惠,曹永涛,等. 黄河下游游荡型河道整治工程布局研究[J]. 人民黄河,2008(6):21-23.

[9] 江恩惠,曹常胜,曹永涛,等. 黄河下游游荡型河段河势演变规律[J]. 人民黄河,2009(5):26-27.

[10] 李泽刚. 改造宽浅游荡河道为窄深稳定河道[J]. 人民黄河,2002(1):6-8.

【作者简介】 余康(1992—),男,湖北洪湖人,博士研究生,主要研究方向为水力学及河流动力学。E-mail:yuk13@mails.tsinghua.edu.cn。

凌汛期槽蓄水增量过程模拟研究*

张防修　余　欣　张晓丽

（黄河水利科学研究院 水利部黄河泥沙重点实验室，郑州　450003）

摘　要　为研究凌汛期槽蓄水增量来源，在分析实测冰情资料基础上，把槽蓄水增量分为水位壅高主河道蓄水量增大、主河道内河水转化为固体冰盖和上滩水形成冰盖及在冰下聚集等三部分，建立河冰动力学模型，模拟河冰生消及槽蓄水增量过程，利用2008～2009年三湖河口—头道拐河段实测冰情资料对模型进行了验证，结果表明滩地冰盖及冰盖下滞洪是内蒙古河段槽蓄水增量的主要来源，占最大槽蓄水增量的63.44%，主河道水位壅高引起的槽蓄水增量占26.56%，主槽冰盖蓄水增量占10.0%。

关键词　槽蓄水增量；热交换；河冰生消；数学模型

Simulation of channel-storage increment process in ice flood period

Zhang Fangxiu　Yu Xin　Zhang Xiaoli

(Key Laboratory of Yellow River Sediment Research of the Ministry of Water Resources, Yellow River Institute of Hydraulic Research, Zhengzhou　450003)

Abstract　The channel-storage increment was normally divided into three parts including backwater increment, ice increment in the channel and on the beach, detention water by ice cover and ice jam based on observations. In order to investigate the major sources of channel-storage increment during ice flood season, a river ice dynamics model was established to simulate channel-storage increment process (e. g. growth and decay processes of river ice). The model was then applied to the river channel from the Sanhuhekou station to the Toudaoguai station located in the Inner Mongolia. Results show that flood detention under beach ice cover is the principle source of channel storage increment, accounting for about 63.44% of the maximum channel storage increment. The channel stem storage increment and river ice share the rest increment, accounting for approximately 26.56%, 10% of total increment.

*基金项目：国家自然科学基金资助项目（51409112）、水利部公益性行业专项经费资助项目（201301062）。

Key words channel-storage increment; heat exchange; growth and decay processes of river ice; mathematical model

凌汛期河道封冻后，受封冻冰盖阻力作用而增蓄在河槽中的水量为槽蓄水增量，其产生、发展和消亡过程及由此形成的凌汛洪水在我国黄河上游成为较为独特的水文现象，是导致凌汛灾害发生的关键因子之一，因此槽蓄水增量的研究对防治凌汛灾害具有重要意义。河流冰情演变发展涉及水力、热力、水—冰转换过程中物理和力学性质的变化等因素，使得河冰水力学问题的研究非常复杂[1]。我国冰情研究主要集中在北纬30°以北的高纬度河流，其中黄河内蒙古段是冰情研究的热点区域，该河段冬季严寒而漫长，1月平均气温为-10～-12 ℃，极端最低气温达-34 ℃，河道呈西北至东南走向，河宽坡缓，透迤曲折且多弯道，比降为0.1‰左右，其独特河势、复杂地形边界条件和水文气象条件决定了流凌、封河日期溯源而上，开河日期自上而下，槽蓄水增量量值较大，形成及释放过程复杂，增加了研究的难度。

槽蓄水增量主要受上游来水、气温变化、河道边界条件及河道内建筑物等综合因素影响[2]。目前对于槽蓄水增量的研究仅限于对其现象及历史年份和近年来变化趋势的研究[3-4]，随着河冰数学模型的发展，开展槽蓄水增量预测也成为河冰数学模型研究的重要内容之一。20世纪80年代研究者开始利用河冰数值模拟研究河道冰情，早期的数学模型以恒定流模型为主，大多采用回水分析的方法。近年来，随着电子技术及河道水动力学数值模拟方法的进步，非恒定冰水动力学模型得以快速发展。在国外，Lal和Shen[5]建立的RICE模型，提出了考虑冰花堆积的坚冰层热增长和热衰减的方程。由于在明渠河段存在计算水面冰和悬浮冰流量的不连续，Shen等[6]在RICE模型的基础上提出一维河冰模型的RICEN计算公式。Zufelt和Ettema[7]建立了一维冰水耦合运动的冰塞动力学非稳态模型，模拟初始冰塞和开河冰塞期水位变化。Lu等[8]建立了表面输冰和冰塞的动力学模型。Shen[9]将表面冰看成一种连续介质，提出了表面冰的运动方程，建立了二维河冰输移模型DynaRICE。Beltaos[10]利用RIVJAM模型计算宽河冰塞所引起的水位升高。在国内，杨开林等[11]提出了描述冰塞形成的发展方程，建立一维河冰动力学模型模拟冬季松花江流域白山河段冰塞的形成发展过程。茅泽育等[12]应用河流动力学和热力学等原理，建立冰塞形成及演变发展的冰水耦合的综合动态数学模型，数值模拟了天然河道冰塞演变发展。茅泽育等[13]又建立二维河冰动力学模型，采用适体坐标变换方法数值模拟天然河道河冰过程。

上述基于水动力学背景的河冰数学模型在防冰减灾的实际运用中以经验性的公式和一维河冰模型为主，其中Lal和Shen所提出的RICEN模型，至今对国内乃至世界上影响都很大。二维河冰数学模型除Shen的一些工程实际应用外，世界上其他国家学者的实际应用极少，其中一个主要的原因是河冰过程的复杂性[14]。本研究在国内外研究成果基础上，结合黄河内蒙古河段地形、气象、实测冰情特性建立河冰动力学模型，模拟凌汛期槽蓄水增量形成及模型中关键技术处理方法及关键参数的取值规律。

1 控制方程及求解

1.1 冰封河道一维水动力学模型

1.1.1 一维水动力学模型

封河期受附加冰盖影响,同流量水位升高,增大了河水漫滩概率。对于典型的复式断面(见图1),畅流期以主河道过流为主,封河期水位壅高,进入滩地的冰水部分转化为固体冰盖,其他部分在滩地冰盖下聚集,由于滩地糙率较大,加之固结冰盖的影响,滩地冰盖下水体流速较小,可以作为滞蓄水或以固定冰的形式存在,滞蓄水量多少受滩地边界影响较大,如生产堤等工程。因此,从封河期水流动的特性看,水流集中在主槽内,这也决定了凌汛期槽蓄水增量的来源,一是水位壅高,主河道蓄水量增大部分(图1中Ⅰ所示);二是主河道河水转化为固体冰盖部分(图1中Ⅱ所示);三是上滩水转化为滩地冰盖或在冰盖下聚集的部分(图1中Ⅲ所示)。上游来水过程、冰盖发展过程及河道地物、地貌特性影响了槽蓄水增量在上述三者之间的转化。开河期冰盖融化,水位回落,滩地滞留冰水归槽,再加上河道槽蓄水的集中释放就会形成桃汛洪水。基于上述水流运动及槽蓄水增量的转化特点,从浮动冰盖的假设出发,并考虑黄河内蒙古河段地形特点,河道的一维非恒定渐变流的连续方程为

$$\frac{B\partial Z}{\partial t}+\frac{\partial Q}{\partial x}=\frac{\partial N t_i'}{\partial t}+q_1 \tag{1}$$

$$\frac{\partial Q}{\partial t}+\frac{\partial(Q^2/A)}{\partial x}=-gA\left(\frac{\partial Z}{\partial x}+S_f\right) \tag{2}$$

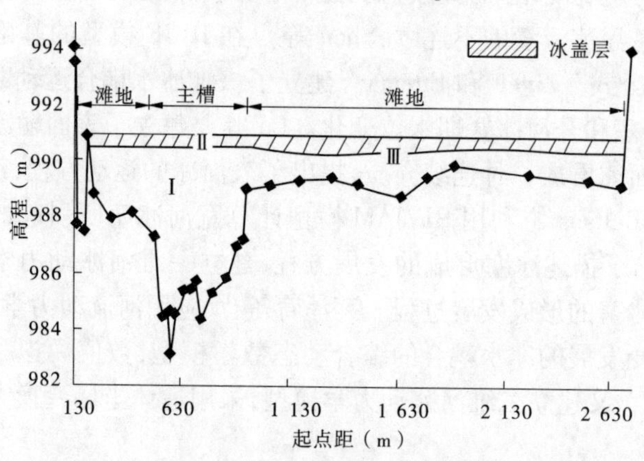

图1 典型大断面图(黄河头道拐断面,2000年测验)

式中:t 为时间,s;x 为距离,m;Z 为水位,m;B 为河宽,m;Q 为流量,m^3/s;A 为过水面积,m^2;N 为冰密集度;t_i' 为淹没冰厚,一般为冰厚 t_i 的90%,m;g 为重力加速度,m/s^2;q_1 为封河期上滩洪水的单宽流量,m^2/s,上滩后一部分转变为固体冰盖,另一部分滞蓄在冰盖下(或以固态冰的形式存在),开河期该水量向主河道内释放;S_f 为摩阻坡度,$S_f=n_c^2R^{-4/3}u\,|\,u\,|$;$n_c$ 为河底与冰盖综合糙率,$n_c=[(n_i^{3/2}+n_b^{3/2})/2]^{2/3}$;$n_i$ 为冰盖糙率;n_b 为河底糙率;u 为断面平均流速,m/s;R 为水力半径,m。

当河道部分冰封时，摩阻坡度可为 $S_f = n_c^2 R^{-4/3} u \mid u \mid f$；$f = \lambda(1+F)^{4/3} + (1+\lambda)(1+F)^{4/3}/[\mu + (1-\mu)(1+F)^{2/3}]^2$；$F = (n_i/n_b)^{3/2}$；$\mu$ 为畅流区域的百分比；λ 为冰封河段占总河段的比值（当 $\lambda = 1$ 时，上式演变为全封河段的渠道阻力计算公式）[11]。

1.1.2 冰盖糙率

冰盖下方的水流常常伴随着冰花运动，上游生成的冰花和流冰不断进入稳定冰盖的下方，并以冰花堆积与悬浮冰花的形式向下游运动，冰下悬冰花几何形体的不平整，影响了冰盖糙率的取值，研究表明，冰盖糙率是个不断变化的值，一般认为初封时糙率较大，到冬末时糙率变小[15]：

$$n_i = n_{ie} + (n_{ii} - n_{ie}) e^{-\alpha_n T} \tag{3}$$

式中：n_{ii}为初始冰盖糙率，即稳定封冻之初的冰盖糙率，其值随冰盖厚度增大而增大；n_{ie}为封冻期末或当冰花消失时的冰盖糙率；T 为封冻后的天数，d；α_n 为衰减指数，近年来统计资料显示，黄河内蒙古包头河段 12 月、1 月、2 月的月平均气温分别为 −9.5 ℃、−11.5 ℃、−7.0 ℃，属于平冬，α_n 取 0.025。

采用 1962～1966 年每年 1 月 15 日至 2 月 14 日黄河三湖河口断面实测流速资料与相应的流速、糙率、水深按照式 $v_c = 1.358 n_c^{0.66} Q^{0.83}/(A^{1.68} H^{2.11})$ 点绘封河期河道综合糙率[16]，并根据畅流期该断面糙率成果，推求冰盖糙率在整个冰盖生消过程中 n_i 的数值分布规律（见图 2），并与式(3)计算成果进行对比分析。结查表明，公式能够基本反映冰盖下阻力随冰盖固结及冰下冰花进一步冲刷糙率逐渐变小的趋势。冰盖形成初期考虑冰花堆积影响初始冰盖糙率 n_{ii}一般在 0.06 左右，稳定封河后期冰盖糙率基本上保持在 0.012 左右。

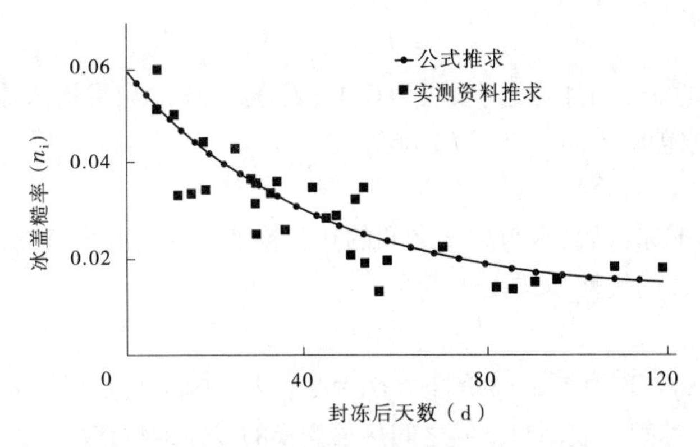

图 2　黄河三湖河口断面冰盖糙率随时间变化

1.2 热交换

冬季河道水体的温度状态取决于其与周围环境之间不停的热交换，河道内介质间热交换主要包括：水与大气热交换 φ_{wa}，水与冰盖热交换 φ_{wi}，冰盖与大气热交换 φ_{ia}，水与河床热交换 φ_{wb}。在畅流期，水与大气热交换在水体与周围环境介质之间的交换中起主导作用，在冰封期，冰盖与大气热交换决定了冰盖的生长与消融。在内蒙古河段水与河床热交换通量 φ_{wb}较小，计算中可以忽略。

1.2.1 水与大气热交换

河道水体的热量主要来源于太阳辐射、大气辐射以及降雨、入流等所带来的热量,另外通过反射辐射、对流交换、水体增温、蒸发和出流等吸收或消耗一部分热量,相应水体表面吸收的总热量为

$$\varphi_{wa} = \varphi_{sn} + \varphi_{an} - \varphi_{br} - \varphi_{c} - \varphi_{e} \tag{4}$$

式中:φ_{sn}为太阳短波辐射;φ_{an}为大气长波辐射;φ_{br}为水体长波返回辐射;φ_{c} 为水面蒸发热损失;φ_{e} 为热传导通量。

利用式(4)计算水面与大气之间热交换,需要以下实测气象资料:太阳到达水面天文总辐射、日照百分率、水面上 2 m 处的气温、云层覆盖率、水表面温度、水面上空气的蒸汽压力、水面以上 10 m 的风速、水面温度、露点温度等。

从理论上讲,在气象资料完备的条件下,可以准确地计算 φ_{wa}的值,但由于气象条件难以准确测定、较多系数取值需要率定及热传导方面研究的困难性,通常将水面与大气的单位面积热交换率 φ_{wa}表示为气温和水温的线性函数[17]:

$$\varphi_{wa} = C_0(t_w - t_a) \tag{5}$$

式中:C_0 为复合热交换系数,一般取为 15 ~ 25,黄河内蒙古河段 C_0 取为 20;t_w 为水温,℃;t_a 为气温,℃。

1.2.2 水与冰盖之间的热交换

在水体表面形成冰盖后,水与大气之间的热交换变为水与冰盖的热交换,其对冰盖形成和发育影响较大,其大小取决于水体的湍流作用,本研究采用 Ashton(1973)模式,相应计算式为

$$\varphi_{wi} = h_{wi}(t_w - t_m) \tag{6}$$

式中:$h_{wi} = C_w v^{0.8}/d_w^{0.2}$;$t_m$ 为冰点温度,取为 0 ℃;d_w 为水深;v 为平均水流速度;C_w 为冰盖阻力系数,其值随冰盖阻力而变,取为 1 662。

1.2.3 冰盖与大气之间的热交换

在水体表面形成冰盖后,水与大气之间的热交换变为冰盖与大气之间的热交换,冰的上表面热交换用下面的线性模式表达[18]:

$$\varphi_{ia} = h_{ia}(t_s - t_a) \tag{7}$$

式中:t_s 为冰面温度,在没有冰盖的条件下,$t_s = (t_a h_i/k_i + t_m/h_{ia})/(h_i/k_i + 1/h_{ia})$;$h_i$ 为流凌固体冰厚度;h_{ia}为冰盖上表面与空气之间热量交换的线性系数,取为 12.57 W/(℃ · m²);k_i 为冰的热传导系数,取为 2.24 W/(m · K)。

1.3 水体热扩散方程

对于充分混合的河流,其水温沿流程的变化可用一维扩散方程来描述:

$$\partial(\rho C_p A t_w)/\partial t + \partial(\rho Q C_p t_w)/\partial x = \partial(\rho A E_x C_p \partial t_w/\partial x)/\partial x - B_0\varphi_T \tag{8}$$

式中:C_p 为比热,取 4 148;ρ 为水密度;E_x 为热扩散系数,$E_x = \sum\sigma_t/v_T$;σ_t 为温度普朗特数;φ_T 为紊动黏性系数,是水体与周围环境之间单位面积热交换(包括明流水面与大气的热交换,水面与漂浮冰块或冰盖的热交换,以及河段水体与河床的热交换率);B_0 为扣去岸冰部分的河宽,当无岸冰时 $B_0 = B$。

1.4 冰花扩散方程

在封冻过程中，水内冰花是所有其他形式河冰的起源，当水温下降到冰点时，进一步变冷会导致河水过度冷却并形成冰晶，其形成取决于水流紊动强度、流速和水体的失热率。

$$\partial(AC_v)/\partial t + \partial(QC_v)/\partial x = \partial(AE_i\partial C_v/\partial x)/\partial x + B_0[(1 - C_a)\varphi_{wa} + C_a\varphi_{wi}]/\rho_i L_i - \alpha(1 - v_z/u_i)C_v/A + \sum S \tag{9}$$

式中：C_v为冰花（水内冰）含量，指单位长度河道内冰花的体积与液体和冰花总体积之比（悬浮状水中冰体积浓度）；C_a 为表面流凌密度；ρ_i 为冰密度；E_i 为冰花扩散系数，河道内冰花弥散通量与冰花在水体的紊动输移和热交换参数冰花量相比较较小，计算中可以忽略；L_i 为结冰潜热，取 334.84；α 为水内冰变为浮冰的比例系数[13]；u_i 为冰粒浮速，$u_i = -0.025(t_w + \varphi_T/1\ 130) + 0.005$；$v_z$ 为紊动速度的竖向分量，$v_z = [(g/(0.7c + 6)c)]^{0.5}u/5$；$c$ 为谢才系数；$\sum S$ 为其他源项，代表演进、冰盖下沉积以及由冰盖下堆积物的侵蚀所产生的冰花，其来源及数值通量较难确定，计算中常忽略。

1.5 水面浮冰输运方程

当水内冰花和絮状冰体增大时，浮力的增加将克服垂向混掺作用而在河流水面形成流凌，并在向下游运动过程中厚度和表面积不断增大，流凌密度方程可以表述为

$$\partial\{[h_i + (1 - e_f)h_f]C_aB_0\}/\partial t + \partial([h_i + (1 - e_f)h_f]C_aB_0u)/\partial x = C_aB_0(\varphi_{ia} - \varphi_{wi})/\rho_i L + \alpha(1 - v_z/u_i)C_v/A \tag{10}$$

式中：h_f 为流凌冰面底部冰花层厚度；e_f 为冰花层孔隙率，取为 0.4。

流凌中固体冰厚度 h_i 的热增长计算，以开始流凌的初始冰厚为基础（在黄河内蒙古河段初始流冰厚度取 0.001 m），在固体冰冻结增长不超过冰花沉积层的底部时，固体冰块的热力生长方程为

$$\mathrm{d}h_i/\partial t = \varphi_{ia}/(\rho_i e_f L_i) \tag{11}$$

冰块底部冰花厚度的变化率，取决于冰盘下侧面冰上冰花的沉积率和固体冰块向冰花层内的生长率：

$$\mathrm{d}h_f/\partial t = \alpha(1 - v_z/u_i)C_v/A - \mathrm{d}h_i/\partial t \tag{12}$$

1.6 岸冰的形成

河流中岸边流速足够小时，由于水面冰的聚集和堆积，将形成沿河宽方向（侧向）发展的静止岸冰，其发展取决于水面流冰与已有岸冰边缘接触的稳定性。研究表明，当垂线平均流速 $v_s < (\Phi_T/(-1.1 - t_w) - 15v_a)/1\ 130$ 时（v_a 为风速），岸冰开始形成，其横向增长取决于浮冰块与岸冰接触时的稳定性，岸冰宽度的增长率与表面流冰密度成正比。在本研究中，采用 Michel 等提出的经验公式[15]：

$$\Delta w = 14.1v_*^{-0.93}N^{1.08}\Delta\varphi_{ia}/\rho L_i \tag{13}$$

式中：v_* 为流速判数，$v_* = u/v_c$；v_c 为水面冰能够黏结到岸冰上的最大流速，在黄河内蒙古河段 v_c 取为 0.55；Δw 为给定的时间间隔内岸冰的生长量；$\Delta\varphi_{ia}$为在给定的时间间隔单位面积的热量交换；N 为表面流冰密度，$N = Q_s/(u \cdot h_i \cdot B)$；$Q_s$ 流凌期间表层体积输冰流量，$Q_s = [h_i + (1 - e_f)h_f]C_aB_0u$。

1.7 动力冰盖发展过程

根据上游来冰类型和水流条件不同，冰盖发展过程主要包括平封和立封两种封河方式，其中立封又包括窄河型冰塞和宽河冰坝。根据黄河内蒙古河段凌情特性，本文以平封为主。

冰盖的推进速率取决于冰盖前沿的上游来冰流量和冰盖厚度，当冰盖前缘来流弗劳德数 Fr 小于一个临界弗劳德数 Fr_c 时，冰盖将以并置的方式向上游推进：

$$v_p = (Q_s - Q_u)v_s/[B_0h_0(1 - e_c)v_s - (Q_s - Q_u)] \tag{14}$$

式中：v_p 为冰盖推进速度；Q_u 为在冰盖前沿下潜的水中的冰流量，由流冰在冰盖前沿的稳定性准则确定；e_c 为冰盖整体孔隙率，$e_c = e_p + (1 - e_p)e$；e 为单个流冰块的孔隙率，取0.2；e_p 为冰集聚体内部，冰块间的空间间隙空隙率，取0.4；v_s 为上游来冰速度，近似为水流速度。

当冰盖前缘 $Fr > Fr_c$ 时，由于水流紊动加剧，冰块可能翻转、下潜，这时冰盖将以水力增厚的方式推进，也就是说在局部形成了冰塞，随着塞体的增大，缩窄了河道的过流面积，使冰盖前缘水位局部壅高，冰盖前缘的 Fr 降低，冰盖会继续以并置模式向前推进。同时存在一个最大弗劳德数 Fr_m，当 $Fr > Fr_m$ 时，冰盖不再向前推进，形成了卡冰结坝。在黄河内蒙古河段 Fr_c、Fr_m 分别取为0.06和0.08。

1.8 冰盖的热力生长和消退

由于冰盖上表面和底部发生热交换，冰盖将发生热力增厚或消融。根据黄河内蒙古河段冰情特征，研究河段通常情况下冰盖上无雪层、冰下有冰花堆积，固体冰盖的热力增长率主要由冰盖上表面与空气之间的热交换决定，当冰盖上表面温度 t_s 小于冰的融化温度 t_m 时，冰盖热力增长率用方程(11)计算，冰花层的增长利用方程(12)计算。当表面温度 t_s 等于冰的融化温度 t_m 时，冰体中的温度保持在恒温0 ℃，冰盖不会发生热力增长。反之，冰盖会发生消融，整个冰盖的消融主要包括冰盖受到大气热辐射和冰花层受到冰水热交换的影响。

冰盖的表面融化速率可以由下述给出：

$$\rho_i L_i \mathrm{d}h_i/\mathrm{d}t = h_{ia}(t_m - t_a) \tag{15}$$

冰花层消融的数学表达式为：

$$(1 - e_f)\rho_i L_i \mathrm{d}h_f/\mathrm{d}t = -h_{wi}(t_w - t_m) \tag{16}$$

1.9 方程求解

在天然河道内，冰盖形成后水位壅高，大部分河段冰水上滩，初始上滩水体在冰盖下流速较低，随冰与大气之间热交换，上滩水在滩地部分转化为固体冰盖。在模型求解计算时，根据断面地形特点，以滩唇为分界点，把地形概化为主槽与两侧滩地，水流演进主要在主槽中进行，封河期水位壅高，水流通过滩唇进入滩地的流量记为 q_1，该量通过滩槽流量模数进行分配，并认为一部分水量转化为固体冰(冰厚与主槽一致)，另外水量蓄滞在冰下，并把这部分水体进行累加记录。在开河期，冰盖融化，水位回落，累计在滩地部分水体要逐步释放归槽。具体求解步骤如下：

(1)畅流期洪水演进模型(式(1)、式(2))推求沿程各断面流量(Q)、水位(Z)；

(2)求各断面水汽热交换量 φ_{wa}(式(4))；

(3)水体热扩散模型(式(8))求水温 t_w;

(4)流凌封河期($T_a < 0$ ℃),热交换$[(1-C_a)\varphi_{wa}+C_a\varphi_{wi}]$,冰花扩散方程(式(9))求水内冰浓度 C_v;

(5)流凌封河期($T_a < 0$ ℃),热交换 $C_a(\varphi_{ia}-\varphi_{wi})$,水面浮冰输运(式(10))求流凌密度 C_a,统计上滩水体量$\sum q_1\Delta t$;

(6)岸冰形成(式(13))求岸冰的生长量 Δw;

(7)热交换 φ_{ia},求固体冰块的热力生长 h_i(式(11));

(8)冰块底部冰花厚度的变化率 h_f(式(12));

(9)动力冰盖的发展(式(14)),冰盖将以并置的方式向上游推进速度 v_p 及推进距离$\sum v_p\Delta t$;

(10)稳定封河期($T_a < 0$ ℃),热交换 φ_{ia},求冰盖热力生长 h_i(式(11)),统计上滩水体量$\sum q_1\Delta t$;

(11)稳定封河期($T_a < 0$ ℃),热交换 φ_{ia},求冰盖部冰花厚度的变化率 h_f(式(12));

(12)开河期($T_a > 0$ ℃),冰盖表面融化,求冰厚 h_i(式(15)),根据冰盖融化速率释放上滩水体$\sum q_1\Delta t$;

(13)开河期($T_a > 0$ ℃),求冰花层消融 h_f((式(16))。

2 三湖河口—头道拐河段冰情验证分析

近20多年统计资料表明[2],近几年黄河内蒙古河段大部分槽蓄水增量主要集中在三湖河口—头道拐河段。最早流凌和最早封河也多发生在该河段,然后向上游区段延伸。该河段流凌日期在当年11月下旬,河段首封在12月上旬,河段开河在3月下旬,流凌天数20 d左右,封河天数100 d左右,平均封河冰厚0.59 m,最大冰厚能达1.0 m,封河流量600 m^3/s左右,最大槽蓄水增量平均为5.8亿 m^3。该河段全长292 km,共有70多个实测大断面资料,断面平均间距4 km,主槽平均宽度约660 m,滩地平均宽度约3 800 m,属于典型复式河道。该河段仅在三湖河口水文站和头道拐水文站进行冰情常规测验,测验内容主要有日均流量、日均水位、日均气温、日均水温、冰盖厚度等。充分利用现有测验资料,对头道拐水文站冰盖发展过程和水温变化过程进行验证分析,模型中参数取值见表1。

表1 模型中关键参数取值

参数	物理意义	取值	参数	物理意义	取值
α_n	衰减指数	0.025	P	水密度	1 000.0
$n_{i,i}$	初始冰盖糙率	0.06	L_i	结冰潜热	334.84
$n_{i,e}$	稳定封河后期冰盖糙率	0.012	σ_t	温度普郎特数	0.85
C_0	复合热交换系数	20.0	φ_T	紊动黏性系数	1×10^{-2}
t_m	冰点温度	0	e_f	冰花层孔隙率	0.4
C_w	冰盖阻力系数	1 662	E	单个流冰块的孔隙率	0.5
h_{ia}	冰面与空气交换系数	12.57	e_p	冰块间的空间间隙空隙率	0.4
k_i	冰的热传导系数	2.24	Fr_c	平封临界弗劳德数	0.06
C_p	比热	4 148	Fr_m	最大临界弗劳德数	0.08
ρ_i	冰密度	917.0	v_c	水面冰黏结到岸冰上的最大流速	0.55

2.1　初边界条件

计算河段地形黄断38(三湖河口水文站)—黄断87采用2008年汛前实测大断面资料,黄断89—黄断109(头道拐水文站)采用2004年实测大断面资料。计算河道初始流量采用封河期平均流量600 m^3/s,初始水体温度5.0 ℃。进口采用三湖河口水文站实测日均流量过程(见图3)及日均水温过程,出口采用头道拐水文站实测日均水位过程。

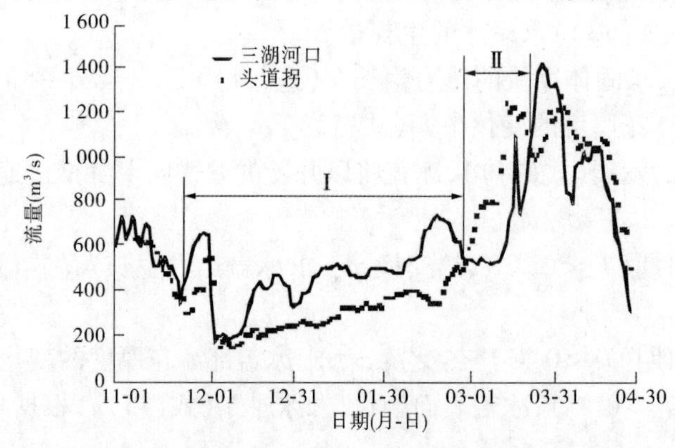

图3　三湖河口、头道拐水文站实测日均流量过程

该河段无实测太阳辐射、风要素等气象资料,仅在三湖河口、头道拐水文站有实测日最高、日最低和日均气温资料。上述气温资料不能够反映气温在一日内实时变化的特性,因此需要对气象资料进行拟合处理。利用日最高、日最低气温资料,采用正弦分段法建立模拟气温日变化的拟合曲线:

$$T_i = (T_{max} - T_{min})\sin(i\pi/12 - \pi/2)/2 + (T_{max} + T_{min})/2 \tag{17}$$

图4为三湖河口水文站与头道拐水文站拟合与观测日均气温变化过程对比,从拟合气温变化过程时空分布上看,三湖河口水文站拟合值与观测值比较接近,拟合精度较高。头道拐水文站除1月模拟值较观测偏高较大外,其余月份模拟偏差和变幅都在应用中是可以接受的。因此,在无实测热辐射、风要素和气温变化过程资料,而仅有日最低和日最高资料时,通过利用正弦分段模拟法模拟气温的日变化过程来代替河道与大气之间的实时热交换,在建立河冰模型时是可行的。

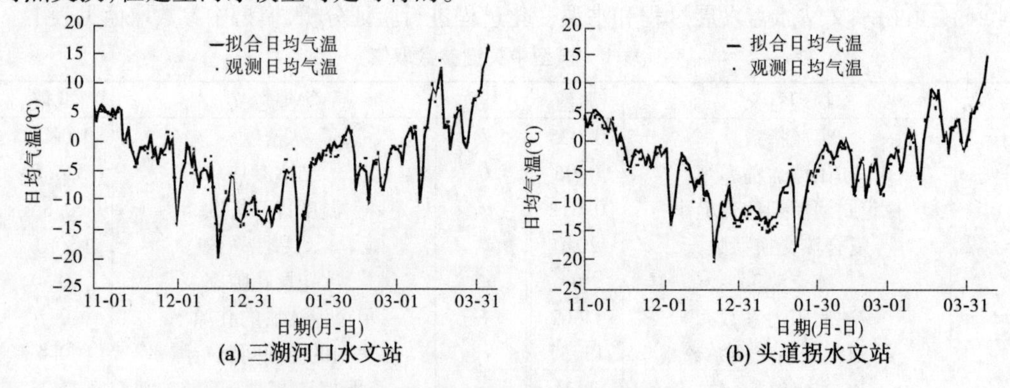

(a) 三湖河口水文站　　(b) 头道拐水文站

图4　拟合与观测日均气温变化过程对比

2.2 验证分析

图5为头道拐水文站冰盖发展过程模拟和观测比较，表2为模拟与观测冰情要素统计，模拟头道拐水文站初封时间为12月4日9时，观测为12月6日8时，模拟初封时间比观测提前2 d。冰盖形成后，冰盖在冰面与大气、冰底与水体热交换共同作用下逐渐增厚，模拟冰盖发展趋势与观测基本一致，模拟在1月29日9时最大冰厚为0.62 m，观测在2月1日8时达到最大值0.65 m，模拟最大冰厚比观测值小0.03 m。在2月1日至3月8日，尽管日均气温仍然在0 ℃以下，但日最高气温逐渐升高，冰盖厚度有逐渐变小的趋势，该时段内模拟冰盖发展过程与实测比较一致，模拟与实测最大冰厚差值为0.08 m。3月8日以后，受到气温快速升高的影响，冰厚迅速变小，模拟在3月20日11时该水文站开河，实测3月17日8时有流凌，模拟开河时间较实测晚3 d。

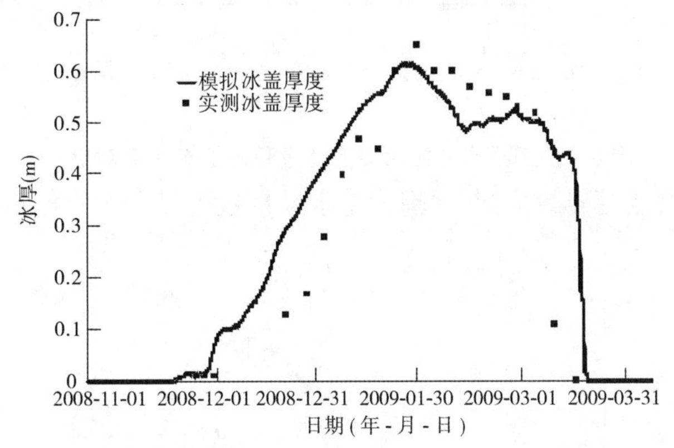

图5 头道拐水文站冰盖发展过程模拟和观测比较

表2 模拟与观测冰情要素统计(2008~2009年)

项目	初封时间(年-月-日 T时)	最大冰厚(m)	最大冰厚时间(年-月-日 T时)	开河时间(年-月-日 T时)	最大槽蓄水增量出现时间(年-月-日 T时)	最大槽蓄水增量(亿 m^3)
模拟	2008-12-04T09	0.62	2009-01-29T09	2009-03-20T11	2009-02-25T02	10.23
观测	2008-12-06T08	0.65	2009-02-01T08	2009-03-17T08	2009-02-22T08	10.95

图6为头道拐水文站水温变化过程模拟与实测对比，受计算初始温度影响，11月1~7日模拟水温与实测日均水温有差异。受大气温度下降河道水体与大气热交换影响，水温逐渐降低，在11月27日实测日均水温降到0 ℃，模拟水温下降的过程与实测比较一致。在冰盖形成初期受到上游封河较晚、水体暴露在外的影响，上游来水水温处于超低温状态，到达冰盖之下时会与冰盖发生热交换，冰盖释放热量并增厚，水体吸收热量后向冰点0 ℃方向调整，这种调整会一直持续到其上游河道大部分区域封河为止，头道拐水文断面计算最低水温为-0.164 ℃。在12月24日以后的稳定封河期，模拟水温为0 ℃左右，这与观测值比较一致。在开河期，实测在3月17日8时以后，水温随气温的升高而逐渐升高，模拟在3月20日11时后水温随气温变化逐渐升高，模拟与实测相差3 d，这主要是受到模拟开河较实测开河晚的影响。水温低于0 ℃是由于当水温下降到冰点以下时[19]，

进一步变冷会导致河水过度冷却并形成冰晶，冰晶的形成过程是冰晶释放热量、水体吸收热量的过程，同时外界气温过低水体与大气剧烈热交换，水体又向大气中释放热量，这就造成水温一直处于冰点与冰点以下的一个动态的调整过程。

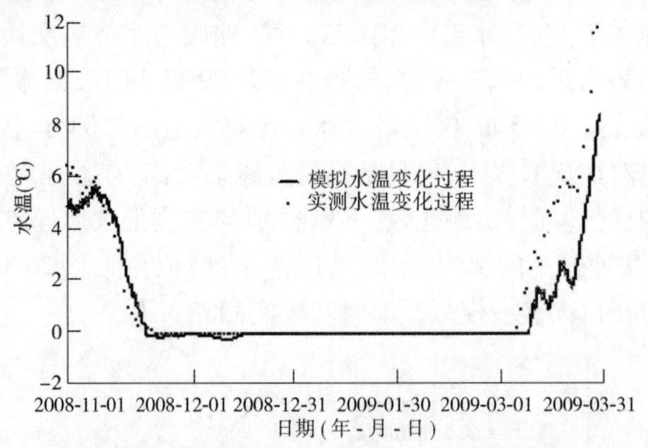

图6　头道拐水文站水温变化过程模拟与实测对比

图7为槽蓄水增量过程验证图，模拟槽蓄水增量过程与实测变化趋势基本一致，封河

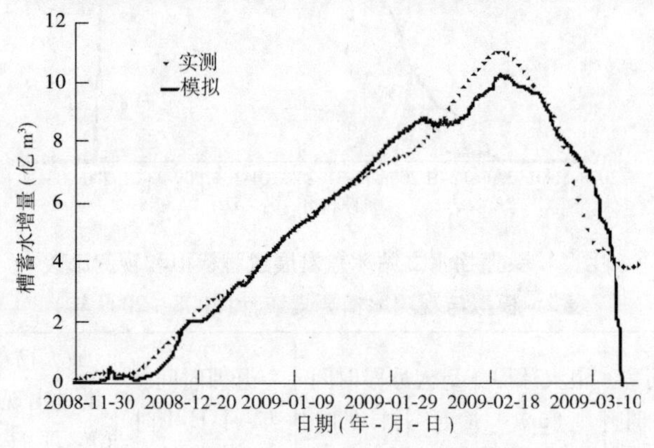

图7　槽蓄水增量模拟与实测对比

期模拟比实测滞后约3 d，开河期滞后4 d。模拟最大槽蓄水增量为10.23亿m^3，实测10.95亿m^3，模拟比实测偏小0.72亿m^3，模拟最大槽蓄水增量出现时间比实测滞后3 d。从实测流量传播过程看（见图3），在流凌期及稳定封河期（图3中Ⅰ区），进口流量大于出口流量，槽蓄水量增大；在开河期（图中Ⅱ区），槽蓄水增量快速释放，出口流量大于进口流量。从模拟槽蓄水增量来源看（见图8），主槽冰盖蓄水在冰盖最厚时最大为1.18亿m^3，其蓄水量随冰盖不断增长而增大，当冰盖发展到最长、厚度最大时，主槽冰盖蓄水也达到最大，其后在冰盖稳定时，蓄水量变化不大，当气温升高冰盖消融时，其蓄水迅速释放。附加冰盖引起水位壅高，主河道槽蓄水量增大，其量值受冰盖固结程度及上游来水过程影响，在封河初期，附加冰盖存在对槽蓄水增量影响较大，稳定封河期槽蓄水量的变化以上游来水影响为主，模拟至2月23日达到最大值2.76亿m^3。模拟河段滩地较大，成为了蓄滞洪水的主要场所，其蓄滞洪水要较初封期偏晚，模拟在12月15日前后，滩地开始滞洪，随冰盖发展及上游持续来水，滩地滞洪量逐渐增大，在稳定封河期，进出河段流量

相对稳定，冰盖糙率变化也不剧烈，蓄滞洪水相对稳定，模拟在2月23日7时，达到最大值的6.49亿m^3，温度升高后，蓄滞洪水转化为槽蓄水增量归槽。从上述分析看出，滩地冰盖及冰盖下滞洪是槽蓄水增量的主要来源，占最大槽蓄水增量的63.44%，其次是主槽水位壅高的影响，占最大槽蓄水增量的26.56%，主槽冰盖蓄水相对稳定，占最大槽蓄水增量的10.0%左右。

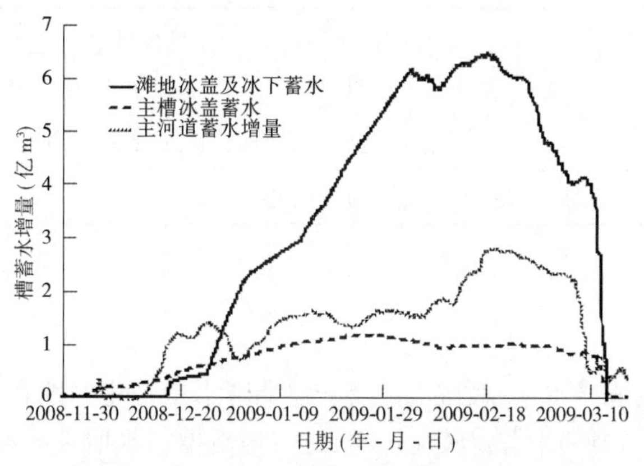

图8　模拟槽蓄水增量过程组成

为分析河道结冰对水位的影响，本文以包头水文断面为例对比了考虑结冰与不考虑结冰对水位变化过程的影响(见图9)，在12月6日后，受到结冰的影响，冰盖对水体产生摩擦耗能，水体需要增加势能，模拟水位就会壅高。由于冰盖厚度及结冰固结时间都影响了冰盖摩擦力的大小，模拟在12月23日23时冰盖摩擦力达到最大值，相应壅水位为0.85 m。12月23日以后，冰盖进一步固结，冰盖糙率系数随之降低，模拟壅水位也逐渐降低。3月22日以后尽管断面已经开河，但受到前期槽蓄水量的释放，考虑冰盖影响的工况下，模拟水位仍然会较不考虑冰盖时要高。

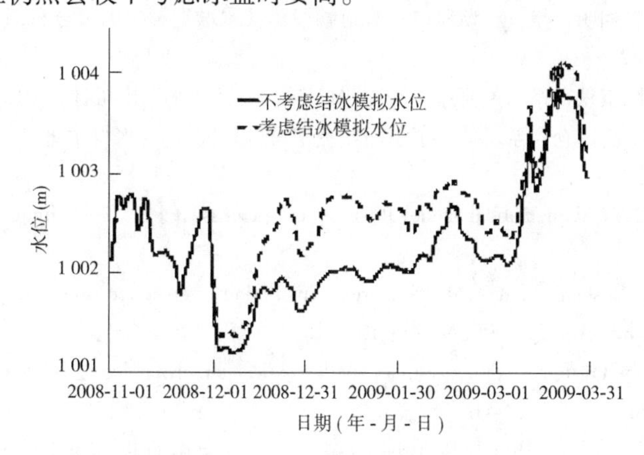

图9　结冰对包头水文断面水位影响

同时，利用2012～2013年度冰情资料对该河段槽蓄水增量组成开展模拟分析，模拟采用2012年汛后实测大断面资料，进口采用三湖河口日均流量过程及水温过程，出库采用头道拐站日均水位过程。模拟成果见表3，模拟冰厚比实测大0.07 m，出现最大冰厚的时候提前了3 d,模拟最大槽蓄水增量为8.96亿m^3,实测为8.16亿m^3。从槽蓄水增量组成看,滩地冰盖及冰盖下蓄水仍然是最大槽蓄水增量的主要组成部分,模拟该部分水量为5.59亿m^3,占最大槽蓄水增量的62.4%,其次是主槽水位壅高的影响,占最大槽蓄水增量的23.5%,主槽冰盖蓄水占最大槽蓄水增量的14.1%左右。

表3 模拟与观测冰情要素统计表(2012~2013年)

项目	最大冰厚(日期)	最大槽蓄水增量(日期)	主槽槽蓄水增量	主槽冰盖蓄水量	滩地冰盖及冰下蓄水量
模拟	0.71 m(2013-02-18)	8.96亿m^3(2013-02-19)	2.11亿m^3	1.26亿m^3	5.59亿m^3
观测	0.64 m(2013-02-21)	8.16亿m^3(2013-02-20)	—	—	—

3 结论

不考虑土壤中的冻结水量、融雪水量及开河期降水量转化的地表径流量等物理量的影响,分析了槽蓄水增量的来源及转化过程,建立考虑槽蓄水增量的河冰动力学模型,利用实测冰情资料对模型进行验证。研究表明,在流凌期及封河初期,河道水体温度低于冰点0 ℃,计算最低温度为-0.164 ℃,在稳定封河期水体温度维持在冰点0 ℃;计算槽蓄水增量来源表明,天然复式河道具有较大的滩地空间,凌汛期受河道封河影响,水位壅高,冰水上滩,滩地冰盖及冰盖下滞洪是内蒙古河段槽蓄水增量的主要来源,占最大槽蓄水增量的60%以上,其次是水位壅高主河道内槽蓄水量增量,冰盖蓄水相对稳定。

参考文献

[1] 付辉,杨开林,王涛,等. 河冰水力学研究进展[J]. 南水北调与水利科技,2010(1):14-17.

[2] 方立,陈伟伟,冯相明,等. 三湖河口—头道拐段槽蓄水增量影响因素分析[J]. 水科学与工程技术,2012,3:10-12.

[3] 可素娟,王敏,饶素秋,等. 黄河冰凌研究[M]. 郑州:黄河水利出版社,2012.

[4] 姚惠明,琴福兴,沈国仓,等. 黄河宁蒙河段凌情特性研究[J]. 水科学进展,2007,18(6):893-899.

[5] Lal A M, Shen H T. Mathematical model for river ice processes[J]. J. Hydraul. Eng. ASCE, 1991, 117:851-867.

[6] Shen H T, Wang Desheng, Lal A M. Numerical simulation of river ice processes[J]. Journal of Cold Regions Engineering, ASCE, 1995, 9(3):107-118.

[7] Jon E Zufelt, Robert Ettema. Fully coupled model of ice-jam dynamics[J]. Journal of Cold Regions Engineering, 2000, 14(1):24-41.

[8] Shunan Lu, Hung Tao Shen, Randy D. Crissman. Numerical study of ice-jam dynam ics in Upper Niagara River[J]. Journal of Cold Regions Engineering, 1999, 13(2):78-102.

[9] Shen, H. T., Y. C. Chen, R. D. Crissman. Lagrangian discrete parcel simulation of two dimensional river ice dynamics[J]. Int. J. Offs hore and Polar Eng. 1993,3(4):328-332.

[10] Beltaos, S. Numerical computation of river ice jams[J]. Canadian Journal of Civil Engineering, 1993, 20 (1):88-89.

[11] 杨开林, 刘之平, 李桂芬, 等. 河道冰塞的模拟[J]. 水利水电技术, 2002, 33(10): 40-47.
[12] 茅泽育, 吴剑疆, 张磊, 等. 天然河道冰塞演变发展的数值模拟[J]. 水科学进展, 2003, 14(6): 700-705.
[13] 茅泽育, 许昕, 王爱民, 等. 基于适体坐标变换的二维河冰模型[J]. 水科学进展, 2008, 19(2): 700-705.
[14] 王军, 赵慧敏. 河流冰塞数值模拟进展[J]. 水科学进展, 2008, 19(4): 597-604.
[15] 魏良琰. 封冻河流阻力研究现况[J]. 武汉大学学报(工学版), 2002, 35(1):1-9.
[16] 蔡琳,等. 中国江河冰凌[M]. 郑州: 黄河水利出版社, 2008.
[17] 王军,等. 河冰形成和演变分析[M]. 合肥: 合肥工业大学出版社, 2004.
[18] Michel B, Marcotte N, Fonseca F, et al. Formation of border ice in the Ste[M]. Anne River. Pro. of the Workshop on Hydraulices of Ice-Coverd River. Univ. of Alberta, Canada,1980.
[19] 滕晖, 邓云, 黄奉斌, 等. 水库静水结冰过程及冰盖热力变化的模拟试验研究[J]. 水科学进展, 2011, 22(5): 720-726.

【作者简介】 张防修(1979—),男,山东鱼台人,高级工程师,主要从事河道水力学及环境水力学方面的研究工作。E-mail:253545768@ qq. com。

乌兰布和沙漠风沙特征及入黄量研究*

田世民[1] 郭建英[2] 尚红霞[1] 李锦荣[2] 孙赞盈[1] 马 涛[1]

(1. 黄河水利科学研究院 水利部泥沙重点实验室,郑州 450003;
2. 水利部牧区水利科学研究所,呼和浩特 010020)

摘 要 乌兰布和沙漠是黄河上游内蒙古河段风沙的主要来源区,以往对沙漠入黄风沙的研究成果均在1 800万t/年以上。本文分析了乌兰布和沙漠沿黄段河道边界条件和土地利用状况、研究区域附近风力条件和沙尘暴特征的变化,分析了乌兰布和沙漠入黄风沙的变化趋势。根据野外对风沙流输沙量和沙丘运动特征的观测和分析,得到了沙丘推移入黄量和风沙直接入黄量。结果表明,自20世纪80年代至今,乌兰布和沙漠的入黄风沙量是呈减少趋势的,在现状边界条件下,沙丘推移入黄量为10.42万t/(m·年),风沙直接入黄量为158.91万t/(m·年)。该数值相对前期研究成显著偏小,但从河道边界条件、风力条件和磴口站同流量水位的变化情况来分析,风沙入黄量成果基本合理。

关键词 乌兰布和沙漠;风沙;黄河上游;风沙入黄量

Motion Features of wind sand and its amount into the Yellow River in Uianbuh desert area

Tian Shimin[1] Guo Jianying[2] Shang Hongxia[1]
Li Jinrong[2] Sun Zanying[1] Ma Tao[1]

(1. Key Laboratory of Yellow River Sediment Research of the Ministry of Water Resources, Yellow River Institute of Hydraulic Research, Zhengzhou 450003;
2. Institute of Water Resources for Pastoral Area, MWR, Hohhot 010020)

Abstract Ulanbuh Desert is the main source area of wind sand into the Upper Yellow River. The previous studies have put forth the amount of the wind sand into the Yellow River with more than 18 million tons per year. This paper analyzes the changes in river boundary, land use along the desert, and the wind conditions and sandstorm frequency, and the variation trend of the wind sand into the river is revealed. The field investigation and observation have been carried out, by which the

*基金项目:水利部公益性行业科研专项(201401084)、国家自然科学基金资助项目(51409114)、国家基础研究计划(973计划2011CB403303)。

moving speed of the sand dunes and the wind sand blown into the river are analyzed. The results indicate that the wind sand into the Yellow River has decreased since 1980s. Under the current boundary conditions, the wind sand amount into the Yellow River induced by the moving ahead of the sand dunes is 0.104 2 million tons per year, and the wind sand blown into the river is 1.589 1 million tons per year. The total amount of the wind sand into the Yellow River is significantly smaller than the previous studies, but is consistent with the boundary conditions of land use, windpower, and the water stage in Dengkou hydraulic station.

Key words Uianbuh Desert; wind sand; Upper Yellow River; wind sand amount into the Yellow River

1 引言

黄河流出宁夏沙坡头，自西往东转北，再折东向南，绕鄂尔多斯高原边缘的平原和峡谷而行，流经的这一段（也称宁蒙河段）是我国北方中温带半湿润气候向干旱气候的过渡地带，第四纪晚更新世以来形成的几大沙漠均分布在此。其中，乌兰布和沙漠位于内蒙古阿拉善高原东部，黄河西侧内蒙古乌海市乌达区与巴彦淖尔市磴口县之间，地理坐标为东经105°32′73″～107°10′27″，北纬39°16′03″～40°55′27″，总面积约 1.3×10^4 km^2[1]，是这一段黄河风沙的主要来源区[2]。

许多研究者对乌兰布和沙漠每年的入黄风沙量进行了研究[2-7]，得到的结论也不同，截至目前，对乌兰布和沙漠的年入黄风沙量仍然存在争议。对这一问题的研究，涉及三个方面，第一方面是沙漠风沙运动规律和风沙流的结构等问题，许多研究者在风沙运动规律等方面进行了大量的基础性研究，在风沙流结构方面所取得的成果和认识也基本一致[5,8-11]。第二个方面是对河道边界条件的辨识，20世纪80年代，人类活动对河道和沙漠的影响较小，沿河多为沙地或沙丘，杨根生等[2]一批专家学者对当时的河道边界条件进行了分析，在此基础上提出了乌兰布和沙漠的年入黄风沙量。第三个方面是对入黄风沙的计算方法，有的研究者在计算风沙入黄量时没有区分风向，或者在区分风向时认为被风吹起来的风沙都进入了黄河。而实际上，乌兰布和沙漠位于黄河西侧，地势由西北向东南倾斜，该区域以西北风为主，因此在计算入黄风沙量时，只有西北风向和西南风向的风才能把沙漠沙带入黄河，其他风向下的风沙量应视为无效风沙量。另外，即便是西北风向或西南风向的风沙量，也有一部分是越过黄河河道到对岸的，这一部分风沙同样不能计入黄风沙量中。相对20世纪80年代，目前的河道边界条件、土地利用类型以及气象条件等都发生了较大变化，因此本文根据现状的河道边界条件，基于对乌兰布和沙漠风沙运动规律的研究，针对前期研究中存在的问题，对乌兰布和沙漠入黄风沙量进行了进一步研究。

2 研究区域和方法

2.1 研究区域

乌兰布和沙漠的形成和演化一直受到地学界和考古学界的关注，且至今仍存在争论。有的研究者通过考古认为西汉时期汉民大规模的开垦和后期的弃荒，导致了乌兰布和沙漠的形成[12-14]，也有的研究者对乌兰布和沙漠北部地区湖泊沉积进行的研究及 ^{14}C 测龄，认为沙漠形成于晚更新世末至全新世早期,并且认为是干旱气候变化导致了沙漠的形成[15-16]。还有的研究者通过对沙漠腹地丘间地裸露的湖相黏质砂土和钙质胶结的植物根系等取样分析,认为现在的乌兰布和沙漠是在吉兰泰古盐湖逐渐衰退、干涸和沙漠化的基础上发展起来的,影响沙漠形成的除古湖的衰退、区域干旱气候的影响外,黄河河套段的变迁以及区域地质构造运动也是不可忽略的因素[17]。

据统计,乌兰布和沙漠流动沙丘占 36.9%、半固定沙丘占 33.3%、固定沙丘占 29.8%,土壤以灰漠土和风沙土为主,植被以白刺和霸王为主构成荒漠植被的建群种。年平均降水量 142.7 mm,年平均气温 8.0 ℃,年平均风速 3.7 m/s,大风和风沙以 3~5 月最多,风向多为西北风。多年平均大风日数 10~32 d,平均扬沙日数 75~79 d,沙尘暴日数 19~22 d,属于典型的中温带大陆性干旱季风气候[18]。

黄河流经沙漠的宁蒙河段风积沙入黄有三种形式:一是黄河干流两岸风成沙直接入黄;二是沙漠沙粒被风带入分布于沙漠、沙地的沟道内,在洪水季节被水流挟带进入黄河;三是沙漠中流动沙丘和半固定沙丘在大风作用下,沙粒被风直接吹入黄河。乌兰布和沙漠风沙入黄兼有第一种和第三种形式。本文研究的重点区域为乌兰布和沙漠临黄段,以风沙流和沙丘推移直接入黄两种方式进入黄河,乌兰布和沙漠沿黄段的分布情况见图 1。

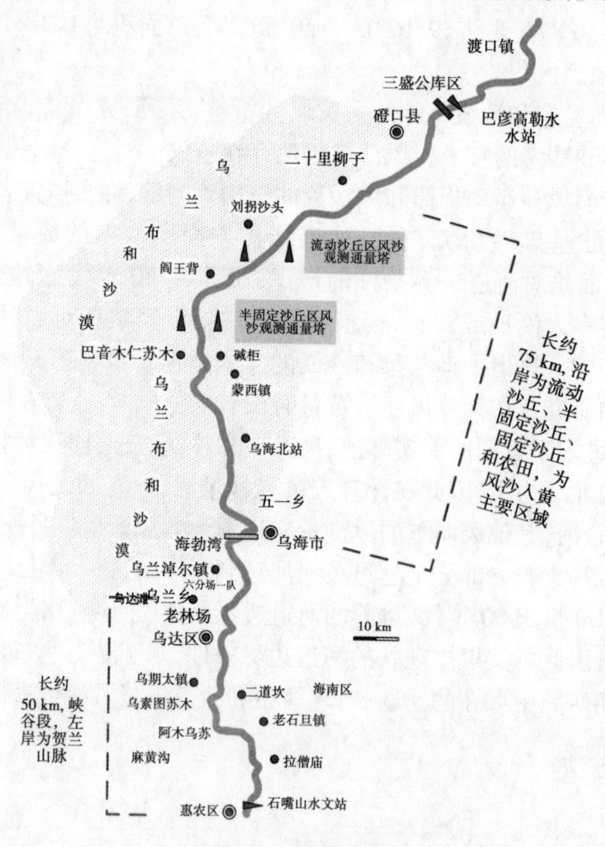

图 1 乌兰布和沙漠沿黄段的分布情况

2.2 研究方法

根据最新的遥感图片,对乌兰布和沙漠沿黄区域的土地类型进行识别和测量长度,理清土地利用现状。在沿黄沙漠区域选择典型沙丘,利用三维激光扫描仪和全站仪测量沙丘形态及移动距离。全站仪测量精度为二等闭合水准测量,比例尺为1:200,等高距为20 cm。三维激光扫描仪为点阵扫描,等高距为2 mm。可以确定边界移动速度,又可以测定沙丘移动量,测量时间为每年的4月初。

沙丘移动速度采用测桩法测定移动距离,选取典型沙丘,在沙丘前20 m处设立一对观测桩,观测桩走向与沙丘走向平行,定期测定落沙角到观测桩平行线的距离。

沙丘风蚀量监测,同样选择具有代表性的沙丘进行观测,测量记录沙丘的形态特征数据,在沙丘上设定测桩(用8号冷拔丝做成),插入沙中50 cm,外露50 cm,通过观测测桩的外露长度,估算沙丘的风蚀量(见图2),利用1 m高的旋转梯度集沙仪进行风沙收集。

图2 沙丘风蚀观测

同时,从中国气象科学数据共享中心下载了研究区域附近国家基本气象站的历年降雨、年平均风速和最大风速资料,以及历年沙尘暴发生次数等资料,分析研究区域内气候变化情况及其对风沙量的影响。

3 研究结果

3.1 河道边界条件变化

3.1.1 堤防情况

20世纪30年代前后,内蒙古河道堤防进行了一系列的整修和新修。1951~1954年以及1964~1974年,内蒙古河段的堤防经历了两次大修,至1985年,内蒙古共有黄河堤防895 km[19]。20世纪90年代后半期,加速进行了内蒙古黄河防洪工程的建设。目前,内蒙古境内石嘴山至三盛公库区两岸堤防为不连续分布。

3.1.1.1 1991年堤防分布

根据黄河上游石嘴山—托克托1:50 000地形图(1991年绘制),1991年除三盛公库区围堤和导流堤外,整个河段基本上没有堤防,仅在个别河段有一些零星路堤。

3.1.1.2 2015年堤防分布

2015年研究区域内左岸堤防主要分布在海勃湾枢纽—三盛公枢纽区间,属于阿拉善盟阿拉善左旗,堤防长度33.806 km。右岸堤防主要分布在乌海市和鄂尔多斯市,在乌海市海勃湾区的下海勃湾分布有堤防9.438 km,鄂尔多斯市鄂托克旗那林套亥和阿尔巴斯境内分布有堤防21.841 km。此外,海勃湾库区内还有堤防22.244 km,其中左岸有堤防

17. 961 km,右岸有堤防 4. 283 km,已被淹没。堤防分布见图 3。

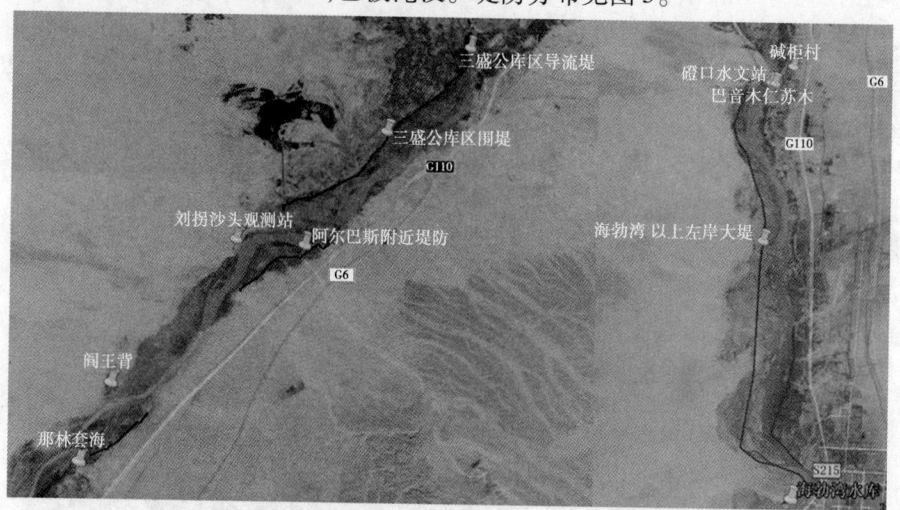

(a) 三盛公枢纽—中滩嘎查堤防分布　　(b) 中滩嘎查—海勃湾枢纽堤防分布

图 3　乌兰布和沙漠沿黄河两岸堤防分布

3. 1. 2　沿岸土地类型

从 20 世纪 90 年代末期开始,特别是进入 21 世纪后,国家多项林业重点工程相继启动,对乌兰布和沙漠的治理逐步正规化,在沙区从限制载畜头数发展到完全实施禁牧,加强了对天然植被的保护。在沙漠边缘地区累计围栏封育、退牧还草 24 万 hm^2,并辅以人工增加植被,在一定程度上减缓了沙化的扩展速度,部分沙地向内收缩,植被盖度从 20 世纪 90 年代的 8% 增加到目前的 11. 29%[1]。根据 2015 年遥感图片,乌兰布和沙漠沿黄河段目前的土地类型见表 1。

表 1　乌兰布和沙漠沿黄河段左岸土地类型

河段	长度(km)	河岸附近土地类型	备注
石嘴山水文站—海勃湾库区	50. 0	城市和农村居住地、农田	
海勃湾库区	17. 0	距河约 2. 5 km 范围内为村庄和居住地,之外为半固定沙丘和开发用地	半固定沙丘长 7 km,开发用地长 10 km
海勃湾枢纽—巴音木仁苏木南	35. 0	大堤以外为农田和流动沙丘	该河段有大堤,大堤外农田段长 10. 5 km,流动沙丘段长 24. 5 km
巴音木仁苏木南—磴口水文站	3. 97	大堤以外 1. 2 km 为固定沙丘	该河段有大堤
磴口水文站—中滩嘎查	9. 1	大堤以外为半固定沙丘和农田;大堤以内 1 ~ 2. 7 km 范围内为村庄和农田	该段有大堤,大堤以外农田段长度 6 km,半固定沙丘段长度 3. 1 km

续表 1

河段	长度(km)	河岸附近土地类型	备注
中滩嘎查—阎王背南	10.4	距河 1 km 为滩地,之外为流动沙丘	无大堤
阎王背沙窝	1.5	流动沙丘临河	无大堤
阎王背—刘拐沙头	11.9	距河 1 ~ 2 km 为农田,之外为流动沙丘	无大堤
刘拐沙头	2.55	流动沙丘临河	无大堤
刘拐沙头—三盛公枢纽	21.4	村庄和农田	无大堤,有三盛公库区围堤 16 km 和导流堤 3.2 km
合计	162.82		

现状条件下,沿河流动沙丘段长 50.85 km,其中流动沙丘临河段长 4.05 km,半固定沙丘段长 10.1 km,固定沙丘段长 3.97 km,居住地、农田段和开发地长 97.9 km。

3.2 研究区域气象条件变化

3.2.1 风速和降水量变化

根据国家基本气象站分布图,石嘴山—巴彦高勒河段及邻近区域分布有陶乐、惠农、吉兰太和阿拉善左旗等四个国家基本气象站,其分布见图 4。

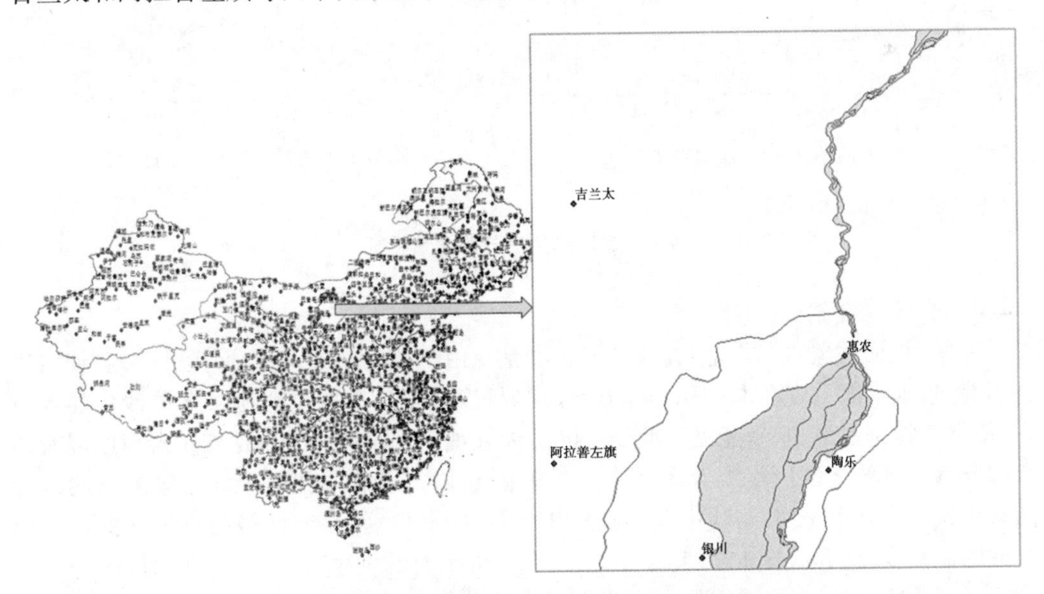

图 4 研究河段邻近区域的国家基本气象站

图 5 ~ 图 8 为四个气象站 1951 ~ 2012 年风速与降水量历年变化。陶乐站、惠农站和阿拉善左旗站各站年平均风速和极大风速自 20 世纪 90 年代初期开始显著下降,陶乐站

极大风速自 25 m/s 左右降至 19 m/s 左右，年平均风速由 2.8 m/s 左右下降至 1.5 m/s。惠农站极大风速自 34 m/s 左右降至 24 m/s 左右，年平均风速由 3.5 m/s 左右下降至 2.1 m/s。阿拉善左旗站年平均风速由 3.0 m/s 左右下降至 2.0 m/s。吉兰太站极大风速在 23 m/s 左右，年平均风速自 20 世纪 50 年代持续下降，由 3.0 m/s 左右下降至 2.0 m/s。各站的降水量过程无明显变化。

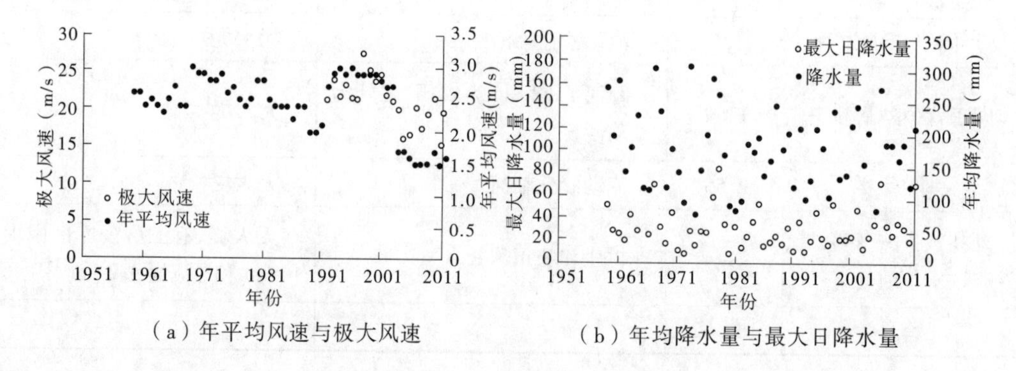

（a）年平均风速与极大风速　　（b）年均降水量与最大日降水量

图5　陶乐站风速与降水量特征

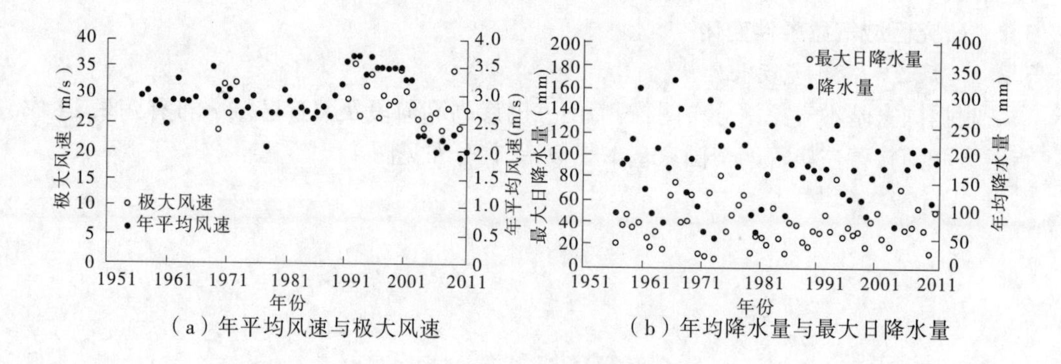

（a）年平均风速与极大风速　　（b）年均降水量与最大日降水量

图6　惠农站风速与降水量特征

3.2.2　沙尘暴频率变化

根据《地面气象观测规范》定义[20]，扬沙是指由于风力较大，将地面尘沙吹起，使空气相当混浊，水平能见度在 1～10 km 的天气现象；沙尘暴是指强风把地面大量沙尘卷入空中，使空气特别混浊，水平能见度低于 1 m 的天气现象。研究河段内地方站磴口站以及四个国家气象站统计的历年沙尘暴次数见图 9 和图 10。磴口站和四个国家气象站的统计结果一致，自 20 世纪 70 年代中期尤其是 90 年代中期以后，研究区域附近地区的沙尘暴次数明显减少，这和我国北方大部分地区扬沙和沙尘暴发生频次下降的总趋势是一致的[21]。有研究者认为这种变化和全球气候变化背景下西北季风与东亚季风进退的影响有关，以及和“三北”防护林、人工治沙工程的建设有关[22]。

3.3　沙丘推移入黄量

根据对黄河乌兰布和沙漠沿黄段沙丘的调查，沿黄段沙丘平均高度 5.2 m，基于此，

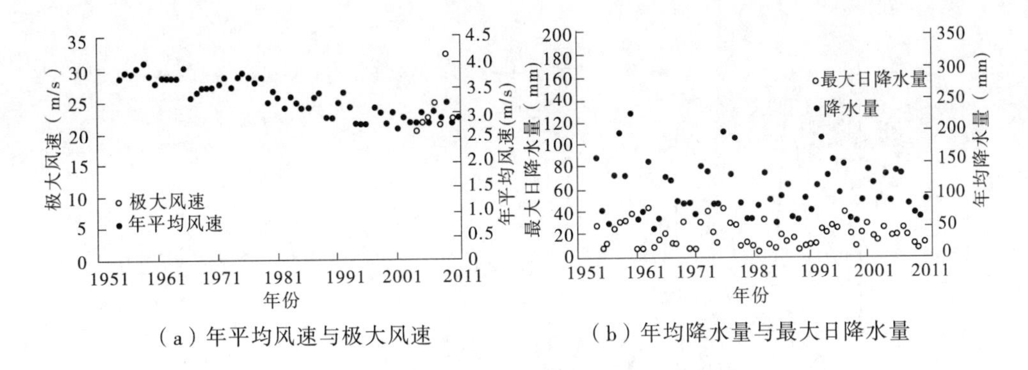

（a）年平均风速与极大风速
（b）年均降水量与最大日降水量

图7 吉兰太站风速与降水量特征

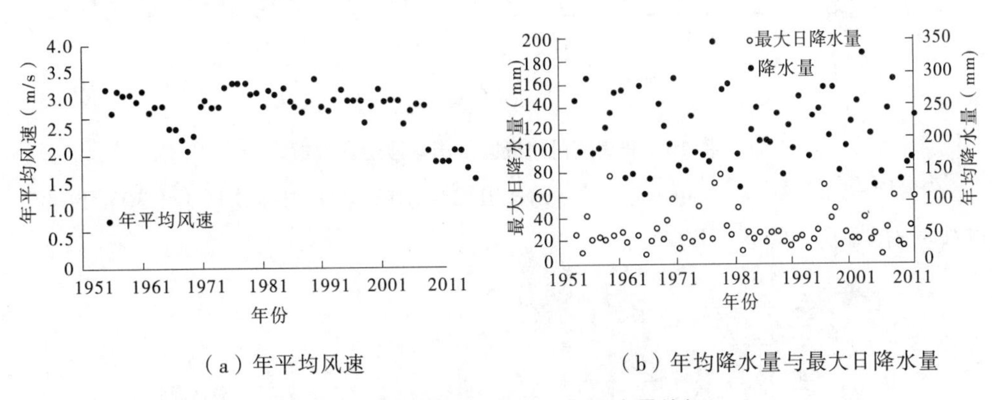

（a）年平均风速
（b）年均降水量与最大日降水量

图8 阿拉善左旗站风速与降水量特征

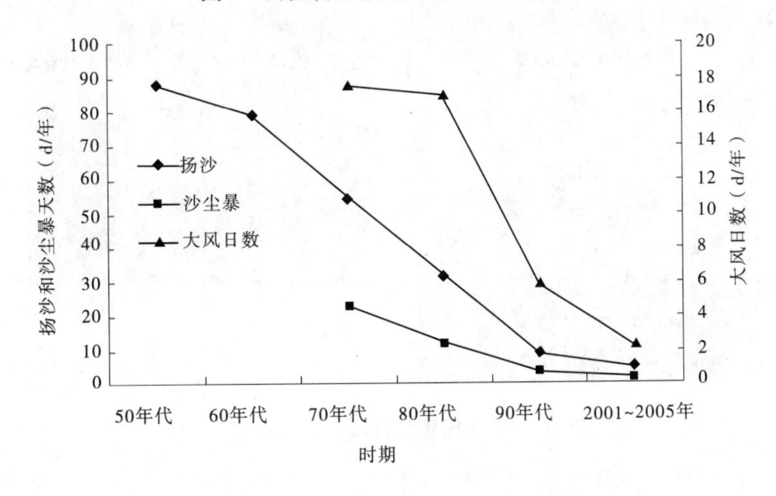

图9 磴口地区不同时期年均沙尘天气出现次数

在黄河乌兰布和沙漠段刘拐子沙头选取了2个与沙丘平均高度相近的典型沙丘（见图11）进行测量。1#沙丘走向为5°，沙丘宽度64 m，沙丘高度4.8 m。2#沙丘走向为20°，沙丘宽度72 m，沙丘高度5.4 m。利用全站仪于2012～2015年两次进行测量，得到了1:200的地形图，使用相关软件进行计算得到，1#沙丘2012～2015年年均移动量为897.56

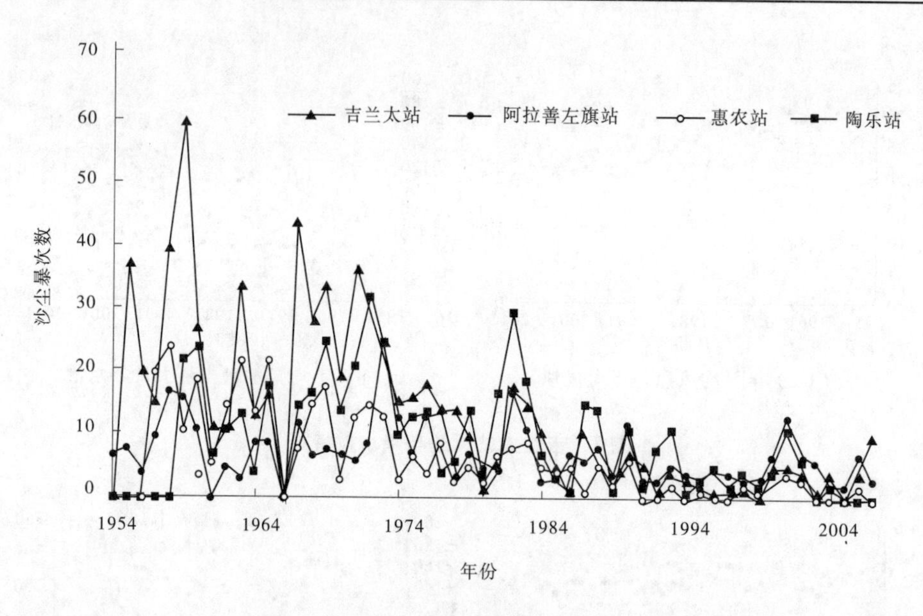

图 10　研究河段附近区域历年沙尘暴次数

m^3，年均输沙量为 22.44 t/(m·年)；2#沙丘 2012～2015 年年均移动量为 1 305.29 m^3，年均输沙量为 29.01 t/(m·年)。

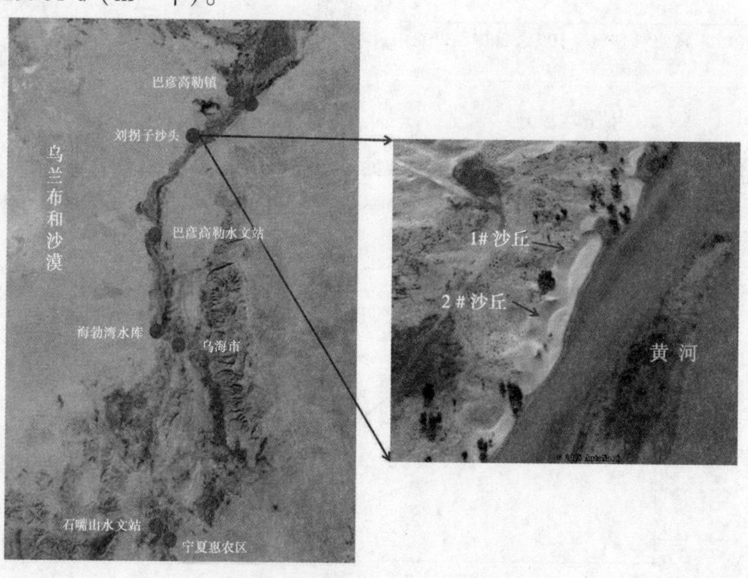

图 11　沙丘移动测量位置示意图

乌兰布和沙漠流动沙丘紧邻黄河的长度为 4.05 km，分布在刘拐子沙头和阎王背沙窝附近，且均无大堤，因此沙丘移动进入滩地，移动量可计入风沙入黄量，取两个沙丘输沙量的平均值 25.73 t/(m·年)，则每年由沙丘移动引起的入黄沙量为 10.42 万 t。

3.4　风沙直接入黄量

针对研究区流动沙丘、半流动沙丘、半固定沙地、固定沙地 4 种不同的土地利用类型，选择地形相近的典型区域建立标准观测小区，利用 1 m 高的旋转梯度集沙仪进行观测，通过收集集沙仪内有效风向的风沙量,计算得到研究区流动沙丘的年平均输沙量为28.79 t/(m·年),半流动沙地为12.16 t/(m·年),半固定沙地为4.07 t/(m·年)、固定沙地为0.58 t/(m·年)(见图12)。

石嘴山—巴彦高勒河段流动沙丘长度为50.85 km、半固定(半流动)沙丘长度为10.1 km、固定沙丘长度为3.97 km,则据此可计算得到年风沙入黄量为158.91万t。

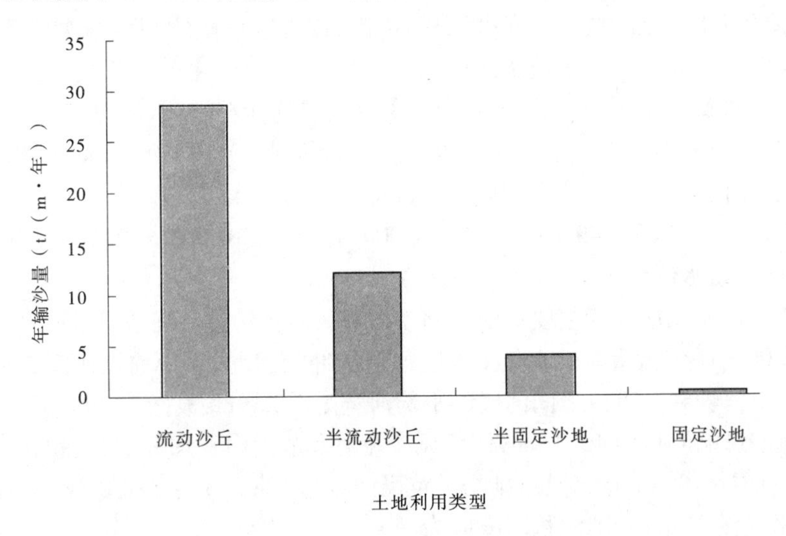

图12 不同土地利用类型年平均输沙量

4 讨论

杨根生等[2]在20世纪80年代通过研究得到石嘴山—巴彦高勒河段风沙直接入黄量为1 779.5万t/年,河岸坍塌(沙丘推移入黄)量为128.96万t/年,共1 908.5万t/年,并认为2000年受乌兰布和沙漠影响的河段由20世纪80年代中期的40.4 km增加为60 km,2000年乌兰布和沙漠年入黄沙量约0.286 25亿t[3]。根据20世纪80年代进行的黄土高原第2次考察的研究成果[6],石嘴山—巴彦高勒河段风沙直接入黄量1 856.8万t/年,河岸坍塌量为128.9万t/年,共1 985.7万t/年。张永亮[1]在其论文中提到,乌兰布和沙漠年入黄沙量在20世纪80年代为6 000多万t,2008年左右为9 000多万t,但并未提及数据来源和计算方法。2009年2月,中国科学院寒区旱区环境与工程研究所提出,宁蒙河段入黄风积沙量为3 710万t,其中乌兰布和沙漠河段(石嘴山—三盛公河段)的入黄风积沙量为1 800万t。

4.1 根据边界条件分析

本次研究成果与前期研究成果相比显著偏小,沙丘推移入黄量以及风沙直接入黄量共169.33万t/年。一方面,通过河道边界条件的分析认为,与20世纪80年代相比,部分河段新建了大堤,在大堤修剪之前,风沙进入河漫滩地即视为进入河道,大堤修建之后,则进入或降落在大堤以外区域的风沙不计在入黄风沙量之内,因此即使按照20世纪80年代的风沙流特征,在现状边界条件下,入黄风沙量也应小于当时计算的风沙量。此外,通过对现状土地利用类型分析表明,与20世纪80年代相比,现状条件下沿河开发用地和农田段增加，紧邻河道的流动沙丘长度大大缩短，土地利用类型的变化也将引起入黄风沙量的减少。

另一方面，从研究区域风速变化情况来看，自20世纪50年代至今，尤其是20世纪90年代至今，研究区域及附近区域的风力有所减弱，由此引起的风沙流的输沙量也有所减弱，相应地，河段的风沙入黄量应该呈减少趋势。对沙尘暴发生频次的分析表明，研究区域内沙尘暴的发生频率降低，自20世纪90年代后期，沙尘暴的发生频次显著下降，这也将大大减少乌兰布和沙漠的入黄风沙量。

根据第二次黄土高原考察的成果，土地类型为流动沙丘时，单位长度的风沙入黄量为40.6～42.9 t/(m·年)，半固定沙丘单位长度风沙入黄量为14.4 t/(m·年)，根据现状土地类型长度计算乌兰布和沙漠的风沙入黄量应为

$$(50.85 \times 1\ 000 \times 42.9 + 10.1 \times 1\ 000 \times 14.4)/10\ 000 = 232.69(\text{万 t})$$

4.2 根据同流量水位分析

乌兰布和沙漠风沙入黄主要集中在刘拐沙头—海勃湾这一河段，该河段内有磴口站。以磴口站2 000 m^3/s 流量时的水位来反映河道的冲淤状况，评价前期研究成果中风沙入黄量的多少。海勃湾—磴口之间河段的平均河宽为1 800 m，根据20世纪80年代统计的该河段受风沙影响河长为40.4 km，假设风沙在河宽范围内平均分配，淤积在河道内的泥沙湿容重按 $1.4 \times 10^3\ kg/m^3$ 计算，则当入黄风沙量为1 908.5万t和1 985.7万t时，按照70.74%淤积[4]在河道内，则淤积厚度应为

$$\frac{1\ 908.5 \times 10\ 000 \times 0.707\ 4}{1.4 \times 40.4 \times 1\ 000 \times 1\ 800} = 0.133(\text{m})$$

或

$$\frac{1\ 985.7 \times 10\ 000 \times 0.707\ 4}{1.4 \times 40.4 \times 1\ 000 \times 1\ 800} = 0.138(\text{m})$$

即磴口站同流量水位(2 000 m^3/s，下同)在1985～1989年间年均抬升高度应为0.133～0.138 m。实际上，1985～1989年磴口站的同流量水位抬升了0.086 m，年均抬升0.022 m。而该时段石嘴山站的输沙量大于巴彦高勒站的输沙量，表明石嘴山—巴彦高勒河段呈淤积状态，风沙淤积引起的水位抬升幅度要小于0.086 m。因此，该时期年入黄风沙量1 908.5万t或1 985.7万t是偏大的。

利用同样方法来计算2000年左右的风沙入黄引起的水位抬升：

$$\frac{2\ 862.5 \times 10\ 000 \times 0.707\ 4}{1.4 \times 60 \times 1\ 000 \times 1\ 800} = 0.134(\text{m})$$

$$\frac{9\ 000 \times 10\ 000 \times 0.707\ 4}{1.4 \times 60 \times 1\ 000 \times 1\ 800} = 0.42(\text{m})$$

据统计，1990～2013年磴口站同流量水位抬升幅度为0.506 m，年均抬升0.039 m，远小于以上计算值。该时期石嘴山—巴彦高勒河段仍为淤积状态，风沙淤积引起的水位抬升应小于0.039 m，表明以上计算的风沙入黄量均偏大。

如果按照1980～1989年磴口站同流量水位年均抬升0.02 m的实测值来推算，按照受风沙影响河段40.4 km、风沙淤积比例70.74%以及河宽1 800 m计算，则该河段的入黄风沙量应为

$$\frac{40.4\times1\,000\times0.02\times1\,800\times1.4}{0.707\,4\times10\,000}=287.84(\text{万 t})$$

现状条件下,风力强度有所减弱,相应的风沙流输沙量也较以前减弱,1980~1989 年磴口站同流量水位抬升中也有来自上游河道泥沙的贡献,因此以上两个计算值相对于实际值应该是偏大的。通过以上分析,本次得到的入黄风沙量值是合理的。

5 结论

乌兰布和沙漠位于黄河上游石嘴山—巴彦高勒河段的西侧,每年都有一定的风沙进入黄河。自 20 世纪 80 年代以来,乌兰布和沙漠沿黄段的土地利用类型发生了较大变化,现状条件下,沿河流动沙丘段长 50.85 km,其中流动沙丘临河段长 4.05 km,半固定沙丘段长 10.1 km,固定沙丘段长 3.97 km,居住地、农田段和开发地长 97.9 km。

乌兰布和沙漠附近区域的风力强度也有所减弱,陶乐站、惠农站、吉兰太站和阿拉善左旗站各站年平均风速和极大风速自 20 世纪 90 年代初期开始显著下降,年平均风速下降了 1~1.3 m/s,年最大风速下降了 6~10 m/s。同时,自 20 世纪 70 年代中期尤其是 90 年代中期以后,研究区域附近地区的沙尘暴次数显著减少,相应地,风沙流输沙量也较以前减弱。

根据野外观测数据分析和计算得到,乌兰布和沙漠每年由于沙丘移动引起的入黄沙量为 10.42 万 t,风沙直接入黄量为 158.91 万 t。该成果与以往研究的成果相比偏小,但从研究区域的河道边界条件、土地利用状况、风力条件和沙尘暴次数,以及河段内磴口站同流量水位(2 000 m^3/s)的变化情况等各方面分析认为,本次研究得到的数据基本合理。

参考文献

[1] 张永亮. 从乌海风口入手加速乌兰布和沙漠治理步伐[J]. 林业经济,2008(12):38-40.

[2] 杨根生,刘阳宣,史培军. 黄河沿岸风成沙入黄沙量估算[J]. 科学通报,1988(13):1017-1021.

[3] 何京丽,张三红,崔崴,等. 黄河内蒙古段乌兰布和沙漠入黄风积沙监测研究[J]. 中国水利,2011(10):46-48.

[4] 杨根生,拓万全,戴丰年,等. 风沙对黄河内蒙古河段河道泥沙淤积的影响[J]. 中国沙漠,2003(2):54-61.

[5] 李清河,包耀贤,王志刚,等. 乌兰布和沙漠风沙运动规律研究[J]. 水土保持学报,2003(4):86-89.

[6] 中国科学院黄土高原综合科学考察队. 黄土高原地区北部风沙区土地沙漠化综合治理[J]. 北京:科学出版社,1991.

[7] 杜鹤强,薛娴,孙家欢. 乌兰布和沙漠沿黄河区域下垫面特征及风沙活动观测[J]. 农业工程学报,2012(22):156-165.

[8] 徐军,章尧想,郝玉光,等. 乌兰布和沙漠流动沙丘风沙流结构的定量研究[J]. 中国农学通报,2013(19):62-66.

[9] 李钢铁,贾玉奎,王永生. 乌兰布和沙漠风沙流结构的研究[J]. 干旱区资源与环境.2004(S1):276-278.

[10] 徐军,郝玉光,刘芳,等. 乌兰布和沙漠不同下垫面风沙流结构与变异特征[J]. 水土保持研究,2013(4):95-98.

[11] 何京丽,郭建英,邢恩德,等. 黄河乌兰布和沙漠段沿岸风沙流结构与沙丘移动规律[J]. 农业工程学报,2012(17):71-77.
[12] 侯仁之. 历史地理理论与实践[M]. 北京:科学出版社,1965.
[13] 侯仁之,俞伟超. 乌兰布和沙漠的考古发现和地理环境的变迁[J]. 考古,1973(2):92-107.
[14] 景爱. 沙漠考古通论[M]. 北京:紫禁城出版社,2001.
[15] 贾铁飞,石蕴琮,银山. 乌兰布和沙漠形成时代的初步判定及意义[J]. 内蒙古师大学报(自然科学汉文版),1997(3):46-49.
[16] 贾铁飞,银山,何雨,等. 乌兰布和沙漠东海子湖全新世湖相沉积结构分析及其环境意义[J]. 中国沙漠,2003(2):67-72.
[17] 春喜,陈发虎,范育新,等. 乌兰布和沙漠的形成与环境变化[J]. 中国沙漠,2007(6):927-931.
[18] 何京丽,张三红,崔崴,等. 黄河内蒙古段乌兰布和沙漠入黄风积沙监测研究[J]. 中国水利,2011(10):46-48.
[19] 王万民,胡一三,宋玉洁,等. 黄河堤防[M]. 郑州:黄河水利出版社,2012.
[20] 中央气象局. 地面气象观测规范[M]. 北京:气象出版社,1979.
[21] 周自江. 近45年中国扬沙和沙尘暴天气[J]. 第四纪研究,2001(1):9-18.
[22] 李昕. 黄河三盛公水利枢纽河段近50年来气候水沙变化分析[J]. 内蒙古水利,2012(2):4-6.

【作者简介】 田世民(1981—),男,河南偃师人,高级工程师,博士,主要从事河流水沙生态综合管理方面的研究工作。E-mail:tsm1981@163.com。

冲积性河流河槽迁移改道演化机制及临界条件的研究进展*

张向萍　江恩惠　李军华

（黄河水利科学研究院 水利部黄河泥沙重点实验室，郑州　450003）

摘　要　冲积性河流迁移改道曾经给人类造成灾难性后果。以黄河为例，持续的过饱和输沙使黄河下游河道不断淤积抬升，特别是近20年日益严峻的“二级悬河”，再次引起人们对黄河下游河道改道与否的大讨论。对此，不少学者开展了不同层面的研究和有益探索，但至今仍无定论。本文通过收集大量文献资料，结合国内外研究现状，针对冲积性河流河槽迁移改道规律、河道调整机理、河道演化临界条件等相关问题进行评述，分析总结提出了冲积性河流河槽迁移改道演化机制及临界条件研究中需要关注的关键问题：①冲积性河流河道不稳定性指标的选择；②自塑模型试验中冲积性河流河槽迁移改道临界状态的判定。

关键词　冲积性河流；迁移改道；演化机制；临界条件；自塑模型

Review on the alluvial river channel migration and avulsion evolution mechanism and critical indicators

Zhang Xiangping　Jiang Enhui　Li Junhua

（Key Laboratory of Yellow River Sediment Research of the Ministry of Water Resources, Yellow River Institute of Hydraulic Research, Zhengzhou　450003）

Abstract　Alluvial river channel suddenly migration and avulsion has ever brought unexpectedly disasters for human being. To the Yellow River as an example, constant supersaturating sediment make channel to be continuously silt. The secondary suspended river is growing seriously year by year nearly twenty years, which leads to a discussion whether the Lower Yellow River channel should be shifted. Although some researches in different levels have been done, it is still in dispute. The paper has made a review on channel migration rule, adjusting mechanism and critical indicators of alluvial river. Two keys should be concerned in the research, including the choice of

* **基金项目**：国家自然科学基金资助项目（4150012159）、黄河水利科学研究院基本科研业务费专项（HKY－JBYW－2016－22）。

alluvial river channel instability index and the identity of channel migration critical conditions in natural shaping model.

Key words the alluvial river; channel migration and avulsion; evolution mechanism; critical indicators; natural shaping model

1 引言

冲积性河流河槽迁移改道是河流舍弃原来的部分或整个河道,形成新河道的过程[1-2](Allen,1965;王兆印,2014)。一方面,冲积性河流在不断迁移改道过程中塑造了冲积平原和河口三角洲,为人类提供了生存空间,推动了文明的发展。另一方面,每一次河流的自然迁移改道不仅给人类造成巨大的经济损失和惨重的人员伤亡,还引发很多的生态环境问题,甚至给当地经济社会发展以重创,造成灾难性后果。密西西比河三角洲河道的自然迁移将可能导致整个新奥尔良城失去水源。16 世纪末莱茵河三角洲瓦尔河(Waal)从下莱茵河(Nederrijn)分流导致瓦尔河防洪保护区内洪灾时有发生,而下莱茵河和艾塞尔河(Ijssel)地区却遭遇缺水[3]。1855 年夏天黄河在河南兰阳铜瓦厢(今兰考县东坝头)发生决口,使原经安徽过江苏徐州涟水入黄海的大河改道经山东北部,由利津入渤海,它导致了成千上万良田和村镇被淹,给中华民族造成了巨大的灾难[4-5]。

值得关注的是,新中国成立以来黄河下游河道治理依然面临许多问题。东坝头以下河段主槽淤积严重,主槽比滩地多淤高 1.16 m 以上,最大高达约 1.75 m,滩面横比降增大到 1/2 000 ~ 1/3 000。下游河段临背差已经发展到了 4 ~ 6 m,河南新乡市地面低于黄河河床 20 m,开封市地面低于河床 13 m,山东济南市地面低于河床 5 m。黄河下游“槽高、滩低、堤根洼”的“二级悬河”局面不断加剧,长度已经超过 550 km。河槽持续萎缩,黄河下游河道行洪能力已经远远不如从前,主槽平滩流量已降至 3 000 m^3/s。2002 年调水调沙试验中当流量在 2 600 m^3/s 时部分河段就已经出现险情。2004 年洪水预报试验中涨水期蔡集工程上首生产堤被突然冲毁,形成了较大滚河水流,形势十分严峻(见图 1)。因此,黄河下游发生自然改道风险不断增加,潜在灾难性隐患不容忽视。更关键的是,广大黄淮海平原日益成为我国主要的粮食产区和经济高速发展地带,随着生产力发展和社会财富增加,黄河下游现在迁移改道所付出的代价和可能造成的损失将无法估量。

黄河下游改道与否是几千年来一直争论不断的话题,至今仍无定论。虽然目前黄河标准化堤防建设大大增加了防洪安全性,但是从长远看下游防洪形势依然十分严峻。发生特大洪水的可能性依然存在,多泥沙河流属性在短时间内不会改变,巨量泥沙仍在持续堆积,未来黄河是否真要“涨上天”,短时间洪水防御方法与长时间河道治理策略之间的矛盾使当前黄河长远治理战略的研究与制定陷入困境。而按照自然发育规律和社会经济情况主动进行改道不能轻下决断,因此黄河的治本策略和思路非常值得深入研究[6]。

冲积性河流河道演化过程符合一定的自然规律。水沙与河床相互作用,使得河道形态不断处于调整过程中。一般冲积型河流出山口后,地势骤跌,起初表现为河水漫流,后逐渐发育,四处游荡。在河流发展过程中,随着长度延伸、纵坡降减小,河道逐步演化分成游荡型河道、过渡型河道和弯曲型河道。期间,泥沙的不断落淤,使过水断面萎缩,平滩流

图1 2004 年洪水预报试验中杨庄险工和蔡集工程附近河槽迁移改道

量减小,河道横比降增加,在寻求坡降陡、阻力小的流路演进过程中达到一定临界状态,河流突破边界限制,发生决口或漫溢,甚至发生大的改道,废弃旧河道。冲积性河流河槽迁移改道的规律和机理十分复杂,目前的认识尚不十分明晰,理论上也亟待突破。因此,开展冲积性河流主河槽迁移改道机理和临界条件的研究,是迫切需要解决的科学技术问题。

2 国内外研究进展

冲积性河流河槽迁移改道是一种连续变化过程中的间断性突变。受多种因素的影响,不仅在宏观上受到地质构造、气候变化和地貌演化等过程的制约,同时还受到洪水过程、人类活动和河床演变等因素的触发和干扰,这些因素彼此之间相互联系、相互影响。

冲积性河流河槽迁移改道反映了水沙动力与河道形态的相互关系,体现了从量变到质变,从渐变到突变的过程[7]。目前涉及冲积性河流河槽迁移改道的研究主要包括迁移改道规律、河道调整机理和河道演变及河型转化临界条件等方面。

2.1 迁移改道规律的研究

冲积性河流河槽迁移改道遵循一定的客观规律。Leeder[8]认为密西西比河三角洲河流沿路易斯安那海岸发生多次改道是为适应河流比降变化。Field[9]研究了南亚利桑那州冲积扇河槽改道的过程,发现改道总是发生在河岸高度低且常常是河道拐弯的地方,而且洪水期间的泥沙淤积在河流改道过程中起了关键作用。

在冲积性河流中,黄河下游和黄河三角洲地区河槽的迁移改道最引人关注,研究成果不胜枚举。虽然两者在地理位置、空间尺度和影响因素等方面有许多差别,但在河道演化过程和规律方面必然存在着一定的共性特征。历史上人们根据经验凝练出黄河下游“三年两决口,百年一改道”的特征。黄河水利委员会进一步归纳指出“在 1946 年以前的三四千年中,黄河决口泛滥达 1 593 次,较大的改道有 26 次”。曾昭璇[10]从历史地貌学的角度指出,扇形平原上的河流伸展达到稳定比降时,延伸不再发展。李容全等[11]认为决徙则是黄河冲积扇建扇过程中必然发生的自然现象之一。李令福[12]阐述了地形因素对黄河决徙变迁的影响。Wang Y J 等[13]利用历史文献资料结合改道速度、流路方向、分流点位置、纵比降、弯曲度等,分析了有文献记载以来黄河下游数次改道的地理变化特征,结果显示河道行流时间与河床纵比降成正相关,与弯曲度成负相关。但是二者相关性不是很好,说明单因子对应关系的研究思路显然存在一些问题。张向萍[14]总结了近 1 000 年来黄河下游河道决溢迁徙与扇形地再发育的关系，揭示了决口改道建造的扇形区域在塑造华北平原中的作用。

蔡明理等[15]和叶青超等[16]根据地貌临界假说，从宏观上分析了黄河三角洲河口河道的演变大体经历散流—归股—单一顺直—弯曲—出汊—改道几个阶段。自 1855 年以来黄河三角洲大改道 10 次，其改道顶点由宁海逐渐移到渔洼[17]。王万战等[18]分析了现代黄河河口河道的演变规律，认为在多重因素影响下，河口河道纵剖面逐渐形成台阶状，滩地横比降发展成为倒比降，河口河道中段由顺直型河道逐渐转为弯曲型河道，下段为相对顺直、游荡型河道，当中段比降减小到一定程度，开始出现漫滩、卡冰、出汊等，揭示了黄河口流路由单股河道逐渐转为出汊的过程。尤联元和杨景春[19]将现代黄河三角洲分流河道的演变大体分为漫流入海、并汊归股和出汊分流三个阶段。当河道发育形成单一顺直河道后，随着泥沙的淤积，沙嘴纵向延伸，河口侵蚀基准面上升，河床比降不断递减，不但溯源堆积作用使河床抬高，同时河道还向弯曲型转变，河道水流阻力日趋增大，河道不稳定性随着这种渐变的积累而不断增加，当达到某一临界状态时，水流在河道拐弯处决口漫溢出汊分流。之后，分流汊道泄水输沙能力降低，分流点沿河道逐渐上移，最终在三角洲顶点附近决口改道迁向低洼的地方，形成新的流路，原河道趋于废弃。

现有对冲积性河流河槽迁移改道规律的研究主要包括特征总结，河道发展过程和现象的定性描述，通过数理统计分析迁移改道的原因和表征河道形态因子的变化。冲积性河流演变过程空间跨度大、时间周期长导致河槽迁移改道的临界点很难被捕捉到。技术手段的限制也导致相关数据难以达到系统化、全面化。因此，对冲积性河流河槽迁移改道机理的认识有待深入。

2.2 河道调整机理的研究

河流具有自动调整作用[4,20]，调整目标是力求塑造与现有水沙条件相适应的河道形态。当水沙条件发生变化时，河流由旧平衡态向新平衡态的调整过程一直是河流学者研究的重点问题。其主要研究手段包括基于统计学理论的河相关系、基于数学模型和物理模型的过程模拟、与最近的突变理论等。

能够自由发展的冲积平原河流的河床，在长期水流作用下，有可能形成与所在河段具体条件相适应的某种水力几何形态，在这种均衡形态的有关因素和表达来水来沙条件及河床地质条件的特征物理量之间，常存在某种函数关系，称之为河相关系[21]。相应于来水来沙及地质条件等流域因素的变化，河流自动调整达到平衡，从而出现相应的纵、横平衡剖面。纵、横平衡剖面表现了两个不同侧面，前者更加稳定，长距离调整需要很长时间，后者变化更大一些。稳定纵剖面是泥沙顺利地向下游输移并使河流保持平衡的主要方面[17]。在河相关系模型中有河宽、水深、流速和比降 4 个未知数，却只有三个已知方程，即水流连续方程、水流运动方程及输沙方程。在已知来水来沙和河床边界条件的情况下，上述方程并不封闭。为了封闭方程，必须增加假设，这些假设包括河宽经验公式[22]、临界起动假说[23-25]、最小活动性假说[26]、最小功原理[27]等。这些假说多是经验性的和局部性的，尚缺乏充分的理论支撑。

另外，一些学者还基于黄河、长江等实测资料，研究了河相关系调整规律[28-31]。Huang H Q 及合作者[32-35]提出并建立了冲积河流线性理论，将河道宽深比引入到已知的三大水流运动方程,在流量、比降和泥沙组成给定的情况下,水流输沙能力可完全由过水断面形态参数(宽深比)来决定,并且该研究已在顺直型[36]及分汊型河流[37]的河道调整中得到了较好的应用。

由于冲积性河流河道调整的复杂性和随机性以及天然河流观测条件的限制,许多学者通过物理模型试验来开展对河道调整过程和规律的研究。Friedkin[38]利用室内模型小河对弯曲型河流的形成和演变进行了试验研究。尹学良[39]通过塑造弯曲河流,研究发现河床相对抗冲性增大后,初期形成的弯曲型河道切滩不断发生,然后逐渐变为游荡型。许炯心[40]通过自然模型试验,认为河道断面形态调整可分三个阶段,并给出了游荡型河道冲刷与展宽的相对关系与动态过程。倪晋仁[41]的概化试验表明,由初始顺直开始发展的河流,无一例外地或迟或早经过流路弯曲形成弯曲型河流,接着如果边滩稳定保持弯曲型河流,否则切滩形成游荡型河流。张红武等[42]等以黄河下游游荡型河段为模拟对象,开展了自然河工模型试验,结果表明上游来沙量的大小与河道稳定性有极为密切的关系。陈立等[43]开展自然模型试验的结果显示弯曲型河道水流纵横向动量之比趋向稳定。刘怀湘和王兆印[44]在蒋家沟进行了野外现场试验,结果表明弯曲是河流的本性。江恩惠等[45]借鉴水流紊动相干结构研究成果研究"河性行曲"力学机理,提出了边壁泥沙起动的临界条件。杨树青和白玉川[46]运用自然模型试验成功塑造了天然小河,结果显示流量对河流展宽幅度影响最大,受边界条件影响河流向下游演变具有滞后性及曲率变化的传递等特点。这些模型试验主要集中于河型转化的研究,尤其是不同水沙和边界条件河道调整过程和规律,为探索和验证河床演变和河道调整机理提供了直观可行的研究方法。

2.3 河道演化临界条件的研究

冲积性河流河槽迁移改道是在外界条件缓慢变化过程中,河道调整超过某一临界值而发生的突变,这种突变是由某些参数的渐变引起从量变到质变的一个变化过程。在一定的临界值范围内,某一种过程占主导地位,其他过程居于次要地位,当超过某一临界值时,原来起主要作用的过程退居次要地位,其他地貌演化过程就占优势地位。河道演化临界条件对认识河道调整机理非常重要,它在河道系统的发展演化过程中起着承上启下的作用。

许多学者都认为河流在河型转化过程中,确实存在着临界值。但是不同的学者选用表达临界值的指标不同。钱宁等[47]为反映游荡型河流的摆动强度引入了游荡强度参数Θ。谢鉴衡得出了河型判别系数φ的计算式。张红武等根据大量的天然河流和模型小河实测资料,分别以X_*和Y_*表示河床的纵向和横向稳定指标。

河道的调整和演化过程与某些河流地貌形态相联系,体现了一定动力条件和特定几何形态相适应的特征。20 世纪 70 年代 S. A. Schumm[48]将临界规律引入地貌系统研究中,从而引起了广泛的关注。曹银真认为不同地貌单元的变迁过程中存在一定的临界值,对黄河冲积扇和三角洲进行分析研究,发现它们的发育始终保持着它们的临界稳定几何形态。黄河不同时期的古冲积扇,无论发育时间长短,其纵横轴之比(a/b)均为 0.94 左右,圆心角α为$95°\sim100°$。现代黄河三角洲a/b临界值平均为 1.20 左右,河道突变发生决口改道,临界圆心角为$90°\sim100°$。同时,A. H. Rachocki[49]的研究也说明了扇状平原上沙洲的发育始终保持着它的临界稳定几何形态。其他河流的三角洲如西江口外水下三角洲、涞河三角洲、密西西比河三角洲也存在类似的临界现象。

此外,Slingerland 等[50]研究了弯曲型河流发生改道的必要条件,提出了一个一维模型。对于从细沙到中等粒径的泥沙,当决口坡度大于其所在的主河道坡度 8 倍时,决口就会吸引整个主流流量。江恩惠等[51-52]还开展了自塑模型试验,探求伴随冲积平原形成与发展,研究不同水沙条件下河道的自塑发育过程及规律,并给出了初步概念,即当横比降为纵比降的 2 ~4 倍时,易进入河流临界调整状态。在王兆印的研究中也提到黄河三角洲河流的延伸减小了其纵比降和河道的过流、输沙能力,导致河流改道,新的河道长度为先前河道的 1/3 ~1/2,而比降是先前的 2 ~3 倍。

3 结论

目前冲积性河流迁移改道规律和河道调整相关研究成果很多,相关理论丰富多彩,研究手段各具特色,推动了该研究的发展。但是对河道演化临界条件的研究还很少,现有研究成果集中于河床演变学中的河型转化方面和河流地貌学中的临界地貌方面。技术条件的限制和相关理论的不完备导致对于冲积性河流河槽迁移改道临界条件的研究成果更少。而冲积性河流河槽迁移改道又是一个颇为复杂的过程,必然性和偶然性并存,渐变和突变共同作用,关于它的演化机制和临界条件成为相关研究中亟待突破的难点问题。

4 需要重点研究的关键问题

基于此,本文提出了冲积性河流河槽迁移改道演化机制及临界条件研究中需要关注的重点和关键科学问题:

(1)冲积性河流河道不稳定性指标的选择。

冲积性河流演化发展过程存在连续性和阶段性规律。处于不同阶段和淤积状态的河道所表现出来断面和几何形态不一样。目前通过几何形态参数来表征河道调整的研究多集中在河型转化方面。数据缺乏导致从宏观方向通过河道不稳定程度来研究河道发展阶段和淤积状态的还很少。但是只有建立适合表达河道不稳定程度的指标,才能揭示河道演化的机理,真正摸清河道迁移改道的临界条件。因此,选择河道不稳定性指标,如河道纵比降、弯曲度、河道坡度、河长、凹度、临背差、地貌几何形态等参数,分析河道发展状态和过程,选择建立河道不稳定性指标及表达式,明晰河道演化机理是该研究的第一个难点和关键科学问题。

(2)自塑模型试验中冲积性河流河槽迁移改道临界状态的判定。

在河流自塑模型试验中,河槽迁移改道在时间和空间上存在很大的不确定性。在河道演化过程中,游荡型河道、分汊型河道、两河并行、多股并流、局部改道和全河改道等在形态和机理上存在一定的相似性,这使河槽迁移改道及临界状态的判定存在一定难度。同时,区分河槽迁移改道过程及临界状态又是保证该研究顺利进行的基础。基于已有迁移改道研究成果,利用模型试验数据,从分流比、改道范围、持续时间、新旧河道特征差异、分流点和入海口地点改变等方面对冲积性河流河槽迁移改道进行区分,应用突变理论,界定和表征冲积性河流河槽迁移改道及临界状态是该项目需要解决的关键科学问题。

最后在此感谢国家自然科学基金委对“冲积性河流河槽迁移改道演化机制及临界条

件”项目(4150012159)的资助。感谢韦直林教授、江恩慧教高和李军华高工提出的建设性意见。

参考文献

[1] Allen J R L. A review of the origin and characteristics of recent alluvial sediments [J]. Sedimentology, 1965,5:89-101.

[2] 王兆印，刘成，余国安，等. 河流水沙生态综合管理[M]. 北京：科学出版社，2014.

[3] Wilfried Ten Brinke. 荷兰境内的莱茵河——一条被控制的河流[M]. 江恩惠，李军华，马颖，译. 郑州：黄河水利出版社，2009.

[4] 钱宁，张仁，周志德. 河床演变学[M]. 北京：科学出版社，1987.

[5] 王涌泉. 1855年黄河大改道与百年灾害链[J]. 地学前缘，2007，6：06-11.

[6] 刘燕华，康相武，吴绍洪，等. 黄河下游洪水灾害风险与后备流路[M]. 北京：科学出版社，2008.

[7] 曹银真. 黄河冲积扇和三角洲变迁过程中的临界意义[J]. 地理科学，1988，08(1)：54-110.

[8] Leeder M R. Sedimentology-Process and Product [M]. 1983, London: George Allen&Unwin.

[9] Field J. Channel avulsion on alluvial fans in southern Arizona. Geomorphology [J]. 2001, 37: 91-104.

[10] 曾昭璇. 从历史地貌学看黄河下游整治[J]. 华南师范大学学报(自然科学版)，1983，1：70-76.

[11] 李容全，郑良美，耿侃. 黄河决徙与黄河冲积扇发育关系初探[J]. 北京师范大学学报(自然科学版)，1987，4：81-87.

[12] 李令福. 论地形因素对黄河决徙变迁的影响[J]. 人民黄河，1992(1)：16.

[13] Wang Y J, Su Y J. The geo-pattern of course shifts of the Lower Yellow River [J]. Journal of Geographical Sciences, 2011, 21(6):1019-1036.

[14] 张向萍. 近1000年黄河下游河患及应对行为研究[D]. 北京：北京师范大学，2014.

[15] 蔡明理，王颖. 黄河三角洲发育演变及对渤、黄海的影响[M]. 南京：河海大学出版社，1999.

[16] 叶青超，陆中臣，杨毅芬，等. 黄河下游河流地貌[M]. 北京：科学出版社，1990.

[17] 倪晋仁，马蔼乃. 河流动力地貌学[M]. 北京：北京大学出版社，1998.

[18] 王万战，张俊华. 黄河口河道演变规律探讨[J]. 水利水电科技进展，2006，2：05-09.

[19] 尤联元，杨景春. 中国地貌[M]. 北京：科学出版社，2013.

[20] 卢金友. 冲积河流自动调整机理研究综述[J]. 长江科学院院报，1990，02：40-49.

[21] 谢鉴衡. 黄河下游游荡型河段的河型转化[M]. 武汉：武汉水利电力大学，1995.

[22] 李保如. 河床演变(下册)[M]. 北京：水利水电出版社，1964.

[23] Parker Gary. Self-formed straight rivers with equilibrium banks and mobile bed. Part1. The sand-silt river [J]. J. FluidMech, 1978a, 89(1): 109-125.

[24] Parker Gary. Self-formed straight rivers with equilibrium banks and mobile bed. Part2. The gravel river [J]. J. FluidMech, 1978b, 89(1): 127-146.

[25] Parker Gary, A M ASCE. Hydraulic Geometry of Active Gravel Rivers [J]. Journal of the hydraulics division, 1979, 9: 1185-1201.

[26] 窦国仁. 平原冲积河流及潮汐河口的河床形态[J]. 水利学报，1964，2：1-13.

[27] Chang H H. Minimum Stream Power and River Channel Patterns[J]. Journal of Hydrology, 1979. 41: 3-4.

[28] 胡春宏，吉祖稳，牛建新. 黄河下游河道纵横剖面调整规律[J]. 泥沙研究，1997，02：27-31.

[29] 胡春宏，陈建国，郭庆超，等. 黄河水沙调控与下游河道中水河槽塑造[M]. 北京：科学出版社，

2007.
[30] 陈立，张俊勇，谢葆玲. 河流再造床过程中河型变化的实验研究[J]. 水利学报，2003，07:42-51.
[31] 陈建国，周文浩，陈强. 小浪底水库运用十年黄河下游河道的再造床[J]. 水利学报，2012，43(2):127-135.
[32] Huang H Q,Nanson G C. Hydraulic geometry and maximum flow efficiency as products of the principle of least action [J]. Earth Surface Processes and Landforms，2000，25:1-16.
[33] Huang H Q ，Nanson G C，Fagan S D. Hydraulic geometry of straight alluvial channels and the variation principle of least action-Reply[J]. Journal of Hydraulic Research,2004，2(2)，19-222.
[34] Huang H Q，Chang H H,Nanson G C. Minimum energy as a general form of critical flow and maximum flow efficiency and for explaining variations in river channel pattern[J]. Water Resources Research，2004，40:1-13.
[35] Huang H Q,Chang H H. Scale independent linear behavior of alluvial channel flow [J]. Journal of Hydraulic Engineering，2006，132(7):721-730.
[36] Huang H Q. Reformulation of the bed load equation of Meyer-Peter and Muller in light of the linearity theory for alluvial channel flow [J]. Water Resour. Res.，2010，46:1-11.
[37] 于思洋，黄河清，范北林,等. 利用河流平衡理论检验推移质输沙函数的应用性[J]. 泥沙研究，2012，2:19-25.
[38] Friedkin J F. A Laboratory Study of Meandering of Alluvial Rivers[R]. Rep. Mississippi River Comm. U. S. Waterway Exp. Sta，1945.
[39] 尹学良. 弯曲性河流形成原因及造床试验初步研究[J]. 地理学报，1965，04:287-303.
[40] 许炯心. 水库下游河道复杂响应的试验研究[J]. 泥沙研究，1986，4:50-57.
[41] 倪晋仁. 不同边界条件下河型成因的试验研究[D]. 北京：清华大学，1989.
[42] 张红武，赵连军，曹丰生. 游荡河型成因及其河型转化问题的研究[J]. 人民黄河，1996，10:11-15.
[43] 陈立，张俊勇，谢葆玲. 河流再造床过程中河型变化的实验研究[J]. 水利学报，2003，07:42-51.
[44] 刘怀湘，王兆印. 山区河流床面结构发育野外现场试验研究[J]. 水利学报，2009，40(11):1339-1344.
[45] 江恩惠，李军华，曹永涛. "河性行曲"力学机理之边壁泥沙的临界起动条件[J]. 四川大学学报(工程科学版)，2009，01:26-29.
[46] 杨树青，白玉川. 边界条件对自然河流形成及演变影响机理的实验研究[J]. 水资源与工程学报，2012，23(1)：1-5.
[47] 钱宁，周文浩，洪柔嘉. 黄河下游游荡性河道的特性及其成因分析[J]. 地理学报，1961，27:1-27.
[48] Schumm S A，Khan H R. Experimental study of channel patterns [J]. Geological Society of America，Bulletin，1972，83(6)：1755-1770.
[49] A H Rachocki. Alluvial fans：an attempt at an empirical approach [M]. John Wiley & Sons，1981.
[50] Slingerland R，Smith N D. Necessary conditions for a meandering-river avulsion [J]. Geology,1998，26(5)：435-438.
[51] 江恩惠，李军华，等. 黄河下游时空自塑模型研究[R]. 郑州：黄河水利科学研究院，2012.
[52] 张杨，江恩惠，李军华，等. 河型及河流时空自塑模型研究[J]. 人民黄河，2013，35(6)：36-38.

【作者简介】 张向萍(1985—)，女，河南宜阳人，工程师，主要从事河床演变与河道整治方面的研究工作。E-mail:1041895719@ qq. com。

利用支流蓄水冲刷拦门沙坎试验研究

蒋思奇　张俊华　马怀宝　闫振峰

（黄河水利科学研究院，郑州　450003）

摘　要　近年来，为了控制水库泥沙淤积部位、充分利用支流库容以及延长水库拦沙期寿命，小浪底水库畛水河支流拦门沙坎处置问题日渐受到关注。本文介绍了采用实体模型试验进行的两组不同边界条件下利用支流蓄水冲刷拦门沙坎试验及其所观察到的水库溯源冲刷过程，以及试验分析结果。试验结果显示，干支流形成一定的水位差时，遭遇一定量级的支流来水，利用支流蓄水通过自然冲刷形成贯通支流口门拦门沙坎干流与支流之间的高滩深槽，能够达到冲刷拦门沙坎、恢复支流库容的目的。

关键词　小浪底水库；拦门沙坎；支流蓄水

The use of tributary water flushing sandbar experimental research

Jiang Siqi　Zhang Junhua　Ma Huaibao　Yan Zhenfeng

(Yellow River Institute of Hydraulic Research, Zhengzhou　450003)

Abstract　In order to control the reservoir sediment deposition area, make full use of the tributary capacity and extend the life of the reservoir block sand period, Xiaolangdi reservoir ZhenShui tributary bar disposal problem increasingly attention. An entity model was introduced in this paper the different boundary conditions of the use of tributary water scouring the sandbar-dotted waterway in the test and observed reservoir back flushing process. Analysis thinks, main stream and tributaries to form a certain level, using the tributary water through natural erosion form well versed in the bar at the entrance of the tributaries of high beach deep groove between main stream and tributaries, to flush bar, the purpose of the recovery capacity of the tributaries.

Key words　Xiaolangdi Reservoir; Sandbar; Tributary water

1　引言

已建水库实际状况[1-2]与小浪底水库拦沙后期运用方式研究实体模型预测结果均表

明[3]，随着水库拦沙期不断淤积，小浪底水库拦门沙坎高度有逐步抬升的趋势。支流拦门沙坎存在，阻止干支流水沙交换，形成与干流隔绝的水域，使其高程以下的支流库容不能得到有效利用，甚至成为既不能拦沙，又不能参与正常调度的无效库容。

畛水河作为库区原始库容最大的支流，在拦沙后期系列年中，其拦门沙坎最为明显，同水位下蓄水体、典型年份无效库容均大于其他典型支流，拦门沙坎治理需求尤为迫切。认识掌握水库溯源冲刷机理并对水库溯源冲刷过程进行模拟，对于探讨支流拦门沙坎处置措施、控制水库拦沙期泥沙淤积部位、充分利用支流库容、延长水库拦沙期寿命等都具有重要意义。此外，在过去40年间，特别是进入20世纪90年代以后，研究者们开发了很多水库溯源冲刷模拟的数学模型[4]。但由于缺乏高质量的观测资料，这些模型的率定和验证仍然存在较大问题。

为了降低拦门沙坎高程，加深对水库溯源冲刷过程、河宽及库岸坍塌及其机制的认识，并为水库溯源冲刷模型的率定与验证提供试验数据，进行了两组利用支流蓄水冲刷拦门沙坎模型试验。本文对试验结果进行了分析和总结。

2　试验设计

2.1　支流蓄水冲刷时机

小浪底水库调水调沙过程中，无论是蓄满造峰或是凑泄造峰，在造峰后期水库控制水位较低，若时遇支流来水，水库可维持低水位，使得支流蓄水与干流水位有较大的水位差。支流来水会先期在拦门沙坎冲出贯通干支流的小槽，支流蓄水释放将不断冲深展宽河槽，达到冲刷拦门沙坎的目的。由于支流来水预见期短，且洪水历时短暂，会给实际操作造成一定的困难。

2.2　模型范围

小浪底水库模型模拟范围自三门峡水文站至小浪底大坝124 km库段。模型平面上覆盖了库区100%的干流及各支流大部分库容，垂向涵盖了155 m高程至290 m高程。模型水平比尺300、垂直比尺60，按几何比尺缩尺后，模型长约420 m、平均宽度约15 m、高约2.4 m。模型定床地形按照小浪底库区1997年观测的库区河道地形图制作。

本次利用小浪底水库模型中支流畛水河以下库段开展模型试验。畛水河段共测量10个断面（见图1），其中ZS01～ZS06为原型观测断面，ZS01－1、ZS01－2、ZS01－3和ZS01－4为本次试验加测断面。

2.3　支流来水来沙条件及概化

根据畛水河历年来水来沙情况，选取已有实测资料（2006～2014年）中最大流量、最大含沙量出现的2010年7月24～28日五日作为支流来水来沙过程。本次洪水过程支流来水量0.135亿m^3，经分析支流来沙量占干流来沙量比例仅为0.12%，本次不考虑支流来沙。概化得到模型试验洪水过程如图2所示。

2.4　试验方案及控制边界条件

考虑近期水沙变化特性及未来水沙变化趋势，本次试验地形参考小浪底水库拦沙后期防洪减淤运用方式模型研究中“多年调节泥沙，相机降水冲刷”运用方式模型试验支流地形与相应控制水位成果。

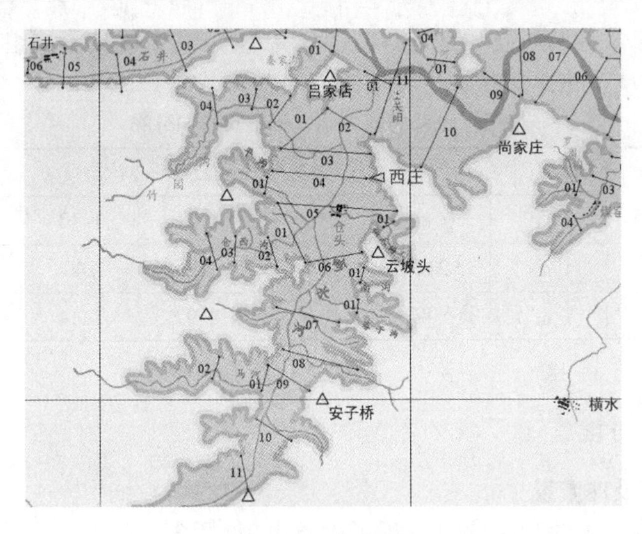

图 1　畛水库区及测量断面示意图

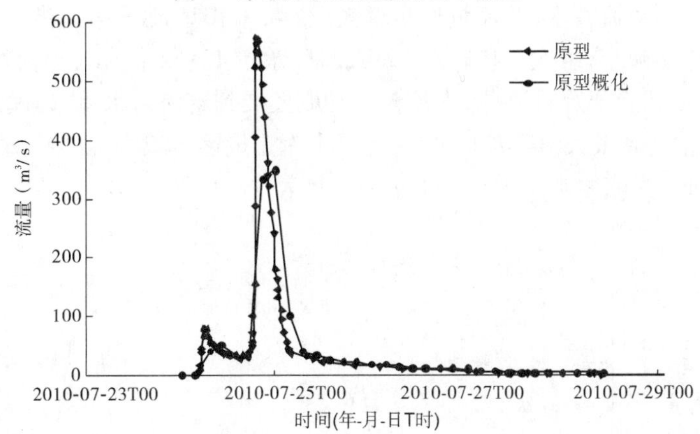

图 2　概化洪水过程

本次试验地形分别选取了系列年试验过程中第 4 年结束后地形（库区累计淤积量达到 42 亿 m^3）、第 12 年结束后地形（库区累计淤积量已达 73.91 亿 m^3）和拦沙期结束后地形作为初始地形共进行两组试验[3]（见表 1）。

表 1　试验方案及组次

组次	地形条件			水沙条件		坝前水位（m）
	支流地形	干流地形		支流蓄水（亿 m^3）	支流来水（亿 m^3）	
	初始地形	初始地形	深泓点（m）			
一	第 4 年结束	第 4 年结束	209.4	2.851	0.135	210
二	第 12 年结束	第 12 年结束	227.5	6.798		230

2.5　试验步骤

模型采用郑州热电厂粉煤灰进行铺设初始地形，具体操作是：在搅拌槽中拌匀粉煤灰，达到一定含水率后，在模型场地根据各组次地形逐层铺设，通过电夯夯实，同时用 MC－3C 型核子密度仪实测各层干容重，各组次各层干容重实测值如表 2 所示。各组次模型试验前，往支流注满水，水位与初始地形拦门沙坎高程一致，干流按不同组次拟定坝前水位控制，随后按设计支流来水条件进行模型试验。

表 2 试验方案各组次干容重垂向分布

组次一	高程	(m)	219	223	227	231	235	
	干容重	(t/m^3)	0.88	1.05	1.11	1.14	1.19	
组次二	高程	(m)	222	228	234	240	246	253.7
	干容重	(t/m^3)	0.87	0.92	0.97	1.14	1.15	1.17

3 试验结果及讨论

3.1 进出库水量及冲淤量

从组次一和组次二进出库流量过程可以看出（见图 3），组次一约 34 h 后，支流溯源冲刷自河口发展到支流蓄水体，流量逐步增大，约 41 h 出库流量达到最大值 5 481 m^3/s，此后出库流量逐步减小，组次一历时约 82 h，出库水量 1.852 亿 m^3，支流冲刷量为 0.028 亿 m^3。组次二在试验开始后 79 h，支流溯源冲刷发展到支流蓄水体，出库流量逐步增大，约 86 h 出库流量达到最大值 7 711 m^3/s，此后出库流量逐步减小，试验历时约 123 h，出库水量 3.393 亿 m^3，支流冲刷量为 0.071 亿 m^3（见表 3）。

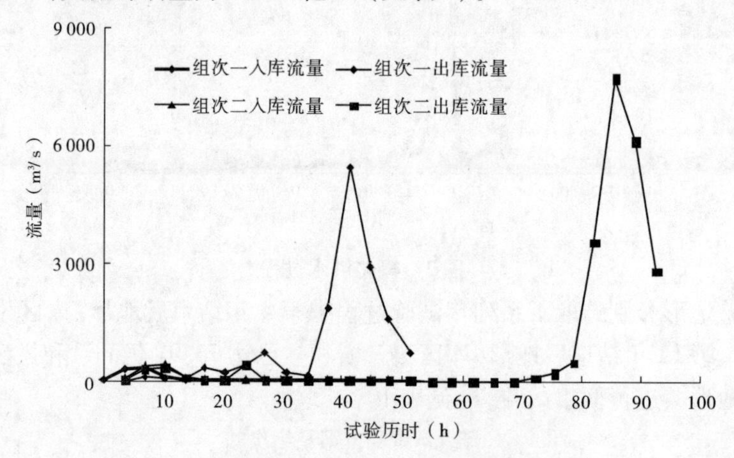

图 3 试验组次一和组次二进出库流量过程

表 3 模型试验各组次进出库水量与冲刷量

组次	初始蓄水量（亿 m^3）	支流来水量（亿 m^3）	出库水量（亿 m^3）	冲刷量（亿 m^3）
组次一	2.851	0.135	1.852	0.028
组次二	6.798	0.135	3.393	0.071

3.2 支流断面形态变化

3.2.1 纵剖面变化过程

水库运用过程中，含沙水流倒灌支流，自支流沟口沿程向上游泥沙淤积逐渐减少，形成一个自然的淤积倒比降，如图 4 中初始纵剖面。随着拦门沙坎溯源冲刷的不断后退，淤积面以上水深迅速增大,流量相应增大。

根据组次一试验刚开始时,出库流量较小,模型支流冲刷发展比较缓慢,历时4.8 h时模型支流出口处拉出冲刷浅槽,冲刷浅槽如图5所示。随着试验冲刷不断加强,初始水量和入库水量不断释放,出库水量增大,冲刷槽不断拉深,又由于溯源冲刷作用不断延伸,当试验历时41 h时,出库流量达到最大5 481 m^3/s,干支流由于冲刷槽的拉深而基本贯通。

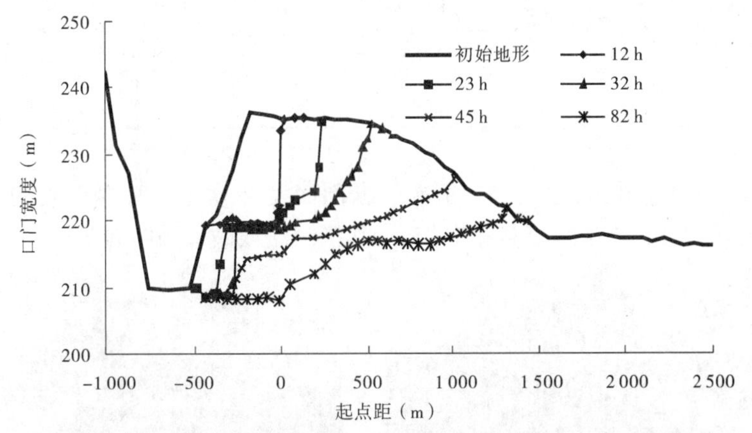

图4 试验组次一纵剖面历时变化

图5 组次一试验历时4.8 h时

由图4显而易见组次一历时12 h时出现较陡的一级跌坎,冲刷跌坎段比降约为32%,12~23 h时段内逐步出现二级溯源冲刷跌坎(跌坎下段),跌坎上段(一级跌坎)比降约为5.54%,23~32 h时段内跌坎下段比降较陡,跌坎上段(一级跌坎)逐步变缓减小至4.91%;在干支流水位具有较大落差的前提下,势能迅速转变为巨大的动能,由支流拦门沙坎溯源冲刷纵剖面随时间变化可知,试验开始32 h后,过流水深加大,流速增大,使得拦门沙坎溯源冲刷坍塌后退速度加快,随着拦门沙坎冲刷发展,水深进一步加大,流量骤增,拦门沙坎形似拦沙大坝溃决之势迅速垮塌,试验结束时支流沟口形成的高滩深槽长度达1 400 m,其床底深泓点高程与干流深槽床底高程略高,最终待势能释放结束,支流水位基本降到与干流持平,拦门沙坎与干流相通的冲沟形成,试验进行到82 h结束,冲刷跌坎段比降仅为0.62%。具体溯源冲刷不同库段比降如表4所示。

表4　组次一、二溯源冲刷不同库段比降　　(%)

	历时	初始地形	12 h	23 h	32 h	45 h	82 h
组次一	一级跌坎	10	32	5.54	4.91	0.96	0.62
	二级跌坎		10	15.67	16	2.36	1.74
	历时	初始地形	12 h	24 h	34 h	48 h	93 h
组次二	一级跌坎	16.41	11.88	16.7	7.8	3.29	0.02
	二级跌坎		16.41	3.17	3.82	0.97	0.5

由图6、图7可以看出,组次二与组次一纵剖面发展总趋势基本一致,但其在试验初期由于蓄水体较大,支流来水能量相对较弱,其拦门沙坎破口历时较长。

(a)10 h　　(b)82 h

图6　拦门沙坎冲刷模型试验

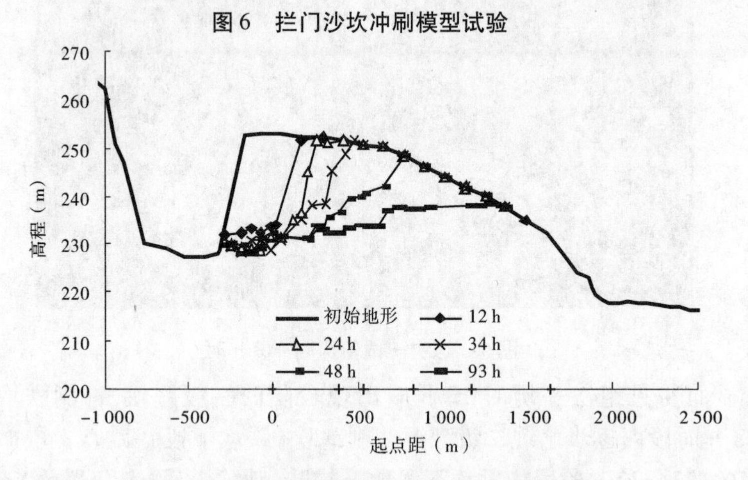

图7　畛水模型试验组次二纵剖面历时变化图

3.2.2　横断面变化过程

图8是两组次不同横断面在试验过程中不同时间的测量结果。从图8中可以看出,随着拦门沙坎溯源冲刷后退,随着流量的逐渐增大,河槽冲刷下切伴随边壁坍塌,断面进一步拓展。从两组试验的横断面变化过程可以看出,冲刷只集中在ZS02断面之前,ZS02断面之后基本没有大的冲刷。

组次一冲刷槽较窄深，ZS01 断面最大冲刷宽度 105 m，最大冲刷深度 25 m；组次二冲刷槽相对较宽，ZS01 断面最大冲刷宽度达到 303.7 m，最大冲刷深度 22.5 m。

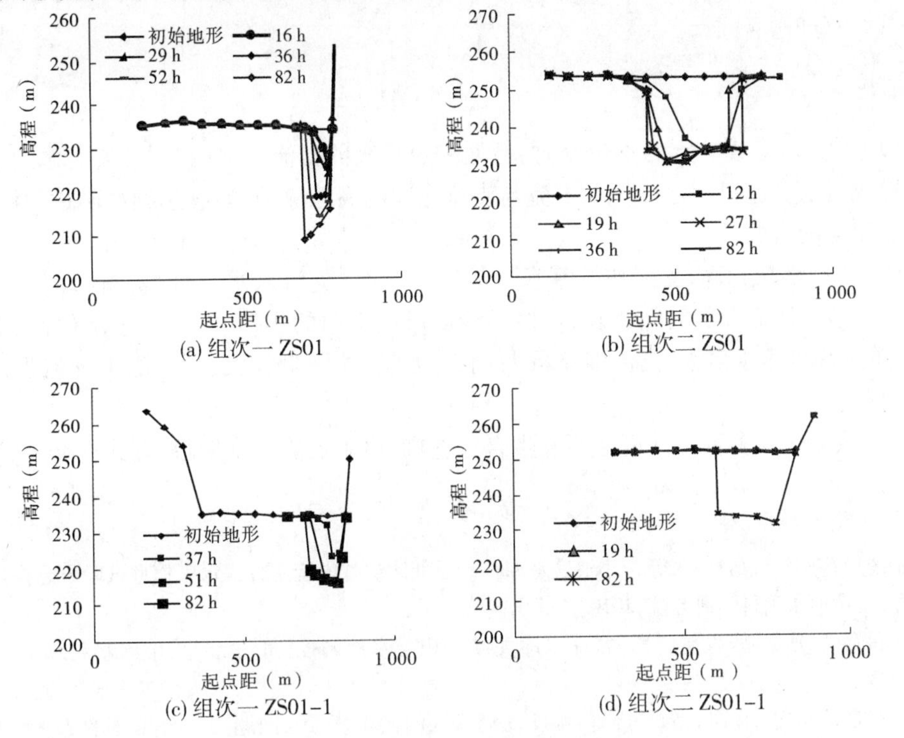

图 8　畛水模型试验组次二横断面历时变化图

3.3　跌坎发展过程

两组跌坎发展过程如图 9 所示，组次一时段内冲刷发展较快，16 h 时冲刷速度达到 43.75 m/h，此后其速度基本保持在 30 m/h 以上；组次二试验初期冲刷发展较慢，53 h 之前其冲刷发展速度均小于 10 m/h，53 h 后逐渐增大，到 67 h 时达到最大值 68.25 m/h。

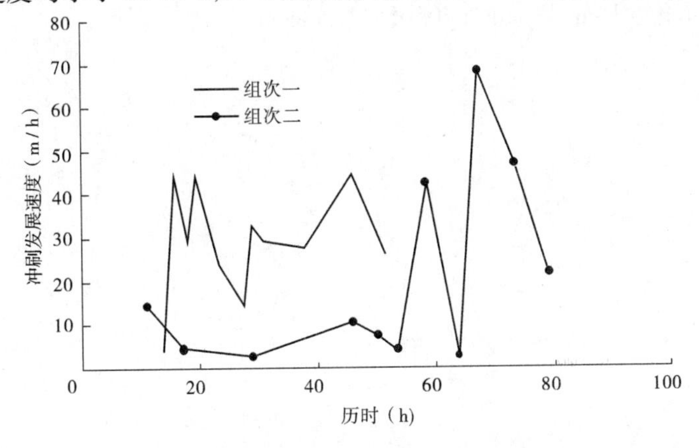

图 9　组次一和组次二时段内冲刷发展速度

在拟定的试验条件下，干支流水位有较大落差，支流来水能量在一定时间内沿着淤积体外沿边壁拉出小槽，小槽随着支流蓄水体和支流来水逐渐下切并上溯，形成贯穿干支流的连通槽,随后随着支流蓄水释放流量加大,连通槽迅速展宽,使得拦门沙坎溯源冲刷坍塌后退速度加大,拦门沙坎形似拦沙坝溃决之势迅速垮塌,最终干支流水位持平,拦门沙坎得到有效冲刷。

4　结论

(1)干支流形成一定的水位差时,遭遇一定量级的支流来水,利用支流蓄水通过自然冲刷形成贯通支流口门拦门沙坎干流与支流之间的高滩深槽,能够达到冲刷拦门沙坎、恢复支流库容的目的。

(2)拦门沙坎越高,支流初始蓄水量越大,在同样支流来水条件下,自口门溯源冲刷贯通拦门沙坎所需要的时间越长;当拦门沙坎形成贯通的小槽之后,由于水位高、平面面积大,单位高度蓄水量大、支流泄流量大、水动力强、冲刷量较大、冲出的干支流贯通沟槽相对较宽。

(3)该方式为多种条件遭遇而发生自然冲刷,由于支流来水期短,方式控制性较弱。

参考文献

[1] 张俊华,陈书奎,马怀宝,等. 小浪底水库拦沙后期防洪减淤运用方式水库模型试验研究报告[R]. 郑州:黄河水利科学研究院,2010.

[2] 胡春宏,王延贵,张世奇,等. 官厅水库泥沙淤积与水沙调控[M]. 北京:中国水利水电出版社,2003.

[3] 柳发忠,王洪正,杨凯,等. 丹江口水库支流库区的淤积特点与问题[J]. 人民长江,2006(8):26-28.

[4] 张俊华,夏军强,马怀宝,等. 小浪底水库淤积形态的优选与调控报告[R]. 郑州:黄河水利科学研究院,2014.

【作者简介】　蒋思奇(1981—),女,重庆人,高级工程师,硕士,主要从事水利工程泥沙方面的研究工作。E-mail:jiangsiqi0505@126.com。

黄河下游塑槽输沙需水量计算公式的聚类分析

林 旭[1,2] 王远见[3] 李昆鹏[3]

(1. 清华大学 水利水电工程系,北京 100084;
2. 中国水利水电科学研究院,北京 100044;
3. 黄河水利科学研究院 水利部黄河泥沙重点实验室,郑州 450003)

摘 要 对于黄河输沙水量,学者们通过各类方法推导得到了不同的计算公式。本文介绍了前人的一些公式,并通过花园口近年资料统计反推黄河下游输沙需水量公式。在此基础上对这些公式进行聚类分析,发现吴保生等的公式较适用于黄河下游输沙需水量计算。

关键词 输沙需水量;聚类分析;黄河下游

Cluster analysis on water demand formulas of channel forming and sediment transport in the lower Yellow River

Lin Xu[1,2] Wang Yuanjian[3] Li Kunpeng[3]

(1. Department of hydraulic Engineering, Tsinghua University, Beijing 100084;
2. China Institute of Water Resources and Hydropower Research, Beijing 100044;
3. Key Laboratory of Yellow River Sediment of the Ministry of Water Resources,
Yellow River Institute of Hydraulic Research, Zhengzhou 450003)

Abstract Different water demand formulas of sediment transport in Lower Yellow river have been derived by many research scholars using a wide variety of approaches. In this paper, some of these formulas are introduced. And a new water demand formula of sediment transport in the Lower Yellow River is derived from statistical data of Huayuankou. Then all these formulas are classified

* **基金项目** 国家自然科学基金青年基金资助项目(51509102)、国家自然科学基金重点基金资助项目(51539004)、中国科协“青年人才托举工程”资助。

by cluster analysis, which shows the Wu's formula is more capable for water demand calculation of sediment transport in the Lower Yellow River.

Key words water demand of sediment transport; cluster analysis; Lower Yellow River

1 引言

黄河向来以水少沙多、水沙异源、灾害频繁著称。水少沙多、水沙异源,导致大量泥沙易淤积于下游河床,造成水位抬升,过流能力下降,是导致各类灾害的重要因素。当前,随着黄河流域经济社会的发展,沿黄各省对水资源的需求逐年增加,生产生活用水与输沙用水之间存在很大矛盾。这一矛盾在黄河下游表现得尤为突出。为了解决这一矛盾,科学调度以小浪底为主的水库群、实现高效输沙是必须的。因此,如何确定小浪底输沙水量、维持下游中水河槽,是黄河水资源管理实践面临的重要问题。国内许多学者从水力学、实测资料统计等方面入手,对黄河输沙水量做了大量研究,提出了各类塑槽输沙水量计算公式。本文使用近年花园口流量、输沙率数据,结合小浪底水库出库泥沙过程,反推输沙水量公式,并通过聚类研究方法,对各种公式进行对比分析,以期找到适用于黄河下游输沙水量计算的公式。

2 黄河下游塑槽输沙水量计算公式综述

各类输沙水量公式可粗略地分为年输沙总水量公式、单位输沙需水量公式两类,下面分别给出相应类别的公式。

2.1 年输沙总水量

吴保生等[1]从能量平衡原理出发,结合黄河水沙条件推导了黄河塑槽输沙水量的计算方法,并给出了维持黄河下游平滩流量4 000 m³/s的输沙水量上包线和平均线:

$$\overline{W}_{shx} = 6\overline{W}_{s,shx} + 117(\text{平均线}) \tag{1}$$

$$\overline{W}_{shx} = 6\overline{W}_{s,shx} + 158(\text{上包线}) \tag{2}$$

式中:$\overline{W}_{shx}$为黄河下游塑槽输沙需水量,亿 m³,以三黑小4年汛期滑动平均值计算;$\overline{W}_{s,shx}$为三黑小总沙量4年汛期滑动平均值,亿 t。

吴保生等认为,上包线公式对应塑造平滩流量保证率90%,而平均线可看作塑槽输沙水量的下限值,低于此水量河槽将难以维持4 000 m³/s的平滩流量。

严军[2]统计给出了1950~2000年三门峡水库不同运用时期,冲淤比分别为0和20%时,小浪底站汛期临界平均流量、平均含沙量、径流量、输沙量,如表1所示。

由于输沙主要是在汛期,故表1中冲淤比为0的数据可认为是不冲不淤的输沙总水量。根据表格数据即可插值确定输沙水量。

赵海镜[3]等从张瑞瑾水流挟沙力公式入手,引入来流含沙量概念推导输沙水量计算公式:

$$W_s = k\frac{W^n}{(1 - S_{V来})^p} \tag{3}$$

表 1　三门峡水库不同运用时期小浪底—利津河段汛期冲淤平衡时水沙临界指标

时段	冲淤比 = 0					冲淤比 = 20%				
	平均流量 Q_{xld}（m^3/s）	平均含沙量 S_{xld}（kg/m^3）	平均来沙系数 S/Q_{xld}	平均径流量 W_{xld}（亿 m^3）	平均输沙量 W_{sxld}（亿 t）	平均流量 Q_{xld}（m^3/s）	平均含沙量 S_{xld}（kg/m^3）	平均来沙系数 S/Q_{xld}	平均径流量 W_{xld}（亿 m^3）	平均输沙量 W_{sxld}（亿 t）
1950～1959 年	3 110	30.13	0.009 7	330.55	9.96	2 038	49.19	0.024 1	216.54	10.65
1960～1973 年	3 499	27.72	0.007 9	371.85	10.31	2 178	43.70	0.020 1	231.46	10.11
1974～1985 年	3 701	18.72	0.005 1	393.32	7.36	2 356	34.96	0.014 8	250.41	8.76
1986～2000 年	3 902	15.18	0.003 9	414.63	6.29	2 499	30.17	0.012 1	265.55	8.01
1950～2000 年	3 349	23.98	0.007 2	355.90	8.53	2 224	41.06	0.018 5	236.40	9.71

式中：W 为水量，亿 m^3；W_s 为输沙量，亿 t；$S_{V来}$ 为来流体积比含沙量，$S_{V来} = S_{来}/\rho_s$，无量纲；k 为系数；n 为水量 W 对沙量 W_s 的影响程度；p 为指数，反映了水流从河道获取泥沙补给的可能性。

对于小浪底—花园口河段，$k = 0.001\ 9$，$n = 1.233\ 9$，$p = 96.845\ 5$，$S_{V来} = 3.179/2\ 650 = 0.001\ 199\ 6$。

2.2　单位输沙需水量

石伟、王光谦[4]从河流输沙水量概念和输沙平衡原理出发，推导了考虑河道冲淤、引水引沙条件下的最经济输沙水量计算公式：

$$q_{sm} = \frac{1\ 000}{\left(S_m Q_m - \frac{1\ 000T}{\Delta t} - \frac{1\ 000\Delta Z}{\Delta t}\right)\frac{1}{Q_m}} - \frac{1}{\gamma_s} \tag{4}$$

式中：Q_m 为某一时段平均平滩流量，m^3/s；S_m 为 Q_m 对应的平均含沙量，kg/m^3；T 为河段引沙量，t；Δt 为河段引沙时间，s；ΔZ 为河段冲淤量，t，淤积为正。

这一公式计算的最经济输沙水量是黄河下游将其单位质量来沙输送入海所用的水量，要计算某段时间内，如一年或一个汛期，输送来沙入海所需用水总量，将此数乘以该时段内的来沙总量即可。

3　拟合花园口数据反推小浪底输沙流量

通过统计分析实测数据，推求输沙水量和输沙率的关系，也是一种输沙水量计算方法。将花园口站 1950～2002 年的日均流量—输沙率取自然对数后线性拟合，结果如图 1 所示。

由图 1 可知拟合效果较好，从而得到花园口站的日输沙率—流量公式：

$$Q_s = 0.034\ 6Q^{1.821\ 4} \tag{5}$$

再将式(5)用于小浪底 2000～2014 年日均出库泥沙，反推小浪底输沙日均流量过程如图 2 所示。

相应的年均输沙水量为 59.467 9 亿 m^3，年均输沙量为 0.473 8 亿 t。

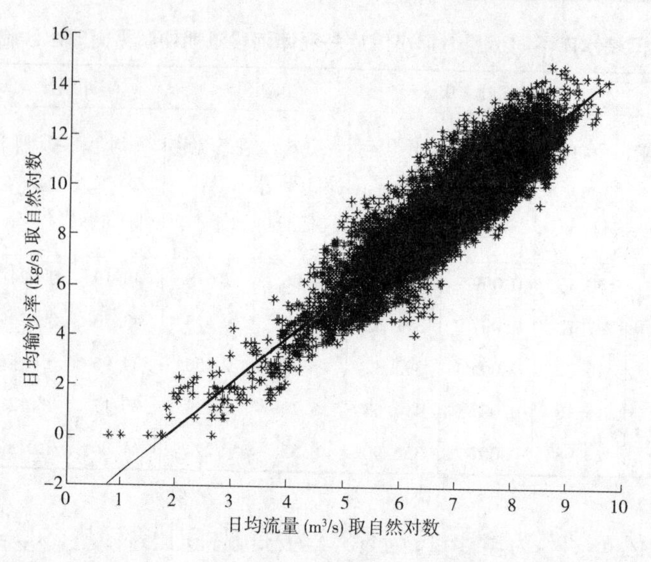

图1　花园口1950～2002年日均输沙率—流量取对数线性拟合

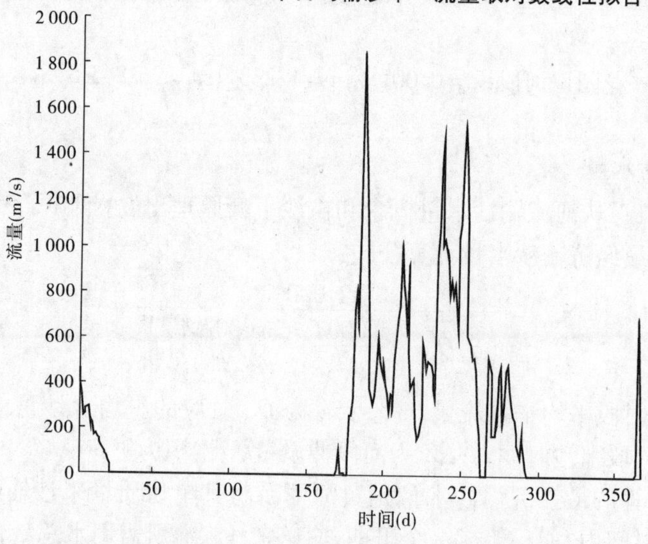

图2　花园口拟合公式反推小浪底输沙日均流量过程

4　公式聚类分析

聚类分析是一种数据建模的统计方法，用于将未知类型的样本集合分为几个子集合，使得子集合内部的样本具有相似的统计特征，且与其他子集合样本统计特征的差异较大。聚类分析能客观揭示各样本的距离(样本差异)，避免人为分类带来的主观缺陷。通常而言，样本间距的差距用方差和表示。为了对各个输沙水量公式聚类分析，采用MATLAB编程计算各个公式从0.5亿t到16亿t、间隔0.1亿t泥沙的输沙水量向量，并将各公式的输沙水量向量相减、求模(方差和)，作为公式间的差异，即对于 $W_s=(0.5,0.6,\cdots,16)$，第 i 个公式可求得输沙水量 $W_i=(w_{i1},w_{i2},\cdots,w_{i156})$，第 i 和 j 个公式的距离为 $S_{i,j}=\sum_{n=1}^{156}(w_{in}-w_{jn})^2$。

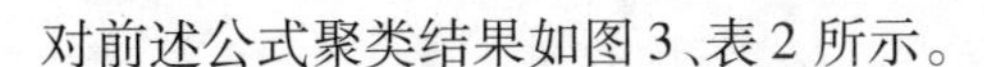
对前述公式聚类结果如图3、表2所示。

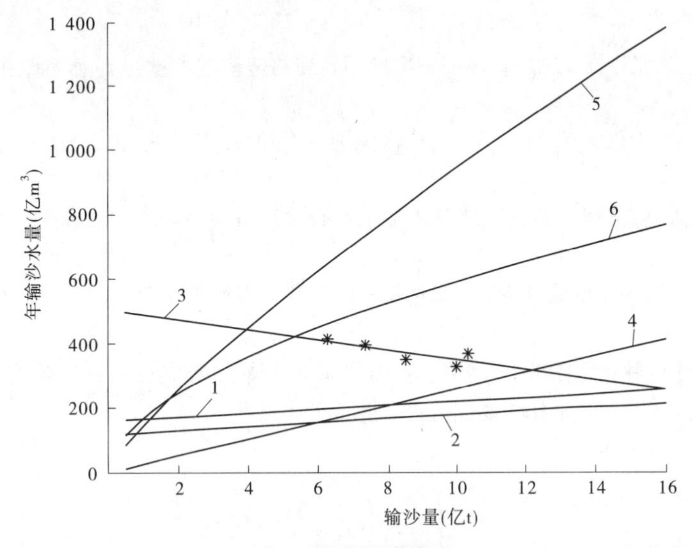

图3 公式聚类结果

表2 公式间距离值 （单位：$\times 10^{16}$ m^6）

线	线1(上包线)	线2(平均线)	线3	线4	线5	线6
线1(上包线)	0	262 236	5 943 366	1 244 703	70 317 749	17 519 670
线2(平均线)	262 236	0	8 373 476	1 575 376	77 978 370	21 621 476
线3	5 943 366	8 373 476	0	9 599 209	55 960 942	12 024 353
线4	1 244 703	1 575 376	9 599 209	0	61 131 342	14 182 705
线5	70 317 749	77 978 370	55 960 942	61 131 342	0	17 923 315
线6	17 519 670	21 621 476	12 024 353	14 182 705	17 923 315	0

图中线1、线2为吴保生等给出的上包线、平均线，线3为严军、胡春宏的临界输沙数据拟合线，线4为石伟、王光谦最经济输沙水量公式，线5为赵海镜等提出的公式，线6为花园口实测数据拟合公式。从图3中可看出，线3趋势为输沙水量与输沙量呈负相关，故此方法不可行，首先排除。剩下的线1和线2、线4、线6为一类，线5为一类。由于线5、线6在输沙总量较大时，用水量明显偏大，故这一类可排除，而线4为单位输沙水量乘以输沙总量得到，本身并不是总水量公式，故不宜使用。综上所述，线1和线2的吴保生等的上包线、平均线较为适合计算黄河下游输沙水量。

5 结论

本文简述了前人提出的黄河下游输沙水量各类公式，并推求了近年花园口实测数据拟合公式，并在此基础上对这些公式进行了聚类分析。结果表明，吴保生等的上包线、平均线公式从公式的物理意义、计算结果的数据合理性、计算结果与其他公式结果的吻合度等方面综合分析，较适合于小浪底水库下游年输沙水量计算，为我们推荐应用的黄河下游输沙水量公式。

参 考 文 献

[1] 吴保生,李凌云,张原锋. 维持黄河下游主槽不萎缩的塑槽需水量[J]. 水利学报,2011,42(12):1392-1397.

[2] 严军. 小浪底水库修建后黄河下游河道高效输沙水量研究[D]. 北京:中国水利水电科学研究院,2003.

[3] 赵海镜,胡春宏,陈绪坚. 黄河干流河道输水量与输沙量关系研究[J],水利学报,2012,43(4):379-385.

[4] 石伟,王光谦. 黄河下游最经济输沙水量及其估算[J]. 泥沙研究,2003(5):32-36.

【作者简介】 林旭(1988—),男,海南文昌人,博士研究生,主要研究方向为水文水资源。E-mail:x－lin14@ mails. tsinghua. edu. cn。

碎冰堆积过程的扩展多面体离散元数值分析*

刘 璐[1] 张宝森[2] 季顺迎[1]

(1. 大连理工大学 工业装备结构分析国家重点实验室，大连 116023；
2. 黄河水利科学研究院，郑州 450003)

摘 要 基于Minkowski sum方法的扩展多面体单元能够准确描述非规则颗粒单元的几何形态，并可精确计算单元间的接触碰撞作用。考虑扩展多面体单元相互作用过程中角点、棱边和平面之间的不同接触模式，发展了相应的非线性黏弹性接触模型。该接触模型将不同接触模型下的法向弹性力统一表述为单元接触中等效曲率半径的函数，黏滞力和切向弹性力接触模型则借鉴球体单元非线性接触模型的处理方法。采用Voronoi切割算法获得了碎冰的初始随机分布状态，并考虑了碎冰在运动过程中的浮力和拖曳力，对碎冰区冰块在斜坡上的堆积进行了离散元分析。计算表明该扩展多面体单元可描述碎冰在水流拖曳下的运动过程以及在斜坡阻挡作用下的堆积现象。

关键词 离散元；扩展多面体单元；Minkowski sum；Voronoi切割算法；碎冰堆积

Numerical analysis of ice pile-up by dilated polyhedral discrete element method

Liu Lu[1] Zhang Baosen[2] Ji Shunying[1]

(1. State Key Laboratory of Structural Analysis for Industrial Equipment, Dalian 116023;
2. Yellow River Institute of Hydraulic Research, Zhengzhou 450003)

Abstract Dilated polyhedral element based on Minkowski sum could characterize the geometry features of irregular particle elements, by which the collide detection and force could be computed precisely. Accordingly the nonlinear viscoelasticity force model is developed in different contact pattern between vertexes, edges and faces of dilated polyhedra. This model simplified the normal elastic contact force of different contact pattern as a function of the equivalent curvature radius. Meanwhile, the homologous approach in spherical DEM is referenced in the viscous force and the tangential elastic force model. The initial random distribution of ice floe is generated by Voronoi tessellation algorithm. Ice pile-up on slope is simulated by dilated polyhedral DEM, and the

* **基金项目** 水利部堤防安全与病害防治工程技术研究中心开放课题(201403)。

buoyancy and drag force is considered. The result indicates the dilated polyhedral element is capable in simulating ice movement driven by current and the process of ice pile-up on slope.

Key words Discrete Element Method; dilated polyhedral element; Minkowski sum; Voronoi tessellation algorithm; ice pile-up

1 引言

在离散元方法中,最早采用的是圆盘或球体的规则单元形式,其具有计算简单和易于大规模并行的优点,也能反映颗粒材料的基本力学行为[1-2]。然而,多面体单元能更加真实地反映岩石、碎冰等散体材料的几何形态,在一定程度上可避免细观计算参数选择的经验性[3-5]。Galindo(2012)基于 Minkowski sum 方法发展了扩展多面体单元的黏结－破坏模型,采用 Voronoi 切割算法生成具有初始随机裂纹的连续体,并对其破碎过程进行了离散元计算[6-7]。扩展多面体单元能够将块体间的尖锐接触转化为球面或柱面接触,从而可以利用相关曲面接触理论建立接触模型。Hertz 接触模型是球体单元的主要非线性接触力计算方法,其为扩展多面体单元的接触模型改进提供了很好的研究思路。

近年来,离散元方法在模拟冰与结构相互作用的研究中得到了广泛应用[8]。块体离散元对冰与船体结构的相互作用、冰脊压剪过程可进行有效的数值计算[9]。采用粘接块体单元可对平整冰与锥体结构的相互作用进行离散元分析,合理确定冰力的分布规律[10]。因此,采用扩展多面体单元可对碎冰与结构的相互作用进行有效的离散元分析。

本文基于 Minkowski sum 方法将球体单元与多面体单元相叠加构造光滑的扩展多面体单元,并建立不同接触模式下的计算模型。针对碎冰形态的离散分布规律,采用 Voronoi 切割算法生成扩展多面体的冰块单元,并对其在斜坡前的堆积进行离散元分析。

2 扩展多面体单元的 Minkowski sum 构造方法

若在空间中给出两个任意几何体 A 和 B,则 Minkowski sum 可定义为[11]

$$A \oplus B = \{x + y \mid x \in A, y \in B\} \tag{1}$$

式中:x 和 y 分别为 A 和 B 内的三维坐标点。

当一个任意多面体与球体单元叠加后可形成具有一定光滑度的扩展多面体,如图 1 所示。若扩展多面体几何特征的集合为$\{G_k\}$($k=1,2,\cdots,n$),n 为所有几何特征的总数,则扩展多面体单元 i 和 j 的几何特征集合为$\{G_k^i\}$和$\{G_k^j\}$。由此,两个多面体的接触判断准则为

$$\delta_{ij} = \min(\mathrm{dist}(G_k^i, G_k^j)) - r_i - r_j \begin{cases} <0, \text{接触} \\ \geqslant 0, \text{分离} \end{cases} \tag{2}$$

式中:r_i 和 r_j 为两个扩展多面体单元的扩展半径。

3 扩展多面体单元间的接触模型

由于扩展多面体单元主要由角点(球体)、棱边(柱体)和平面等元素组成,其有效接触刚度与单元接触模式密切相关。扩展多面体单元间的接触模式可分为三类。下面对不

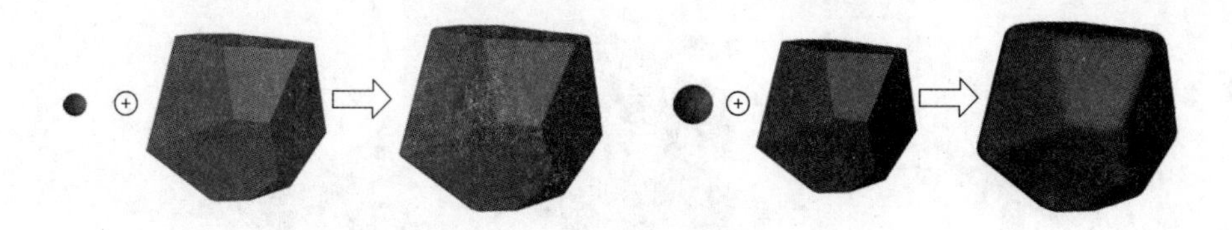

图 1　不同扩展半径的扩展多面体单元

同接触模式下的计算模型进行分析。

3.1　球体与球体、平面、柱面的接触计算

在扩展多面体单元接触模式中，球体与球体、平面的接触计算可基于 Hertz 接触模型。对于球体与球体接触，如图 2(a)所示，球体与球体接触通过计算两个球心距离 $\Delta = |O_{12}|$，进而计算两个球体的接触变形：

$$\delta_n = \Delta - R_1 - R_2 \tag{3}$$

由此基于 Hertz 接触理论，球体间的法向弹性接触力为

$$F_n^e = \frac{4}{3}E^* \sqrt{R^*}\delta_n^{\frac{3}{2}} \tag{4}$$

式中：E^* 为等效弹性模量；R^* 为等效曲率半径。

如图 2(b)所示，由平面的几何性质，设 R_1 是球体半径，令平面的曲率半径 $R_2 \to \infty$，则有 $R^* = R_1$。由此，球体与平面的法向弹性力为

$$F_n^e = \frac{4}{3}E^* \sqrt{R_1}\delta_n^{\frac{3}{2}} \tag{5}$$

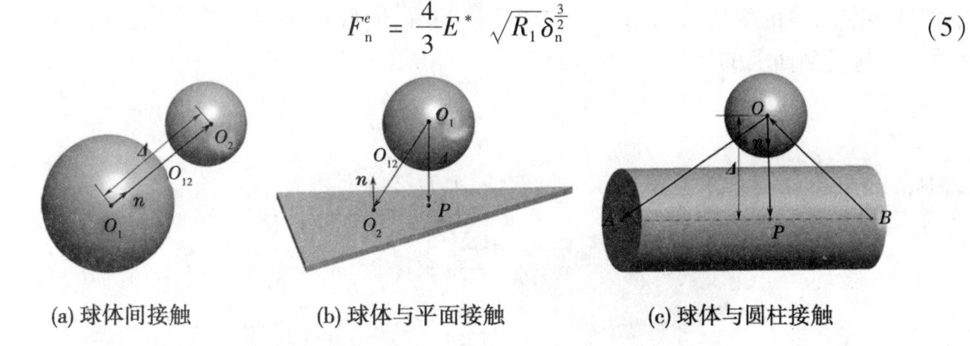

图 2　球体与球体、平面、柱面接触

图 2(c)是球面与柱面的接触模式，Hertz 接触假设下球面与柱面接触可通过椭圆积分表进行计算。基于 Hertz 接触模型，假设 R_b 为球体半径，这里可简作：

$$F_n^e = \frac{4}{3}E^* (R_b R^*)^{\frac{1}{4}}\delta_n^{\frac{3}{2}} \tag{6}$$

3.2　柱面与柱面、平面的接触计算

柱面与柱面的接触可以分为两种情况：平行接触和交叉接触。图 3(a)所示为两柱面交叉接触的情况，其接触力可采用 Hertz 接触模型计算，即

$$F_n^e = \frac{4}{3}E^* \sqrt{\tilde{R}}\delta_n^{\frac{3}{2}} \tag{7}$$

式中：$\tilde{R}$ 为等效高斯曲率半径，$\tilde{R} = \sqrt{R'_1 R'_2}$，$R'_1$ 和 R'_2 为两个接触面的主曲率半径，可通过两个曲面距离的二次型进行计算。

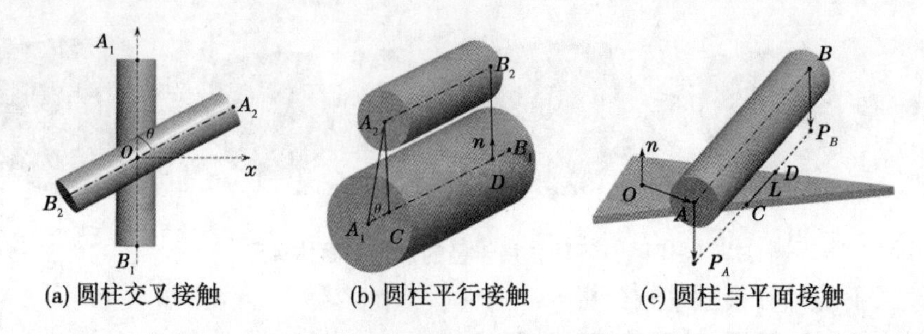

(a) 圆柱交叉接触　(b) 圆柱平行接触　(c) 圆柱与平面接触

图3　柱面与柱面、平面接触

对于两个圆柱的平行接触方式,如图3(b)所示。假设 L 是接触长度,依据 Hertz 接触理论人们发展了多个接触模型,本文选用如下简化模型:

$$F_{\mathrm{n}}^{e} = \frac{4}{3}LE^{*}\sqrt{R^{*}}\delta_{\mathrm{n}}^{\frac{3}{2}} \tag{8}$$

对于柱面和平面的接触方式,如图3(c)所示。类似的,设 R_1 是圆柱半径,依据式(8)可令 $R_2 \to \infty$,则有 $R^{*} = R_1$,由此圆柱和平面的法向弹性力可写作:

$$F_{\mathrm{n}}^{e} = \frac{4}{3}LE^{*}\sqrt{R_1}\delta_{\mathrm{n}}^{\frac{3}{2}} \tag{9}$$

3.3　平面与平面的接触计算

如图4所示,对于扩展多面体单元接触中的平面与平面接触模型,可考虑表面力作用下弹性半空间体的变形。采用均匀法向位移的解,即假设接触区域内所有点的垂直位移都相等,则接触面上的法向力可以写为

$$F_{n}^{e} = 2E^{*}\beta\sqrt{\frac{A}{\pi}}\delta_{\mathrm{n}} \tag{10}$$

式中:β 可根据不同的接触面形状进行取值;A 为接触面积。

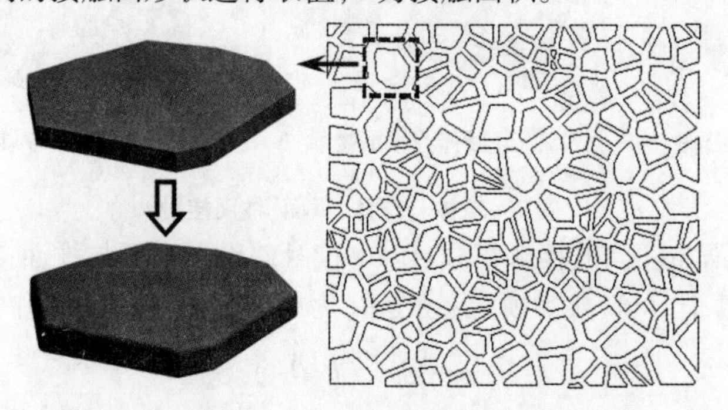

图4　碎冰区基于 Voronoi 切割算法生成的冰块

4　碎冰堆积过程的离散元分析

在河道碎冰区,河冰在波浪、水流等作用下呈现出明显的离散分布特性,并具有非规则的多边形几何形态。这里以平面斜坡为例,对斜坡阻挡作用下碎冰的堆积进行模拟以验证扩展多面体单元在河冰分析中的适用性。

4.1 碎冰生成的 Voronoi 切割算法

为构造具有随机分布和非规则几何形态的碎冰单元，这里采用 Voronoi 切割算法[12]。采用 Voronoi 切割算法在 50 m×50 m 的计算域随机生成 200 个多边形，并对其设定一定的厚度，采用 Minkowski sum 方法对其构造生成相应的扩展多面体碎冰单元，如图 4 所示。

4.2 流体对冰块的作用力

碎冰在水流作用下要受动浮力、拖曳力等动力作用。浮力矩 M_b 决定了冰块在水面的摇摆以及最终稳定形态，由浮心和块体形心不平衡引起，可写作：

$$M_b = r_b F_b \tag{11}$$

式中：r_b 为质心到浮心的向量；F_b 为浮力。

拖曳力 F_d 和拖曳力矩 M_d 写作：

$$F_d = -\frac{1}{2} C_d^F \rho_w A_{sub} (v - v_w) |v - v_w| \tag{12}$$

$$M_d = -\frac{1}{2} C_d^M r_{eff}^3 \rho_w A_{sub} \omega |\omega| \tag{13}$$

式中：ρ_w 为水密度；A_{sub} 为块体与水的接触面积；C_d^F 和 C_d^M 分别为拖曳力系数和拖曳力矩系数；v 为冰块速度；v_w 为流速；ω 为块体的转速；r_{eff} 为块体的有效半径。

4.3 碎冰与斜坡作用的堆积过程模拟

采用 Voronoi 切割算法生成 200 个随机分布的冰块，碎冰的平均尺寸为 2.8 m。水流沿 x 方向速度为 0.3 m/s。沿水流方向两侧为固定边界，后边界为运动边界，其运动速度为 0.2 m/s。采用表 1 所示模型参数对碎冰在斜坡前堆积的动力过程进行离散元模拟。

表 1 碎冰堆积过程的离散元模拟参数

变量	符号	值
拖曳力系数	C_d^F	0.6
拖曳力矩系数	C_d^M	0.1
水密度	ρ_w(kg/m^3)	800
冰块密度	ρ(kg/m^3)	1 000
冰厚	t(m)	0.3
冰块扩展半径	r(m)	0.06
冰块弹性模量	E(MPa)	10
斜坡弹性模量	E_s(GPa)	210
泊松比	ν	0.3
阻尼系数	ζ_n	0.56
摩擦系数	μ	0.1
切向法向刚度比	r_{ns}	0.38
斜坡倾斜角度	θ	30

不同时刻碎冰在水流作用下与斜坡作用情况如图5所示，图5中的左图为平视图，右图为30°俯视图。从图5中可以看出碎冰呈片状重叠，并可在水下形成具有一定形状的堆积层。图6为斜坡面上冰力的分布。从图6中可以看出冰力主要在水面以下形成窄带的分布。

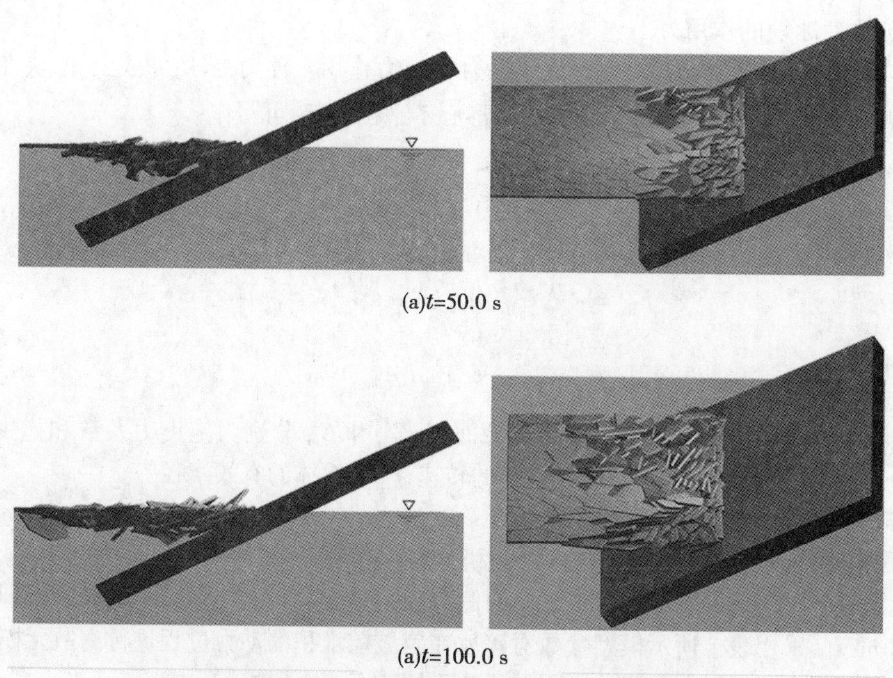

图5　采用扩展多面体单元模拟的碎冰与斜坡的作用过程

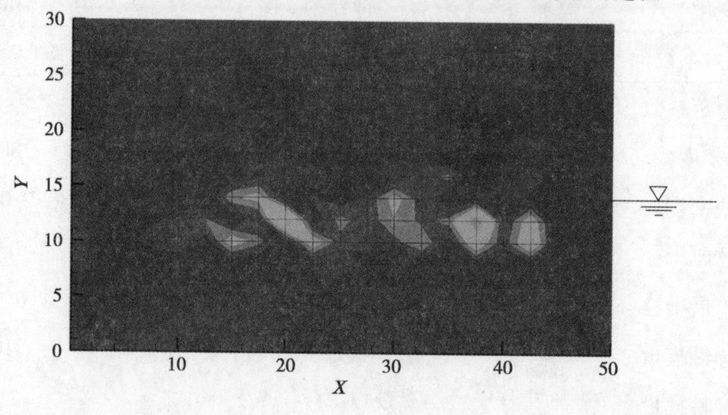

图6　斜坡面上冰力的分布

5　结论

本文基于Minkowsik sum方法将球体与多面体相叠加生成具有光滑角点和棱边的扩展多面体单元。由此，将块体单元间复杂的接触计算转化为球体、圆柱和平面之间的接触问题。在不同接触类型的接触力计算中，通过采用接触点处接触单元的曲率半径建立了统一的表述关系。采用Voronoi cell切割算法生成随机分布的扩展多面体碎冰单元，采用扩展多面体单元对碎冰在斜坡前的堆积进行了模拟,确定了冰荷载的变化规律,得到了斜坡上冰力的分布。今后将发展黏结-破碎并再冻结的数值模型,进一步完善该方法在河道冰情分析和冰灾害预警中的应用。

参考文献

[1] Cundall P, Strack O. A discrete numerical model for granular assemblies[J]. Geotechnique, 1979, 29: 47-65.

[2] 徐泳,孙其成,张凌,等. 颗粒离散元法研究进展[J]. 力学进展,2003,33(2):251-259.

[3] 周伟,刘东,马刚,等. 基于随机散粒体模型的堆石体真三轴数值试验研究[J]. 岩土工程学报,2012,34(4):748-755.

[4] 王杰,李世海,周东,等. 模拟岩石破裂过程的块体单元离散弹簧模型[J]. 岩土力学,2013,34(8):2355-2362.

[5] 金峰, 胡卫, 张冲,等. 考虑弹塑性本构的三维模态变形体离散元方法断裂模拟[J]. 工程力学,2011, 28(5):1-7.

[6] Galindo-Torres S A, Pedroso D M, Williams D J, et al. Breaking processes in three-dimensional bonded granular materials with general shapes[J]. Computer Physics Communications,2012, 183:266-277.

[7] Galindo-Torres S A. A coupled Discrete Element Lattice Boltzmann Method for the simulation of fluid-solid interaction with particles of general shapes[J]. Comput. Methods Appl. Mech. Engrg. , 2013, 265:107-119.

[8] 季顺迎, 李春花, 刘煜. 海冰离散元模型的研究回顾及展望[J]. 极地研究, 2012, 24(4):315-329.

[9] Polojärvi A, Tuhkuri J. 3D discrete numerical modelling of ridge keel punch through tests[J]. Cold Region Science and Technology, 2009(56):18-29.

[10] Lu W, Lubbad R, LØset S. Simulationg ice-sloping structure interactions with the cohesive element method[J]. Journal of Offshore Mechanics and Arctic Engineering, 2014, 136:031501.

[11] Lau M, Lawrence KP, Rothenburg L. Discrete element analysis of ice loads on ships and structures[J]. Ships and Offshore Structures, 2011, 6(3): 211-221.

[12] Slotterback S, Toiya M, Goff L, et al. Correlation between particle motion and Voronoi-Cell-Shape fluctuations during the compaction of granular matter[J]. Physical Review Letters, 2008, 101:258001.

【作者简介】 刘璐(1990—),男,江西九江人,博士,主要从事工程海冰数值模型方面的研究工作。E-mail:drliulu@ mail. dlut. edu. cn。

小浪底库区深层淤积泥沙颗粒组成及重金属含量初步分析*

郑　军[1]　姬秀明[2]　丁泽霖[3]

（1. 黄河水利科学研究院，郑州　450003；
2. 三门峡库区水文水资源勘测局，三门峡　472000；
3. 华北水利水电大学 水利学院，郑州　450011）

摘　要　传统取样技术无法获取库区深层淤积泥沙样品，制约了水库淤积规律的深入研究。本文采用低扰动柱状深层取样设备，在小浪底水库库区 HH1 ~ HH48 断面开展现场取样工作，获取了0.6 ~3.0 m长的深层淤积泥沙样品，通过土工和化学试验，对淤积泥沙的物理化学特性进行了分析。试验结果表明，与常规水文测验表层取样相比，深层粗沙含量较高，中值粒径D_{50}均大于表层样品；部分典型断面泥沙粒径沿深度方向变化不规律，样品岩性分类分层明显；各断面重金属含量从高到低排列为 Pb > Cd > As > Cr > Hg，重金属含量随着深度增加而增大。以上研究可为黄河调水调沙和机械生态清淤等试验工作的开展提供基础数据资料。

关键词　小浪底库区；深层淤积泥沙；物理化学特性；低扰动

Preliminary analysis on the particle composition and heavy metal content of deep sediments in the Xiaolangdi reservoir area

Zheng Jun[1]　Ji Xiuming[2]　Ding Zelin[3]

（1. Yellow River Institute of Hydraulic Research，Zhengzhou　450003；
2. Sanmenxia Reservoir Area Bureau of Hydrology and Water Resources，Sanmenxia　472000；
3. School of Water Conserlancy，North China University of Water Resources and Electric Power，Zhengzhou　450011）

Abstract　Using the traditional sampling technology can not get the deep sediment samples in the

*基金项目：水利部公益性行业科研专项（201301024）、中国保护黄河基金会资助项目（CYRF2013－003）、科技部科研院所技术开发研究专项（2013EG136205）。

reservoir area, it restricts the further study of reservoir sedimentation law. In this paper, adopting the low disturbance columnar deep sampling equipment, in the Xiaolangdi Reservoir Area HH1 to HH48 section to carry out on-site sampling work, get the 0.6-3.0 m long sediment sample, through soil and chemical experiments, the physical and chemical characteristics of the sediments were analyzed. The experimental results show that compared with the surface sampling of the conventional hydrological test, coarse sediment content of the deep sample is higher than the surface sample, Median particle size of D_{50} was larger than that of surface sample; the diameter of the sand particles in some typical section is irregular, and the lithology of the samples is distinct; the contents of heavy metals in each section ranged from high to low Pb > Cd > As > Cr > Hg. The heavy metal content increased with the increase of the depth. The research can be carried out for the the Yellow River water and sediment regulation and ecological dredging machinery test work provides the basic data.

Key words　the Xiaolangdi Reservoir Area; Deep Sediments; Physical and chemical properties; Low disturbance

黄河是世界上泥沙含量最高的河流，致使黄河水库泥沙淤积严重，水库有效库容逐年减小，缩短了水库使用寿命，泥沙淤积问题成了黄河治理的症结所在。水库淤积泥沙组成与容重是水库泥沙设计中的一项重要参数，要想处理好库区泥沙问题，必须获取可靠的泥沙淤积资料[1]。目前，库区现有取样方法按照水文泥沙测验规程规范[2]使用锚式采样器和横式采样器，仅能采集表层 10 cm 厚的泥沙样品。江恩惠等[3]对黄河河床物质的层理淤积结构及沉积机制进行了研究，发现层理淤积的特征与黄河下游俗称的“透镜体”淤积结构完全相似，为黄河泥沙治理提供了理论依据。而库区泥沙深层取样多以钻孔取样为主，但受到设备的使用限制，仅能在滩地进行取样。由于缺乏主槽深层淤积泥沙水下取样设备，对主槽深层泥沙的研究较少。

针对传统取样技术无法获取库区水下深层淤积泥沙样品的问题，黄河水利科学研究院借鉴深海沉积物保真取样原理，改造并研制出基于重力式活塞技术的低扰动柱状深层取样设备[4]，其具有取样深度大、样品扰动性低及密封性好等优点，能够用于主槽淤积泥沙样品的获取，相对于传统的取样方式，该设备能够采集深层泥沙样品，能够为进一步开展库底淤积泥沙的物理特性、化学特性及其污染物情况等研究提供技术支撑。本试验采用上述设备，在小浪底库区开展了现场取样工作，获取了深层淤积泥沙样品，通过样品土工试验和化学试验，得到了深层淤沙物理化学特性参数，探讨深层淤积泥沙的物理化学特性。

1　库区深层淤积泥沙取样试验

小浪底水利枢纽是黄河上已修建的最大的水利枢纽工程，小浪底工程坝址位于黄河干流最后一个峡谷出口处，上距三门峡水利枢纽 130 km，下距黄河花园口 128 km，控制黄河 92.3% 的流域面积、90% 的水量和近 100% 的泥沙。据《2012 年黄河泥沙公报》，自 1997 年 10 月小浪底水库截流以来，泥沙淤积主要发生在 HH38 断面以下的干、支流库段，其淤积量占库区淤积总量的 95%。1997～2012 年的 15 年间，小浪底库区共淤积 27.625 亿 m^3。小浪底水库在来水小于 2 000 m^3/s 时，一般为蓄水拦沙运用，控制低壅水，提高排沙能力，拦粗沙排细沙；在来水大于2 000 m^3/s时，一般为低壅水排沙和敞泄排沙，发挥下游河道大水输大沙能力；对不利于下游防洪减淤的高含沙洪水，予以调节削减[5]。

根据现场试验时的水沙特性、水位、船只操作安全等因素，选取小浪底库区HH1～HH48断面之间的16个断面进行取样试验。

（1）表层取样。表层样品数据采用黄河水利委员会水文局2014年4月表层淤积泥沙的取样测验数据，见表1。

表1　小浪底库区表层淤积泥沙取样测验数据

取样位置	颗粒组成（%）				中值粒径（mm）
	≥0.250 mm 中沙	0.075～0.250 mm 细沙	0.005～0.075 mm 粉粒	≤0.005 mm 黏粒	
HH4	1.5	2.5	51.0	45.0	0.006
HH16	0	1.0	52.9	46.1	0.006
HH40	0	0.5	61.0	38.5	0.009

（2）深层取样。利用深层低扰动取样器于2014年在小浪底水库部分典型断面进行了现场取样试验。在16个断面取得深层淤积泥沙样品40余组，各断面的淤积泥沙最大取样深度为1.5～3.0 m（由于工作断面工作环境的不同，取样管所能取得样品的最大深度不同，如HH4断面最大取样深度为2.5 m，则所取的样品为一管2.5 m长的泥沙样品，0.5、1.0、1.5 m是指在取样管中截取不同深度的泥沙样品进行分析），依据《土工试验规程》（SL 237—1999）对获得的淤积泥沙样品进行检测，获取了一定深度泥沙的实测资料。在库区相近断面中部分断面泥沙颗粒组成沿深度方向变化一致，选取HH4、HH16、HH40等3个有代表性的断面为例进行分析，泥沙参数见表2。

表2　小浪底库区现场取样部分断面淤积泥沙参数

样品编号	含水率（%）	湿容重（t/m^3）	干容重（t/m^3）	颗粒密度（t/m^3）	颗粒组成（%）				中值粒径（mm）	凝聚力（kPa）	摩擦角（°）
					≥0.250 mm 中沙	0.075～0.250 mm 细沙	0.005～0.075mm 粉粒	≤0.005 mm 黏粒			
HH4－2－0.5	34.2	1.95	1.45	2.70	0	0	92.8	7.2	0.062	26.5	37.6
HH4－2－1.0	31.5	1.92	1.46	2.70	0	0.4	92.3	7.3	0.062	28.8	41.4
HH4－2－1.5	25.5	1.93	1.54	2.68	0	25.7	70.6	3.7	0.064	23.9	36.8
HH4－2－2.0	27.4	1.89	1.48	2.71	0	0	91.8	8.2	0.062	19.5	41.9
HH4－2－2.5	23.6	2.01	1.63	2.68	0	41.1	51.6	7.3	0.066	32.8	44.4
HH16－1－0.5	33.5	1.86	1.39	2.70	0	0	90.5	9.5	0.022	9.5	44.7
HH16－1－1.0	33.3	1.87	1.40	2.70	0	0	94.3	5.7	0.026	—	—
HH16－1－1.5	32.5	1.88	1.42	2.70	0	0	92.7	7.3	0.027	5.4	35.9
HH40－1－0.2	69.5	1.64	0.97	2.70	0	2.3	57.6	40.1	0.009	—	—
HH40－1－0.5	38.0	1.77	1.28	2.72	0.1	6.4	66.6	26.9	0.014	—	—
HH40－1－1.0	24.1	2.01	1.62	2.65	0.3	93.4	1.4	4.9	0.141	37.7	41.9
HH40－1－1.5	—	—	—	2.64	0.5	94.9	1.6	3.0	0.145	—	—

注：样品编号中第一位数值（4、16、40）代表淤积断面，第二位（1、2）代表所取代表样品号，第三位（0.2、0.5、1.0、1.5、2.0）代表检测样品所在深度，下同。

2 库区深层淤积泥沙颗粒分层分析

采样得到的深层淤积泥沙粒径沿深度的变化情况见图1～图3。

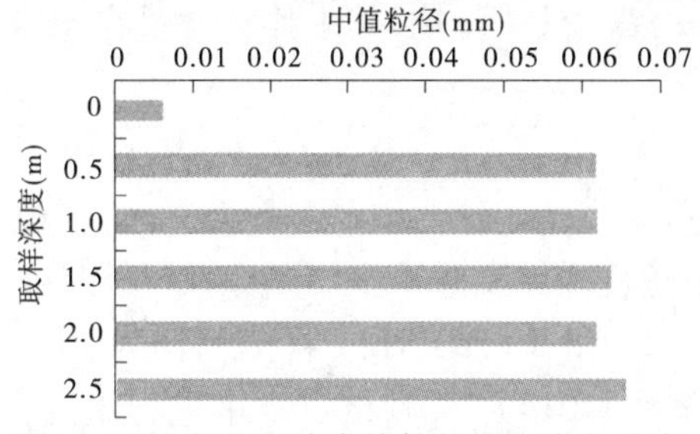

中值粒径(mm)
0 0.01 0.02 0.03 0.04 0.05 0.06 0.07
取样深度(m)
0
0.5
1.0
1.5
2.0
2.5
图1 HH4断面泥沙中值粒径深层方向分布

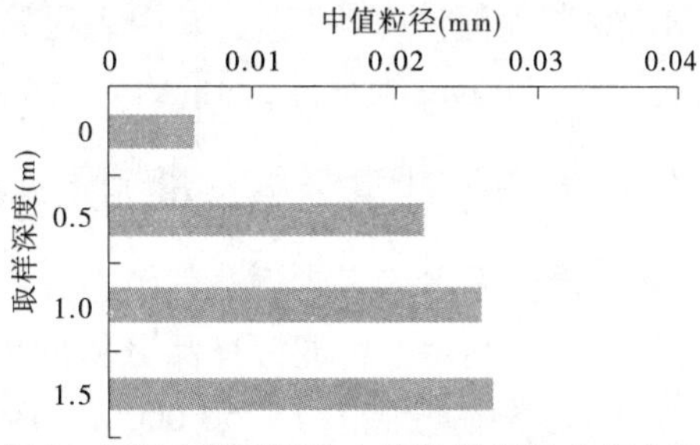

中值粒径(mm)
0 0.01 0.02 0.03 0.04
取样深度(m)
0
0.5
1.0
1.5
图2 HH16断面泥沙中值粒径深层方向分布

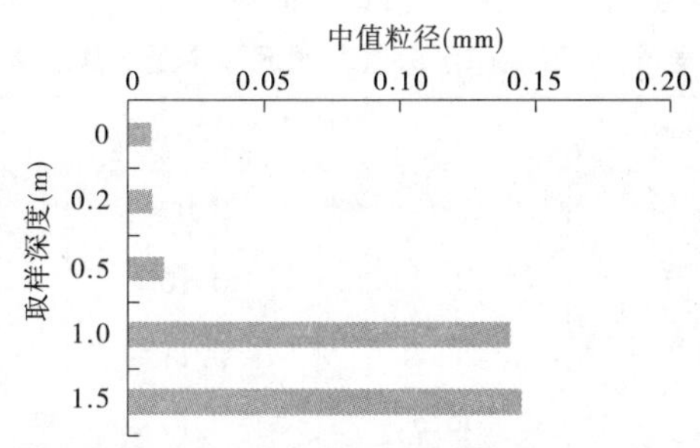

中值粒径(mm)
0 0.05 0.10 0.15 0.20
取样深度(m)
0
0.2
0.5
1.0
1.5
图3 HH40断面泥沙中值粒径深层方向分布

可以看出，同一断面位置沿深度方向，颗粒组成的变化并不规律，不同粒径沿深度的变化情况较为复杂，原因是水库周期性淤积导致泥沙颗粒分级，形成了不均匀的层次。HH4断面表层(0 m)泥沙中值粒径为0.006 mm，深层(>0.5 m)取样泥沙中值粒径为0.062～0.066 mm；HH16断面表层(0 m)泥沙中值粒径为0.006 mm，深层(>0.5 m)中值粒径为0.022～0.027 mm；HH40断面表层(0 m)泥沙和0.2 m处泥沙中值粒径相近，0.5 m处泥沙中值粒径为0.014 mm，取样深度为1.0～1.5 m时中值粒径为0.141～0.145 mm，比其上层泥沙的中值粒径都大很多。

通过取样泥沙的实地观察以及后期试验数据分析，发现库区部分断面泥沙颗粒分级存在着明显的分层现象，见图4～图6。

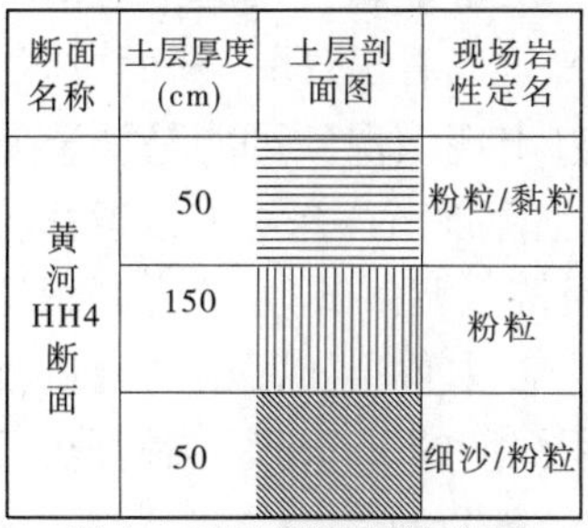

断面名称
土层厚度(cm)
土层剖面图
现场岩性定名
黄河HH4断面
50
粉粒/黏粒
150
粉粒
50
细沙/粉粒
图4 HH4断面泥沙分层

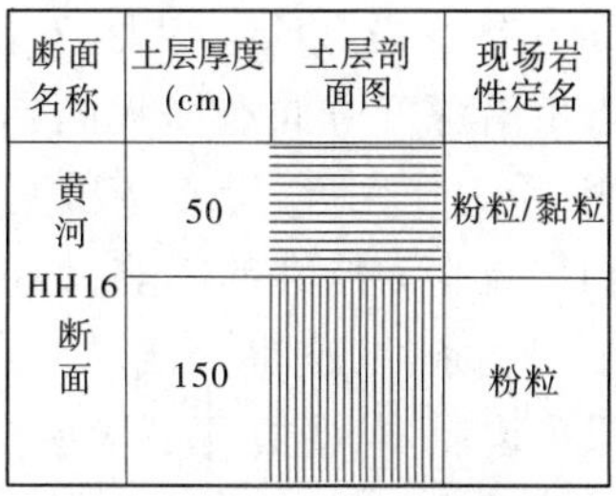

断面名称
土层厚度(cm)
土层剖面图
现场岩性定名
黄河HH16断面
50
粉粒/黏粒
150
粉粒
图5 HH16断面泥沙分层

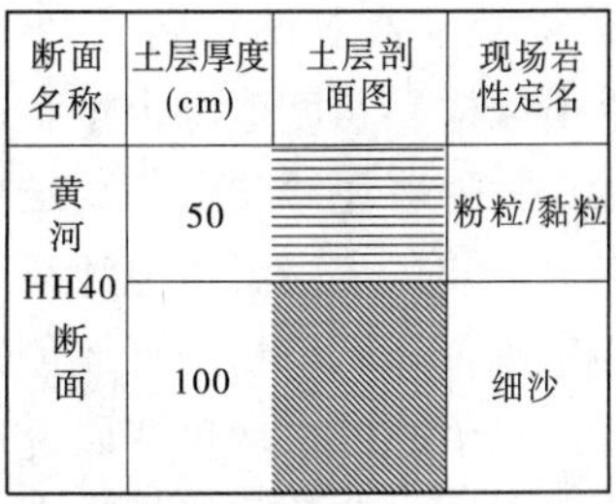

断面名称
土层厚度(cm)
土层剖面图
现场岩性定名
黄河HH40断面
50
粉粒/黏粒
100
细沙
图6 HH40断面泥沙分层

由图4可知，HH4断面泥沙分为三层，表层厚50 cm，粉粒与黏粒含量各占50%；中层厚150 cm,取样深度为0.5 m、1.0 m、1.5 m,泥沙为粉粒;下层厚50 cm,取样深度为2.5 m,粉粒含量为细沙及粉粒。由图5可知,HH16断面河床物质主要为粉粒、黏粒,分两层,表层厚50 cm,粉粒与黏粒含量各占50%;底层厚150 cm,粉粒含量为90%。由图6可知,HH40断面泥沙分为两层,其中表层厚50 cm,为粉粒、黏粒,其中粉粒含量在60%以上;底层厚100 cm,为细沙,含量约为90%。

3 库区淤积泥沙重金属含量测定结果分析

样品由河南省岩石矿物测试中心分析,每个送检样品质量不少于1 kg,淤积泥沙样品经自然风干。利用淤积泥沙样品分析的项目为Pb、Cd、Cr、As、Hg。检测依据为《多目标区域地球化学调查规范(1∶250 000)》(DZ/T 0258—2014)[6],测试过程中进行重复样和标样分析。

小浪底库区3个典型断面所取淤积泥沙样品中重金属含量列于表3。

表3 小浪底库区深层淤积泥沙中重金属含量

样品编号	Pb	Cd	Cr	As	Hg
HH4-2-0.5	56.8	29.4	0.09	7.32	19.74
HH4-2-1.0	47.5	28.2	0.10	7.51	22.51
HH4-2-1.5	46.5	28.7	0.11	7.53	22.53
HH4-2-2.0	44.3	29.2	0.12	7.49	24.51
HH4-2-2.5	46.8	30.4	0.14	7.62	25.70
HH16-1-0.5	24.4	34.8	0.11	8.56	21.91
HH16-1-1.0	30.3	43.6	0.22	12.70	33.40
HH16-1-1.5	34.8	58.2	0.27	18.14	43.10
HH40-1-0.5	30.9	50.3	0.28	14.84	53.07
HH40-1-1.0	38.4	29.4	0.19	8.23	29.30
HH40-1-1.5	48.2	23.7	0.15	6.62	26.44

注:样品中Pb、Cd、Cr、As元素的含量单位为10^{-6} g/g,Hg元素的含量为10^{-9} g/g。

从表3中可以看出,大部分测点间的元素含量相差较小。从重金属含量的绝对值来看,含量从高到低排列为Pb>Cd>As>Cr>Hg。从图7、图8可以看出,同一断面位置,在所取样品长度范围内重金属含量沿深度方向有增大的趋势,出现该现象可能是重金属污染物随着泥沙的沉积固结作用、重力作用等,沿着淤积泥沙空隙逐渐往深层泥沙运移的缘故,同时,表层淤积泥沙易受到水流水力特性的影响,如黄河调水调沙试验,这为淤积泥沙中重金属污染物的释放创造了有利条件,这也是浅层淤积泥沙中重金属污染物含量较低的一个原因。从这些研究成果可以看出,研究库区深层淤积泥沙的重金属污染情况,可为黄河调水调沙和机械生态清淤等试验工作的开展提供基础数据资料。

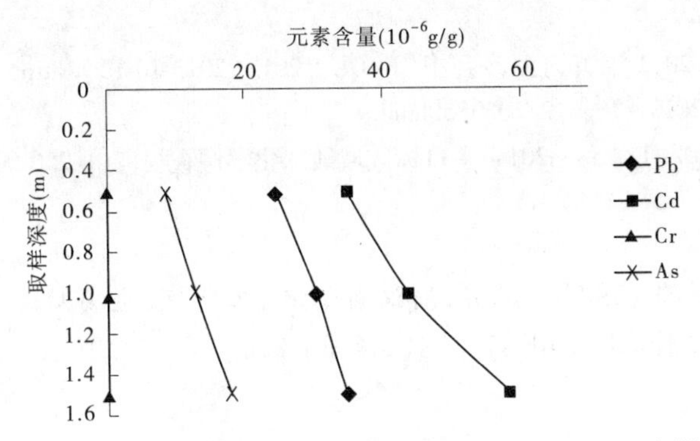

图 7　HH16 断面淤积泥沙样品重金属 Pb、Cd、Cr、As 含量

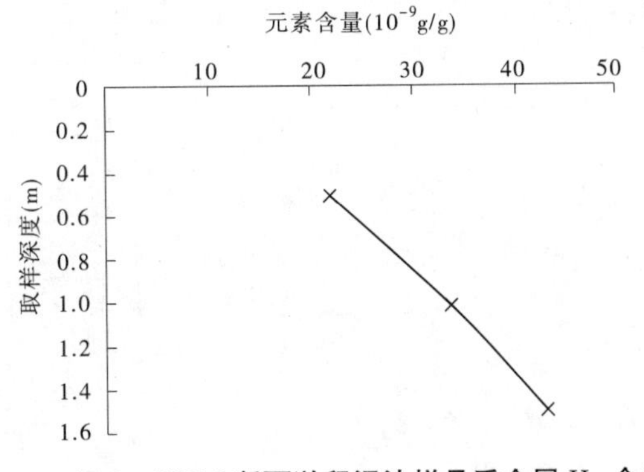

图 8　HH16 断面淤积泥沙样品重金属 Hg 含量

4　结语

(1)对比常规水文测验表层取样与本次深层取样数据,3 个典型断面表层泥沙的中值粒径为 0.006 ~ 0.009 mm,发现深层取样数据显示粗沙含量较高且中值粒径 D_{50} 均大于表层样品,实测最大中值粒径可达 0.145 mm。

(2)部分典型断面泥沙粒径沿深度方向不规律,多数断面淤积泥沙有明显分层现象,样品岩性分类分层明显。

(3)从图 7、图 8 可以看出,断面重金属含量从高到低排列为 Pb > Cd > As > Cr > Hg。小浪底库区淤积泥沙重金属含量具有随着深度增加而增大的趋势,出现该现象可能是重金属污染物随着泥沙的沉积固结作用、重力作用等,沿着淤积泥沙空隙逐渐往深层泥沙运移的缘故。

参 考 文 献

[1] 焦恩泽. 黄河水库泥沙[M]. 郑州: 黄河水利出版社, 2004.

[2] 水利部长江水利委员会水文局. SL 339—2006 水库水文泥沙观测规范[S]. 北京: 中国水利水电出版社, 2006.

[3] 江恩惠,韩其为,曹永涛,等. 黄河河床物质层理淤积结构及沉积机理[J]. 人民黄河,2010,32(8):32-23.

[4] 杨勇, 郑军, 陈豪. 深水水库低扰动取样器机械设计[J]. 水利水电科技进展, 2012, 32(S2): 18-

19.

[5] 黄河水利委员会. 2012 年黄河泥沙公报[R/OL]. 2013[2013-10-12]. http://www. hwswj. gov. cn/swjcms/html/1/3/2013 - 10 - 12/102056. html.

[6] 中国地质调查局. DZ/T 0258—2014 多目标区域地球化学调查规范(1:250 000)[S]. 北京:中国标准出版社,2014.

【作者简介】 郑军(1984—),男,浙江黄岩人,工程师,主要从事水利量测及泥沙资源利用方面的研究工作。E-mail:173728100@ qq. com。

水资源节约与综合利用

黄河上游水库群多目标优化调度研究

赵　焱[1]　王明昊[2]　董增川[3]　蔡大应[1]　李恩宽[1]

（1. 黄河水利科学研究院，郑州　450003；
2. 黄河水利委员会 水资源管理与调度局，郑州　450003；
3. 河海大学 水文水资源学院，南京　210098）

摘　要　黄河上游水库群优化调度问题正逐渐往高维度与多目标的方向发展，传统的调度模型已无法满足水库群发电、供水、生态及防凌综合效益最优的需求。本文建立了以时段出力均衡、干流河道缺水程度最小为目标函数的水库群多目标优化调度模型。将外部档案集和局部搜索算子引入标准 NSGA Ⅱ 算法进行模型求解，采用基于计算欧式距离方法寻找非劣解集中的满意解。结果表明，模型对上游水库群优化调度多目标决策研究有一定的实用价值。

关键词　黄河上游；水库群优化调度；NSGA Ⅱ 算法

Research on multi-objective optimal operation of the cascade reservoirs in the upper reaches of the Yellow River

Zhao Yan[1]　Wang Minghao[2]　Dong Zengchuan[3]　Cai Daying[1]　Li Enkuan[1]

(1. Yellow River Institute of Hydraulic Research, Zhengzhou　450003;
2. Yellow River Conservancy Commission of the Ministry of Water Resources, Zhengzhou　450003;
3. College of Hydrology and Water Resources, Hohai niversity, Nanjing　210098)

Abstract　The optimal operation of cascade reservoirs in the upper reaches of Yellow River has been exposed with the problems of the high dimensionality and multiple targets. The optimal operation model of multi-objective reservoirs with the balanced power output, the minimum function value of ice flow deviation measurement, and the minimum rate of water scarcity for main rivers in the view of comprehensive utilization requirements for generateelectricity, iceprevention, and waterdelivery in Yellow River upstream. For this, the external files and the local search scheme are brought in the standard NSGA Ⅱ algorithm to get the pareto optimal solution set taking the advantage of objective satisfaction degree, which is on account of the Euclidean distance judgment method and practical. Therefore, it does has some referencevalue for the multi-objective decision-making research on the reservoir optimization dispatching in Yellow River upstream.

Key words　the Upper Reaches of the Yellow River; Optimal Operation of the Cascade Reservoirs; NSGA Ⅱ

1　引言

黄河上游水库群优化调度问题逐渐往高维度与多目标的方向发展，传统的调度模型已无法满足水库群发电、供水、生态及防凌综合效益最优等需求，同时受到流域水文过程、调度方式、防凌流量需求等多方面因素的影响，因此需要将各种要素引入到水库群优化调度研究中。如何统筹协调处理各目标的矛盾，寻求合理优异的非裂解集是水库调度问题研究的热点。近些年，随着研究平台的进步，国内外学者将智能算法引入多目标调度问题，研究方法趋向于多样化，基于具体水库问题的优化算法层出不穷，智能算法在处理大规模复杂性问题上的优越性日益突出，算法凭借较强的并行搜索能力，使计算结果很好地逼近最优前沿，成为梯级水库群多目标优化调度问题求解的一种有效途径。本文以黄河上游水库群为研究对象，应用 NSGA Ⅱ算法针对水库群联合调度兼顾发电效益、维持河流生态系统稳定的功能开展多目标水库群优化调度研究。

2　黄河上游水库群系统分析

2.1　研究区概况及系统概化图

本文采用概化和简化的方法对研究区进行空间上的分解。以水文节点、水利工程节点、干流、主要支流、计算单元为基本要素，按照流域水系和自然地理的拓扑关系，将水量传输关系反映在水资源系统概化图中(见图1)。

2.2　河道流量演进

2.2.1　河道流量传播演算方法

在河道演算中将区间入流、取退水和水量损失分别概化到各个河段的上、下节点中，见图2。可得到从 $i-1$ 断面到 i 断面正向演算公式和反向演算公式分别为[1]

$$Q_{i,t} = \frac{\tau_{i,t}}{\Delta t}Q_{i-1,t-1} + \frac{\Delta t - \tau_{i,t}}{\Delta t}(Q_{i-1,t} - Q_{i取,t}) + Q_{i入,t} + Q_{i退,t} - Q_{i损,t} \tag{1}$$

$$Q_{i-1,t} = \frac{\Delta t - \tau_{i,t}}{\Delta t}Q_{i,t} - \frac{\tau_{i,t}}{\Delta t - \tau_{i,t}}Q_{i-1,t-1} + Q_{i取,t} - \frac{\Delta t - \tau_{i,t}}{\Delta t}(Q_{i入,t} + Q_{i退,t} - Q_{i损,t}) \tag{2}$$

式中：$Q_{i,t}$ 表示 i 断面 t 时段的平均流量；$Q_{i-1,t-1}$ 表示 $i-1$ 断面 $t-1$ 时段的平均流量；$Q_{i取,t}$ 表示 $i-1$ 到 i 河段 t 时段的取水流量；$Q_{i入,t}$ 表示 $i-1$ 到 i 河段 t 时段的区间入流流量；$Q_{i退,t}$ 表示 $i-1$ 到 i 河段 t 时段的退水流量；$Q_{i损,t}$ 表示 $i-1$ 到 i 河段 t 时段的损失流量；$\tau_{i,t}$ 表示 $i-1$ 到 i 河段 t 时段的传播时间。

2.2.2　水流传播时间的确定

本文根据各断面 2006～2012 年实测流量与断面平均流速建立相关关系，获得不同流量级下对应的断面流速，再由上下两个断面的断面流速计算河段平均流速，利用水流传播公式计算各流量级对应的传播时间。计算可得，流量传播时间在年际间略有变化，但总体相差不大，采用多年平均值作为计算值。

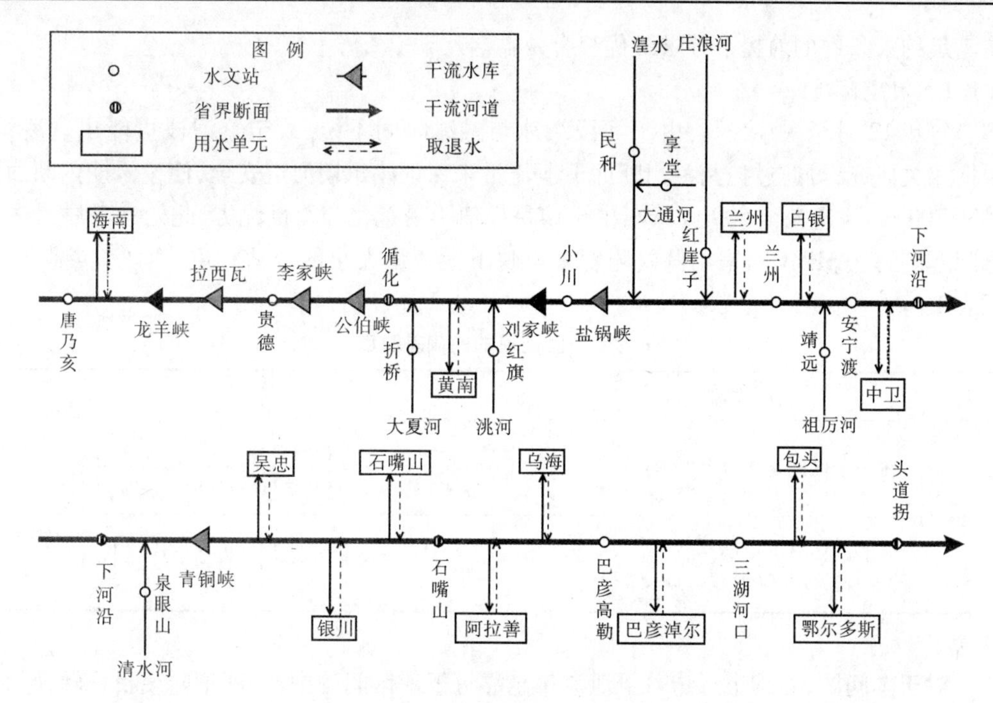

图 1　黄河上游水资源系统概化图

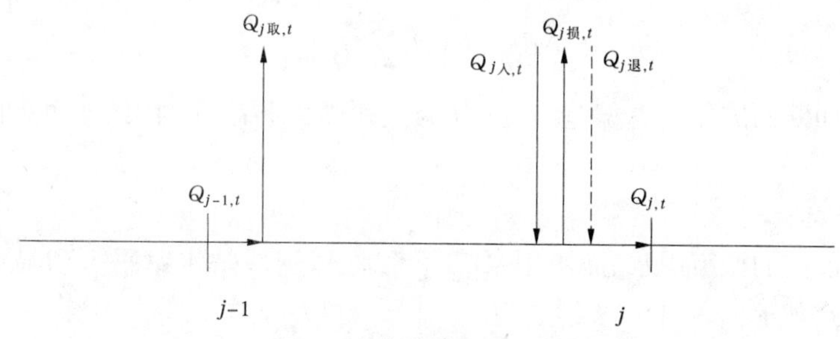

图 2　河道流量演进示意图

2.2.3　河道不平衡量的确定

根据历史经验,本文将河道槽蓄量、蒸发、渗漏、无控加水、无控用水五项之和作为河道不平衡量。参考已有研究成果运用统计学的方法,通过反算得到近八年河道不平衡量的平均值,并将其作为计算值。

2.2.4　河段取、退、耗水量

首先,将各省份申报取水量按照取水河段分配到计算河段;其次,按照多年平均退水比例将各省在申报河段的退水量分配到计算河段;再次,将各省份在该计算河段取水量相加作为总取水量,各省份在各计算河段退水量相加作为总退水量;最后,将取、退水量分别概化到河段上断面和下断面。

3　黄河上游水库群多目标优化调度模型的建立

3.1　目标函数

按照综合利用要求,目标包括河道防凌流量要求、供水、水力发电、生态用水等方面,在满足约束条件的前提下寻求最优综合效益。

3.1.1　河道防凌

每年 12 月至次年 3 月,由于河段结冰与融冰时间不统一,宁蒙河段可能出现凌汛。根据相关研究,可通过控制兰州断面下泄流量来保证凌汛期河道安全,使凌汛期内断面流量从 700 m^3/s 递减至 500 m^3/s。由于该目标值不易量化和衡量优劣,此处参考序贯多目标问题的解法 SEMOP,采用偏差测度来反映下泄流量大小的合适程度[2-3]。偏差测度公式表 1。

表 1　区间目的的偏差测度

目的类型	偏差测度
在一个区间之内 $a_j \leqslant f_i(x) \leqslant b_j$	$d_j = \left[\frac{b_j}{a_j + b_j}\right]\left[\frac{a_j}{f_i(x)} + \frac{f_i(x)}{b_j}\right]$
在一个区间之外 $f_i(x) < a_j, f_i(x) > b_j, a_j < b_j$	$d_j = \left[\frac{a_j + b_j}{b_j}\right]\left[\frac{a_j}{f_i(x)} + \frac{f_i(x)}{b_j}\right] - 1$

对于本问题,d_j 越小意味着下泄流量越靠近下泄区间的中部,即把防凌目标转换为求偏差测度越小越好,数学表达式为

$$\Delta R = \min\{\sum_{t=6}^{9} d_{5t}\} \tag{3}$$

式中:ΔR 为兰州断面的年内总偏差测度;d_{5t} 为兰州断面防凌期内第 t 月的防凌流量的偏差测度。

3.1.2　社会目标

将一个河段内的城市用水、灌溉用水综合考虑,以河段缺水率平方和最小为目标,用下述数学表达式表示:

$$r_c = \min\sum_{i,t}\left\{\alpha_i\left(\frac{DC_{i,t} - QC_{i,t}}{DC_{i,t}}\right)^2\right\} \tag{4}$$

式中:$DC_{i,t}$为 i 河段 t 时段需供水量,$QC_{i,t}$为 i 河段 t 时段供水量,α_i 为 i 河段重要性系数。本着公平性原则,本文各河段重要系数都取 1。

3.1.3　发电目标

在发电优化调度模型中,通常会选择将调度期内水库群总发电量最大作为目标函数。但此类目标旨在追求最大的发电量指标,忽略了枯水期调蓄的作用,造成水轮机出力年内大幅度变化。结合黄河上游实际情况,本文选取计算期内保证出力最大为目标,改进后为

$$\Delta N = \min\sum_{t}\left(\frac{\sum_{i=0}^{n} N_{i,t} - N_y}{N_y}\right)^2 \tag{5}$$

式中:$N_{i,t}$为 i 水库 t 时段实际出力;$\sum_{i=0}^{n} N_{i,t}$ 为上游水库群 t 时段的实际出力的和;N_y 为上游水库群装机容量的和。

3.2 约束条件

约束条件主要包括水库水量平衡约束、水库出流限制、水库水位限制、出力限制、引水量约束、引水断面水量平衡约束、断面下泄流量约束、节点间水量平衡关系约束以及变量非负约束。

3.3 目标的处理机制

在防凌、供水、发电三个目标中，考虑到黄河干流防凌任务的重要性，本文采用分层序列法思想[4]将防凌任务作为第一级目标，要求在调度过程中优先保证兰州断面流量达到控制指标，确保干流12月至次年3月河道流量稳定变化。同时，将发电、供水目标作为第二级目标，进行多目标优化调度模型的建立和求解。由此，本文黄河上游水库群多目标优化调度模型为优先满足防凌任务的考虑发电与河段供水两方面目标的优化调度模型，以期对有限的水资源实现时间和空间的再分配，获得最大效益。

4 NSGA Ⅱ算法

4.1 NSGA Ⅱ算法概述

Srinivas N和Deb K于1995年提出了非支配排序遗传算法(Non-Dominate Sorting in Genetic Alforithms，简称NSGA)，运用非支配排序解决多目标优化问题[5]。鉴于NSGA算法自身存在一定缺陷，Deb K于2000年对算法进行了改进，提出了带精英策略的非支配排序遗传算法NSGA Ⅱ，改进内容[6-7]如下。

4.1.1 非支配排序

NSGA Ⅱ算法根据个体之间的支配与被支配关系排序来确定种群中个体之间的优劣。排序初始时，首先从种群集合P中选择第一个个体q放入外部集合P'，然后将P中的第二个个体与P'里的个体q进行比较：①若$p < q$，则将q从集合P'中暂时性删除，并把p放入集合P'；②若$q < p$，那么将P中的第三个个体与P'中的个体轮流进行支配比较；③如果p不被P'中的所有个体支配，此时将p存入P'中。所有个体比较后依然存在于P'中的个体构成非支配等级为1级的集合。接着按照同样的比较方式对剩余个体进行处理，直到每个个体都有相对应的等级i_{rank}。

4.1.2 拥挤度计算与排序

NSGA Ⅱ算法提出了Pareto前沿F_i的拥挤度i_d。i_d大表明该个体距离其他个体较远，在进化时可以通过选取较大的i_d获得更大的个体多样性。在分别对种群进行完非支配排序和拥挤度计算后，需对F_i中个体按拥挤距离进行排序，选择拥挤度较大、非支配等级小的个体进入下一步操作。

4.1.3 精英策略

NSGA Ⅱ算法采用精英策略保留优秀个体，即将父代纳入到子代当中进行排序分析。首先，将父代P_t和子代Q_t全部个体合成为一个统一的种群$R_t = P_t \cup Q_t$，并放入外部档案集中；然后对种群R_t中的个体计算i_{rank}和i_d，将个体按照i_{rank}从小到大、i_d从大到小的顺序进行排列，选出前N个作为下一代种群重新开始下一轮的选择、交叉、变异形成新的子代群体Q_{t+1}。精英策略的流程如图3所示[8]。

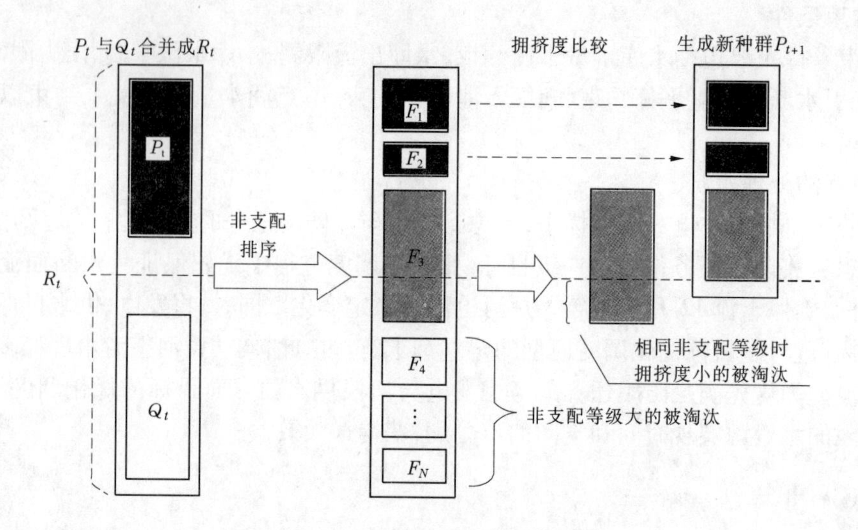

图3 NSGA Ⅱ算法精英策略的流程

4.2 NSGA Ⅱ算法的改进

4.2.1 外部档案集的重排列与更新

在 NSGA Ⅱ算法中借鉴 MOEA 中使用过的外部档案集，以达到保存精英解并提高效率的效果[9]。对外部档案集的更新方法类似非支配排序，在种群之外生成一个可容纳 M 个个体的集合 P'，当运行到第 k 代时，对该集合中存放的非劣解数量进行判断，选取 i_d 较大的 M 个个体存入 P' 中。

4.2.2 局部搜索算子

当算法迭代一定代数以后，搜索能力会因为搜索步长的限制而受到一定的减弱，造成非劣解集朝某一固定方向发展。为了提高算法在寻优过程中对于最优解附近的局部搜索能力，本文采用一种基于 i_d 的局部搜索算子，即在外部档案集中，进行拥挤度计算并排序，选出 Q 个 i_d 较大的个体记录下来；对于选出的个体 X_i，从 P' 中找出相邻的个体 X_{i-1}、X_{i+1}，按照式(6)进行局部搜索，求解新个体 change 的第 j 维变量为

$$x_{\text{change},j} = \min(x_{i+1,j}, x_{i-1,j}) + \text{rand}() \times |x_{i+1,j} - x_{i-1,j}| \tag{6}$$

最后按照外部档案集的重排列与更新方法，判断个体 change 的去留。

5 利用 NSGA Ⅱ算法求解水库群优化调度多目标模型

5.1 多目标模型优化求解步骤

5.1.1 模型参数的确定

为了使模型对实际情形有更好的刻画并提高模型的实用性，需要根据黄河上游水库实际运行经验设置模型中的参数。模型采用 2012 年 7 月至 2013 年 6 月唐乃亥以上来水和龙刘区间来水、刘兰区间来水作为河段的来水量，其中龙刘区间和刘兰区间来水按照汇水面积分配到各个计算河段。采用 2012 年 7 月至 2013 年 6 月青海、甘肃、宁夏、内蒙古申报取水量、耗水量计算需水量。龙羊峡、刘家峡水库调度期初、末水位选择与实际年相

同的期初、末水位，只对中间月份进行优化。

5.1.2 水库最大、最小下泄流量的确定

水库下泄的限制流量主要受发电、生态流量的控制，并且要参考历年下泄情况来确定。对于发电，取水轮机的最大过流能力、水电站单机过流流量作为龙羊峡水库、刘家峡水库泄流限制；对于生态流量，需要由头道拐反向演算至刘家峡水库，计算得到刘家峡水库的最小下泄流量；对于历年水库下泄流量限制，可选用统一调度以来历年最小下泄流量作为出流的限制条件。因此，本文水库下泄流量的范围为

$$Q_{\min}^{d}(t) = \max\{Q_1^d(t), QE_{\min}^{d}(t), Q_{历,\min}^{d}(t)\} \tag{7}$$

$$Q_{\max}^{d}(t) = \max\{Q_2^d(t), QE_{\max}^{d}(t), Q_{历,\max}(t)\} \tag{8}$$

$$Q_{\min}^{d}(t) \leqslant Q^d(t) \leqslant Q_{\max}^{d}(t) \tag{9}$$

式中：$Q_{\min}^{d}(t)$、$Q_{\max}^{d}(t)$分别为t时段d水库最小、最大下泄限制流量；$QE_{\min}^{d}(t)$、$QE_{\max}^{d}(\mathrm{t})$分别为水轮机的最小发电放水（按单机）和最大发电放水（按水轮机最大过流能力），$Q_{历,\min}^{d}(t)$、$Q_{历,\max}^{d}(t)$分别为历年t时段d水库最小、最大下泄流量。$[Q_{\min}^{d}(t), Q_{\max}^{d}(t)]$也是水库流量变化的初始可行范围。

5.1.3 初始可行解的选取

调度优化时只考虑龙刘水库的调节作用，其他水库按径流式处理。设种群由m个个体组成，个体的编号为i；个体共进化K代，编号k，取水库上游时段末水位为决策变量进行编码。每个个体$X_i(k)$中的元素$Z_{i,t}^{d}(k)$表示进化到第k代种群（$1 \leqslant k \leqslant K$）时第$i$个个体（$1 \leqslant i \leqslant m$）中$d$水库$t$时段末（$1 \leqslant t \leqslant 2T$）的水位，其中，$T$表示水库的计算周期。个体表达式及速度向量表达式为

$$X_i(k) = (Z_{i,1}^{1}(k), \cdots, Z_{i,t}^{1}(k), \cdots, Z_{i,T}^{1}(k), Z_{i,1}^{2}(k), \cdots, Z_{i,t}^{2}(k), \cdots, Z_{i,T}^{2}(k)) \tag{10}$$

$$v_i(k) = (v_{i,1}^{1}(k), \cdots, v_{i,t}^{1}(k), \cdots, v_{i,T}^{1}(k), v_{i,1}^{2}(k), \cdots, v_{i,t}^{2}(k), \cdots, v_{i,T}^{2}(k)) \tag{11}$$

由于满足要求水位限制内的任意初始解不都是可行的，因此需采用将流量约束转为水位约束的方法确定各水库初始可行解。图4为初始可行解寻找过程示意图。

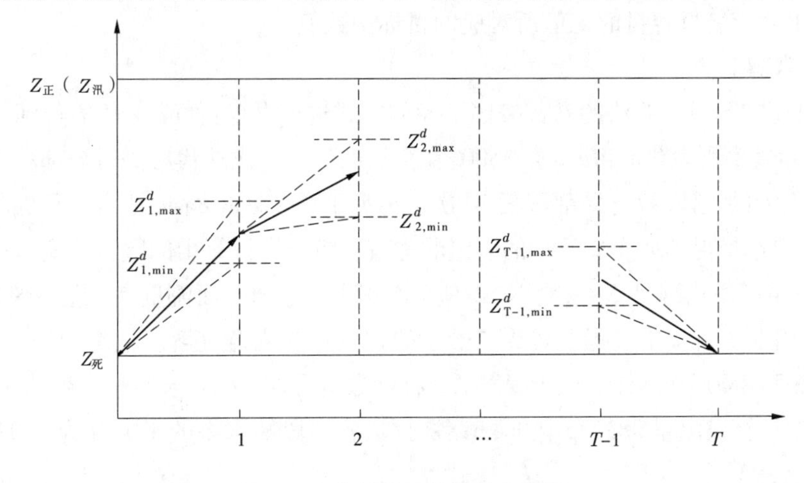

图4 水库初始可行轨迹示意图

5.1.4　个体评价

对于种群 P_0 中的每一个个体 $X_i(k)$ 分别计算防凌、供水、发电目标函数值 f_{ij}(f_{ij} 表示第 i 个个体的第 j 个目标的函数值)。在计算时,综合考虑区间入流、取水、退水、不平衡水量等条件,从上游唐乃亥断面开始,按照河道水量演算公式、初始生成的龙羊峡水位、刘家峡水位,逐断面、逐时段进行演算。当演算完成后,即可得到河段整体的缺水情况、兰州断面防凌期的下泄流量及水库出力情况,通过计算可得到每个个体的 f_{ij} 值。其中,防凌目标必须满足,即防凌偏差测度必须满足 $\Delta R \leqslant 4$,若计算所得 ΔR 不在制定范围内,通过增加罚函数的方式将该组计算结果排除,只保留防凌流量满足的情况。最后,对个体进行非支配排序等步骤时只对供水和发电两个目标进行对比。

5.2　基于欧式距离求解多目标满意度解

为了描述在系统操作中各单项目标期望值达成的满意程度,定义各单项目标达成程度的隶属度函数为

$$\mu[f_i(x)] = \frac{f_i(x) - f_i^-}{f_i^+ - f_i^-} \quad (i = 1,2,\cdots,n) \tag{12}$$

$$\mu[g_i(x)] = \frac{g_i(x) - g_i^-}{g_i^+ - g_i^-} \quad (i = 1,2,\cdots,m) \tag{13}$$

式中:$\mu[f_i(x)]$ 和 $\mu[g_i(x)]$ 分别为个体 i 各单项目标达成的满意程度即目标满意度;f_i^+、f_i^- 分别为社会目标的上、下限值;g_i^+、g_i^- 分别为发电目标的上、下限值。

本文选用常用的欧式(Euclid)距离对水库群多目标调度结果进行度量:

$$Dis_i = \sqrt{(\mu[f_i(x)])^2 + (\mu[g_i(x)])^2} \tag{14}$$

根据水库群调度目标的设定,Dis_i 越小,越靠近理想最优值点。本文考虑缺水程度目标的理想值为0,上限根据相关文献[3]取为0.25;发电目标的理想值也取为0,上限取水库群保证出力与装机容量的比值所对应的目标函数值。

5.3　模型求解

对于改进NSGAⅡ算法的参数按照下面的方式进行设置:种群规模 $N=100$,交叉概率选0.5,变异概率取为0.1,$Maxgen=500$,在算法的最后一次迭代后进行局部精英搜索,选出3个 i_d 最大的个体,执行局部搜索50次。模型采用Visual Basic语言进行编程,通过计算,可以从中选择得到如表2所示的一组非劣解及各方案计算出的欧式距离,其分布情况见图5。该组解集均满足 $\Delta R \leqslant 4$,即12月至次年3月兰州断面流量满足防凌流量限制。

从33组非劣解集中选择欧式距离最小的方案作为满意度解。该解为原个体中的第15个,如图5用菱形块标注。该年度发电目标函数值为20.06,社会目标函数值为0.024 6,即各水电站计算发电量383.35亿kWh,各时段、各河段缺水率的平方和为0.024 6,梯级总发电量见表3。

表2 非劣解目标函数值及欧式距离

序号	发电目标值	缺水目标值	欧氏距离	序号	发电目标值	缺水目标值	欧氏距离
1	20.129 0	0.020 0	0.325 0	18	19.840 0	0.048 0	0.341 6
2	19.789 0	0.0611	0.365 4	19	19.802 0	0.056 0	0.354 8
3	20.482 7	0.002 6	0.340 8	20	20.580 0	0.001 2	0.347 2
4	20.199 8	0.014 6	0.326 1	21	19.773 0	0.064 6	0.372 9
5	19.881 3	0.042 1	0.334 4	22	19.900 0	0.039 0	0.330 9
6	20.004 4	0.030 2	0.326 4	23	20.450 0	0.003 4	0.338 7
7	19.943 8	0.035 8	0.329 3	24	20.750 0	0.000 4	0.358 8
8	19.823 2	0.050 9	0.345 9	25	20.350 0	0.007 3	0.332 9
9	20.804 8	0.000 2	0.362 6	26	20.170 0	0.017 6	0.325 9
10	20.255 0	0.012 2	0.328 5	27	20.102 0	0.022 0	0.324 8
11	19.976 3	0.032 1	0.326 8	28	20.040 0	0.027 1	0.325 4
12	20.889 4	0.000 0	0.368 5	29	20.297 0	0.010 0	0.330 3
13	20.320 4	0.008 0	0.331 1	30	19.650 0	0.088 9	0.440 4
14	20.630 0	0.000 8	0.350 6	31	19.730 0	0.075 1	0.399 1
15	20.060 0	0.024 6	0.324 3	32	19.630 0	0.098 7	0.478 8
16	20.396 9	0.005 0	0.335 4	33	19.622 0	0.103 2	0.498 6
17	20.712 5	0.000 6	0.356 2				

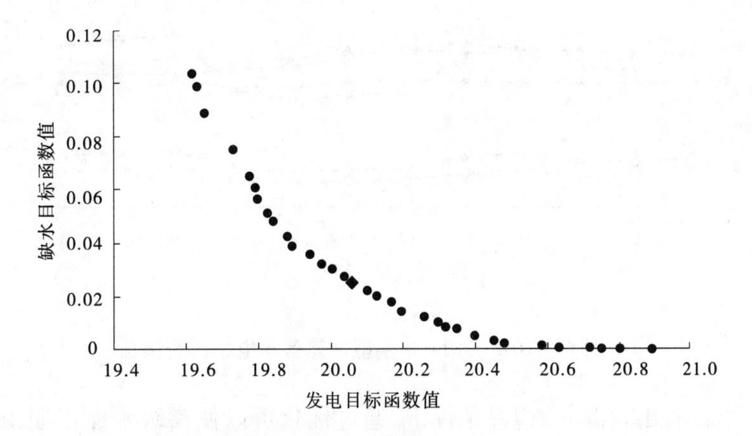

图5 目标函数非劣解分布

表3 各水电站发电量情况 （单位：亿 kWh）

项目	龙羊峡	拉西瓦	李家峡	公伯峡	刘家峡	盐锅峡	青铜峡	合计
计算发电	63.13	107.66	64.81	53.23	60.79	20.13	13.60	383.35
实际发电	61.66	106.10	64.05	52.49	57.33	20.88	10.94	373.45

5.4 结果分析

5.4.1 发电情况

模型优化的主要目的是使出力更平稳，将2010～2011年模型优化结果和各年实际出力分别进行分析比较，结果见图6，各水电站发电量见图7。其中，实际出力为根据水库历史实际运行情况结合本文参数计算出的出力值。

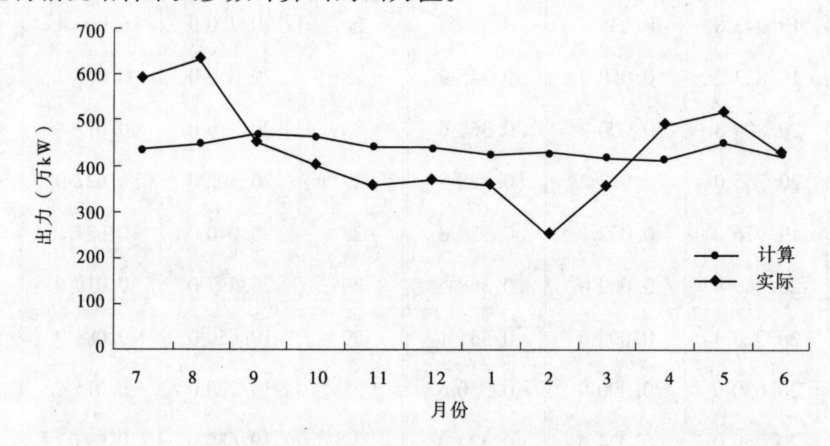

图6 实际运行出力与优化结果对比

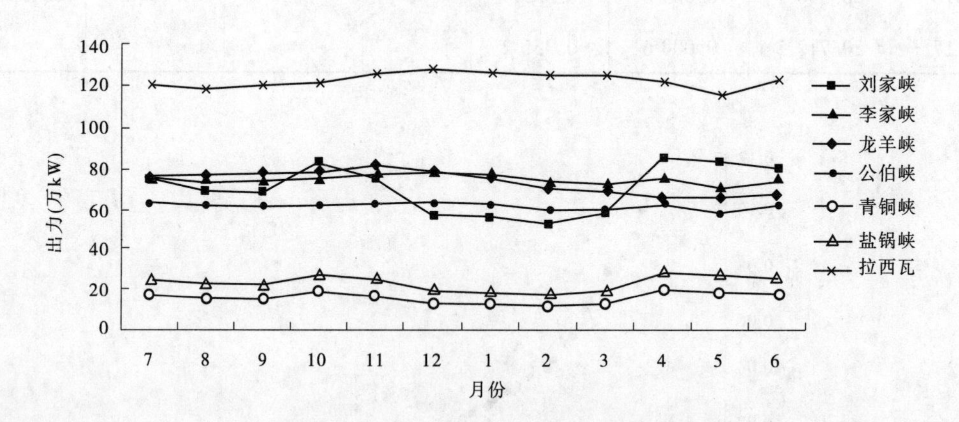

图7 2010～2011年模型计算各水电站出力情况

由图6可以看出，相同的边界条件下，通过优化可以使梯级水库汛期出力减小，非汛期出力增加，全年出力过程更加均衡。年平均出力维持在438万kW附近，只是在12月至次年3月略有减小,原因是考虑刘家峡水库有防凌任务,对防凌目标的寻优使防凌期内不能充分泄流,而且年内10月和次年4~6月为宁蒙灌区用水高峰期,在一定程度上需要刘家峡水库增加下泄流量,导致出力年内波动较大,如图7所示。为维持出力平稳,龙羊峡与刘家峡之间的其他水电站则在12月至次年3月通过增加发电流量增加出力,弥补刘家峡因防凌而损失的部分出力;在4~6月,刘家峡重新恢复较大出力运行,而其他水电站则相应有所减小。年平均出力由431.91万kW提高到438.77万kW,相对增幅1.5%,且时段最小出力得到提高。总体来说,梯级出力明显均衡,模型优化结果较为合理。

5.4.2 水库运行情况

将模型计算出的龙羊峡和刘家峡水库调度过程线与实际调度过程线进行对比分析。从图8、图9可以看出,模型计算所得龙羊峡水库蓄放过程比实际调度过程更平稳,计算的月均下泄流量为670 m^3/s,最大下泄流量703 m^3/s,尽量在汛期多蓄水,以便弥补刘家峡水库在防凌期的流量损失,即7月至次年1月龙羊峡计算水位高于实际水位,后期随着水位的下降,流量相应有所增大,水位低于实际水位,直到6月末达到期末水位。由于龙羊峡泄流过程发生改变,因此刘家峡水库的计算入流与实际入流也相应发生了变化,因此刘家峡水库调度过程线与实际调度过程线没有大的可比性,但从图10仍可以看出,模型计算的刘家峡水库调度过程线仍呈现与实际调度相同的年内两次蓄水两次放水过程,年内12月至次年3月下泄流量较少,总体趋势与实际水库运行情况趋势一致。

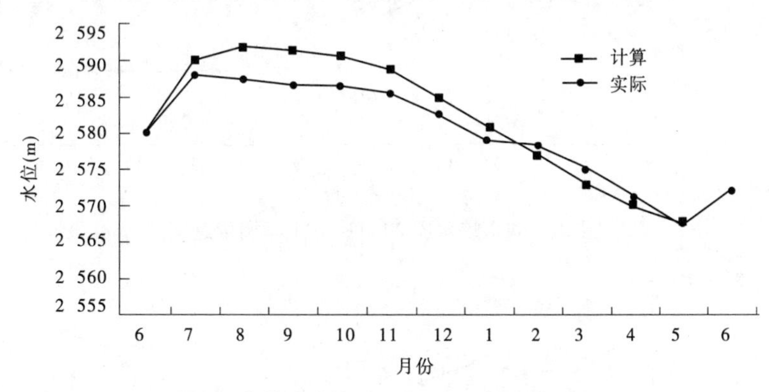

图8 龙羊峡水库2010~2011年调度过程

5.4.3 断面流量对比分析

各断面的流量对比见图11~图14。通过对比分析,模型计算的断面流量满足生态流量控制要求,能保证黄河上游不断流,且兰州断面流量符合防凌安全泄量,能保证凌汛期流量控制要求。

5.4.4 耗水量对比分析

通过模型计算结果可知,2010~2011年各河段总需水量分别为99.4亿 m^3,总供水量为98.41亿 m^3,各时段各河段缺水比例的平方和为0.024 6,缺水河段位于青铜峡至头道拐河段,缺水月份为次年5月和6月,总的缺水率为1.6%,需水与计算供水量情况见图15。

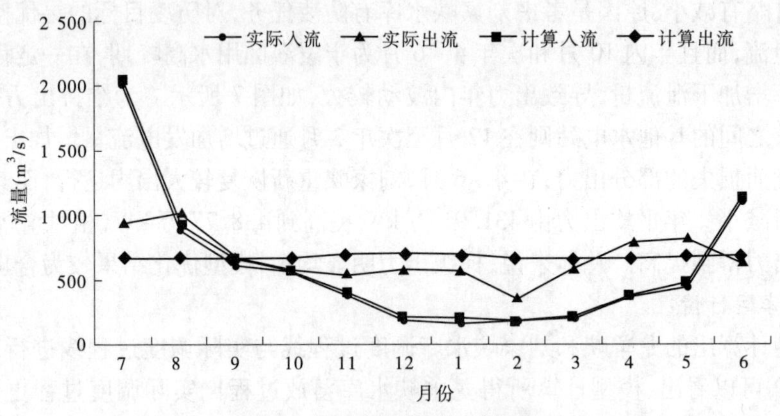

图9 龙羊峡水库出入库流量

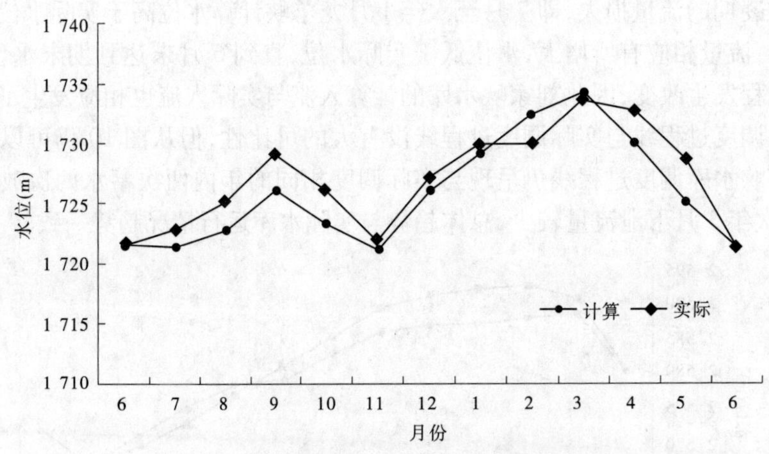

图10 刘家峡水库2010~2011年调度过程

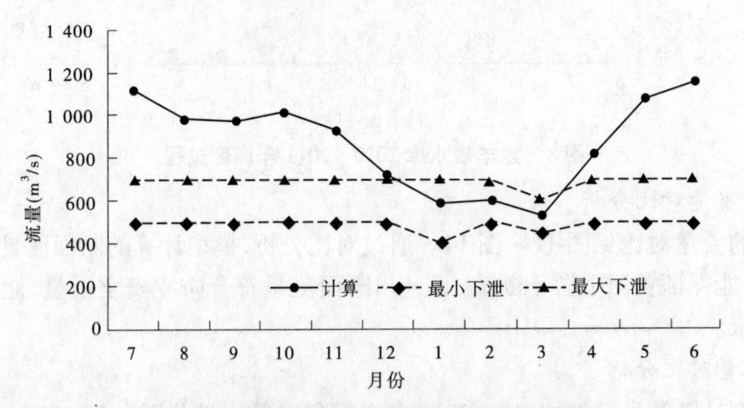

图11 兰州断面演算流量与防凌安全流量对比

6 结论

(1)综合考虑黄河上游防凌、发电、供水等综合利用要求,建立了时段出力相对均衡、河段缺水率平方和最小为目标函数的黄河上游水库群多目标优化调度模型。以Pareto优

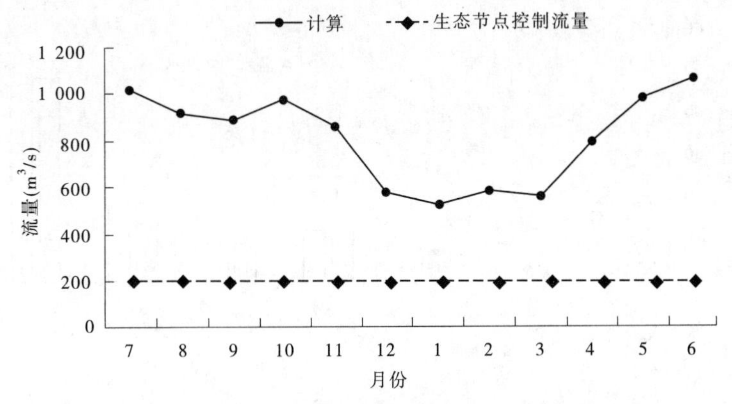

图12 下河沿断面演算流量与生态节点控制流量对比

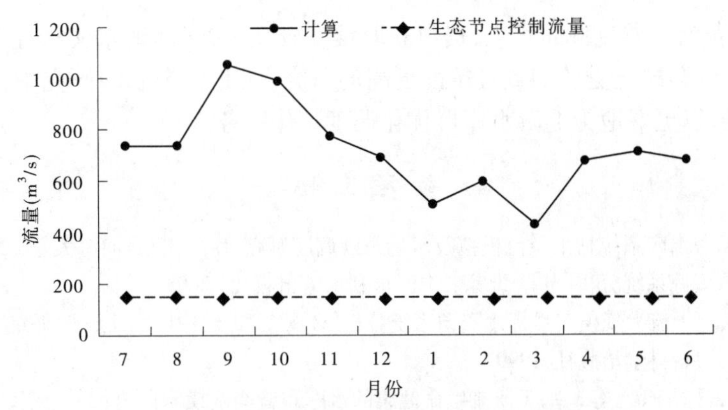

图13 石嘴山断面演算流量与生态节点控制流量对比

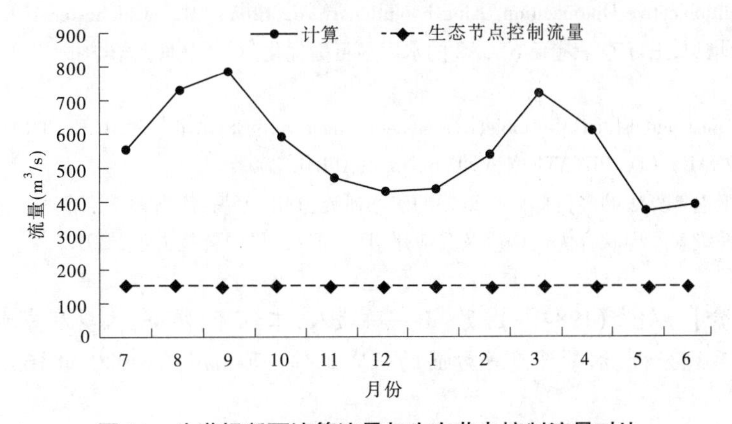

图14 头道拐断面演算流量与生态节点控制流量对比

化为理论基础,采用引入外部档案集和局部搜索算子的NSGA Ⅱ算法对模型进行求解,在保证群体进化收敛性的同时保证非劣解在Pareto前沿分布的均匀性;对外部档案集中的非劣解集采用计算各个解与各目标最优值点的欧式距离来寻找满意解,对满意解所携带的调度结果等信息进行分析。通过对结果合理性分析表明,所建模型及求解方法可行。模型对上游水库群优化调度多目标决策研究有一定的实用价值。

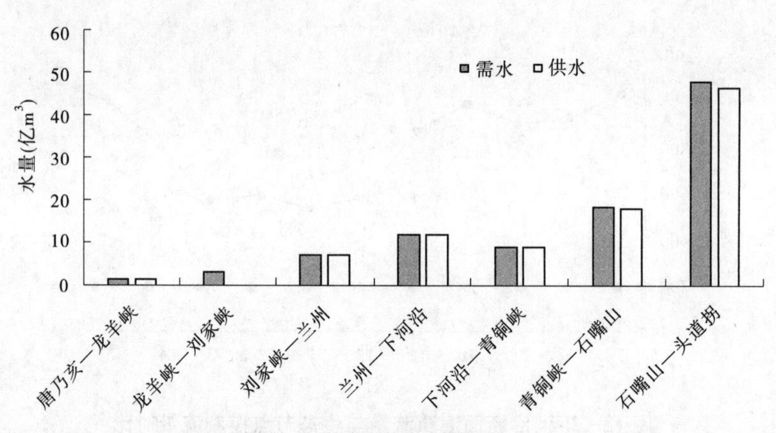

图15　各河段耗水量对比

(2)基于黄河上游流域面积广,资料获取难度较大,对于河道水文特性、传播时间、河道损失等具体问题缺乏更加细致且精度更高的研究,因此在今后的研究中力求将系统概化得更为精准,以更好地为上游水库群优化调度工作服务。

参考文献

[1] 苏茂林. 河流水库系统枯水径流模拟及水量精细调度研究[D]. 南京:河海大学, 2006.

[2] 董增川. 水资源系统分析[M]. 北京: 中国水利水电出版社, 2008.

[3] 董增川. 黄河干流大规模多目标水资源系统分析[C]//21世纪中国水文科学研究的新问题新技术和新方法. 北京:科学出版社,1999.

[4] 王方勇,袁吉栋,李静,等. 基于河流生命健康的水库和谐调度模型研究[J]. 人民黄河,2010(6):7-9.

[5] Deb K. Multiobjective Opitmization Using Evolutionary Algorithms[M]. Chichester, U K: Wiley, 2001.

[6] 贠汝安,董增川,王好芳. 基于NSGA2的水库多目标优化[J]. 山东大学学报(工学版),2010(6):124-128.

[7] Deb K. A Fast and Elitist Multiobjective Genetic Algorithm: NSGA Ⅱ[Z]. IEEE TRANSACTIONS ON EVOLUTIONARY COMPUTATION, VOL. 6, No. 2, APRIL, 2002.

[8] 李莉. 基于遗传算法的多目标寻优策略的应用研究[D]. 无锡:江南大学, 2008.

[9] 何向阳. 梯级水库群联合优化调度及其应用[D]. 武汉:华中科技大学, 2012.

【作者简介】　赵焱(1984—),男,山东聊城人,工程师,博士,主要从事水资源规划与管道、水资源系统分析、水量调度等方面的研究工作。E-mail:wssf9303@163.com。

黄河流域水汽输送状况变化分析*

时芳欣　田治宗　李书霞

（黄河水利科学研究院，郑州　450003）

摘　要　采用40年NCEP资料对黄河流域的水汽输送状况进行分析，结果表明，黄河流域水汽输送主要是由西向东输送，夏季部分充足水汽输送由孟加拉湾输送至黄河流域东部地区，其他地区水汽输送仍主要由西边界输入。黄河流域的夏季水汽输送呈现辐合状态，其他季节水汽输出呈现出负的收支状态。经向水汽收支与纬向水汽收支呈现出对称分布。黄河流域的东边界水汽输出呈现出明显的减少趋势，而黄河流域的整体水汽收支呈现出先减少后增加的趋势。

关键词　黄河流域；水汽通量；水汽收支；辐合辐散

The analysis of water vapor transport change in the Yellow River Basin

Shi Fangxin　Tian Zhizong　Li Shuxia

（Yellow River Institute of Hydraulic Research Yellow River Conservancy Commission，Zhengzhou　450003）

Abstract　By using the NCEP reanalysis data, the water vapor transport in the last 40 years has been analyzed. The results indicate that the main water vapor is transported from west to east. In summer, abundant water vapor which comes from the Bengal Bay has been transported via the east region of the Yellow River Basin; other water vapor has been transported via west boundary in the rest region. Water vapor budget in the Yellow River Basin is convergence in summer while it is divergence in the other seasons. The value of water vapor budget in meridional direction is positive while it is negative in zonal direction. Water vapor budget via the east boundary of the Yellow River Baisn has decreased significantly and the water vapor budget in this region increases firstly and then decreases.

Key words　the Yellow River Basin; water vapor flux; water vapor budget; convergence and divergence

* **基金项目**：黄河水利科学研究院科技发展基金资助项目（黄科发201604）。

1　引言

黄河流域是我国七大流域之一,地理位置位于95°~120°E和32°~42°N。流域人口约为9 781万人,占全国总人口的8.6%;耕地面积1.79亿亩,占全国的12.5%。黄河流域很早就是我国农业经济开发地区。上游的宁蒙河套平原、中游汾渭盆地以及下游引黄灌区都是主要的农业生产基地。因此,黄河流域的气候变化都可能会给黄河流域的生态环境及人民生活带来深远的影响。

作为降水的重要组成部分[1],水汽输送对降水的变化及分布及其变化的影响不可忽视[2-6]。水汽输送的变化影响着大气水循环分布,进而影响到一个区域的降水模态。对一个区域的水汽输送的变化状况进行分析可以更好地研究该区域的旱涝分布特征以及降水机制。比如对华北地区的夏季水汽输送状况与该地区的旱涝关系分析,确定了华北地区的水汽输送主要来源地以及与该区域的旱涝密切相关的异常水汽输送的主要原因。

本文主要是针对黄河流域的水汽输送特征进行整体分析,并对未来气候变化背景下的黄河流域的水汽输送变化状况进行分析研究。本文所采用的黄河流域主要研究区域为花园口以上黄河流域部分。

2　资料和方法

本文在进行水汽输送分析时所采用的资料为美国的NCEP/NCAR再分析资料,研究时段为1948~2009年期间的月数据,数据分辨率为2.5°×2.5°。

NCEP/NCAR再分析资料中主要用到的资料有地面气压(P_s)以及垂直8层的1 000 hPa、925 hPa、850 hPa、700 hPa、600 hPa、500 hPa、400 hPa、300 hPa的比湿(q),纬向风分量(u)和经向风分量(v)。在垂直积分过程中,地形的存在,会使得再分析资料中地表以下存在虚假的水汽输送场,因此为了消除地形对水汽输送计算过程中的影响,在计算过程中积分下限取地面气压P_s,而由于上层大气中所含较少,对结果影响较小,因此积分上限取300 hPa为界。

纬向水汽输送为

$$Q_u = -\frac{1}{g}\int_{P_s}^{300} q(x,y,p,t)\,u(x,y,p,t)\,\mathrm{d}p \tag{1}$$

经向水汽输送为

$$Q_v = -\frac{1}{g}\int_{P_s}^{300} q(x,y,p,t)\,v(x,y,p,t)\,\mathrm{d}p \tag{2}$$

取95°~115°E,32.5°~42.5°N为流域边界,计算流域不同边界水汽收支的变化。计算公式如下:

$$\left.\begin{aligned} Q_{\mathrm{W}} &= \int_{\varphi_1}^{\varphi_2} Q_u(\lambda_1, y, t) \cdot l\mathrm{d}\varphi \\ Q_{\mathrm{E}} &= \int_{\varphi_1}^{\varphi_2} Q_u(\lambda_2, y, t) \cdot ld\varphi \\ Q_{\mathrm{S}} &= \int_{\lambda_1}^{\lambda_2} Q_v(x, \varphi_1, t) \cdot l \cdot \cos\varphi_1 \mathrm{d}\lambda \\ Q_{\mathrm{N}} &= \int_{\lambda_1}^{\lambda_2} Q_v(x, \varphi_2, t) \cdot l \cdot \cos\varphi_2 \mathrm{d}\lambda \end{aligned}\right\} \tag{3}$$

$$Q_{\mathrm{T}} = Q_{\mathrm{W}} - Q_{\mathrm{E}} + Q_{\mathrm{S}} - Q_{\mathrm{N}} \tag{4}$$

其中,经向取向上为正值,纬向取向右为正值。Q_{W}、Q_{E}、Q_{S}、Q_{N}、Q_{T} 分别为西、东、南、北和流域总水汽输送。

区域网格分布如图 1 所示,其中黑色粗线为流域水汽输送计算边界。

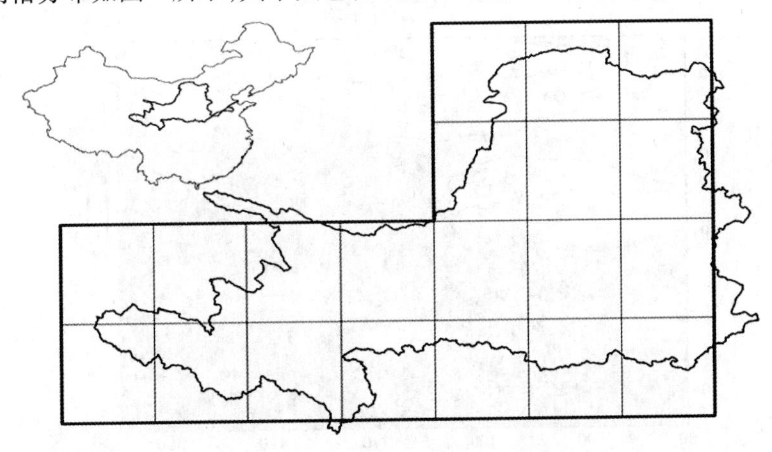

图 1 黄河流域网格及边界分布示意图

3 黄河流域水汽输送特征

在我国,降水主要受到季风影响。降水主要受到来自印度洋的西南季风及来自太平洋的东南季风影响,而冬季的降水受到西风带风场的影响较大。图 2 为 1948 ~ 2009 年间黄河流域水汽输送通量示意图。从图 2(a)中可以看出,黄河流域年平均水汽输送主要是由西向东方向输送,整个流域的水汽输送通量值为 20 ~ 70 kg/(m · s)。而 1 月的黄河流域的水汽输送主要是由西方向以及西北方向输送进入该区域。1 月黄河流域的水汽输送量极少(见图 2(b)),整个流域的水汽输送通量值不超过 50 kg/(m · s),7 月的水汽输送非常充沛(见图 2(c)),水汽主要由两部分进入黄河流域,一部分水汽由西向东输送进入黄河流域北部地区,另外一部分水汽由孟加拉湾地区出发,受到青藏高原的阻碍作用,绕行至东南亚,然后经我国西南地区南边界黄河流域,由西向东的水汽输送汇合在一起,一起从东边界流出。从图 2 中可以很明显地看出,青藏高原对水汽输送的阻碍作用非常明显,在高原地区水汽输送量极少,水汽输送沿着高原边界移动。

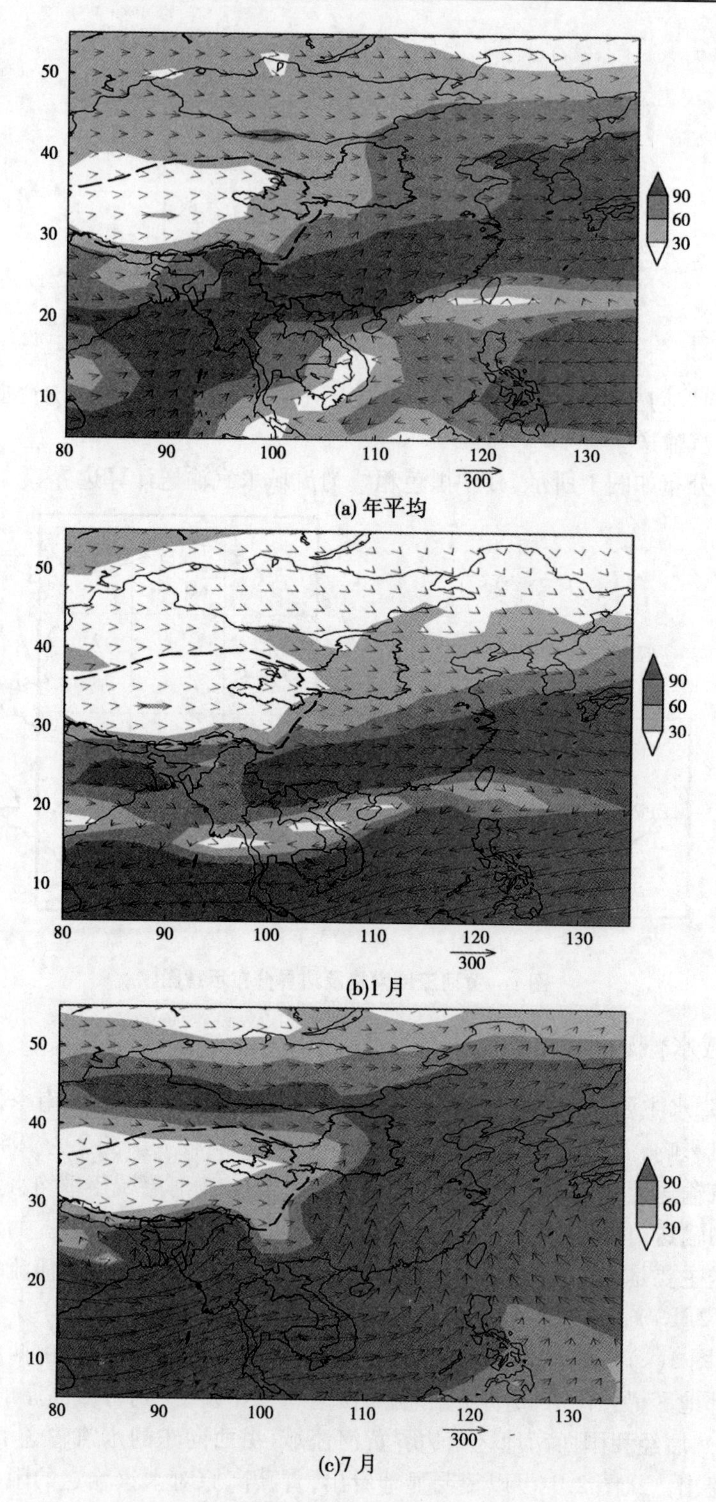

(a)年平均

(b)1月

(c)7月

图2　黄河流域水汽通量输送示意图

(黑色粗实线为黄河流域,黑色粗虚线为青藏高原边界)

对黄河流域的月平均水汽输送状况进行分析(见图3),东边界作为黄河流域的主要输出边界,输出水汽在7月达到峰值,而作为另外一个主要输出边界的北边界,除8月外,其他月份都是负值,这表示北边界除8月有水汽输出外,其他月份的水汽都是以输入为主,但输入值较低,在4×10^7 kg/s以内。西边界和南边界是水汽的主要输入边界,南边界在年内的水汽输入变化较大,峰值同样出现在7月,夏季水汽输入值是全年的最大值,西边界的水汽输送年内变化整体变化波动幅度不大,在$2 \times 10^7 \sim 7 \times 10^7$ kg/s波动。经向水汽输送和纬向水汽输送呈现出对称分布状态,黄河流域整体水汽收支在6~9月呈现出收支为正的状态,其他季节的水汽收支呈现出辐散状态。

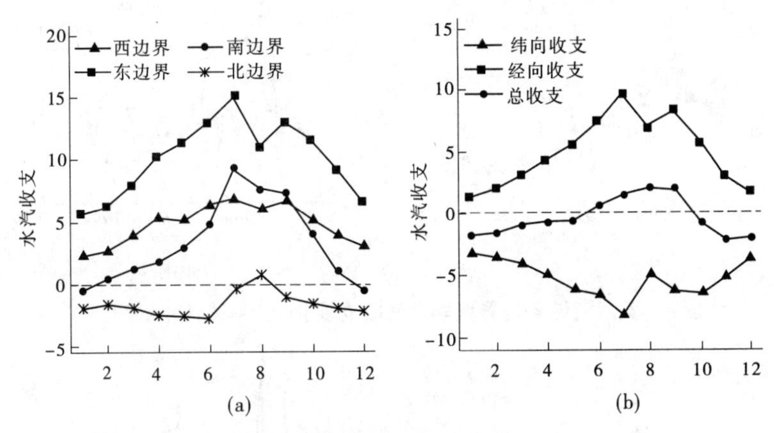

图3 黄河流域月平均水汽输送 (单位:10^7 kg/s)

由于黄河流域的水汽输入最充沛的时间和黄河流域的降水主要时段都是夏季,在本文中对黄河流域的夏季边界水汽输送进行分析(见图4)。由Friedman超滑曲线可以看出,黄河流域的四个边界中除北边界变化幅度不明显外,其他三个边界都呈现出了显著的波动变化。经过西边界和东边界的水汽输送都在20世纪60年代之前呈现出了剧烈增长的趋势并在60年代初期达到峰值,然后又迅速的下降。60年代的西边界、东边界和北边界的水汽输送值变化相对较为稳定,均未通过显著性检验,呈现出略微下降的趋势。南边界的水汽输送变化趋势和北边界的变化趋势非常相似,都是先减少再明显增加,随后再次呈现出减少趋势。但是南边界的变化幅度和趋势变化都比北边界要剧烈得多,尤其是南边界在近40年来水汽输入值呈现出显著下降的趋势。

对黄河流域的经向、纬向水汽收支进行分析(见图5,图中实线为Friedman超滑曲线),黄河流域的夏季水汽收支的经向变化和纬向变化也呈现出对称分布的状态,经向水汽输入值略高于纬向水汽输出值。黄河流域的夏季整体水汽收支值为正,呈现出明显的先减少后增加的趋势。

4 结论

黄河流域的年平均水汽输送主要是由西向东方向输送,部分印度洋方向输送过来的水汽和由西向东方向输送过来的少量水汽汇合进入黄河流域,而1月黄河流域的水汽输送极少由西向东方向输送进入黄河流域。7月由于受到西南季风的影响,充沛的水汽从

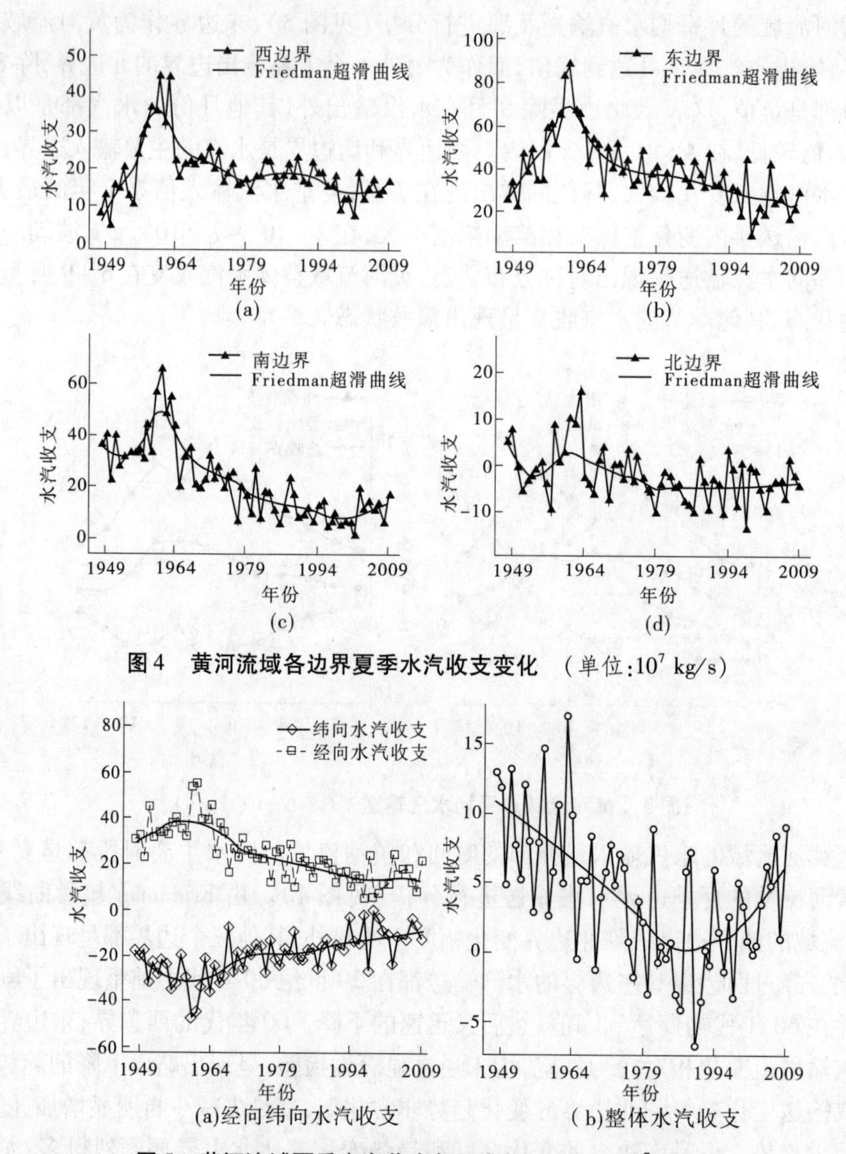

图4　黄河流域各边界夏季水汽收支变化　（单位：10^7 kg/s）

图5　黄河流域夏季水汽收支年际变化　（单位：10^7 kg/s）

孟加拉湾方向出发，经过东南亚半岛由我国西南区域进入黄河流域。

黄河流域月平均经向、纬向水汽收支呈对称分布，东边界为主要的输出边界，而南边界为主要的输入边界。夏季流域水汽收支为正，其他季节水汽收支为负。四个边界的水汽收支呈现出不同程度的下降趋势，流域整体水汽收支呈现出先下降后增加的趋势。

参考文献

[1] Trenberth Kevin E. Atmospheric moisture recycling: Role of advection and local evaporation[J]. Journal of Climate, 1999, 12(5): 1368-1381.

[2] 陈艳，丁一汇，肖子牛，等. 水汽输送对云南夏季风爆发及初夏降水异常的影响[J]. 大气科学，2006, 30(1): 25-37.

[3] Zhang Zengxin, Zhang Qiang, Xu Chongyu, et al. Atmospheric moisture budget and floods in the Yangtze River basin, China[J]. Theoretical and Applied Climatology, 2009, 95(3-4): 331-340.

[4] Zhou Tianjun, Yu Rucong. Atmospheric water vapor transport associated with typical anomalous summer rainfall patterns in China[J]. Journal of Geophysical Research, 2005, 110(D8): D08104.

[5] Bretherton Christopher S, Peters Matthew E, Back Larissa E. Relationships between water vapor path and precipitation over the tropical oceans[J]. Journal of Climate, 2004, 17(7): 1517-1528.

[6] Peters Ole, Neelin J David. Critical phenomena in atmospheric precipitation[J]. Nature Physics, 2006, 2(6): 393-396.

【作者简介】 时芳欣(1986—),女,河南新蔡人,工程师,主要从事气候变化方面的研究工作。E-mail:shifangxin025@163.com。

泾河流域植被格局时空演变规律及其对环境要素的响应*

党素珍[1] 程春晓[1] 温斯钧[2] 董国涛[1]

(1. 黄河水利科学研究院,郑州 450003;
2. 华北水利水电大学 水利学院,郑州 450045)

摘 要 采用泾河流域1982~2006年GIMMS AVHRR NDVI数据序列和气象数据,基于趋势分析和相关分析方法,分析了研究区植被覆盖的时空分布、演变规律及其对环境要素的响应。结果表明:①多年平均NDVI呈现由北部向南部逐渐增加的规律,较大值分布在东部子午岭山地、西部六盘山区和南部黄土塬区,最小值处于北部马莲河洪德以上区域。②NDVI呈显著增加的像元占38.0%,显著减少的像元占11.5%,没有显著变化的像元所占50.5%,研究区25年间大部分区域的生态环境有明显改善。③流域北部NDVI与降水呈显著正相关,与气温呈负相关关系,该区内植被覆盖对降水因子的响应更为敏感;流域中部和南部NDVI与降水、气温均呈正相关关系,温度是这些地区植被生长的主要限制因子。

关键词 泾河流域;GIMMS -NDVI;植被;时空演变规律

Spatial and temporal variation of vegetation and its response to environmental factors in the jinghe river basin

Dang Suzhen[1] Cheng Chunxiao[1] Wen Sijun[2] Dong Guotao[1]

(1. Yellow River Institute of Hydraulic Research, Yellow River Conservancy Commission, Zhengzhou 450003;
2. School of Water Conservancy, North China University of Water Resources and Electric Power, Zhengzhou 450045)

Abstract Based on the GIMMS AVHRR NDVI data and meteorological datafrom 1982 to 2006 in the Jinghe River Basin, the spatial and temporal distribution and evolution pattern of vegetation and its response to environmental factors were analyzedby using the trend analysis and correlation analysis methods. The results show that: ①multi-year mean NDVI increases gradually from north to

* **基金项目**:国家自然科学基金资助项目(41301030,41301496)。

south, larger values distributed in the Ziwuling Mountain in the eastern part of the basin, the Liupanshan area in the western part of the basin and the loess plateau region in the southern part of the basin, while the minimum values distributed in the area above Hongde hydrological station in the northern basin. ②Areawith NDVI significantly increased accounted for 38. 0% , significantly reducedarea accounted for 11. 5% , pixels which showed no significant changes accounted for 50. 5% , regional ecological environment of the most of the study area has been improved significantlyfrom 1982 to 2006. ③NDVI was significantly positively relatedwith precipitation and negatively related with temperature in the northern basin, and vegetation is more sensitive to precipitation factorsin this area; NDVI had positive correlations with both of precipitation and temperature in the southern and middle part of the river basin, temperature was the main limiting factor of the growth of vegetation.

Key words the Jinghe River basin; GIMMS-NDVI; vegetation; spatial; temporal evolution pattern

1 引言

植被是连接土壤、水分和大气等的纽带[1],植被覆盖是衡量一个地区环境质量的重要指标,同时反映了区域气候特征。因此,研究植被覆盖的时空变化特征,分析与气候变化等的相关性,对于深入研究植被与环境要素间的内在关联、揭示区域环境状况演化过程具有重要意义[2]。在众多反映植被状况的因子中,归一化植被指数(Normalized Difference Vegetation Index,NDVI)是反映地表动态过程的遥感光谱指数,能反映的参数包括植被吸收的光合有效辐射、叶绿素密度、叶面积及蒸发速率等。NDVI 的变化趋势能很好地反映植被覆盖和生物量等的变化,因而被广泛应用于大尺度植被变化研究中[3]。目前对不同区域进行植被覆盖变化对降水、气温的响应研究,结论差异较大[4-8]。李震等[5]分析了西北干旱和半干旱地区植被变化与降水和温度变化,结果表明 NDVI 与降水存在明显的正相关关系,而与温度变化关系不明显,降水是影响西北地区植被覆盖变化的主要自然因素[5]。李月臣等[7]分析了北方 13 省地区 1982 ~ 1999 年植被动态变化及其与气候因子的关系,结果表明植被变化与气温呈显著相关,与降水无显著相关关系[7]。郭敏杰等采用偏相关分析的方法研究表明在黄土高原地区植被覆盖度与年降水量和年均气温的偏相关性均达到显著,但空间差异明显,其中植被生长对降水因子的响应更为敏感[8]。

泾河流域地处黄土高原腹地,水土流失现象比较严重,植被状况对流域内水土保持起着至关重要的作用。本文采用泾河景村以上流域 1982 ~ 2006 年的 GIMMS - NDVI 序列,研究区域内近 25 年来的植被覆盖和时空演变格局,并分析其对相关环境要素的响应。

2 研究区及数据源

2.1 研究区介绍

泾河发源于宁夏回族自治区泾源县,由西北向东南流经宁夏、甘肃、陕西三省区,于陕西省高陵县注入渭河。泾河全长 483 km,流域面积 45 421 km^2,是渭河的一级支流,黄河的二级支流。泾河流域位于黄土高原腹地,绝大部分属于陇东黄土高原,处于六盘山和子午岭之间,流域东、西两侧分别为子午岭山地和六盘山地,中部为黄土沟壑残塬区,最南端为关中平原的一部分,北部为黄土沟壑丘陵。气候为典型的温带大陆性气候,处于温带半湿润向半干旱气候的过渡地带。根据流域各气象站点多年观测资料,流域多年平均气温 8 ℃,最冷月平均气温 -8 ~ -10 ℃,最热月平均气温 22 ~ 24 ℃,年降水量为 350 ~ 600 mm,年际变化大。降水主要集中在夏季,夏季降水量一般占年降水量的 50% 以上,且降水强度大。降水量由南向北递减,南部的降水量可达北部的 1 倍。

本文选取泾河干流景村水文站以上流域,研究区总面积 40 281 km^2,占泾河张家山水文站总控制面积的 88.7%,径流量占张家山水文站径流量的 91.2%,总输沙量占 95% 以上。

2.2 植被指数数据

NDVI 是表征植被盖度和绿度有效的指标,本文利用 GIMMS AVHRR NDVI 产品,来反映研究区植被指数的时空演变格局。该数据集是美国国家航天航空局(NASA)推出的全球植被指数资料。数据格式为 ENVI 标准格式,投影为 ALBERS,空间分辨率为 8 km,时间分辨率是 15 d。GIMMS - NDVI 数据集被认为是相对标准的数据,因为它是在美国地球资源观测系统数据中心的探路者数据库提供的 NDVI 数据集基础上,考虑了全球范围内各种因素对 NDVI 值的影响,并对卫星传感器不稳定性、太阳天顶角和观测角、云层覆盖、气溶胶等影响的校正后发布的。该数据集已被广泛应用于全球及区域等大尺度植被变化的研究中,是目前评价植被覆盖长时间变化的主要数据源。

利用最大值合成法将 15 d 分辨率的 GIMMS NDVI 数据重采样为月尺度的 NDVI 数据,并利用研究区边界矢量图进行裁剪,最终得到研究区 1982 ~ 2006 年月尺度 NDVI 数据。

2.3 水文气象数据

本文中所采用的数据包括研究区 10 个水文站的月径流、85 个雨量站的月降水和 7 个国家气象站的月平均气温和月降水量数据。根据径流来源,将研究区划分为 10 个研究单元,主要包括支流马莲河、蒲河、洪河和泾河干流景村以上河段,各研究单元具体情况见图 1 和表 1。各研究单元的面降水量是基于各区域内及周边雨量站的月降水数据在 ArcGIS 软件中采用泰森多边形法计算得到的,各研究单元的月平均气温采用区域内或者周边气象站的算术平均值。水文站和雨量站的数据由黄河水利委员会水文局提供。国家气象站的原始数据来自中国气象科学数据共享服务网(http://cdc.cma.gov.cn/)。

3 方法

3.1 NDVI 时间序列重构

本文利用最大值合成法获得月尺度 NDVI 数据,但原始 NDVI 时间序列中仍然存在噪声点,引起 NDVI 生长曲线的异常波动,而不能反映植被生长的真实状况。本文利用 Savitzky - Golay(S - G)时间滤波法,对 NDVI 时间序列中的噪声点进行平滑重构,来消除云阴影和传感器对 NDVI 值的影响。

3.2 时间序列趋势分析

Mann - Kendall (MK)趋势分析法是进行时间序列趋势分析的常用方法之一[9],该方法是一种非参数分析方法[10-11],其具体计算公式如下:

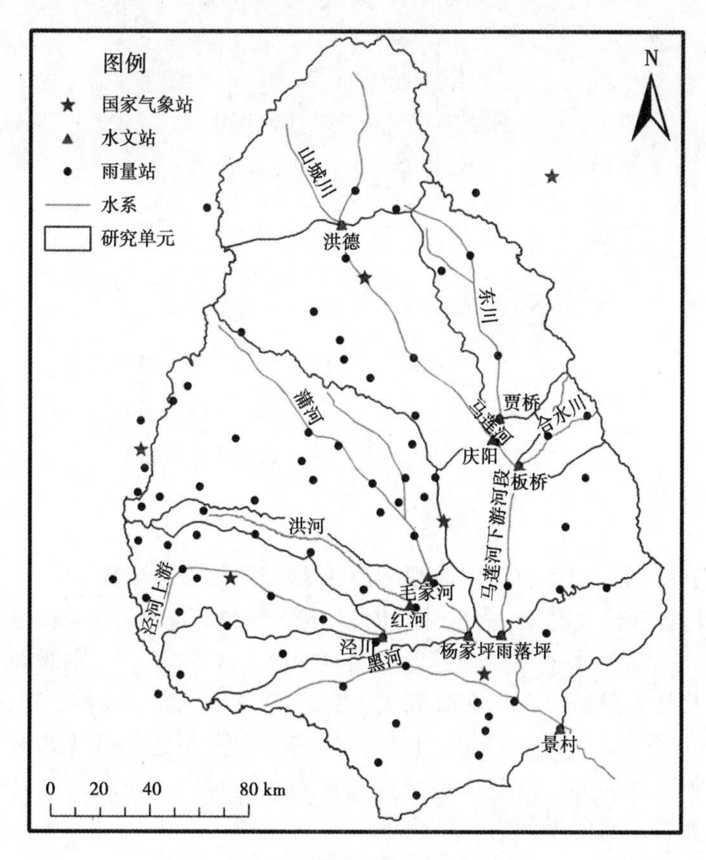

图 1 研究区域及水文气象站点分布

表 1 研究单元划分及基本信息

序号	河流	区间名称	水文站	面积(km^2)
1	马莲河	洪德以上	洪德	4 640
2		洪德—庆阳区间	庆阳	5 963
3		贾桥以上	贾桥	2 988
4		板桥以上	板桥	807
5		贾桥—板桥—庆阳—雨落坪区间	雨落坪	4 621
6	蒲河	毛家河以上	毛家河	7 189
7	洪河	红河以上	红河	1 272
8	泾河干流	泾川以上	泾川	3 145
9		泾川—红河—毛家河—杨家坪区间	杨家坪	2 518
10		杨家坪—雨落坪—景村区间	景村	7 138

$$Z_c = \begin{cases} \dfrac{S+1}{\sqrt{\mathrm{var}(S)}} & (S > 0) \\ 0 & (S = 0) \\ \dfrac{S+1}{\sqrt{\mathrm{var}(S)}} & (S < 0) \end{cases}$$

其中

$$S = \sum_{i=1}^{n-1}\sum_{j=i+1}^{n} \mathrm{sgn}(x_j - x_i) \quad (1 \leqslant k < j \leqslant n)$$

$$\mathrm{sgn}(x_j - x_i) = \begin{cases} 1 & (x_j - x_i > 0) \\ 0 & (x_j - x_i = 0) \\ -1 & (x_j - x_i < 0) \end{cases}$$

$$\mathrm{var}(S) = \sum_{i=1}^{n} n(n-1)(2n+5)/18$$

式中:x_i 和 x_j 分别为第 i 年和第 j 年的观测值;n 是观测数据的个数。

对于 MK 趋势分析来说,Z_c 为统计量值,并符合标准正态分布。如果 $|Z_c| > Z_{(1-\alpha)/2}$,则时间序列在 α 显著性水平下变化趋势显著,如果 $|Z_c| \leqslant Z_{(1-\alpha)/2}$,则时间序列在 α 显著性水平下变化趋势不显著。在本文研究中,当 $|Z_c| < Z_{(1-0.1)/2} = 1.645$ 时,时间序列变化趋势为不显著;当 $|Z_c| > Z_{(1-0.1)/2} = 1.645$ 时,时间序列变化趋势为显著,当 $|Z_c| > Z_{(1-0.01)/2} = 2.567$ 时,时间序列变化趋势为极显著。同时,$Z > 0$ 表示时间序列为增加趋势,相反 $Z < 0$ 则表示时间序列为下降趋势。

3.3　皮尔逊相关系数

在本文中,使用皮尔逊(Pearson)相关系数来分析 NDVI 与降水、气温之间的关系。

4　结果和讨论

4.1　植被空间分布特征

研究区 1982 ~2006 年 NDVI 平均值的空间分布情况见图 2。多年平均 NDVI 值由流域北部向南部逐渐增加,多年平均 NDVI 较大值分布在东部子午岭山地、西部六盘山区和黄土塬区域,多年平均 NDVI 最小值出现在流域北部马莲河洪德以上区域,该区域 NDVI 值一般小于 0.2。蒲河、马莲河洪德—庆阳区间以及东川流域多年平均 NDVI 值为 0.2 ~ 0.3,洪河和泾河干流泾川以上区域多年平均 NDVI 值为 0.2 ~0.4,马莲河贾桥—板桥—庆阳—雨落坪区间、泾河干流泾川—红河—毛家河—杨家坪区间和杨家坪—雨落坪—景村区间多年平均 NDVI 值一般大于 0.3,合水川流域多年平均 NDVI 值较大,达到 0.41(见表 2)。

NDVI 较小的区域主要分布在流域北部的黄土丘陵沟壑区,该区内植被稀疏,分布着大面积草地,树木很少。NDVI 较大区域主要分布在黄土高塬沟壑区和河谷阶地区,区域内有大面积成片的耕地。

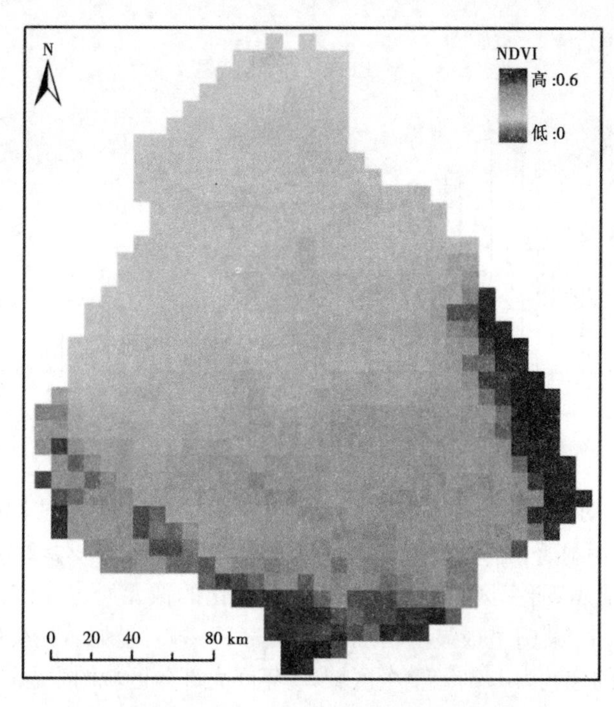

图2 泾河流域1982~2006年平均NDVI空间分布

表2 各研究单元1982~2006年多年平均NDVI及MK检验

河流	区间名称	NDVI	MK检验值	显著性
马莲河	洪德以上	0.169	-1.962	*
	洪德—庆阳区间	0.219	0.304	—
	贾桥以上	0.258	0.444	—
	板桥以上	0.404	1.752	—
	贾桥—板桥—庆阳—雨落坪区间	0.358	2.125	*
蒲河	毛家河以上	0.248	1.798	—
洪河	红河以上	0.296	3.106	* *
泾河干流	泾川以上	0.328	2.359	*
	泾川—红河—毛家河—杨家坪区间	0.346	1.752	—
	杨家坪—雨落坪—景村区间	0.383	2.572	* *
研究区		0.288	1.892	—

注：*表示在0.05水平上呈显著变化，* *表示在0.01水平上呈显著变化。

为了评价整个研究区NDVI的分布情况，绘制区域内所有像元NDVI直方图（见图3）。研究区NDVI直方图呈双峰分布，NDVI值出现的频率在0.18~0.25以及0.28~0.37两个区间达到峰值，说明泾河流域植被分布异质性较高，NDVI高值区和低值区所占的范围都较大。

4.2 NDVI变化趋势

4.2.1 像元尺度NDVI变化趋势

本文对每个像元1982~2006年年平均NDVI值进行MK检验，计算每个像元的Z统计值，分析25年间NDVI的变化趋势，并利用Sen′s slope系数评价NDVI值的变化程度。

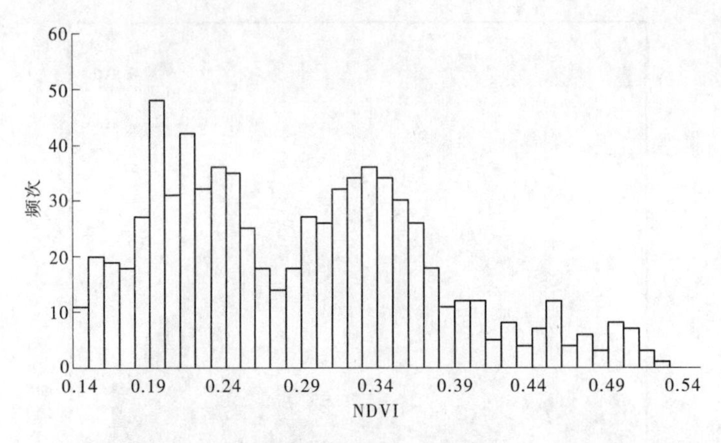

图3 研究区 NDVI 直方图

当像元 $Z \leqslant -2.567$ 时为极显著减少;当 $-2.567 < Z \leqslant -1.645$ 时为显著减少;当 $-1.645 < Z < 1.645$ 时为变化不显著;当 $1.645 \leqslant Z < 2.567$ 时为显著增加;当 $Z \geqslant 2.567$ 为极显著增加。

MK 检验结果显示,研究区 NDVI 值没有显著变化的像元所占比例为 50.5%,呈显著增加的像元为 38.0%,其中呈极显著增加的像元为 17.4%,呈显著减少的像元为 11.5%,其中呈极显著减少的像元为 1.3%,整个区域 25 年间大部分区域的生态环境有明显改善。

如图4 所示,NDVI 呈显著变化的像元有明显的区域分异性。生态退化的像元主要分布于流域北部,流域东西两侧山区林地和灌丛的 NDVI 变化不显著,而 NDVI 增大区域主要是黄土塬区,该区内人类活动较频繁,土地利用主要为耕地。近年来粮食单位面积产量

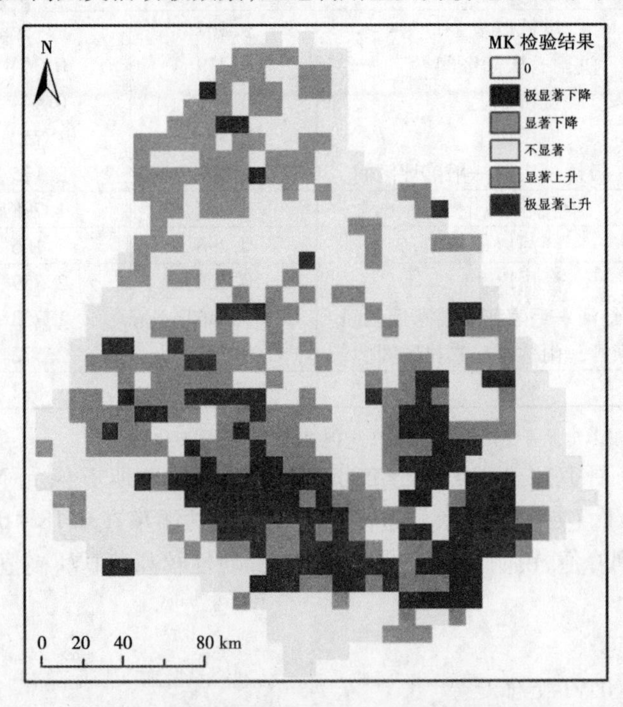

图4 NDVI 序列趋势变化 MK 检验结果空间分布

提高、复种指数提高和作物结构多样化等均使耕地 NDVI 增加。

4.2.2　区域尺度 NDVI 变化

1982～2006 年研究区年平均 NDVI 变化过程见图 5,多年平均年 NDVI 为 0.288,最小值 0.269 1 出现在 2000 年,最大值 0.309 1 出现在 1990 年。1982～2006 年 25 年间研究区年平均 NDVI 序列的方差为 0.000 127,说明研究时段内该区域 NDVI 值离散程度不大,处于较稳定范围内。因此,也说明 1982～2006 年研究区植被覆盖变化情况相对较为稳定。由图 5 也可以看出,1982～2006 年研究区年平均 NDVI 呈波动增加趋势,MK 检验结果显示其增加趋势未通过 0.05 显著性水平检验(见表 2)。

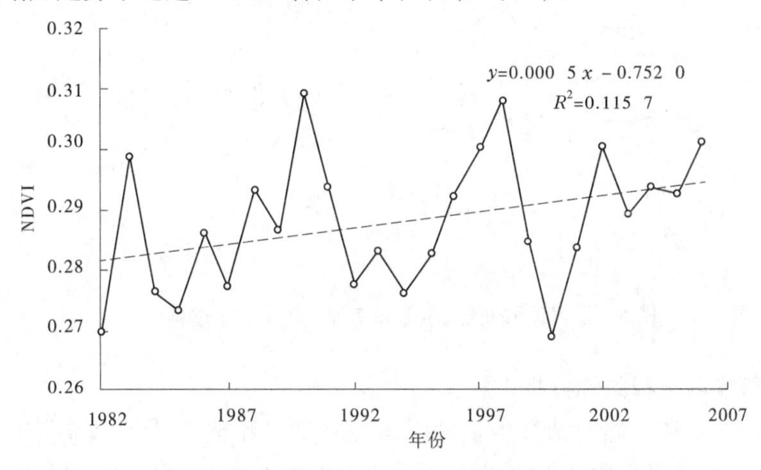

图 5　研究区 1982～2006 年年平均 NDVI 变化过程

由于泾河流域地形地貌、植被覆盖类型不同,以及水热传输条件的差异,其区域尺度上 NDVI 时间序列的变化也呈现不同特征。各研究单元 1982～2006 年年平均 NDVI 时间序列趋势变化 MK 检验结果详见表 2。研究区内仅有马莲河洪德以上区域年平均 NDVI 呈显著减小的变化趋势,且通过了 0.05 显著性水平检验。马莲河中下游即贾桥—板桥—庆阳—雨落坪区间、洪河红河以上区域以及泾河干流杨家坪—雨落坪—景村区间年平均 NDVI 呈极显著增加趋势,通过了 0.01 显著性水平检验。泾河干流泾川以上区域年平均 NDVI 呈显著增加趋势,且通过了 0.05 显著性水平检验。研究区内其他研究单元年平均 NDVI 的增加趋势未通过 0.1 显著性水平检验,即增加趋势不显著。

根据流域多年平均年降水量,将流域初步划分为 3 个区域:流域北部、中部和南部,并结合本文中研究单元的划分情况,流域北部包括马莲河洪德以上区域,流域中部包括马莲河洪德—庆阳区间、东川贾桥以上和蒲河毛家河以上区域,其他研究单元位于流域南部。流域北部、中部和南部年平均 NDVI 通过区域内各研究单元年平均 NDVI 面积加权平均计算得到(见图 6)。由图 6 可见,流域南部年平均 NDVI 大于流域中部,北部年平均 NDVI 最小。通过 MK 趋势性检验发现,1982～2006 年流域南部年平均 NDVI 呈极显著增加趋势,通过了 0.01 显著性水平检验,流域中部年平均 NDVI 增加趋势不显著,流域北部年平均 NDVI 序列呈显著减小趋势,通过了 0.05 显著性水平检验。

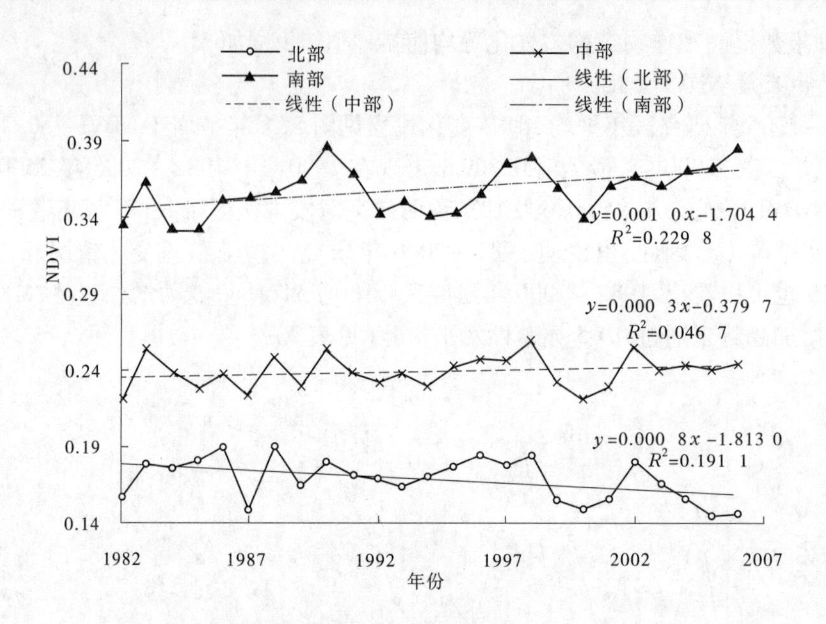

图6 泾河流域北部、中部和南部 NDVI 变化过程

4.3 NDVI 与气候因子相关性分析

气候因素中降水和气温对植被生长的影响最为直接和重要[12-13]。降水和气温通过影响植物光合作用、呼吸作用及土壤有机碳分解等进而影响植物的生长和分布。为了探讨气候因素对于区域尺度 NDVI 变化的影响，本文分析了降水、气温在区域尺度上和 NDVI的相关性，NDVI 与降水、气温的皮尔逊相关系数如表 3 所示。可见，研究区绝大部分区域 NDVI 与降水呈正相关，其中马莲河洪德以上和洪德—庆阳区间 NDVI 与降水呈显著正相关，其位于西北干旱半干旱气候区，年降水量少，气候干燥，植被以草地为主，降水是这些区域植被生长的主要限制因子。只有板桥以上区域呈不显著负相关的关系，仅占研究区面积的 2.0%，主要位于子午岭林区。

表3 NDVI 与降水、气温的皮尔逊相关系数

研究单元	降水	气温	研究单元	降水	气温
洪德以上	0.565**	-0.567**	毛家河以上	0.340	0.303
贾桥以上	0.155	-0.059	洪德—庆阳区间	0.453*	-0.159
板桥以上	-0.185	0.496**	贾桥—板桥—庆阳—雨落坪区间	0.077	0.539**
泾川以上	0.329	0.420*	泾川—红河—毛家河—杨家坪区间	0.446*	0.363
红河以上	0.392	0.479*	杨家坪—雨落坪—景村区间	0.103	0.472*

注：* 表示在 0.05 水平上呈显著变化，* * 表示在 0.01 水平上呈显著变化。

由表 3 可见，流域北部 NDVI 与气温呈负相关，其中马莲河洪德以上区域呈显著负相关，且通过了 0.01 显著性水平检验。其他研究单元均呈正相关，特别是板桥以上、贾桥—

板桥—庆阳—雨落坪区间、泾川以上、红河以上和杨家坪—雨落坪—景村区间呈显著正相关,大多处于中温带半湿润农业气候区,水资源相对较为丰富,温度成为这些地区植被生长的主要限制因子。呈负相关的区域位于流域北部半干旱区,比较植被覆盖与降水、气温的相关性可见,流域北部植被覆盖对降水因子的响应更为敏感。

5 结论

(1)研究区多年平均 NDVI 值由流域北部向南部逐渐增加,多年平均 NDVI 较大值分布在东部子午岭山地、西部六盘山区和黄土塬区域,多年平均 NDVI 最小值出现在流域北部马莲河洪德以上区域。研究区内 NDVI 频率分布呈双峰型,在 0.18 ~ 0.25 以及 0.28 ~ 0.37 两个区间达到峰值。

(2)研究区 NDVI 值没有显著变化的像元所占比例为 50.5%,呈显著增加的像元为 38.0%,呈显著减少的像元为 11.5%,显著减少区域主要位于流域北部,流域东西两侧山区林地和灌丛的 NDVI 变化不显著,而 NDVI 增大区域主要位于流域南部。

(3)泾河流域北部 NDVI 与降水呈显著正相关,与气温呈负相关关系,降水是该区域内植被生长的主要限制因子,植被覆盖对降水因子的响应更为敏感。泾河流域中部和南部 NDVI 与降水、气温均呈正相关关系,温度是这些地区植被生长的主要限制因子。

参考文献

[1] 孙红雨, 王常耀, 牛铮, 等. 中国地表植被覆盖变化及其与气候因子关系——基于 NOAA 时间序列数据[J]. 遥感学报, 1998, 2(3): 204-210.

[2] 李明杰, 侯西勇, 应兰兰, 等. 近十年黄河三角洲 NDVI 时空动态及其对气温和降水的响应特征[J]. 资源科学, 2011, 33(2): 322-327.

[3] Aguilara C, Zinnertb J C, Poloa M J, et al. NDVI as an indicator for changes in water availability to woody vegetation[J]. Ecological Indicators, 2012, 23: 290-300.

[4] 范娜, 谢高地, 张昌顺, 等. 2001 年至 2010 年澜沧江流域植被覆盖动态变化分析[J]. 资源科学, 2012, 34(7): 1222-1231.

[5] 李震, 阎福礼, 范湘涛. 中国西北地区 NDVI 变化及其与温度和降水的关系[J]. 遥感学报, 2005, 9(3): 308-313.

[6] 武永利, 李智才, 王云峰, 等. 山西典型生态区植被指数(NDVI)对气候变化的响应[J]. 生态学杂志, 2009, 28(5): 925-932.

[7] 李月臣, 宫鹏, 刘春霞, 等. 北方 13 省 1982—1999 年植被变化及其与气候因子的关系[J]. 资源科学, 2006, 28(2): 109-117.

[8] 郭敏杰, 张亭亭, 张建军, 等. 1982—2006 年黄土高原地区植被覆盖度对气候变化的响应[J]. 水土保持研究, 2014, 21(5): 35-40.

[9] Liu C, J Xia. Water problems and hydrological research in the Yellow River and the Huai and Hai River basins of China[J]. Hydrological Processes, 2004, 18(12): 2197-2210.

[10] Mann H. Nonparametric tests against trend[J]. Econometrica, 1945, 13: 245-259.

[11] Kendall M. Rand correlation methods[M]. London: Charles Griffin, 1975.

[12] Application of artificial neural networks in global climate change and ecological research: An overview [J]. Chinese Science Bulletin, 2010, 45(34): 3853-3863.

[13] 崔林丽, 史军, 杨引明, 等. 中国东部植被 NDVI 对气温和降水的旬响应特征[J]. 地理学报, 2009, 64(7): 850-860.

【作者简介】 党素珍(1983—),女,河南灵宝人,高级工程师,博士,主要从事水文水资源方面的研究工作。E-mail:dangsz_hky@163.com。

基于 MIKE SHE 的灌区水循环适用研究

常布辉 张会敏 王军涛

(黄河水利科学研究院 引黄灌溉工程技术研究中心,新乡 453003)

摘 要 本文针对黄河流域青铜峡灌区的流域特征以及灌溉模式,构建了基于 MIKE SHE 的具有物理基础的分布式水文模型。利用 2007～2012 年的水文气象以及 2005 年的遥感数据对灌区进行了概化以及模型的率定和验证,同时分析了不同水文参数的确定方法以及敏感参数的率定规律。模型的成功应用表明,MIKE SHE 模型具有大尺度灌区水文模拟的全面性,对水文过程极强的物理识别性以及对于空间变异性的适用性。

关键词 灌区水循环;MIKE SHE;青铜峡灌区

Water cycle applicable research based on MIKE SHE irrigation

Chang Buhui Zhang Huimin Wang Juntao

(Water Diversion and Irrigation Engineering Technology Center Yellow River Institute of Hydraulic Research, Xinxiang 453003)

Abstract Aphysical based distributed hydrological model based on MIKE SHE was established, which is based on the watershed characteristics of the Yellow River Qingtongxia Irrigation area. 2007-2012 years of hydro-meteorological and 2005 remote sensing data on irrigated area was used for model calibration and validation. Analyzed the determination methodsof the different hydrological parameters and the change rules of sensitive parameters. The successful application of the model indicates that MIKE SHE hydrological model has a comprehensive use for large-scale irrigation areasandstrongphysical identification ofthespatial variability.

Key words Irrigation water cycle; MIKE SHE; Qingtongxia Irrigation Area

1 简介

灌区是人类改造和利用自然满足自身生存及发展的一个最原始的产物。黄河流域大小引黄灌区众多,其中青铜峡灌区是黄河流域第二大灌区,位于黄河上游宁蒙河段,该河段是典型的灌溉引水河段。由于该地区受大陆季风气候的影响,属于干旱半干旱地区,降水量与蒸发量相差很大，因此传统的灌溉模式导致水量蒸发消耗巨大。流域特征以及灌溉模式共同形成了青铜峡灌区大引大排的水量循环特点。随着社会生产水平的提高、黄河流域下垫面的改变，以及气候变化的影响，黄河正处于枯水期，来水量小，加之沿黄地区不断增加的引水需求以及黄河自身的生态流量限制，使得黄河流域水量分配矛盾重重。维持黄河健康生命，促进地区社会经济可持续发展使得对有限的黄河水量的高效利用成为解决问题的关键。

随着水资源短缺的加剧，一系列的传统水文模型应运而生，为缓解地区矛盾以及对灌区水文过程的机理研究提供了有力工具。传统的集总式水文模型对于流域特征的刻画比较笼统、简单，可用的信息量小。尤其在复杂的灌区，人类活动频繁且剧烈，已经完全脱离了自然状态，演化出自身特有的以人类活动为主导因素的下垫面特征以及运行规律。传统的水文模型的优劣显而易见，已经远远不能满足现代农业的发展需求。

随着问题的提出以及计算机和3S技术的发展，分布式水文模型已经成为流域水资源管理的一个重要工具。分布式水文模型具有一定的物理基础，基于物理参数的研究更加精确，意义更加明晰，目的性更强，能够比较清晰地剥离每一个水文过程，并将它们紧密耦合成一个整体。目前分布式水文模型发展迅速，数量以及种类众多，尤以国外的分布式水文模型开发应用比较完善。限于国内基础数据的收集以及公开程度有限，分布式水文模型的发展比较缓慢，大多研究都是建立在国外成型的模型基础上进行局部改进或者耦合。然而也有一些专家开发了基于国内特定地域的比较成功的分布式水文模型并取得了一定范围的应用。应用广泛且比较成熟的分布式水文模型中，有代表性的有 MIKE SHE、SWAT、Topmodel 等，然而物理性、系统性、整体性最强的要数 MIKE SHE 模型。MIKE SHE 分布式水文模型独特的优势配以现代科技为支撑，已经成为现代水文发展的一个热点。

2　流域概况

宁夏青铜峡灌区是我国古老的特大型灌区之一，位于宁夏北部，黄河上游下段（见图1），属黄河河套平原（前套）的重要组成部分。灌区地处银川平原，南起青铜峡水利枢纽，北至石嘴山，西抵贺兰山，东至鄂尔多斯台地西缘，位于东经105°85′～106°90′，北纬37°74′～39°25′，为宁夏平原地势最低之处，总土地面积7 013.67 km^2，折合70万hm^2，现灌溉面积33万hm^2，占总土地面积的47%，其中自流30万hm^2，扬水3万hm^2。

青铜峡灌区地处宁夏银川平原，主要包括黄河冲积平原和贺兰山山前洪积倾斜平原。青铜峡灌区地处内陆干旱半干旱地区，位于我国季风气候区的西缘，冬季受蒙古高压控制，夏季处在东南季风西行的末梢，形成较典型的大陆性季风气候。灌区多年平均降水量180～220 mm，年均蒸发量1 000～1 550 mm。由于灌区内长期大规模的灌溉增加了空气中的水汽含量，土壤平均温度和近地气层的平均气温降低，昼夜温度变化趋于平缓，起到了缓解干旱气候的作用，形成了局地的类似于沙漠中绿洲的气候。

3　模型发展历程

SHE（Systeme Hydrologique Europeen）于1969年在 Freezeand Harlan 提出的用于模拟

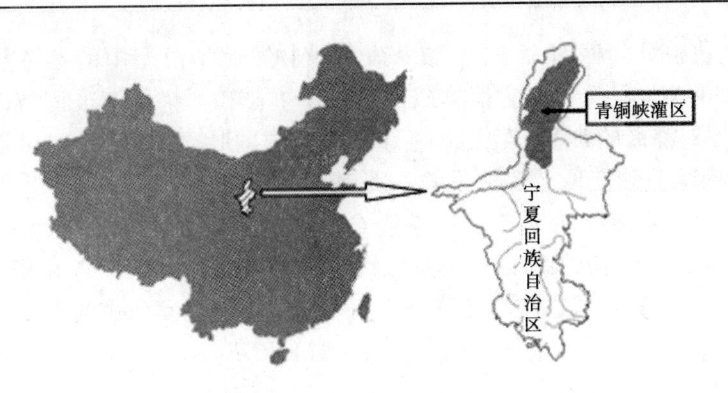

图1 研究区所处位置

水文循环的蓝图基础上，在欧共体(Commission of European Communities)的资助下，由英国水文研究所(IH:Institute of Hydrology)、法国 SOGREAH 咨询公司和丹麦水力学研究所(DHI:Danish Hydraulic Institute)联合研制开发。于 1976 年决定开发，1982 年公布了第 1 版。

MIKE SHE 模型在原来的 SHE 模型上做了三点改进：①允许对洪水过程用不同的物理模型、数学公式进行解释，只要对该场洪水适合，就可以用该模型或数学公式对洪水进行演算；②整合了 MIKE 11 河流模拟工具，对河道汇流有一个完整清晰的模拟，并且可以对洪水水量、水库、大坝的调蓄、河流沉积物等各方面进行计算；③可以对 GIS 的网格数据进行直接的调用，增加了软件的实际操作性。模型的功能还包括纸面信息的数字化、绘图编辑、数据插补、做等值线、均化网格以及带有动画功能的图形显示[1]。MIKE SHE 可以用于模拟陆地水循环中几乎所有主要的水文过程，包括水流运动、水质和泥沙输移、地下水流模拟等。在保证计算精度的基础上，MIKE SHE 模型集成了一系列的数值以及经验算法，可以根据实际需要灵活运用。

4 模型结构与原理

分布式水文模型最大的一个特点就是与数字高程地图(DEM)的结合，MIKE SHE 也不例外，平面上的网格划分为模型中数据的空间处理以及算法的离散提供了基础。在垂向上主要分为三层：大气层、土壤非饱和层以及饱和层。大气层主要描述地表以上的水分运移(降水、蒸散发以及林草冠层的植物截留)；非饱和层是指地表以下地下水位以上的非饱和土壤层以及因地下水位下降出现的岩石层，该层厚度是相对于地下水位而变化的，通过分层给定各层的物理特性，另外 MIKE SHE 在该层中还添加了土壤快速导水模块，用以描述通过土壤大孔隙渗漏或者裂隙直接补给地下水的过程；饱和层中采用的是隐式差分的数值解法，另外还有线性水库法供用户选择。在各个垂向分层之中有一个重要的衔接——河道，MIKE SHE 中的 MIKE 11 模块用于计算各层与河道的水量交换以及河道中的水流水质运移过程。

4.1 大气层模块

该模块中主要包括降水、蒸散发两个功能。降水模块中根据温度决定降水的形态，引入气象站高程进行降水的高程修正；模型中通过泰森多边形法将点雨量进行面雨量的换算。蒸散发模块中分为截留蒸发、土壤蒸发和植物蒸腾。模型中的参考蒸散发量利用 Penman-Monteith 方法计算得出。植物截留与蒸发主要和下垫面植被种类以及土壤类型有关,因此需要对灌区的典型作物植被在生长周期内的叶面积指数(LAI)以及根系深度(ROOT)进行跟踪监测获取。蒸散发算法是基于 Kristensen and Jensen[2] 提出的经验公式。该方法中的主要参数有:三个经验参数 C_1、C_2、C_3,截留参数 C_{int}(表示植被冠层的截留蓄水能力,通常取值为0.05)以及根系形状参数 A_{root}。其中 C_1 和 C_2 用于调节蒸发与蒸腾的比例,是经验参数。植物蒸腾计算公式见式(1),土壤蒸发公式见式(2)。

$$E_{at} = f_1(LAI) \cdot f_2(\theta) \cdot RDF \cdot E_p \tag{1}$$

$$f_1(LAI) = C_1 + C_2 \cdot LAI$$

$$f_2(\theta) = 1 - \left(\frac{\theta_{FC} - \theta}{\theta_{FC} - \theta_w}\right)^{\frac{C_3}{E_p}}$$

$$E_s = E_p \cdot f_3(\theta) + (E_p - E_{at} - E_p \cdot f_3(\theta)) \cdot f_4(\theta) \cdot (1 - f_1(LAI)) \tag{2}$$

式中:$f_1(LAI)$是叶面积指数函数;$f_2(\theta)$为土壤含水量函数;θ_{FC}为测定的土壤田间持水量;θ_w 为测定的植物凋萎含水量;$f_3(\theta)$是一个与 C_2 和土壤含水量相关的函数;$f_4(\theta)$是一个只与土壤含水量有关的函数;C_3 则是经验参数,C_3 值的增大将使得蒸腾量增加。

4.2 非饱和层模块

不饱和带是流域水文系统中一个至关重要的部分,同时是 MIKE SHE 的一个核心计算模块,在模型模拟应用中起着重要作用。MIKE SHE 计算不饱和带模块时主要采用三种方法:一是 Richards 方程;二是模拟简单的重力水出流过程;三是两层水量平衡模型。

非饱和土壤水流运动都会采用应用最为广泛的 Richards 方程,其方程见式(3)。

$$C\frac{\partial\varphi}{\partial t} = \frac{\partial}{\partial z}\left(K(\theta)\frac{\partial\varphi}{\partial z}\right) + \frac{\partial K(\theta)}{\partial z} - S(z) \tag{3}$$

式中:独立变量 θ、φ 通过水力传导率方程 $K(\theta)$和土壤湿度持水曲线 $\varphi(\theta)$而相联系。公式不论在均质还是非均质土壤类型当中,通常情况下是通用的,并且没有水力方向的约束。$C = \frac{\partial\theta}{\partial\varphi}$为土壤含水能力;$S(z)$是根系源漏项;如果 φ 的值为正,那么方程变化为拉普拉斯方程。在 MIKE SHE 中采用完全隐格式差分方法对该方程进行求解。由以上可知,在使用 Richards 方程进行模拟计算时,需要获得相关土壤的水力传导曲线(见式(4))以及水分保持曲线(见式(5))。MIKE SHE 中提供了基于 Van Genuchten 模型[3] 的曲线计算方法,模型中的参数可以通过土壤类型以及相关特性进行估算获得[4-5]。

$$K(\varphi) = K_s \frac{[(1 + |\alpha\varphi|^n)^m - |\alpha\varphi|^{n-1}]^2}{[1 + |\alpha\varphi|^n]^{m(l+2)}} \tag{4}$$

$$\theta(\varphi) = \theta(r) + \frac{(\theta_s - \theta_r)}{[1 + (\alpha\varphi)^n]^m} \tag{5}$$

式中:K_s 为垂向上的饱和水力传导系数,m/s;φ 为压力水头,m;θ_s 为饱和土壤含水量;θ_r 为残余土壤含数量;α(1/m)、n、m(m)、l(形状参数)为相关的经验参数。

重力出流计算方法中,水量输运的驱动力与 Richards 方程的原理是一致的,都是重力部分 z 和压力部分 φ 的和组成。然而,在重力出流模块当中,水头压力项(主要是毛管力)被忽略不计[6],驱动力主要为重力。

两层水量平衡模型适合在地下水位比较浅,并且地下水出流受根系区蒸散发影响较大的地区,比如我国南方的湿润地区。

4.3 饱和含水层模块

MIKE SHE 可以描述三维水流于异质含水层不定边界上的运动。模型对于时空变换的独立参数,采用三维达西方程(式(6))进行模拟,并用隐式有限差分进行数值求解。

$$\frac{\partial}{\partial x}\left(K_{xx}\frac{\partial h}{\partial x}\right)+\frac{\partial}{\partial y}\left(K_{yy}\frac{\partial h}{\partial y}\right)+\frac{\partial}{\partial z}\left(K_{zz}\frac{\partial h}{\partial z}\right)-Q=S\frac{\partial h}{\partial t} \tag{6}$$

式中:K_{xx}、K_{yy}、K_{zz}为模型沿空间坐标系三个方向的水力传导系数,均假设平行于水力传导率的主轴方向;h 为地下水水头;Q 为单位面积上的流量的源漏项;S 是贮水系数。

在有限差分方法中,比较重要的是边界条件的处理。而 MIKE SHE 在该方法中提供了三种不同边界条件设置:①水头边界;②水力梯度边界;③流量边界。与河道系统的水量交换包含在源漏项之中,这个水量交换受到河流水位、河道宽、河床高度以及河床和含水层水力特性影响。

线性水库法中,将一个流域划分成许多不同子流域。在这些流域的每一个子流域中,饱和带用一系列独立的浅层壤中流水库和深层的基流水库为代表而组成。如果有河流,那么水流将透过线性水库以壤中流和基流或者是侧流的方式汇入河流。如果没有定义河网,那么壤中流和基流将被累加起来然后以离开流域地区的出流表示。

4.4 河流模块

MIKE SHE 中耦合了 DHI 公司研发的 MIKE 11 一维河流水动力模块,模型能够做以下方面的计算:

(1)用圣维南方程进行一维的河道演算,包括水位和流量的计算。

(2)可以对水动力结构有更广泛的模拟。

(3)通过河流水位的模拟和电子地形模型所得出的简化洪水地图,建立淹没区与模型。

(4)对地表和地下的水流动力过程进行完整的、动态的耦合模拟。

MIKE 11 河流模型采用的是水动力学模型(HD 模型),即明渠不稳定流隐格式有限差分解,其差分格式采用六点中心隐式差分格式(Abbott),其数值计算采用传统的“追赶法”即“双扫算法”,该模型还可以根据不同地区的水流条件及临界水流进行完全水动力学模拟。同时可以进行各种简化的水流模拟,如扩散波、运动波及准稳定流计算。MIKE 11 计算参数包括两类:①数值参数,主要是方程组迭代求解时的有关参数,如迭代次数及迭代计算精度;②物理参数,主要是河网的阻力参数。

5 灌区基础数据处理

本次研究区域所用地形资料,选用 90 m×90 m 的数字高程地图;土地利用为 2005 年的土地利用合成图(重新分类之后分为耕地、林地、草地、水域、城镇和农村、沙荒地 6 种类型,各自在总面积中所占比例分别为 21.9%、5.4%、46.3%、1.8%、0.4%、24.2%);土壤数据采用的是相关部门提供的包气带空间分布图,其土壤属性以及参数一部分通过田间试验获得，一部分通过相关文献查询获得；地下水以及水文地质情况主要由当地水文局提供的监测表以及地质报告中获得；引退水沟渠处理是通过设计图纸根据其在空间的分布状况进行调整之后获取。

鉴于研究范围比较大，考虑到模拟精度与时间的双重制约，参考前人的经验，模拟中选用 1 km × 1 km 的空间网格进行计算。灌区地下水观测井分布及排水系统详见图 2。灌区 2005 年土地利用合成图见图 3。模型中山洪沟处设置点源入流，没有监测流量的山洪沟使用面积对比法估算其山洪流量。地下水边界利用该地区水资源评价报告中的流量过程设置三个流量边界。

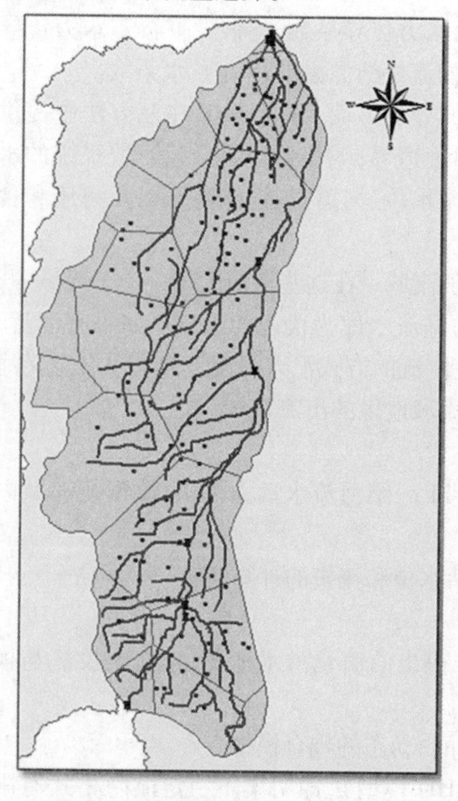

●地下水位监测井；━灌区主要排水系统；

▢气象站泰森多边形；▢流域边界线；▼水文站

图 2　灌区系统图

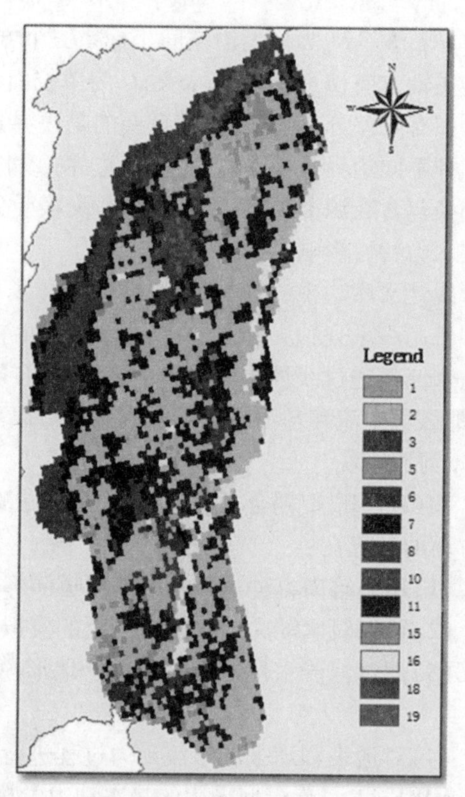

1—城市和建设用地；2—旱地农田和草地；3—灌溉农田和草地；5—农田/草地镶嵌地；6—耕地/林地马镶嵌地；7—草原；8—灌木丛；10—稀树草原；11—落叶阔叶林；15—混交林；16—水体；18—树木繁茂的湿地；19—贫瘠或植被稀疏地

图 3　2005 年土地利用合成图

鉴于灌区地质复杂且数据有限，隔水层的连续性差，因此本次研究将饱和带划分为一层潜水考虑。由于模型构建过程中参数众多，对每一个参数都进行率定验证是不切合实际的，表 1 给出了参数的处理手段：分为试验检测、间接计算、文献收集以及率定三种方法。模型主要的实测拟合数据为地下水位以及排水沟和黄河的流量过程。

表1　参数的处理

水循环组成	类别	参数	单位	类型获取方式
大气层模块	气象数据	降水(P)	mm	气象站实测
		参考蒸散发(ET_0)	mm	彭曼计算公式
	植被作物	叶面积指数(LAI)	m	监测
		根系深度($ROOT$)	m	监测
		C_1	—	文献
		C_2	—	文献
		C_3	mm/d	文献
		A_{root}	—	文献
		C_{int}	mm	文献
	地表信息	初始水深	mm	监测
		蓄滞水深	mm	率定
		地表糙率(M)		率定
非饱和层	土壤	饱和水力传导系数(K_s)	m/s	实测
		饱和含水量(θ_s)	—	实测
		凋零含水量	—	实测
		Alpha(a)	1/m	间接计算
		n	—	间接计算
		l(形状参数)	—	间接计算
		体积密度	kg/cm^3	实测
饱和含水层	含水层特性	水力传导系数	m/s	率定
		给水度	—	率定
		贮水系数	1/m	文献
	排水参数	排水时间	m/s	率定
		排水水位	m	率定
	抽/排水井	特征参数	—	间接计算
	边界条件	边界流量	m^3/s	间接计算
排水系统	引排水数据	流量(水位)	m^3/s(m)	实测
	断面形状	—	—	实测
	参考高程	高程	m	实测
	糙率	—	—	率定

灌区中最重要的一个环节就是灌溉,灌溉物理过程极其复杂(其中涉及灌溉水量在总干、干、支、斗、农、毛渠中的分配,渠道中每个闸门的启闭程度以及时间)。虽然 MIKE 11 中可以模拟几乎所有种类的水利工程的运行过程,然而其中的数据量非常大。鉴于引水渠中水利工程运行数据的缺失量大,因此只是通过间接计算获得其对地下水的补给量,使用注水井的方式实现。灌溉水量按照灌区中干渠的控制范围进行水量分配,时间分配以当地的灌溉制度为依据。由于灌区退水主要是通过灌溉侧渗以及水位高出排水沟沟底的地下水,因此完善的排水沟模拟成为灌区地下水位以及排水量模拟精度的保障。此时 MIKE 11 就可以发挥其强大的功能优势,使得建模轻而易举。MIKE 11 模拟河流或者排水沟需要输入沿程断面形状、糙率以及参考高程信息。就西北地区的引黄灌区而言,引黄水量大部分进入田间;一部分损失于渠道输水过程;一部分作为弃水直接排入沟渠。其中进入田间的水量可以通过当地的作物灌溉制度以及灌溉定额进行估算,输水损失可以用引水量、引水时间和渠系水利用系数进行估算,弃水量则可以用总水量减去前两项获得。用得到的弃水量就可以设置与渠道最近处的弃水点的进入排水沟的弃水量(灌区弃水点源的处理)。

6　结果与讨论

敏感性分析表明,对于地下水位以及排水流量,影响其关键作用的是土壤饱和水力传导系数、大孔补给参数、饱和土壤含水量、凋零土壤含水量、蓄滞水深、排水系数、排水水位以及含水层的水力传导系数和给水度。

在灌区多种土地利用方式并存,面积最大的是耕地和林草地,不同土地利用类型的地表蓄滞水深是不一样的,获得方法也不同。耕地被人为地割据成不同尺寸的田块。田埂高度往往能反映出一个田块的蓄水能力,然而在 1 km × 1 km 的网格下的蓄水能力就无法测量得到。在渠道控制范围内的蓄水能力影响因素有很多:地表平整度、耕地区域的大小、形状以及田埂高度、土地覆盖状况等,因此需要对地表的蓄滞水深进行率定。在西北地区降水少、蒸发强,一般情况下不会发生地表的产汇流现象,而这一现象的直接反应就是排水沟流量峰值的变化。因此,蓄滞水深的率定主要是以在有强降水情况下流量峰值的拟合情况为主要依据。

对于土壤参数而言,土壤的水力传导曲线水分保持曲线中的相关参数以及土壤大孔过流补给系数对于地下水位的变化的敏感度最高。通过室内试验可以测量一部分参数值,然而在实际情况下试验数据并不能反映大范围的土壤特性,因此需要根据实测数据对相关参数进行一定的率定验证。由于大尺度情况下无法获得不同地点不同土层的土壤含水量变化数据,因此只能根据相应范围内的地下水位的变化来判断土壤水对地下水的补给情况,从而进一步对相应的土壤参数进行调整。在数据上主要体现在灌溉初期相关地区地下水位的变化上,例如 4 月底开始灌溉,而此时地下水位也出现滞后性的升高,地下水位变幅计算值小于实测值,可能的原因有以下几种:大孔隙补给系数设置偏低、饱和含水量同残余含水量差值太大、饱和水力传导系数太小。具体调整次序需根据敏感分析中这几个参数的敏感性程度高低确定(保持其他参数不变)。

饱和层水力传导系数的设置分为水平和垂向两个方向,在调整过程中认为两个参数具有一定的传导性,认为水平传导系数是垂向的 5 ~ 10 倍,这样就可以根据持续灌溉期间地下水位的稳定性来判定系数的合理性(持续灌溉期间计算水位高于/低于实测水位,说明参数取值太小/太大)。给水度的判定主要是通过分析地下水位的变化程度(计算值变化幅度高于/低于实测值,就相应地说明给水度的赋值太小/太大)。排水系数与排水水位的调整是灌区一种特有的现象,一般情况下排水水位是固定值,然而在灌区排水水位的控制因素主要是附近排水沟的沟深以及坡降。沟深一定,坡降越大,相对的排水水位就越低,反之则越高。排水系数主要是对一定范围内的排水沟的排水能力的描述。排水沟密度越高,排水能力越强,则该系数就越大,反之则越小。通过以上描述可以看出,这两个参数都无法直接测定,只能通过排水沟的控制流量过程来进一步率定。

在实际情况中以上各个参数都是相互影响的很难区分主次,这就体现出敏感分析的重要性了。首先根据需要按照地质报告将饱和层分为若干区,其次在此基础上根据主要土壤类型分布进一步划分单元,再次根据排水沟控制范围进行三级划分。这样就使得每一条排水沟内在垂向上的每一层内都存在一种或者几种不同的主要因素(地表覆盖类型、土壤类型、地质分区)。最后通过对每一个范围的地下水以及流量过程进行敏感分析,确定主要率定参数,针对一类实测数据根据敏感性的高低进行率定。

模型分别采用 2007 ~ 2009 年和 2010 ~ 2012 年数据进行了模型率定和验证。率定期部分地下水位拟合图见图 4、图 5,流量的拟合图见图 6、图 7。验证期部分地下水位拟合图见图 8、图 9,流量的拟合图见图 10、图 11。其中相关参数见表 2。以上结果表明,所有拟合结果的纳什效率系数均在 0.6 以上,只有第四排水沟效率系数较低,总结其原因是第四排水沟所在地域空间复杂,其与众多湖泊以及排水沟交错相连,水量交换频繁且复杂,而相关的空间以及控制监测数据较少所致。限于篇幅只给出了部分地下水与排水沟的拟合图。

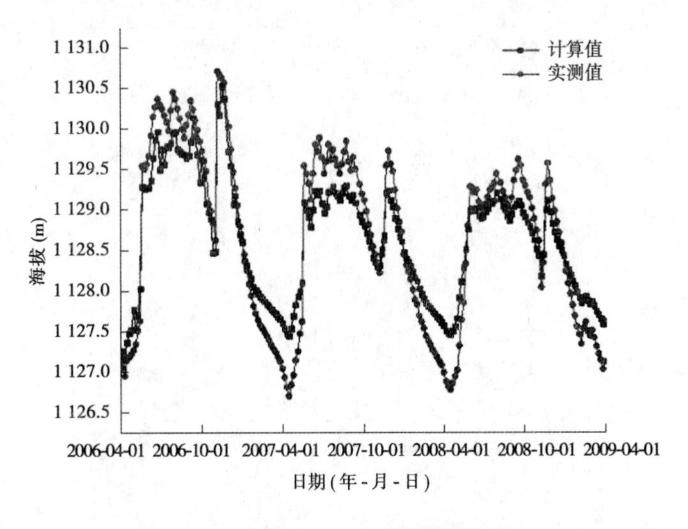

图 4 率定期 40561230 号井地下水位拟合图

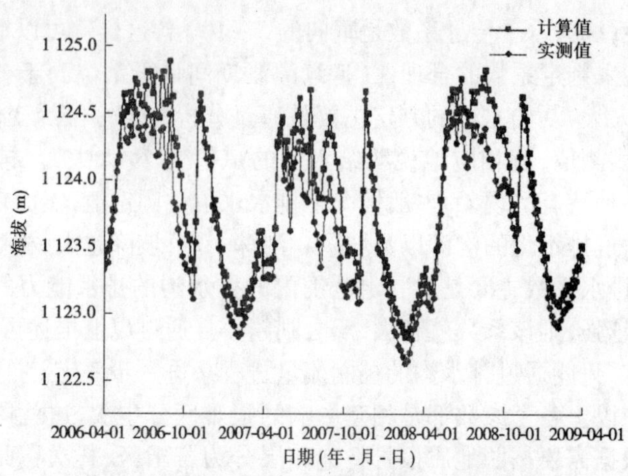

图5　率定期 40561350 号井地下水位拟合图

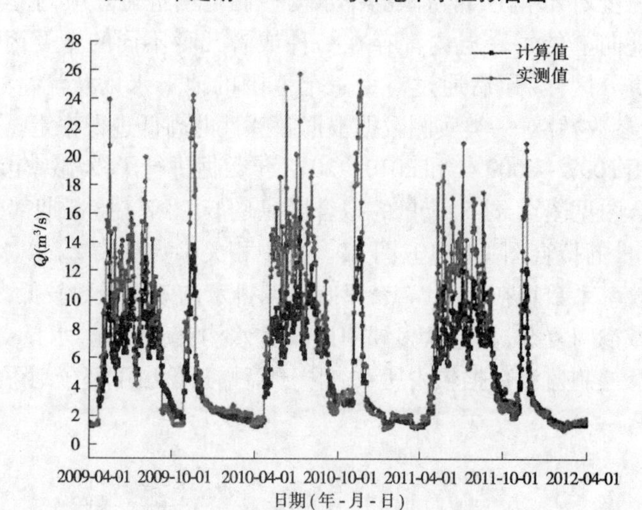

图6　率定期第一排水沟流量拟合图

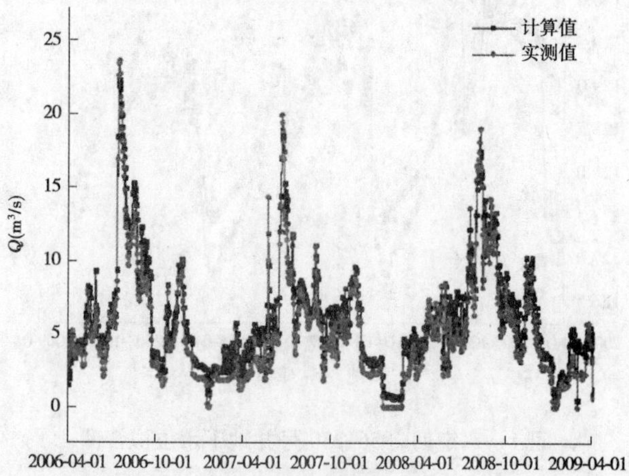

图7　率定期第二排水沟流量拟合图

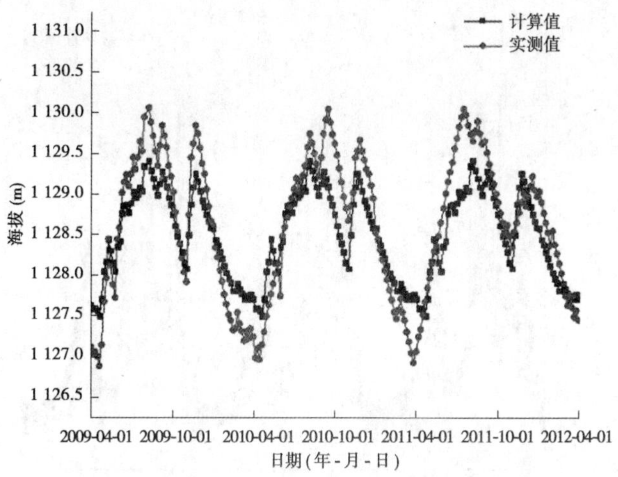

图 8 验证期 40561230 号井地下水位拟合图

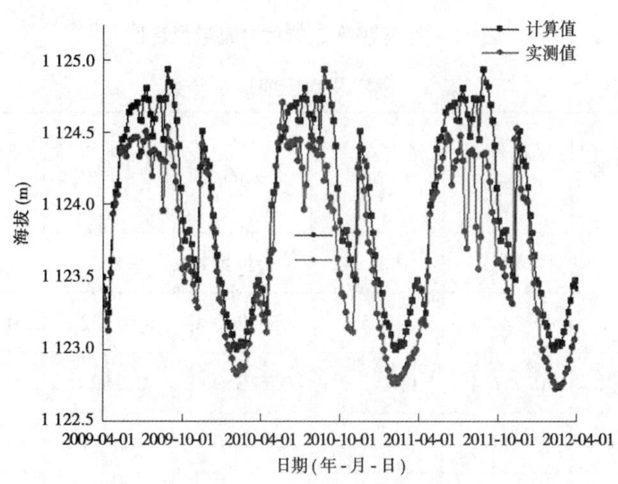

图 9 验证期 40561350 号井地下水位拟合图

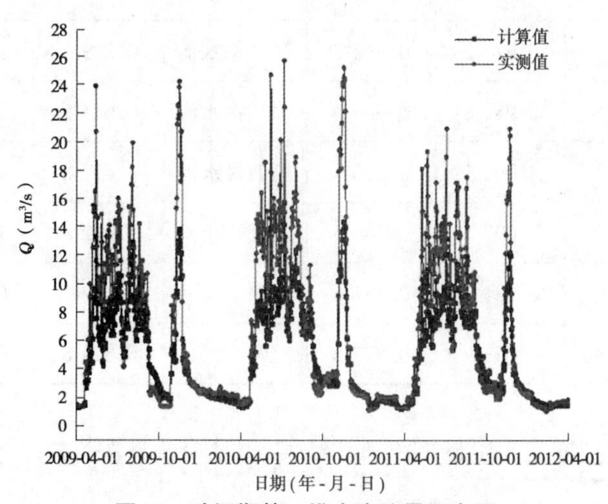

图 10 验证期第一排水沟流量拟合图

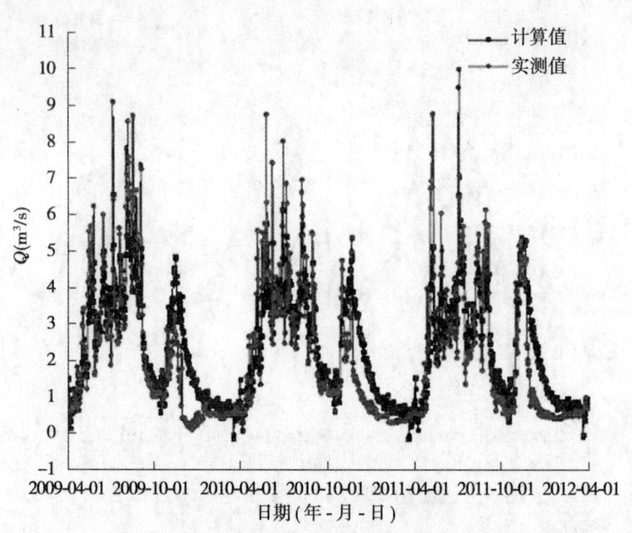

图 11　验证期第二排水沟流量拟合图

表 2　率定及验证期拟合参数

参数名称	平均误差	平均绝对误差	纳什效率系数	参数名称	平均误差	平均绝对误差	纳什效率系数
率定期	ME	MAE	E	验证期	ME	MAE	E
40561230 井	0. 247 9	0. 247 9	0. 905 7	40561230 井	-0. 122 6	0. 122 6	0. 759 7
40561350 井	0. 216 4	0. 216 4	0. 787 9	40561350 井	0. 269 0	0. 269 0	0. 663 7
40561390 井	-0. 014 1	0. 014 1	0. 741 4	40561390 井	-0. 027 6	0. 027 6	0. 639 6
第一排水沟	-0. 883 3	0. 883 3	0. 937 9	第一排水沟	-1. 611 0	1. 611 0	0. 719 7
第二排水沟	0. 677 3	0. 677 3	0. 846 7	第二排水沟	0. 209 5	0. 209 5	0. 791 1
第三排水沟	0. 952 8	0. 952 8	0. 900 4	第三排水沟	0. 681 5	0. 681 5	0. 879 4
第四排水沟	3. 990 1	3. 990 1	0. 300 7	第四排水沟	4. 478 8	4. 478 8	-0. 610 0
第五排水沟	2. 097 2	2. 097 2	0. 744 5	第五排水沟	1. 892 8	1. 892 8	0. 659 5
清水沟	-0. 234 5	0. 234 5	0. 851 6	清水沟	-0. 338 6	0. 338 6	0. 831 9
苦水河	0. 873 9	0. 873 9	0. 873 8	苦水河	0. 822 8	0. 822 8	0. 830 0

表 3 给出了模拟期间的水量平衡计算结果,可见误差是在可接受范围之内的。

表3 模拟期水量平衡结果 (单位:亿 m^3)

年份	引水量	降水量	蒸散发量	地表排水量	地下排水量	地下水入黄水量	排水沟量	实测排水沟量	排水误差
2007	47.333 3	17.840 9	36.633 4	0.713 6	29.576 3	0.600 2	23.761 0	21.008 8	2.752 2
2008	49.332 6	18.078 8	36.078 4	0.634 3	27.276 8	0.543 1	21.922 2	21.835 8	0.086 4
2009	47.771 4	14.669 2	34.413 2	0.634 3	25.532 4	0.503 4	20.524 2	20.071 5	0.452 7
2010	46.495 6	17.992 6	36.430 3	0.705 0	29.265 0	0.584 9	23.518 2	22.733 7	0.784 5
2011	47.142 2	11.969 3	34.401 3	0.469 0	26.825 1	0.536 2	21.557 4	21.409 7	0.147 7
2012	43.789 3	17.104 6	34.278 0	0.670 2	27.633 9	0.552 3	22.207 4	21.850 2	0.357 2

水量平衡结果表明自2008年之后模拟误差比较平稳,2007年为模型的预热期。灌区通过地下水与黄河的年均交换水量约为0.55亿 m^3。蒸散发量占总引水量与总降水量的54.3%,地表排水占1%,地下排水占43.8%。以上结果表明灌区中大部分水量通过蒸散发消耗,剩余部分通过排水沟排入黄河,大引大排的现象比较明显。

7 结论

灌区水循环是一个以人类活动为主导的复杂过程,灌溉水量的再分配是水循环的主要环节。在青铜峡灌区的应用表明 MIKE SHE 模型可以使用于大型灌区水循环的模拟。模型中参数意义明确,数值算法与经验算法的有效结合可以使得模型使用更加快捷方便,应用面更广。研究表明模型对于人类活动的适应性较强,然而由于基础监测数据的缺乏,对于参数影响规律的分析比较烦琐,缺少相应的直接验证,因此进行全方位监测对于模型在引黄灌区的应用具有更实际的意义。

参考文献

[1] DHI. MIKE SHE User Manual (Reference Guide)[M]. Denmark:Denmark Hydrology Institute,2011.

[2] Kristensen K J, Jensen S E. A model for estimating actual evapotranspiration from potential transpiration [J]. Nord. Hydrol. 1975,6:70-88.

[3] Van Genuchten, M Th. A closed-form equation for predicting the hydraulic conductivity of unsaturated soils[J]. Soil Sci. Soc. Am. J. 1980,44:892-898.

[4] HYDRUS-2D. Computer Program for Simulating Water Flow, Heat and Solute Transport in Variably Saturated Porous Media[R]. USDA, Riverside, CA,1999.

[5] Šimunek J, Huang K, van Genuchten M H. The HYDRUS Code for Simulating the One-dimensional Movement of Water, Heat and Multiple Solutes in Variably-saturated Media[R]. Version 6.0. Res. Rep. 144. US Salinity Lab, Riverside, CA,1998.

[6] Graham D N, Butts M B. Flexible integrated watershed modeling with Mike She[M]. In: Singh, V. P., Frevert, D. K. (Eds.), Watershed Models. CRC Press, 2005:245-271.

【作者简介】 常布辉(1986—),男,河南新乡人,硕士研究生,研究方向为水文水资源。E-mail:changbuhui@163.com。

农田排水沟渠氮循环生态动力学模拟初探*

李强坤　马　强　宋常吉　胡亚伟

（黄河水利科学研究院，郑州　450003）

摘　要　农田排水沟渠是由水-底泥-植物组成的复合生态结构，其间非点源溶质的迁移转化对研究沟渠拦截、控制和管理农业非点源污染具有重要意义。基于当前研究现状，本文应用生态动力学理论，初步构建了农田排水沟渠氮循环生态动力学模型，并将经验参数和实际测定值相结合，对所建模型中相关反应参数进行了初步率定；同时，将所建模型应用于人民胜利渠灌区典型排水沟渠，对模型模拟值和实测值进行对比分析，经多种方法检验，模型模拟精度较高，其中氨氮、有机氮模型模拟值和实测值相关系数分别达到0.98和0.94，硝态氮模拟精度为0.85，略低于氨氮、有机氮。

关键词　排水沟渠；氮循环；生态动力学；模型

Preliminary study of the nitrogen cycle ecological dynamics in the drainage ditch

Li Qiangkun　Ma Qiang　Song Changji　Hu Yawei

(Yellow River Institute of Hydraulic Research, Zhengzhou　450003)

Abstract　The drainage ditch is a compound ecosystem consisting of water-sediment and plants. Migration and transformation of the non-point source solute is important to study interception, control and management of agricultural non-point source pollution in the drainage ditch. Based on the current research status, the paper uses ecological dynamics theory to build the nitrogen cycle ecological dynamics model in the drainage ditch preliminarily and calibrate parameter in the model combining empirical parameters and actual measurements. Meanwhile, the model is applied to a typical drainage ditch, Renminshengli ditch. Comparing the simulation value with the measured values in the model, the model is proved to have high precision by various experimental measures.

* **基金项目：**国家自然科学基金资助项目（51379085）、水利部公益性行业科研专项（201401019）。

The correlation coefficient of ammonia nitrogen and organic nitrogen model between simulated values and measured values reaches to 0. 98 and 0. 94. Nitrate nitrogen simulation accuracy is 0. 85, slightly lower than that of ammonia nitrogen and organic nitrogen.

Key words Drainage ditch; Nitrogen cycle; Ecological dynamics; Model

应用农田排水沟渠拦截、处理农业非点源污染的研究是人工湿地水处理技术的推广和延伸。1993 年,Meuleman 等[1]研究指出,天然沟渠能够吸收水体中氮污染物,可以利用天然沟渠改善受污染的水质;Kroger 等[2-3]研究发现,一条长约 400 m,宽约 7 m 的农田排水沟对可溶性无机氮的截留率可以达到 57%;Strock 等[4]认为农田排水沟渠在生态学和物理学上的功能与线性湿地的功能相似; Needleman[5]将沟渠系统概括为具有河流和湿地特征的独特工程化生态系统。1999 年,晏维金等[6]通过两条排水沟对比试验,结果表明沟渠湿地系统具有双重性质:一方面,沟渠湿地系统能有效地截留氮磷污染物;另一方面,沟渠湿地系统本身又是一个潜在的污染源。姜翠玲等[7-8]在南京地区开展的沟渠湿地对农业非点源污染物净化能力研究中,也得出相似结果;2005 年,杨林章[9-10]在研究太湖流域农田非点源污染问题时,结合当地实际情况提出了“生态拦截型沟渠系统”概念,以此为基础近年又提出了农业非点源污染“4R”控制体系。此外,也有学者将沟渠湿地对农业非点源污染物降解的研究进一步扩展到沟塘湿地进行试验研究,彭世彰等以现场监测试验为基础,开展了灌区沟塘湿地对稻田排水中氮磷的原位削减效果及机理研究[11-13];更有学者将景观型灌排系统布设与农业非点源污染防治结合在一起进行探讨[14]等。综合上述国内外关于农田排水沟渠系统净化农业非点源污染物的相关研究,可得出以下结论:①农田排水沟渠水-底泥-植物组成的复合生态结构对非点源溶质具有明显的净化效果,但也潜伏着诱发内源污染甚至进一步扩散的威胁;②应用农田排水沟渠“拦截”农业非点源污染尚未形成完善的理论体系,当前研究主要集中于局部或单条、多条沟渠的对比试验,水生植物备选及生态结构形式探讨等层面,关于农田排水沟渠水-底泥-植物系统内各介质间非点源溶质的迁移转化机理尚不清楚,农田排水沟渠非点源污染溶质净化与内源污染形成机理也有待进一步研究[15-16]。这也是阻碍沟渠湿地进一步调控运用的焦点和技术难点。基于当前研究现状和生态动力学研究进展,本文探讨建立农田排水沟渠非点源溶质在不同介质间循环生态动力学模型,以揭示非点源溶质在排水沟渠中的运移机理。

1 模型结构

沟渠生态动力学模型以“箱式”模型理论为基础,将沟渠湿地系统中各种生物、物理、化学降解过程划分成多个独立的“箱子”和反应过程,针对每个降解去除途径和反应过程分别进行深入的研究,分析它们互相之间的协调拮抗作用和控制影响因素。通过对每个“箱子”及反应过程进行定义,确定其具体的质量平衡方程、相关速率动力学方程以及相关动力学参数,然后运用各种建模软件(Model Maker, Stella, Matlab, 有限元程序等)对概念模型进行量化,并以试验基地模拟沟渠系统的运行数据,对各个参数和过程定义进行分析、演算、调参和验证,最终得到一个统一的、完整的生态动力学模型。

农田排水沟渠中氮的循环涉及一个非常复杂作用的过程和关系，包括矿化、硝化、反硝化、沉淀再生、植物吸收、植物腐败、微生物同化等，其中，农田排水沟渠中氮素去除的重要途径被认为是硝化和反硝化过程。本文选择有机氮（Org—N）、氨氮（NH_4^+—N）和硝态氮（NO_3^-—N）作为生态动力学模型的状态变量，其存在形式分为水、底泥、植物中的有机氮、氨氮和硝态氮。其中，有机氮（Org—N）是经过试验测得的总氮减去氨氮和硝态氮的总和求得（计算中忽略亚硝态氮的含量）。考虑到氮转化过程主要包括矿化、硝化、反硝化、植物吸收、植物腐败、微生物同化、沉淀再生等作用，以及水中悬浮的生物量、底泥和植物根部附着生物量的作用，农田排水沟渠除氮生态动力学概念模型见图1。

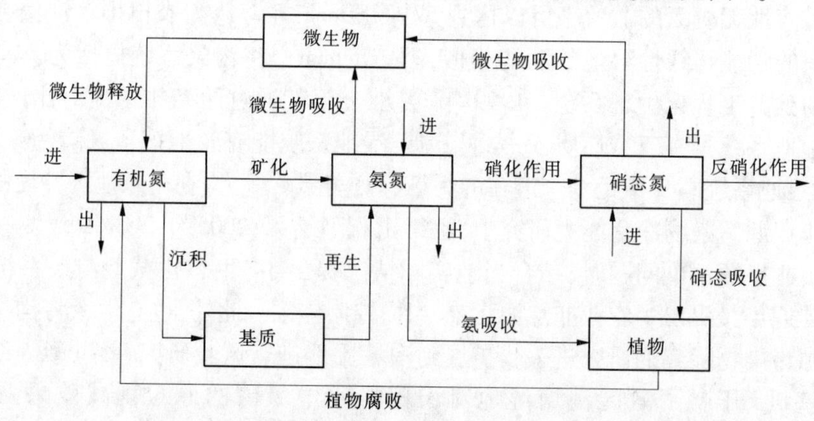

图1　农田排水沟渠除氮生态动力学概念模型

2　模型构建

2.1　质量平衡方程

农田排水沟渠系统质量平衡总表达式可以表示为

$$Q_i C_i + V\sum_{k=1}^{n}(R_c)k = Q_0 C_0 + V\frac{dC_0}{dt} \tag{1}$$

式中：Q_i、Q_0 分别为进水、出水流量，m^3/d；C_i、C_0 分别为进水、出水浓度，mg/L；V 为模拟沟渠总体积，m^3；R_c 为体积反应速率，$g/(m^3 \cdot d)$；k 为反应数，无量纲。

针对农田排水沟渠系统内氮素的不同存在形式，式(1)中的 $\sum_{k=1}^{n}(R_c)k$ 分别代表了各氮素形态的相互转化过程。对于本文选定的有机氮、氨氮和硝态氮的质量平衡方程可分别表示为

有机氮（Org—N）：

$$\frac{d(\text{Org—N})}{dt} = \frac{Q_i}{V}(\text{Org—N})_i - \frac{Q_0}{V}(\text{Org—N}) + R_d + R_{p1} + R_{p2} - R_m - R_s \tag{2}$$

式中：Org—N 表示出水有机氮浓度，mg/L；$(\text{Org—N})_i$ 表示进水有机氮浓度，mg/L；R_d 表示植物腐败速率，$g/(m^3 \cdot d)$；R_{p1} 表示微生物吸收氨速率，$g/(m^3 \cdot d)$；R_{p2} 表示微生物吸收硝酸盐速率，$g/(m^3 \cdot d)$；R_m 表示有机氮矿化速率，$g/(m^3 \cdot d)$；R_s 表示有机氮沉淀到

基质的速率,g/(m³·d)。

氨氮(NH_4^+—N):

$$\frac{d(NH_4^+—N)}{dt}=\frac{Q_i}{V}(NH_4^+—N)_i-\frac{Q_0}{V}(NH_4^+—N)+R_r+R_m-R_n-R_{M1}-R_{p1} \quad (3)$$

式中:NH_4^+—N 表示出水氨氮浓度,mg/L;$(NH_4^+—N)_i$ 表示进水氨氮浓度,mg/L;R_r 表示氨的再生速率,g/(m³·d);R_m 表示有机氮矿化速率,g/(m³·d);R_n 表示硝化速率,g/(m³·d);R_{M1} 表示植物对氨的吸收速率,g/(m³·d);R_{p1} 表示微生物吸收氨速率,g/(m³·d)。

硝态氮(NO_3^-—N):

$$\frac{d(NO_3^-—N)}{dt}=\frac{Q_i}{V}(NO_3^-—N)_i-\frac{Q_0}{V}(NO_3^-—N)+R_n-R_{dn}-R_{M2}-R_{p2} \quad (4)$$

式中:NO_3^-—N 表示出水氨氮浓度,mg/L;$(NO_3^-—N)_i$ 表示进水氨氮浓度,mg/L;R_n 表示硝化速率,g/(m³·d);R_{dn}表示反硝化速率,g/(m³·d);R_{M2}表示植物对硝酸盐的吸收速率,g/(m³·d);R_{p2}表示微生物吸收硝酸盐速率,g/(m³·d)。

基质中的氮(N_{aggr}):

$$\frac{d(N_{aggr})}{dt}=R_s-R_r \quad (5)$$

式中:R_s 表示有机氮沉淀到基质中的速率,g/(m³·d);R_r 表示氨的再生速率,g/(m³·d)。

植物中的氮(N_{plants}):

$$\frac{d(N_{plants})}{dt}=R_{M1}+R_{M2}-R_d \quad (6)$$

式中:R_{M1}表示植物对氨的吸收速率,g/(m³·d);R_{M2}表示植物对硝酸盐的吸收速率,g/(m³·d);R_d 表示植物腐败速率,g/(m³·d)。

2.2 反应速率方程

在采用以上生态动力学模型时,质量平衡方程(1)~方程(6)中涉及的各反应过程,其反应速率需采用不同的反应动力学方程进行描述。各速率方程模型中均包含大量参数,除少数参数为实测值外,大部分参数还需进一步采用模型公式计算、经验估计以及率定求得。具体见表1。

2.3 模型求解

模型的求解方法采用四阶龙格库塔方程(Runge-Kutta),求解公式如下:

$$y_n=y_{n-1}+\frac{h}{6}[K_1+2K_2+2K_3+K_4] \quad (7)$$

$$K_1=f(x_{n-1},y_{n-1})$$

$$K_2=f\left(x_{n-1}+\frac{h}{2},y_{n-1}+\frac{h}{2}K_1\right)$$

$$K_3=f\left(x_{n-1}+\frac{h}{2},y_{n-1}+\frac{h}{2}K_2\right)$$

$$K_4=f(x_{n-1}+h,y_{n-1}+hK_3)$$

表 1　氮循环生态动力学模型速率方程及参数资料

模块名称	反应速率	计算依据	计算公式	参数
进出水	整体表达	质量平衡	$Q_i C_i + V\sum_{k=1}^{n}(R_c)k = Q_0 C_0 + V\frac{dC_0}{dt}$	Q_i、Q_0—进、出水口流量，m^3/s； C_i、C_0—进、出水口浓度，mg/L
底泥作用	氨氮再生速率 R_r	一级动力学模型	$R_r = R_{reg} N_{aggr}$	R_{reg}—氨的再生速率常数； N_{aggr}—底泥中氮含量，g/m^3
	有机氮沉淀速率 R_s	一级动力学模型	$R_s = 1.3\eta\alpha\frac{\mu(1-p)}{d_c}$ $\eta = \frac{(\rho_s-\rho)gd_p^2}{18\mu u}$ $\lg\left(\frac{\mu}{\mu_{20}}\right) = \frac{1.3272(20-T)-0.001053(T-20)^2}{T+105}$	α—黏附系数； u—流速，m/d； p—土壤孔隙度（%）； d_c—取样器直径，m； ρ_s—沉降粒子密度，kg/m^3； ρ—水的密度，kg/m^3； d_p—沉降粒径，μm； μ_0、μ_{20}—0 ℃、20 ℃水的黏滞系数； μ—流体的动力黏性，Ns/m^2
	植物腐败速率 R_d	一级动力学模型	$R_d = R_{decay} N_{plants}$	R_{decay}——阶衰减常数，d^{-1}； N_{plants}—植物含氮量，g/m^3
植物作用	植物氨吸收速率 R_{M1} 植物硝酸盐吸收速率 R_{M2}	一级动力学模型	$R_{M1} = N_{dem}\left[\frac{NH_3—N}{K_m + NH_3—N}\right]\left[\frac{NH_3—N}{NH_3—N + NO_3—N}\right]$ $R_{M2} = N_{dem}\left[\frac{NO_3—N}{K_m + NO_3—N}\right]\left[\frac{NO_3—N}{NH_4—N + NO_3—N}\right]$	K_m—植物吸收氨的半饱和常数； $NH_4—N$、$NO_3—N$—水体中氨氮、硝氮浓度，g/m^3； N_{dem}—植物对无机氮的需求

续表 1

模块名称	反应速率	计算依据	计算公式	参数
微生物作用	有机氮矿化速率 R_M	一级动力学模型	$R_M = ON \cdot R_{min}$	ON—有机氮浓度,g/m^3; R_{min}—有机氮矿化速率常数,d^{-1}
	微生物氨吸收速率 R_{p1}	Monod 动力学模型与生物膜模型的联合模型	$R_{p1} = \left[(\mu_{max,20} + r_{b1} + r_{b2}) \cdot \theta^{T-20} \cdot \left(\frac{NH_3—N}{K_1 + NH_3—N}\right)\right] \cdot ON \times P_1$ $r_{b1} = a_{s1}\frac{\alpha\beta}{(\alpha+\beta)}$ $r_{b2} = a_{s2}\frac{\alpha\beta}{(\alpha+\beta)}$ $\beta = \frac{\tanh(\phi) K_{fa} L_f}{\phi}$ $\phi = \sqrt{\left(\frac{K_{fa} L_f^2}{D_f}\right)}$	$\mu_{max,20}$—20 ℃藻类和细菌的最大增长率; θ— 微生物生长温度系数; K_1—氨吸收半饱和常数; P_1—氨吸收偏好因素; a_{s1}—基质的生物膜面积/体积,m^2/m^3; K_{fa}——级反应常数,d^{-1}; L_f—生物膜厚度,10^{-3} m; D_f—生物膜层的扩散系数,m^2/d; a_{s2}—植物的生物膜面积/体积,m^2/m^3
	微生物硝酸盐吸收速率 R_{p2}	Monod 动力学模型与生物膜模型的联合模型	$R_{p2} = \left[(\mu_{max,20} + r_{b1} + r_{b2}) \cdot \theta^{(T-20)} \cdot \left(\frac{NO_3—N}{K_2 + NO_3—N}\right)\right] \cdot ON \cdot P_2$	K_2—硝酸吸收半饱和常数; P_2—硝酸吸收偏好因素
硝化反硝化作用	硝化速率 R_n	Monod 动力学模型与生物膜模型的联合模型	$R_n = \left[(\mu_n/Y_n + r_{b1} + r_{b2}) \cdot \left(\frac{NH_4}{KN + NH_3—N}\right) \cdot \left(\frac{DO}{KNO + DO}\right) \cdot C_T \cdot C_{PH} \cdot ON\right]$ pH 值修正系数 $C_{pH} = \begin{cases} 1 - 0.833(7.2 - pH) & (pH < 7.2) \\ 1.0 & (pH \geq 7.2) \end{cases}$ 温度修正系数 $C_T = \exp\varphi(T - T_0)$	DO—溶解氧浓度,g/m^3; μ_n—亚硝化单胞菌最大生长率,d^{-1}; Y_n—亚硝化单胞菌对氮吸收率,mg VSS/mg N; KN—亚硝化单胞菌氨半饱和常数; KNO—亚硝化单胞菌氧半饱和常数; T_0—参考温度,℃; φ—经验常数,℃$^{-1}$
	反硝化速率 R_{dn}	Arrhenius 动力学模型与生物膜模型的联合模型	$R_{dn} = [(D_{r,20} + r_{b1} + r_{b2}) \cdot \theta_1^{(T-20)}] \cdot NO_3$	$D_{r,20}$—20 ℃时反硝化速率常数,d^{-1}; θ_1—Arrhenius 模型常数

模型中的不确定参数首先通过经验值进行模拟,进而将模拟数据与实测数据进行耦合,并率定参数,最终得到一套合理的参数取值。

上述计算过程利用 MATLAB 编程实现。

3 模型参数率定

模型所需实测资料主要包括两部分:①试验区资料。试验模拟沟渠的尺寸、取样器直径、底泥土壤的孔隙度、沉降粒子密度、沉降粒径等。②试验监测资料。试验模拟沟渠进出水口流量、水流流速、进出水口有机氮、氨氮、硝氮浓度、底泥、植物中的氮含量、水体中的水温、pH 值、溶解氧浓度、矿化度等。资料来源于本项目外业试验地——河南省人民胜利渠灌区典型农田排水沟渠黄河水利科学研究院节水与农业生态试验基地实测资料。

将经验参数和试验测定值结合,经初步率定得到一套参数(略),率定结果如下:

从图 2 ~ 图 4 中模拟结果可以看出,经过初步参数率定后的有机氮、硝态氮、氨氮模拟值与实测值趋势基本一致,模型对氨氮浓度变化的拟合效果尤为突出。但是对于硝态氮和有机氮浓度某些月份不规律的变化情况模拟依旧不理想,并且在低温月份也存在模拟效果不佳的情况。

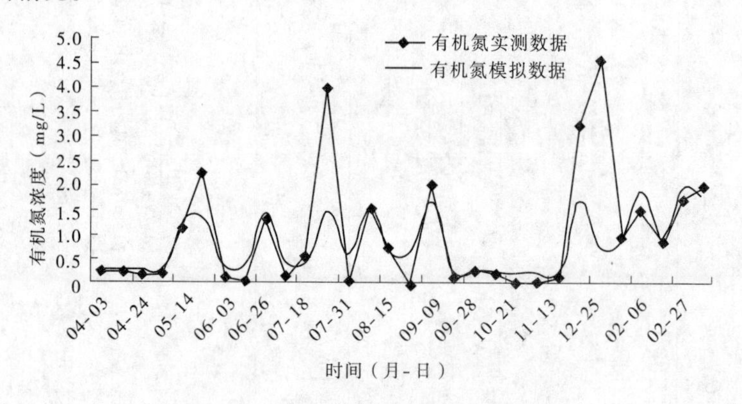

图 2 有机氮实测数据与模拟数据对比

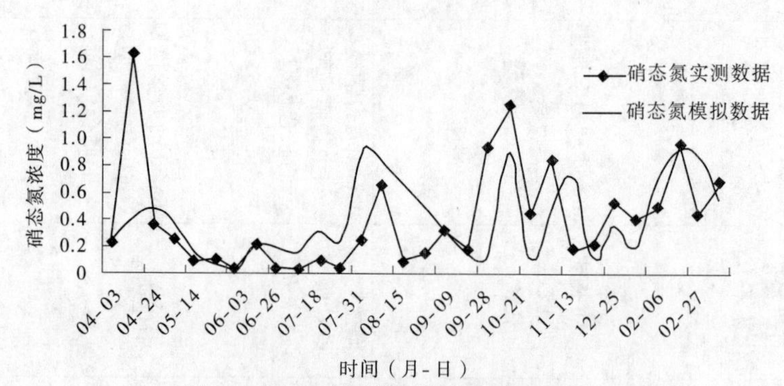

图 3 硝态氮实测数据与模拟数据对比

为了进一步说明参数率定后模型模拟程度,通过统计分析软件 SPSS 对模型采用五类检验方法,包括参数检验,即 R^2 检验、F 检验、Pearson 相关性检验,Kendall 双侧检验、Spearman 相关性检验。其中 R^2 检验、F 检验结果见表 2、表 3。

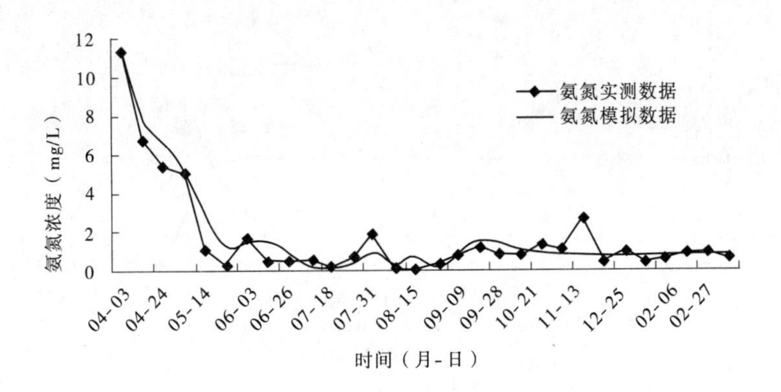

图4 氨氮实测数据与模拟数据对比

表2 R^2 相关性检验

状态变量	R	R^2	调整 R^2	标准误差估计
有机氮	0.686	0.470	0.451	0.454 207 1
硝态氮	0.393	0.155	0.125	0.263 415 1
氨氮	0.964	0.929	0.927	0.698 292 0

表3 模拟效果方差分析

状态变量	回归平方和	残差平方和	自由度1	自由度2	回归均方差	残差均方差	F
有机氮	5.122	5.777	1	28	5.122	0.206	24.826
硝态氮	0.356	1.943	1	28	0.356	0.069	5.125
氨氮	179.240	13.653	1	28	179.240	0.488	367.588

在 R^2 检验中，氨氮、有机氮、硝态氮分别呈现出强相关、中相关、弱相关三种情况。通过 F 检验，氨氮、有机氮、硝态氮的 F 值分别为 367.588、24.826、5.125，结果均大于 $F_{0.05}(m,n-m-1)$，故全部通过显著性检验，可以认为模型模拟程度是显著的，拟合程度较高。相对而言，硝态氮要低于氨氮和有机氮的模拟精度。

4 模型验证运用

模型验证采用本项目外业试验地——河南省人民胜利渠灌区典型农田排水沟渠实测资料进行，结果见图5~图7。

同样利用统计分析软件 SPSS 对有机氮、硝态氮、氨氮的模拟值和实测值进行 R^2 检验、F 检验、Pearson 相关性检验、Kendall 双侧检验以及 Spearman 相关性检验。其中 R^2 检验、F 检验结果见表4、表5。

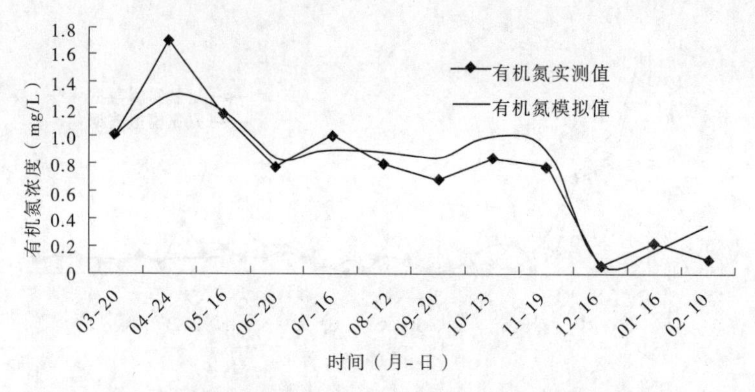

图5　有机氮实测数据与模拟数据对比图(模型验证)

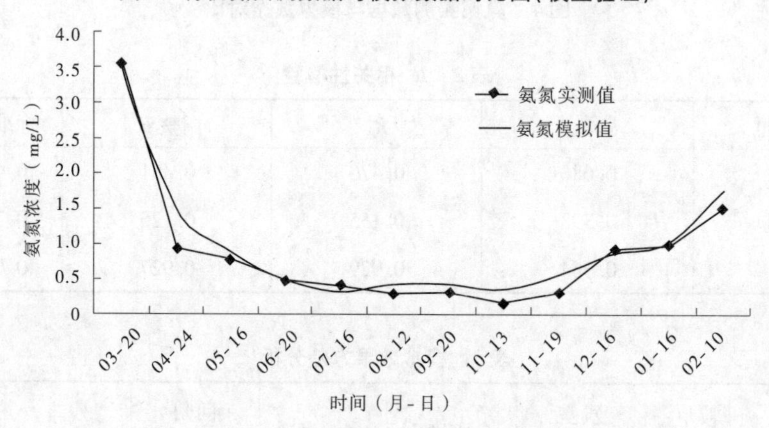

图6　氨氮实测数据与模拟数据对比图(模型验证)

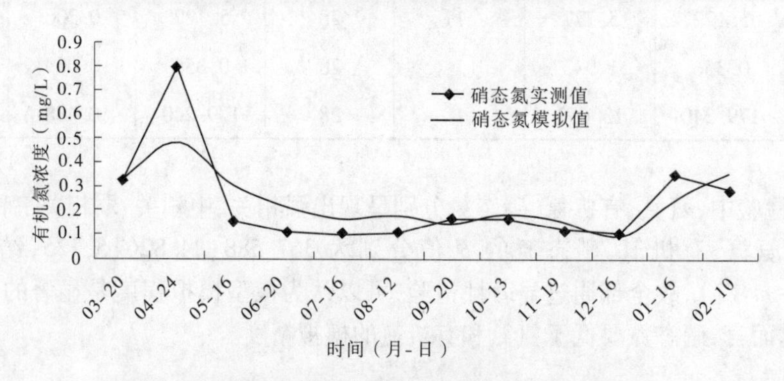

图7　硝态氮实测数据与模拟数据对比图(模型验证)

表4　R^2 相关性检验表

状态变量	R	R^2	调整 R^2	标准误差估计
有机氮	0.941	0.885	0.873	0.136 444 8
硝态氮	0.847	0.718	0.690	0.061 963 8
氨氮	0.980	0.961	0.957	0.188 920 8

表5 模拟效果方差分析表

状态变量	回归平方和	残差平方和	自由度1	自由度2	回归均方差	残差均方差	F
有机氮	1.429	0.186	1	10	1.429	0.019	76.775
硝态氮	0.098	0.038	1	10	0.098	0.004	25.481
氨氮	8.768	0.357	1	10	8.768	0.036	245.656

总体来看，有机氮、硝态氮、氨氮的实测值与模拟值较为接近。在 R^2 检验中，氨氮、有机氮呈现出强相关，硝态氮呈现出中相关。原因可能是在低温季节实测值出现较大波动，导致模拟值不能很好地反映出系统中氮组分浓度的变化，造成硝态氮模拟相关性较差。通过 F 检验，氨氮、有机氮、硝态氮的 F 值分别为245.656、76.775、25.481，结果均大于 $F_{0.01}(m, n-m-1)$，故全部通过置信度为0.01的显著性检验，可以认为模型模拟程度是显著的，拟合程度较高，相对而言依然是硝态氮模拟精度偏低。

5 结论

（1）基于生态动力学理论，初步构建了沟渠湿地氮循环生态动力学模型。

（2）将经验参数和实际测定值相结合，对所建模型中相关反应参数进行了初步率定。

（3）将所建模型应用于典型排水沟渠，将模拟值和实测值进行对比，经多种方法检验，模型模拟精度较高，其中硝态氮模拟精度略低于氨氮、有机氮模拟精度。

参考文献

[1] Meuleman A F M, Beltman B. The use of vegetated ditches for water quality improvement[J]. Hydrobiologia,1993,253:375.

[2] Kroger R, Holland M M, Moore M T, et al. Hydrological variability and agricultural drainage ditch in organic nitrogen reduction capacity[J]. Journal of Environmental Quality,2007,36: 1646-1652.

[3] Kroger R, Holland M M, Moore M T, et al. Agricultural drainage ditches mitigate phosphorus loads as a function of hydrological variability[J]. Journal of Environmental Quality,2008,37: 107-113.

[4] Strock J S, DellC J, Schmidt JP. Managing natural processes in drainage ditches for nonpoint source nitrogen control[J]. Journal of Soil and Water Conservation, 2007, 62(4): 188-197.

[5] Needelman B A, K leinm an P JA. Improved management of agricultural drainage ditches for water quality protection: An overview[J]. Journal of Soil and Water Conservation,2007,62(4):171-179.

[6] 晏维金，尹澄清，孙濮，等．磷氮在水田湿地中的迁移转化及径流流失过程[J]．应用生态学报，1999,10(3): 312-316.

[7] 姜翠玲，范晓秋，章亦兵．农田沟渠挺水植物对N、P的吸收及二次污染防治[J]．中国环境科学，2004,24(6): 702-706.

[8] 姜翠玲，崔广柏，范晓秋，等．沟渠湿地对农业非点源污染物的净化能力研究[J]．环境科学，2004,25(2):125-128.

[9] 杨林章，周小平，王建国，等．用于农田非点源污染控制的生态拦截型沟渠系统及其效果[J]．生态学杂志，2005,24(11): 1371-1374.

[10] 杨林章,施卫明,薛利红,等. 农村面源污染治理的“4R”理论与工程实践—总体思路与“4R”治理技术[J]. 农业环境科学学报,2013,32(1):1-8.

[11] 彭世彰,高焕芝,张正良. 灌区沟塘湿地对稻田排水中氮磷的原位削减效果及机理研究[J]. 水利学报,2010, 41(4):406-411.

[12] 潘乐,茆智,董斌,等. 塘堰湿地减少农田面源污染的试验研究[J]. 农业工程学报,2012,28(4):130-135.

[13] 何军,崔远来,吕露,等. 沟塘及塘堰湿地系统对稻田氮磷污染的去除试验[J]. 农业环境科学学报,2011, 30(9):1872-1879.

[14] 张雅杰,邵庆军,李海彩,等. 生态景观型灌排系统面源污染防治试验及生态响应[J]. 农业工程学报, 2015, 31(1):133-138.

[15] 李强坤,胡亚伟,宋常吉. 农田排水沟渠净化非点源污染的研究实践和关键问题[C]//中国环境科学学会学术年会论文集, 2014:580-583.

[16] 陆海明,孙金华,邹鹰,等. 农田排水沟渠的环境效应与生态功能综述[J]. 水科学进展,2010,21(5):719-725.

【作者简介】 李强坤(1968—),男,河南灵宝人,博士,教授级高级工程师,主要从事生态水文与环境水文、农业水土环境等方面的研究工作。E-mail:liqiangk@126.com。

水生态保护与修复

城市屋面雨水径流污染物变化特征研究

陈伟伟

（黄河水利科学研究院，郑州　450003）

摘　要　对城区屋面雨水径流污染变化特征进行定量化研究，可为城市雨水高效利用、非点源污染控制、海绵城市建设等提供依据。以屋面作为汇水区域，开展天然降雨情况下场次降雨径流水文水质过程试验监测，研究表明，SS、COD、TN可作为屋面径流污染物表征值。以场次平均浓度作为主要参数，计算SS、COD、TN污染负荷量分别为102.23 kg、58.71 kg、7.94 kg；利用$M(V)$曲线对污染物负荷随雨水径流增量的变化过程进行分析，曲线斜率均大于1，说明试验测试阶段均发生了初始冲刷。

关键词　场次平均浓度；特征值；污染负荷；$M(V)$曲线

The study on the pollutants variation characteristics of rainfall runoff on urban roof

Chen Weiwei

(Yellow River Institute of Hydraulic Research, Zhengzhou　450003)

Abstract　Quantitative study on the pollutants variation characteristics of urban rainfall runoff on roof, which provides evidence for effectively utilizing urban rainfall resources, non-point source pollution of making management technologies and measures, sponge city construction, and so on. Taking urban roof as the catchments area, research is taken on the hydrology and water quality process in natural rain condition. The research showed that SS, COD and TN can be used as the eigenvalue of roof runoff pollutant. Taking event mean concentration as the main parameters, the pollution loads of SS, COD, TN calculation are 102.23 kg, 58.71 kg, and 7.94 kg. Using $M(V)$ curve to analyze the change process of pollutant load along with the increment of rainfall runoff, the slope of the curve is more than 1.0. It shows that the initial scour occurs evenly during the experiment test.

Key words　event mean concentration; the eigenvalue; pollution load; $M(V)$ curve

1 引言

随着城市化进程的加快,城区屋面累积的污染物在降雨冲刷条件下形成的径流污染已成为城市水环境污染的一个主要方面。国外自20世纪70年代以来相继开展了城市降雨径流污染过程与特征及其对受纳水体的影响、不同类型下垫面初期径流冲刷效应、降雨径流污染模型开发与应用等研究[1-6],集中体现在模型研究、初期雨水研究以及控制与管理措施等方面。自20世纪80年代我国开始在部分城市陆续开展对城市降雨径流污染的监测研究工作,主要集中在城市降雨径流水质统计分析、国外相关模型初步应用、地表径流水质与排污规律、污染负荷定量化计算等方面[7-11]。

研究表明[2],城市降雨径流污染负荷输出主要集中在径流上涨阶段,径流峰值往往滞后于浓度峰值,但对径流污染负荷分析计算及其对受纳水体影响等结论较少。本文通过2014年新乡市城区屋面降雨径流水文水质过程的实时监测,对雨污合流制城区降雨径流污染过程进行定量化研究,旨在为城市径流污染物控制、非点源污染负荷计算等提供技术依据。

2 污染物变化特性研究

2.1 试验监测与数据分析

试验点选择新乡市机关单位办公楼顶,下垫面铺设沥青防水材料,采样区域呈矩形,面积187.5 m^2。试验区布设有雨落管1根,利用75 L聚乙烯桶收集天然情况下降雨径流。根据自动气象站提供的场次降雨过程线计算不同时刻降雨强度,其后将单次采样耗时与容器体积所计算的瞬时径流量作为采样起止时刻中值径流量,利用降雨强度、径流强度描述场次降雨水文过程。利用500 mL聚乙烯瓶收集径流水样,水质指标包括SS、COD、TN,采样后按照环境监测标准方法分析。采样频率为自产流起30 min内每隔5 min采集水样1个,30~60 min内每隔15 min采集水样1个,其后每隔30 min采集水样1个。

计算径流过程中,将污染物的流量加权平均浓度作为径流水质分析方法,由式(1)计算:

$$EMC = \frac{M}{V} = \frac{\int_0^{t_r} C_t Q_t \mathrm{d}t}{\int_0^{t_r} Q_t \mathrm{d}t} = \frac{\sum C_t Q_t \Delta t}{\sum Q_t \Delta t} \tag{1}$$

式中:EMC为场次径流污染平均浓度,mg/L;M为场次径流污染物总量,g;V为径流总量,m^3;t为时间,min;C_t为t时刻污染物浓度,mg/L;Q_t为t时刻径流流量,m^3/min;Δt为采样间隔时间,min。

2.2 污染物特征值

试验共监测了7场次雨水径流水质变化过程,各污染物指标的变化范围、浓度均值、标准差率、场次平均浓度见表1。分析可知,降雨径流COD浓度范围为4.90~594.20 mg/L,SS为14.0~644.0 mg/L,TN为1.16~41.6 mg/L;场次平均浓度范围COD为30.96~255.43 mg/L,SS为53.27~428.18 mg/L,TN为7.88~25.48 mg/L。污染物的标准差率均呈SS>COD>TN的趋势,这与污染物指标在监测过程中浓度变化幅度情况相同。

表1 屋面径流污染物特征值

采样日期（月-日）	样品	项目	SS	COD	TN	降雨量（mm）、平均雨强（mm/min）
11-08	9	范围（mg/L）	38.5～422.5	11.0～255.10	2.50～27.90	2.8、0.0165
		均值（mg/L）	183.78	95.13	11.87	
		标准差率	0.80	0.78	0.71	
		EMC	181.32	93.28	11.51	
04-25	13	范围（mg/L）	37.0～452.0	21.0～279.0	1.50～32.30	7.8、0.0294
		均值（mg/L）	200.0	122.73	11.97	
		标准差率	0.66	0.61	0.59	
		EMC（mg/L）	234.18	145.18	14.84	
07-23	3	范围（mg/L）	98.0～503.3	69.0～288.13	11.89～28.49	2.75、0.022
		均值（mg/L）	307.44	191.31	18.31	
		标准差率	0.54	0.48	0.40	
		EMC（mg/L）	428.18	255.43	23.53	
07-29	7	范围（mg/L）	59.0～644.0	37.20～594.20	4.56～41.60	30.8、0.237
		均值（mg/L）	211.95	131.03	15.42	
		标准差率	0.90	0.87	0.75	
		EMC（mg/L）	105.93	69.29	8.66	
08-08	5	范围（mg/L）	54.0～225.0	39.30～106.70	5.90～18.10	1.6、0.0071
		均值（mg/L）	106.20	67.72	9.00	
		标准差率	0.57	0.54	0.52	
		EMC（mg/L）	90.29	60.85	7.88	
08-26	4	范围（mg/L）	77.67～524.33	51.0～234.80	6.90～35.47	4.2、0.0311
		均值（mg/L）	260.17	132.85	20.32	
		标准差率	0.68	0.61	0.55	
		EMC（mg/L）	354.22	169.94	25.48	
09-11	13	范围（mg/L）	14.0～293.0	4.90～130.90	1.16～24.13	4.08、0.0173
		均值（mg/L）	71.13	38.04	9.70	
		标准差率	1.05	0.73	0.60	
		EMC（mg/L）	53.27	30.96	8.27	

在雨水径流的冲刷作用下，屋面雨水初期径流中COD浓度较高，无雨期间累积在屋

面上的污染物质被雨水径流冲刷并挟带进入径流中，随着降雨过程的持续和降雨深度的累积，屋面雨水中 COD 浓度逐渐变小，最后稳定在相对较小的浓度范围内，处于一个较低水平。

屋面径流中 SS 含量的高低与材料之间没有特别明显的关系，主要来自于大气沉降，固体颗粒积累量决定了初期径流中 SS 的含量。受降雨干期长度的影响，屋面固体颗粒物积累量有所不同，使得初期径流中 SS 含量存在较大差异。

屋面径流中 TN 浓度处于较高水平，最高可达 41.6 mg/L，主要与屋面使用材料有关，沥青老化分解提供一定的含氮有机物。虽然屋面雨水径流中 TN 的变化有些波动，随着降雨历时的延长和降雨深度的累积，其浓度总体也呈逐渐降低的变化趋势。

可见，屋面雨水径流水质状况受污染物沉积的影响较大，与两次降雨时间间隔、降雨强度、累积降雨量、降雨历时、材料新旧程度以及老化自身析出物等因素有关。但 COD、SS、TN 等主要污染物浓度变化趋势基本一致，即随着降雨历时的延长其浓度降低，并趋于一个稳定的浓度范围，处于一个较低的水平。

2.3　污染负荷量

采用雨水径流污染平均浓度法计算污染负荷量，由式(2)计算：

$$W_T = \int_{t_0}^{t_e} C_t V_t \mathrm{d}t = C_M W_s \tag{2}$$

式中：C_M 为年污染物径流平均浓度，mg/L；W_s 为年径流总量，m^3；W_T 为污染负荷量，mg。

由于降雨过程中径流量、污染物浓度等随降雨过程变化幅度较大，随机性强，因此选用 COD、TN、SS 作为城区屋面降雨径流污染负荷的分析指标。

根据新乡市城区周围雨量站及试验区雨量站观测数据，2014 年降水量为 520.71 mm，与多年平均水平接近，具有一定的代表性。研究表明[12]，当降水量达到 1 mm 时可将下垫面湿润，1 ~10 mm 可形成径流。资料统计表明，新乡市城区 2014 年有效降雨 37 场，有效降雨量 485.9 mm。根据作者以前研究成果，新乡市城区屋面径流系数为 0.93，则 2014 年有效径流量为 451.9 mm，试区屋面径流量为 684.63 m^3。考虑试验监测频次、采样点典型性与代表性等影响因素，将试验中屋面雨落管口的污染物场次平均浓度作为污染物负荷计算基础，以降雨量为权重，将其作为城区屋面雨水径流污染负荷定量计算的依据。可知，新乡市城区屋面 SS、COD、TN 的年均浓度分别为 149.32 mg/L、85.75 mg/L、11.59 mg/L，污染负荷量分别为 102.23 kg、58.71 kg、7.94 kg。根据新乡市城区屋面面积、污染负荷量等参数，2014 年新乡市城区屋面 SS、COD、TN 的输出系数分别为 674.8 kg/(hm^2 · 年)、387.5 kg/(hm^2 · 年)、52.4 kg/(hm^2 · 年)。

当前，对城市雨水径流污染控制虽说有一定效果，但仍有绝大部分在径流初期高浓度污染物进入受纳水体，对其影响是一个动态变化的过程，具有随机性、复杂性等特征。可见，有关城市雨水径流污染负荷对受纳水体所造成的影响不容忽视，相关研究亟待发展。

2.4　初期冲刷效应

初期冲刷效应受影响因素较多，其中降雨强度、地表径流量、流域面积、下垫面类型、污染物性质等是影响初期冲刷的主要因素，这些因素具有较为明显的区域特征，对于不同地区的研究结果可能会存在很大差别。一般情况下，地表径流初期冲刷现象在汇水面积较小的区域容易发生。因此,初期冲刷的判断与度量对于城市小流域地表径流污染的治理具有重要意义。

本文参考已有研究成果[13-15],建立描述污染物负荷量随雨水径流量增加的变化曲线即 $M(V)$ 曲线进行分析,以径流量的累积量与总径流量的比值为横坐标,以污染物累积负荷量与污染物总负荷量之比为纵坐标建立曲线,表征污染物负荷与径流量的关系,如式(3)所示:

$$L = f(F) \tag{3}$$

式中:L 为无量纲化处理后污染物负荷量;F 为无量纲化处理后雨水径流量。

$$L = \frac{w(t)}{W} = \frac{\int_0^t C(t)Q(t)\,\mathrm{d}t}{\int_0^{t'} C(t)Q(t)\,\mathrm{d}t} \tag{4}$$

式中:$w(t)$ 为 t 时刻径流污染负荷量,mg;W 为雨水冲刷污染物总负荷量,mg;$C(t)$ 为 t 时刻污染物浓度,mg/L;$Q(t)$ 为 t 时刻雨水径流量,L/min;t' 为径流计算时间,min。

$$F = \frac{v(t)}{V} = \frac{\int_0^t Q(t)\,\mathrm{d}t}{\int_0^{t'} Q(t)\,\mathrm{d}t} \tag{5}$$

式中:$v(t)$ 为 t 时刻雨水径流量,L;V 为雨水总径流量,L;其他符号意义同前。

通过曲线偏移平衡线(45°线)的最大值来评价初期冲刷效应强弱,其中45°线表征降雨径流事件中污染物浓度保持稳定。若降雨径流水质参数均位于平衡线上方,表明在初始径流中大部分污染负荷已经被输送,存在初期冲刷效应。若数值位于45°线下方,则污染负荷的输出要小于径流输出发生的稀释效应。分别计算屋面SS、COD、TN在不同场次降雨中累积径流量、累积污染负荷,采用 $M(V)$ 曲线分析不同降雨特征下的初期冲刷效应,如图1~图3所示。分析可知,降雨径流中SS、COD、TN在所有降雨场次中污染物累积曲线斜率均大于1,符合初始冲刷定义,发生了初始冲刷。

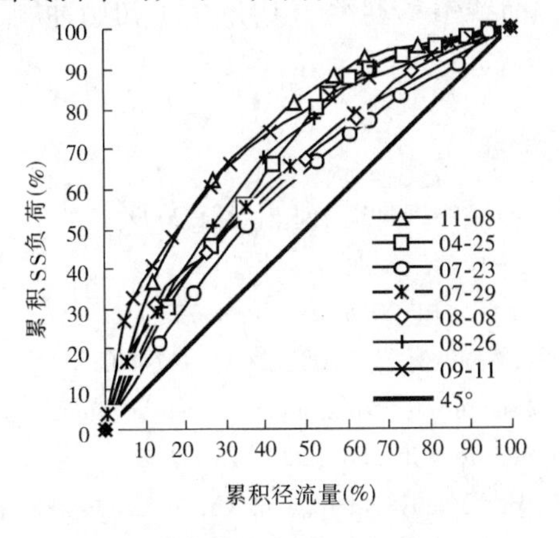

图1 屋面SS初始冲刷效应

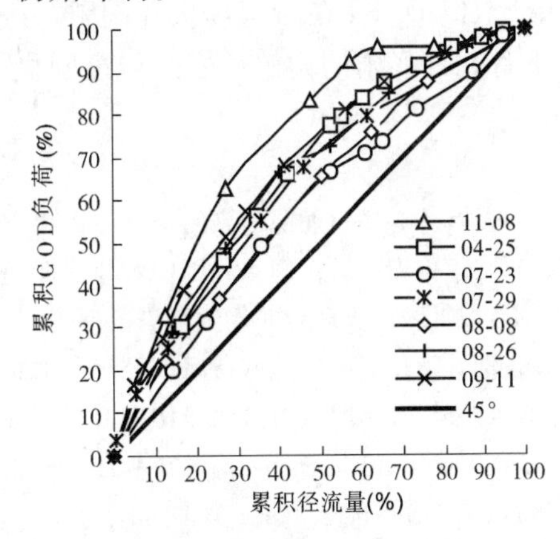

图2 屋面COD初始冲刷效应

可以看出,11月8日降雨径流污染物累积曲线与对角线的距离最大,最大离散点出现在26.9%,表明26.9%的径流量冲去了62.3%的污染物(以SS计,下同),初期冲刷效应极为显著。7月23日降雨径流初期冲刷效应最不明显,最大离散点在52.5%处,表明52.5%的径流量冲去了67%的污染物,初期冲刷效应最不明显。其余场次降雨最大离散点为12.5% ~35.1%,径流量冲去了31.4% ~60.7%的污染物。

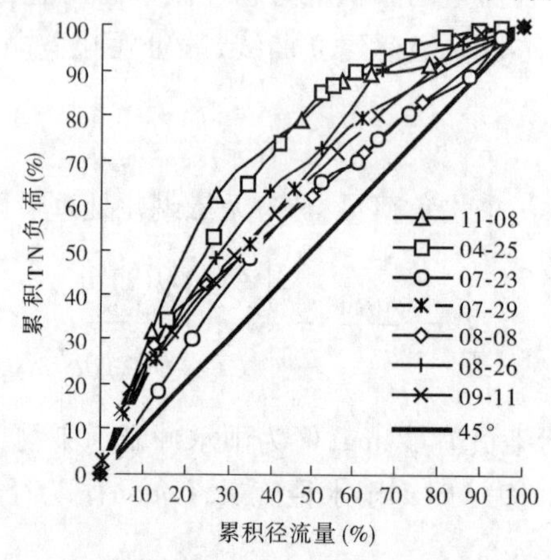

图3　屋面TN初始冲刷效应

3　结论

(1)径流污染物指标中SS、COD、TN的浓度变化趋势基本一致,即随着降雨历时延长其浓度降低,并趋于一个稳定的浓度范围,处于一个较低的水平。污染物标准差率呈SS > COD > TN的趋势,与各自浓度变化曲线的指向性基本一致。

(2)采用雨水径流污染平均浓度法对屋面污染负荷进行了分析与计算,2014年试区屋面径流量为684.63 m^3,SS、COD、TN污染负荷量分别为102.23 kg、58.71 kg、7.94 kg,输出系数分别为674.8 kg/(hm^2·年)、387.5 kg/(hm^2·年)、52.4 kg/(hm^2·年)。

(3)利用$M(V)$曲线对污染物负荷量随雨水径流量增加的变化过程进行了分析,结果表明,SS、COD、TN在所有场次降雨中污染物累积曲线斜率均大于1,发生了初始冲刷,且以11月8日降雨的初始冲刷效应最明显。

参考文献

[1] 尹澄清,等. 城市面源污染的控制原理和技术[M]. 北京:中国建筑工业出版社,2009.

[2] 车伍,李俊奇. 城市雨水利用技术与管理[M]. 北京:中国建筑工业出版社,2006.

[3] 邵兰霞. 城市水环境非点源污染模型研究[J]. 东北水利水电,2008,26(7):56-72.

[4] 蒋德明,蒋玮. 国内外城市雨水径流水质的研究[J]. 物探与化探,2008,32(4):417-420.

[5] D KUSS V LAURAIN, H GARNIER, et al. Data based mechanistic rainfall runoff continuous time modelling in urban context[J]. IFAC Symposium on System Identification,2009(15):7-12.

[6] Pradeep K Behera, Barry J Adams, James Y Li. Runoff Quality Analysis of Urban Catchments with Analytical Probabilistic Models[J]. Water Resources Planning And Management,2006,132(1):4-14.

[7] 张秋玲,陈英旭,俞巧钢,等. 非点源污染模型研究进展[J]. 应用生态学报,2007,18(8):1886-1890.

[8] 葛永学. 城市非点源污染研究进展[J]. 中山大学研究生学刊(自然科学医学版),2010,31(1):16-21.
[9] 王龙,黄跃飞,王光谦. 城市非点源污染模型研究进展[J]. 环境科学,2010,31(10):2532-2540.
[10] 刘学功,李金中,江浩,等. 城市水环境改善与水源保护技术[M]. 北京:中国水利水电出版社,2012.
[11] David C Froehlich. Graphical Calculation of First Flush Flow Rates for Storm Water Quality Control [J]. Irrigation and Drainage Engineering,2009,135(1):68-75.
[12] 齐苑儒,李怀恩,李家科,等. 西安市非点源污染负荷估算[J]. 水资源保护,2010,26(1):9-12.
[13] Lee J H, Bang K W, Ketchum L H, et al. First flush analysis of urban storm runoff [J]. The science of the total environment,2002,293(1):163-175.
[14] Obermann M, Rosenwinkel K H, Tournoud M G. Investigation of first flushes in a medium-sized Mediterranean catchment [J]. Journal of Hydrology,2009,373(3-4):405-415.
[15] Sansalone J J. Physical characteristics of urban roadway solids transported during rain events [J]. Journal of Environment Engineering,1998,124(5):427-440.

【作者简介】 陈伟伟(1980—),男,河南宜阳人,硕士,高级工程师,主要从事水资源与水环境的研究工作。E-mail:chenwei0217@126. com。

裂隙介质地下水中 NAPL 污染的生物修复试验研究

谈叶飞　卢　斌　谢兴华

（南京水利科学研究院，南京　210029）

摘　要　本研究利用天然页岩裂隙浇铸透明玻璃裂隙对裂隙地下水中残留 NAPL 污染的生物修复展开研究。利用地下水中原生微生物群，通过人工地下水激发原生微生物群的生物活性，得出微生物活动对 NAPL 溶解的加速作用及程度。试验结果显示，微生物群能极大地提高裂隙中甲苯的溶解速率，并加速将裂隙内部甲苯降解为无害物质，并且在此过程中外界温度对该过程的影响甚微。

关键词　裂隙介质；地下水；NAPL；降解

Experimental study on the bio-remeidation of NAPL in groundwater in fractured media

Tan Yefei　Lu Bin　Xie Xinhua

（Nanjing Hydraulic Research Institute, Nanjing　210029）

Abstract　Groundwater in fractured media as one of the most abundant water resources has been widely threatend by NAPL-Non Aqueous Phase Liquid. Bench scale experiments were carried out to study on the bio-remediation of residual NAPL in a single rough fracture by stimulating the microorganism in groundwater to accelerate and evaluate the dissolving of NAPL. Results showed that by the growth of microorganism, the dissolving speed of toluene could be as two times faster as before, and the degration of toluene could also been accelerated in spite of the decrease of temperature during the experiment.

Key words　Fractured media; Groundwater; NAPL; Bioremediation

1　引言

随着工业化的发展和人口的增长，地下水污染形势越来越严重，诸如核废料和生活垃圾的填埋、地下输油管道老化渗漏以及农药和杀虫剂的大量使用都对地下水环境造成了巨大威胁[1]。目前，我国地下水污染问题十分严峻，主要表现在300多个城市由于地下水污染造成供水紧张；地下水污染不仅检出的成分越来越多、越来越复杂，而且污染程度和深度也在不断增加，有些地区深层地下水中已有污染物检出；天然水质不良与水型地方病问题突出。被污染的地下水可能是我国主要河流、湖泊及近海的主要污染源之一[2]。

在众多污染源中,非水相液体(NAPL—Non Aqueous Phase Liquid)化合物的污染程度已经超过重金属而成为世界性的环境问题[3]。其污染羽(Contaminant Plume)随地下水流动及自身的分子扩散作用而不断扩大,不仅其残留物可以维持数十年乃至上百年,而且其降解中间产物亦会污染环境,某些中间产物甚至具有更大的毒性[4-7],特别是一些密度比水大的DNAPL(Dense NAPL),会逐渐沉积于含水层底部,更加难以清除[8]。

利用微生物对这类污染物进行生物催化降解是近年来研究地下水污染修复的一个热点,起初是为了满足石油开采过程中驱油的需要而发展起来的,随后研究人员发现该方法在环境修复方面具有广阔的应用前景而加以重视。其主要原理是通过控制含水层中原生微生物(好氧型和厌氧型)的生长条件,激发其生物活性,使其逐渐具备将污染物分解成二氧化碳和水,或转化为无害物质的能力,以达到修复地下水的目的。该方法和通常的物理化学修复方法相比,具有成本低、一次性修复面积广、不破坏生态环境等优点,是修复技术发展的主要方向[9-10]。有试验表明,对于地下水中某些特殊非水相污染物,生物修复是目前唯一能有效降低污染物浓度的方法[11]。

2 材料与方法

整个试验装置主要组成结构包括:①透明仿真裂隙/页岩粗糙裂隙;②裂隙固定与调节装置;③进出水端控制与调节部件;④底座固定支架以及灯箱-相机监测结构(见图1)。

该试验装置可安装使用尺寸为21 cm×28 cm×5 cm的试件进行试验,并可通过不锈钢外框中心的转轴调节裂隙的角度。裂隙两侧使用耐油氟橡胶板和聚氨酯密封胶密封,进水口通过长条形阀门控制裂隙的打开与关闭,出水口设有水流汇集混合部件。

使用透明仿真裂隙进行试验时,可通过安装灯箱和相机方便地监测透明裂隙内部水流运动、NAPL淤堵及其分解情况。

粗糙裂隙获取:使用30 cm×30 cm×5cm页岩材料,四周沿中心线开1 cm深的凹槽,上下两端顶入三角钢,通过压力机缓慢施压劈裂,然后切割成21 cm×28 cm大小。

透明仿真裂隙以页岩粗糙裂隙为样本,通过翻模后融化玻璃烧制形成,具体制作过程如下:页岩裂隙→硅胶翻模→蜡模→脱蜡→石膏翻模→窑炉烧制玻璃→四周打磨→玻璃仿真裂隙。

透明玻璃仿真裂隙面(见图2(b))具有与页岩粗糙裂隙面相同的肌理,同时能够方便观察裂隙内部情况,有助于进一步探索裂隙水流运动及NAPL迁移、残留、降解等规律。

残留NAPL生物修复试验中的微生物为地下水中的原生微生物,从采集的天然地下水中提取并培养。室内试验用水采用的是人工配制的无菌地下水,人工配制的地下水对几种主要的元素比例进行了优化,能够很好地激发微生物的活性。地下水配方见表1。

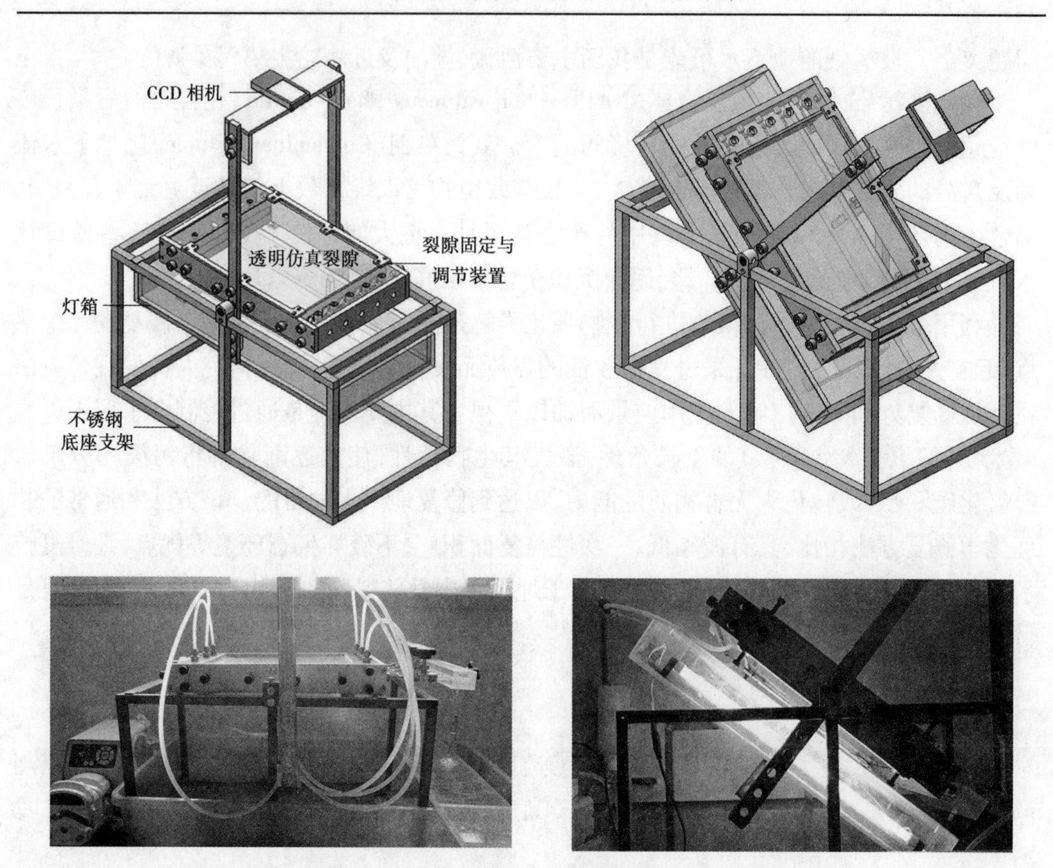

图 1　仿真单裂隙试验装置

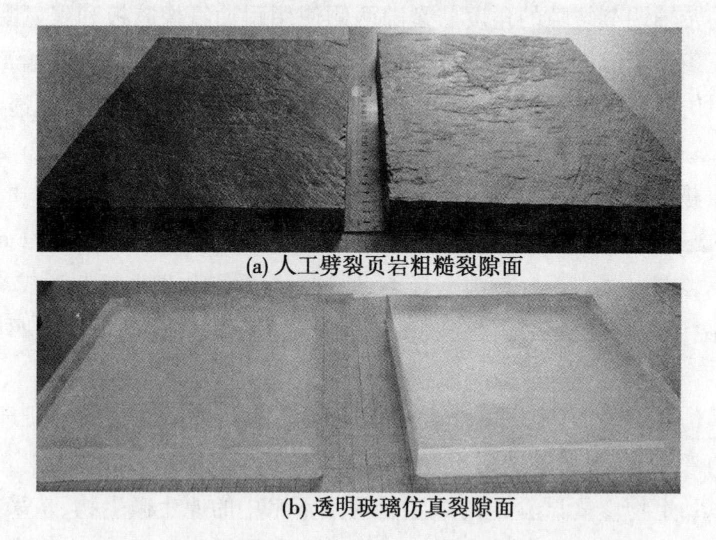

(a) 人工劈裂页岩粗糙裂隙面

(b) 透明玻璃仿真裂隙面

图 2　人工劈裂页岩粗糙裂隙面与透明玻璃仿真裂隙面

表1 人工地下水主要成分

成分	$CaCl_2$	$MgSO_4$	$KHCO_3$	$NaHCO_3$	KNO_3	$NaNO_3$
质量(g)	9.70	5.50	0.31	4.62	0.20	0.17

注:表中所列成分质量为每50 L水中含量,溶剂为无菌的去离子水。pH值控制在7~8。

地下水原生微生物提取与培养:通过陶瓷珠吸附地下水中的微生物,并使用培养基由下至上缓慢驱替出容器中的地下水。培养基驱替流量为0.07 mL/min。48 h后取出吸附球,并培养微生物,试验布置见图3。

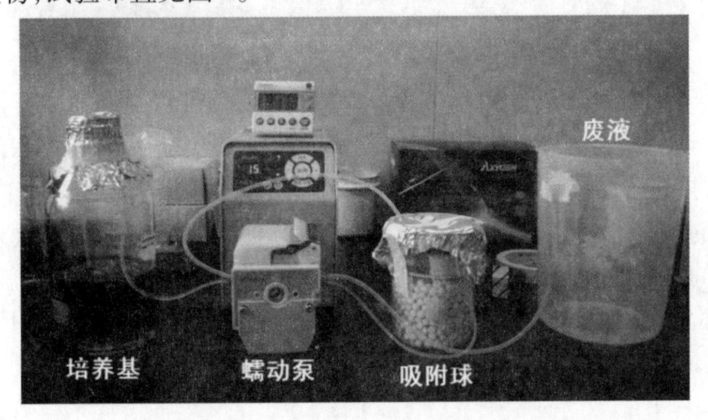

图3 地下水原生微生物提取试验布置

残留LNAPL(甲苯)生物修复主要试验步骤如下:

(1)配制人工地下水、示踪剂溶液、营养液,试验前对相关装置与材料进行灭菌处理。

(2)水平裂隙LNAPL残留试验,甲苯注入量约2 mL(部分甲苯会残留在注入口和裂隙进口)。

(3)修复前出水口甲苯浓度取样检测。

(4)通过入口注入微生物培养液,出水口甲苯浓度取样检测,平均每间隔2~4 d取一次样,并检测进出口水中pH值及溶解氧含量。

透明仿真裂隙中残留甲苯生物修复试验布置见图4。饱和裂隙地下水流量设定为0.46 mL/min,整个修复试验持续进行了91 d。

试验检测的指标主要有:

(1)使用气相色谱质谱仪(GCMS)(型号为7890A-5975C)检测裂隙出水口甲苯浓度。

(2)通过测压管读取裂隙进出口端压力水头。

(3)使用pH计测定裂隙进出口地下水中的pH值。

(4)使用溶解氧仪测定裂隙进出口地下水中溶解氧DO值。

3 结果与分析

仿真裂隙中残留甲苯修复试验得到的甲苯浓度变化规律见图5。由图5可见,在注入

图 4　透明仿真裂隙中残留甲苯生物修复试验布置

微生物的一周后,水中甲苯浓度明显下降,可见在此段时间内细菌的注入是降低了甲苯的溶解,这是由于细菌悬浊液在注入裂隙初期均以菌团的形式附着于 NAPL - 水界面之上,阻止了 NAPL 的溶解,因此在初期出现出水口甲苯浓度下降,但随后随着内部细菌逐渐适应高浓度甲苯的生存环境后,开始加速甲苯的溶解,使得甲苯浓度快速上升至 20 mg/L 左右。随着试验的进行,出水口的甲苯浓度都一直处于较高的溶解速率状态,比注入细菌前提高 1 倍。试验后期出水口甲苯浓度开始下降,这并非表示甲苯溶解度下降,而是由于试验后期,裂隙内部残留甲苯逐渐减少的缘故(见图 6)。

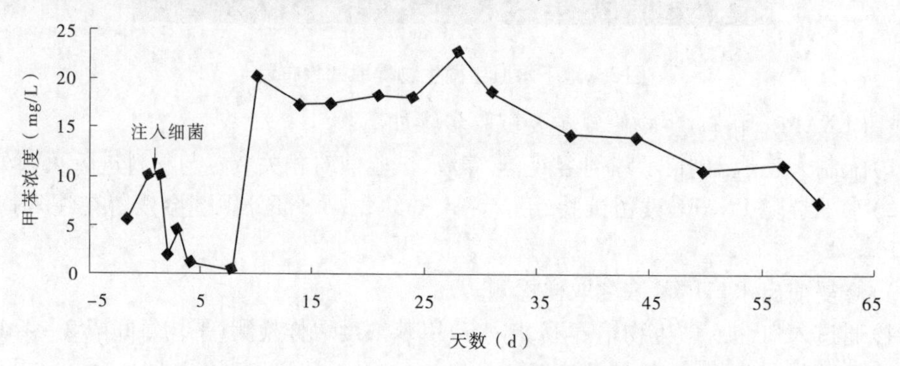

图 5　甲苯残留裂隙出口水中溶解甲苯浓度变化规律

图 7 表示整个试验过程中,进出口端溶解氧的变化情况。在整个试验过程中,进口端的溶解氧浓度主要受温度影响较大,试验后期,温度下降,DO 浓度缓慢上升,但与此同时,虽然出口端 DO 浓度也出现上升,但两者之差逐渐增大,即裂隙内部细菌消耗氧气的量在增加,表明内部微生物在甲苯浓度降低条件下,其更为活跃,这也说明,虽然内部细菌在试验开始后约 1 周时间内逐步适应了高浓度甲苯的环境,但这也对细菌的繁殖及新陈代谢产生了一定的抑制作用。

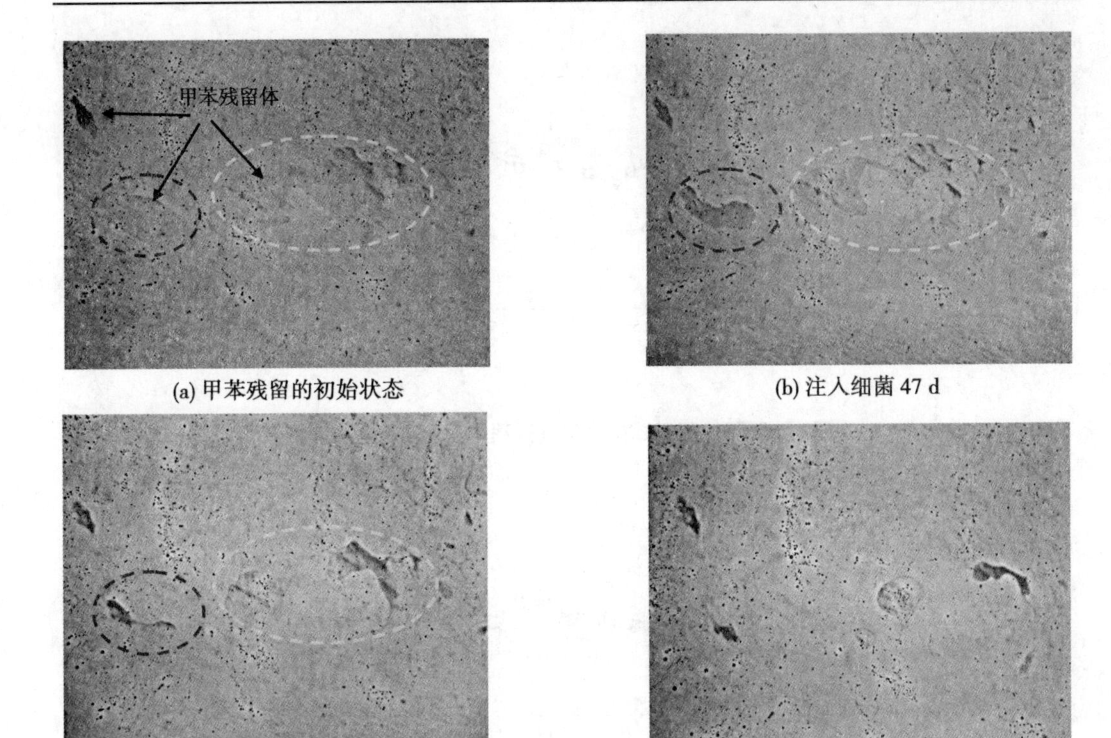

(a) 甲苯残留的初始状态 (b) 注入细菌 47 d

(c) 注入细菌 64 d (d) 注入细菌 89 d

图 6 裂隙中残留甲苯生物修复过程对比

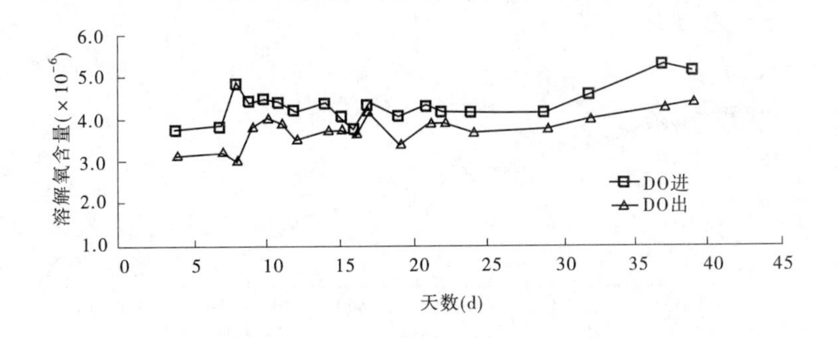

图 7 裂隙残留甲苯生物修复过程中溶解氧变化规律

图 8 为试验过程中,进出口端 pH 值变化情况。总体来说,水流流经裂隙内部后,其 pH 值出现显著的下降,降幅在 0.5 左右,究其原因,是因为细菌对甲苯的降解作用产生了一定量的二氧化碳并溶解于水,形成不稳定的碳酸,从而使得溶液的酸度增加。在试验过程中,特别是试验中后期,裂隙进出口端的水头差是逐渐增大的,通过透明裂隙可以观察到裂隙内部逐渐产生白色或淡黄色的淤积物质,充填部分水流通道,使得裂隙总体渗透性下降(见图 9),这也是阻止甲苯溶解扩散的不利因素之一。由于试验跨度时间较长,在此过程中气温变化较大(见图 10),但结合图 5 的结果来看,虽然试验温度逐步降低,但微生物对甲苯的加速溶解作用并没有减弱,甚至还有可能出现上升的趋势,这是由于此类微生物本身就是提取于地下水中,其生存环境温度在 4 ℃左右,因此耐低温性较好,这对

NAPL 的修复具有重要意义。

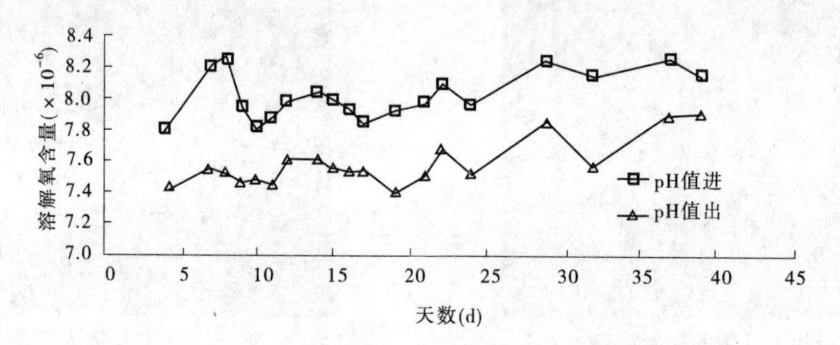

图 8 裂隙残留甲苯生物修复过程中 pH 值变化规律

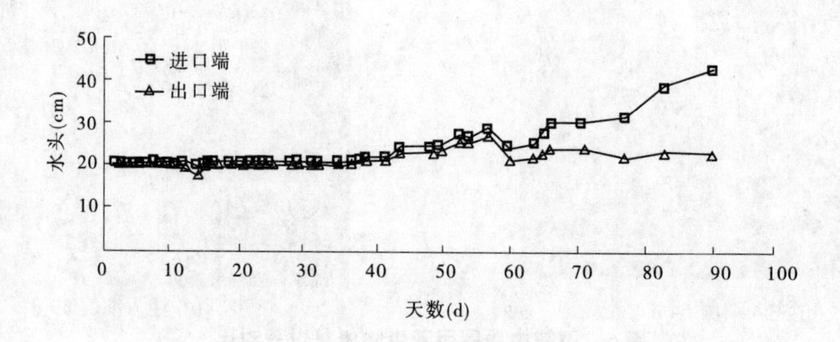

图 9 裂隙残留甲苯生物修复过程中裂隙进出口水头变化规律

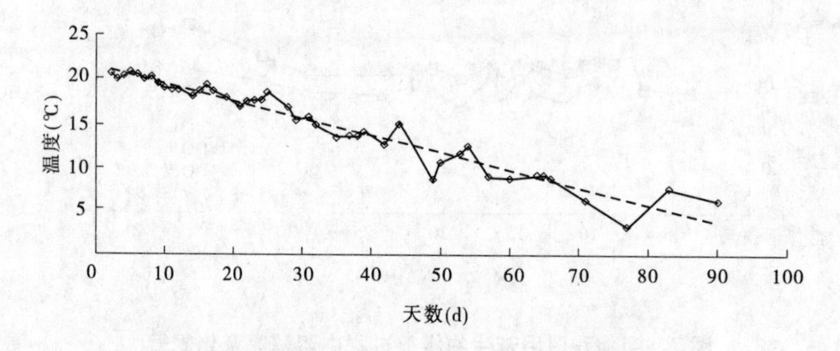

图 10 裂隙残留甲苯生物修复过程中气温变化过程

4 结论

综上所述,利用地下水中原生微生物群,通过激发其活性能显著提高污染物甲苯的溶解速率 1 倍以上,并加速其降解;由于地下水中原生微生物本身长期处于低温状态,因此其活跃程度在整个试验过程中受温度变化影响不明显,具有良好的温度耐受能力。在试验后期,由于细菌作用,逐渐积累起生物膜物质,阻碍甲苯的溶解扩散,这是生物修复中的不利因素之一,需克服。

5 致谢

感谢水利部公益性科研专项经费(201401083，201401058)、水利部科技推广项目TG1527、国家自然科学基金委(41472233)和南京水利科学研究院(Y115012)的支持。感谢江苏省疾病预防控制中心在微生物培养等方面提供协助。

参考文献

[1] Lee H B. DNAPL Migration in a Rough Fracture Under Various Wettability and Flow Conditions[J]. Transport Porous Med, 2015:1-13.

[2] 薛禹群,张幼宽. 地下水污染防治在我国水体污染控制与治理中的双重意义[J]. 环境科学学报, 2009, 29:474-481.

[3] Koch J, Nowak W. Predicting DNAPL mass discharge and contaminated site longevity probabilities Conceptual model and high resolution stochastic simulation[J]. Water Resources Research, 2015,51:806-831.

[4] Illman W A, Berg S J, Liu X Y, et al. Hydraulic/Partitioning Tracer Tomography for DNAPL Source Zone Characterization: Small-Scale Sandbox Experiments[J]. Environ Sci Technol, 2010, 44:8609-8614.

[5] Greer K D, Molson J W, Barker J F, et al. High-pressure injection of dissolved oxygen for hydrocarbon remediation in a fractured dolostone aquifer[J]. J Contam Hydrol, 2010, 118:13-26.

[6] Kaye A J, Cho J, Basu N B, et al. Laboratory investigation of flux reduction from dense non-aqueous phase liquid (DNAPL) partial source zone remediation by enhanced dissolution[J]. J Contam Hydrol, 2008, 102:17-28.

[7] Liu Y, Illangasekare T H, Kitanidis P K. Long term mass transfer and mixing controlled reactions of a DNAPL plume from persistent residuals[J]. J Contam Hydrol, 2014, 157:11-24.

[8] Hansen S K, Kueper B H. A new model for coupled multicomponent NAPL dissolution and aqueous-phase transport, with application to creosote dissolution in discrete fractures[J]. Water Resources Research, 2014, 50:58-70.

[9] Kouznetsova I, Mao X M, Robinson C, et al. Biological reduction of chlorinated solvents: Batch-scale geochemical modeling[J]. Adv Water Resour, 2010, 33:969-986.

[10] 王焰新. 地下水污染与防治[M]. 北京:高等教育出版社,2007.

[11] Mario S, Barbara J B, Clinton D C, et al. Laboratory evidence of MTBE biodegradation in Borden aquifer material[J]. J Contam Hydrol, 2003, 60:229-249.

【作者简介】 谈叶飞(1981—),男,江苏溧阳人,博士,高级工程师,主要从事水文地质渗流安全及地下水环境等方面的研究工作。E-mail:8949891@ qq. com。

沟渠水体流速对非点源氮、磷污染物截留效果分析研究*

胡亚伟　李强坤　宋常吉

（黄河水利科学研究院，郑州　450003）

摘　要　沟渠内水体流速快慢是决定农田排水在排水沟渠中滞留时间的重要因素之一。研究表明，水体流速的改变会同时影响沟渠的物理截留和生物化学作用，而水体流速与沟渠对非点源氮、磷污染物截留效果之间存在一定的函数关系。本文利用 K－S 检验来判断该关系是否为服从正态分布的一元非线性函数。结果表明：污染物截留率与沟渠水体流速之间并不是简单的线性关系，而是存在一个最佳值，在最佳流速值以下，随着流速增大，污染物去除效果将同比增加；当沟渠水体流速大于最佳值时，水体停留时间较短，污染物还未被降解就被带出沟渠而导致污染物截留率明显降低。

关键词　流速；排水沟渠；氮、磷污染物；正态分布

Analysis and research the ditch water flow rate changes intercept effect of nitrogen and phosphorus non-point source pollutants

Hu Yawei　Li Qiangkun　Song Changji

(Yellow River Institute of Hydraulic Research, Zhengzhou　450003)

Abstract　Water flow velocity in the ditch is one of the important factors that decide the drainage ditch drainage time. Study shows that the water velocity changes will affect the ditches physical entrapment and biological chemistry at the same time, and the water flow velocity and ditches on nitrogen and phosphorus non-point source pollutant entrapment effect exists between the certain function relations. Based on K-S inspection, found that the relationship between pollutant entrapment rate and ditch water flow velocity can be expressed as a obey the normal distribution of a function of one variable; At the same time the function is not a simple linear relationship, but there is a optimal value; When the velocity is lower than the optimal value, with velocity increases, the pollutant removal efficiency will increase compared to the same; When the ditch water flow rate is greater than the optimum value, short residence time, water pollution has not been degradation was

* **基金项目**：国家自然科学基金项目（51379085）、水利部公益性行业科研专项（201401019）。

taken out of the ditch, resulting in pollutant entrapment rate significantly reduced.

Key words velocity; drainage ditch; nitrogen and phosphorus pollution; normal distribution

近几年,我国正在开展河道、湖泊的综合治理,采用一系列物理、化学和生物学手段降低营养物质含量,改善水质。但如果不消除污染源,在污染的终端进行治理代价既高而又很难达到预期的效果。在污染物向河道迁移的途径中,进行截留和去除,这也是控制地表水富营养化的一种经济可行的手段。国外普遍利用河湖与陆地交错带的自然湿地、恢复湿地及人工湿地净化非点源污染物,已经对湿地去除氮、磷营养物的机制及去除效率做了大量的研究工作,充分证明了湿地在减轻地表水富营养化方面所发挥的巨大作用。但与流域面积相比,通常河湖与农田交错带之间的湿地面积并不大,水在湿地停留的时间受季节和排水强度的影响大,如果停留时间短,净化效果就很差。长期以来,人们忽视了另一种湿地生态系统——农田排水沟渠系统对污染物的截留和净化能力。沟渠是农业非点源污染物的最初汇集地,据报道,美国和加拿大有65%的农业用地通过地表排水,即利用沟渠网排水,其余的35%是经地下暗管排入沟渠或直接排入河流。

农田排水中氮、磷等营养物的迁移转化与排水沟渠中的水体流速密切相关。沟渠内水体流速快慢是决定农田排水在排水沟渠中滞留时间的重要因素之一,而农田排水在沟渠湿地中滞留的时间与污染物的截留率之间有很大的关系。一般研究认为,水在渠道滞留时间越长,越能有效地吸收水中的营养,即沟渠吸收和转化污染物的能力随流速的增加而减少[1]。自然沟渠接受的是非稳定流,水在渠道滞留时间随流速发生变化。水流的可变性可能降低沟渠去除非点源污染物的能力,也可能在短期有快速水流的条件下掩盖了沟渠的净化能力。

流速对沟渠中非点源污染物的影响主要有两方面:一方面,农田排水和降雨径流在沟渠中有充足的时间进行吸收、吸附、降解和转化;另一方面,因停留时间长,水体与底泥中营养成分通过吸附和降解吸附作用进行的交换成为影响非点源污染物输出的一个重要因素[2-3]。尤其是在汛期当降雨和农田排水频繁,地面受到侵蚀造成沟渠氮、磷的负荷的增加,沟渠水速度加快,污染物从底泥中释放出来,水体中污染物浓度升高[4]。

1 试验设计

通过对排水时农田排水沟渠中氮、磷各形式浓度的测定和分析,研究灌溉条件下沟渠水体中氮、磷的迁移转化规律和时空分布以及沟渠对氮、磷的截留效应。

1.1 试验区概况

野外现场试验选择青铜峡灌区汉延渠灌域内水体—沉积物—水生植物系统完整、常年有水的天然沟渠——团结沟为试验监测对象,监测区位于宁夏回族自治区永宁县望洪镇东、西玉村境内。试验区属典型大陆气候,具有冬寒长、夏热短、干旱少雨、日照充足、蒸发强烈等特点。多年平均降水量 180 ~ 220 mm,年内分配很不均匀,降水量主要集中在7 ~ 9 月,占全年降水量的70%左右;受引黄河水灌溉的影响,湿度增大,蒸发量 1 000 ~ 1 550 mm,干旱指数 4. 8 ~ 8. 5。试验区内土壤为粉质壤土,作物种植以水旱轮作为主,水田主要为水稻,旱田包括小麦、玉米等,水旱田隔年换茬,兼有部分油料作物和蔬菜。区内条田长度约 600 m,田间排水以明沟为主,农沟基本呈等间距平行布设,间距 100 m,沟深 100 cm,每条农沟控制面积约 6 hm^2。

区内农业生产活动一般从每年 3 月上旬开始,根据农作物生长需要和农业活动规律,农业灌溉分为春夏灌期和冬灌期。春夏灌一般从 4 月下旬开始到 9 月中下旬结束,冬灌从 10 月下旬开始到 11 月中旬结束,全年灌水期约 180 d。根据当地灌溉制度,旱田生长期一般灌溉 6 次,水田 22 ~ 25 次不等。据对试验区农户调查,农田施肥过程大致为,播种前基肥,氮肥约 130 kg/hm^2(折纯量,下同),磷肥约 50 kg/hm^2,此外,水田一般在 5 月下旬水稻返青—分蘖期追施氮肥 60 kg/hm^2、磷肥 20 ~ 30 kg/hm^2,6 月下旬再追施氮肥 60 kg/hm^2左右;旱田在小麦播种前除施用基肥外,4 月下旬套种玉米时及 6 月下旬再两次追施化肥,施用量和水田基本相当。除基肥施用部分农家肥外,其余均以尿素、碳铵、磷铵等化肥为主。

1.2 监测方案

现场试验从 2013 年 4 月中旬开始至 2013 年 10 月中旬结束。样品测定项目包括氨氮、硝氮、总氮、总磷、可溶解性磷。农级排水沟水量监测利用无喉量水槽量测,支、干级排水沟流速、水量采用流速仪法测算,水深采用测尺测量。

遵循典型性、代表性原则,结合试验区灌排渠系布设现状,分别在试验区选取不受点源污染影响的相对独立排水系统中农级排水沟、支级、干级以及总排干排水沟,布设上、中、下三个断面,每个断面视沟渠宽度在左、中、右布设数条垂线设取样点。在团结沟上,以东玉沟排水口对应断面为起点,每隔 100 m 布设一个监测断面,共 5 个断面,每个断面视沟渠宽度也在左、中、右布设数条垂线设取样点。农田灌溉后对相应沟渠进行连续监测,每 5 日取样一次,水样采用中泓一线法取样,在断面中间设置一条取样垂线,在水面以下 1/3 处取样,每个水样 1 000 mL,原状水样送实验室分析。试验区布置情况见图 1。其中典型排水沟选择具体如下:

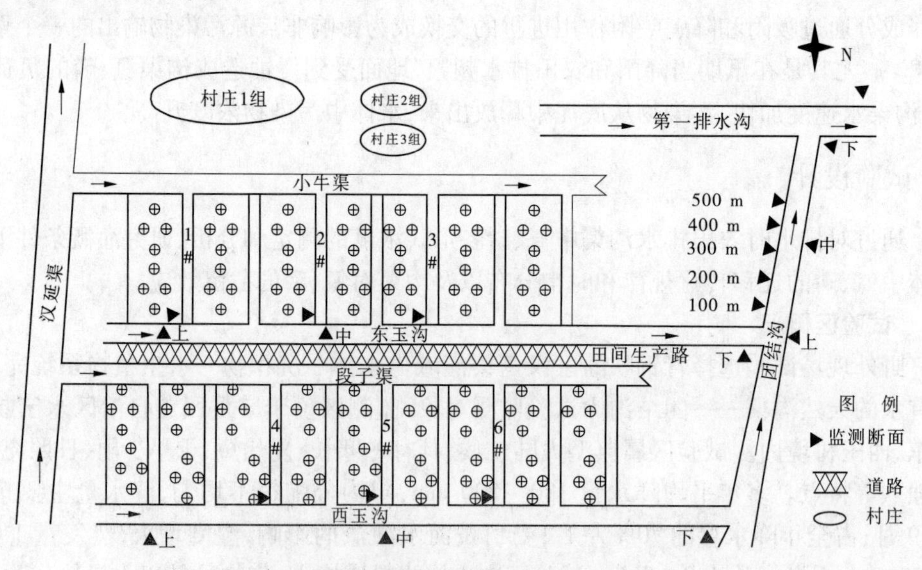

图 1　望洪农业非点源污染试验区示意图

农级排水沟:分别选择六条农级排水沟为典型,编号分别为1#~6#。其中1#、2#和3#排水沟排至东玉沟、4#、5#和6#排水沟排至西玉沟,每条农级排水沟控制条田面积平均为6 hm^2。支级排水沟:分别选择东玉沟、西玉沟为典型支级排水沟,其中东玉沟内无水生植物,西玉沟内有芦苇和菖蒲组成的水生植物,两条支级排水沟平行进入干级排水沟团结沟;干级排水沟:选择团结沟为典型。承纳支级排水沟排水,最终进入总排干第一排水沟;总排干:第一排水沟,全长15.8 km,排入的支斗沟32条,总长69.6 km,控制排水面积2.06×10^4 hm^2。在以上各典型沟渠分别布设典型断面进行试验,各取样点附近渠、沟断面特征及水文参数见表1。

表1　试验区各级排水沟断面特征描述

序号	排沟级别	排水沟	断面特征			
			水面宽(m)	水深(m)	渠道基质	水生植物
1	农沟	1#~6#	1.0	0.3~0.6	土渠	无
2	支沟	东玉沟	3.0	0.3~0.5	土渠	无
3		西玉沟	3.0	0.3~0.5	土渠	芦苇、菖蒲,植被覆盖率70%
4	干沟	团结渠	6.0	0.6~1.0	土渠	芦苇、菖蒲,植被覆盖率40%
5	总排干	第一排水沟	25.0	1.0~1.5	土渠	无

1.3　监测结果

在水深保持0.6 m左右时,采用各级沟渠监测值流量加权平均数分析流速变化对排水中污染物截留率的影响,见图2。

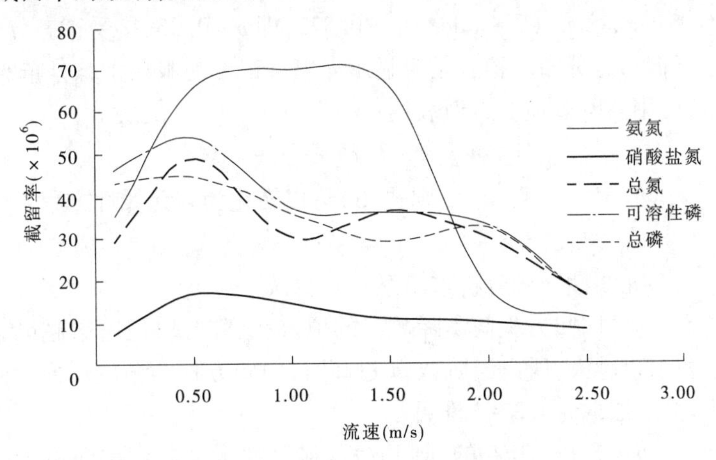

图2　流速变化对排水中污染物截留率的影响

从图2可以看出,当水深一定时,流速的变化一方面影响非点源污染物在沟渠水体中的传播进程,另一方面污染负荷随流速增加呈近似线性递增。结合沟渠对污染物截留机制可知,流速的改变会同时影响沟渠的物理截留和生物化学作用。

进一步研究表明污染物截留率与流速之间并不是简单的线性关系,而是存在一个最佳值,所以有必要对氮、磷污染物截留率是否为服从正态分布的流速变化的一元非线性函数进行分析。

2　建立函数关系

2.1　研究方法

利用 K－S 检验(柯尔莫哥诺夫—斯米尔诺夫检验(Kolmogorov-Smirnov Test)来判断模拟沟渠试验监测结果的经验分布属于何种理论分布(如正态分布、均匀分布、泊松分布、指数分布)[5-6]。K－S 检验的基本思路为:将顺序分类数据的理论累积频率分布同观测的经验累积频率分布加以比较,求出它们最大的偏离值,然后在给定的显著性水平上检验这种偏离值是否是偶然出现的。设理论累积频数分布为 $F(x)$,n 次观测的随机样本的经验分布函数为 $F_n(x)$,K－S 检验的步骤如下:

首先,零假设,即经验分布与理论分布没有显著差别。

其次,把样本观测值从小到大排列为:$x_1,x_2,\cdots,x_n$,计算经验累积分布函数:

$$F_n(x)=\begin{cases}0 & (-\infty<x<x_1)\\ i/n & (x_i\leqslant x<x_{i+1}) \quad (i=1,2,\cdots,n-1)\\ 1 & (x_n\leqslant x<+\infty)\end{cases} \tag{1}$$

以及理论累积分布函数 $F(x)$。

记 $D=\max|F_n(x_i)-F(x_i)|\ (i=1,2,\cdots,n)$,则检验统计量为:

$$Z=D\sqrt{n} \tag{2}$$

最后,对模拟沟渠中氨氮截留率这个连续型随机变量序列进行检验。K－S 检验双尾渐进显著性概率 Asymp. Sig. (2－tailed) $p=0.522$,即 $p>0.05$,接受正态分布零假设,可认为此组数据呈近似正态分布。拟合结果显示氨氮截留率为服从正态分布的水深变化的一元非线性函数,可用高阶多项式近似表达:

$$y=c+k_1x+k_2x^2+\cdots+k_mx^m \tag{3}$$

如果令 $X_1=x,X_2=x^2,\cdots,X_m=x^m$,则式(3)可以转化为多元线性方程:

$$y=c+k_1X_1+k_2X_2+\cdots+k_mX_m \tag{4}$$

这样就可以用多元线性回归分析求出系数 $c,k_1,k_2,\cdots,k_m$。

多项式的阶数越高,回归方程与实际数据的拟合程度越高,但阶数越高,回归计算过程中舍入误差的积累也越大,所以当阶数 m 过高时,回归方程的精度反而会降低,甚至得不到合理的结果,故一般取 $m=2\sim4$ 即可。

分别建立 $m=2,m=3$ 和 $m=4$ 的回归方程,显著性水平 $\alpha=0.05$ 时,使用复相关系数检验回归方程的显著性。复相关系数表示因变量与多个自变量之间的线性相关程度。

2.2　分析结果

利用 K－S 检验污染物—流速分布点的正态性后,拟合方程结果如下:

氨氮:　$y=0.2104x^4-0.862x^3+0.5998x^2+0.521x+0.3034$

硝酸盐氮:　$y=-0.0713x^4+0.4259x^3-0.8645x^2+0.6396x+0.0149$

总氮：　$y = -0.2301x^4 + 1.2224x^3 - 2.1611x^2 + 1.3451x + 0.1849$

可溶性磷：$y = -0.1969x^4 + 1.0103x^3 - 1.6838x^2 + 0.8767x + 0.3924$

总磷：　$y = -0.1616x^4 + 0.8116x^3 - 1.3062x^2 + 0.6271x + 0.3779$

方程建立后采用复相关系数进行显著性检验，并且求出最佳流速和相应的截留率，见表2。

表2　回归方程显著性检验与最佳流速分析

污染物	R	$R_{0.05}$	最佳流速(m/s)	截留率(%)
氨氮	0.923		0.98	77
硝酸盐氮	0.925		0.60	17
总氮	0.838	0.811	0.49	46
可溶性磷	0.949		0.37	53
总磷	0.948		0.36	47

从表2可以看出所建立的五个污染物—流速回归方程显著性明显。在排水沟渠中，氨氮最佳流速为0.98 m/s，截留率77%；硝酸盐氮最佳流速为0.60 m/s，截留率17%；总氮最佳流速为0.49 m/s，截留率46%；可溶性磷最佳流速为0.37 m/s，截留率53%；总磷最佳流速为0.36 m/s，截留率47%。

3　结语

对污染物截留率而言，当流速小于最佳值时，一方面非点源污染物在沟渠中的传播阻力较大，有利于物理截留和过滤作用；另一方面，污染负荷相应降低，微生物出现营养不足，生物活性受到抑制，进而影响水生植物和底泥中微生物的降解作用。随着流速的增大，水体中有机负荷相应提高，促进了微生物的生长和生物活性的增强，对污染物的降解增加。可以说，在最佳流速值以下，随着流速增大，污染物去除效果将同比增加。当流速大于最佳值时，水体停留时间较短，污染物还未被降解就被带出沟渠而导致污染物截留率明显降低。

参考文献

[1] 李强坤，李怀恩. 农业非点源污染数学模型及控制措施研究——以青铜峡灌区为例[M]. 北京：中国环境科学出版社，2010.

[2] 何元庆，魏建兵，胡远安，等. 珠三角典型稻田生态沟渠人工湿地的非点源污染削减功能[J]. 生态学，2012，31(2)：394-398.

[3] 何军，崔远来，吕露，等. 沟塘及塘堰湿地系统对稻田氮磷污染的去除试验[J]. 农业环境科学学报，2011，30(9)：1872-1879.

[4] 李强坤，胡亚伟，李怀恩. 农业非点源污染物在排水沟渠中的模拟与应用[J]. 环境科学，2011，32(5)：1273-1278.

[5] Huang J, Reneau JR R B, Hagedorn C. Nitrogen removal in constructed wetlands employed to treat domestic wastewater [J]. Water Research, 2010, 34(9): 2582-2588.

[6] Johnes P J. Evaluation and management of the impact of land use change on the nitrogen and phosphorus load delivered to surface waters: the export coefficient modeling approach. Journal of Hydrology, 2011, 183: 323-349.

【作者简介】 胡亚伟(1980—),男,河南洛阳人,硕士,工程师,主要从事水环境与非点源污染方面的研究工作。E-mail: huyawei168@126. com。

渭河流域陕西段潜流带水化学特征分析研究*

张 楠 章 博 陈孝田

（黄河水利科学研究院，郑州 450003）

摘 要 通过2014年夏冬两季陕西段渭河流域咸阳、西安、临潼、华县潜流带河岸、滩区、河床取样，利用Piper三线图进行水化学特征分析。结果表明：河岸、滩区、河床中水体均受到碳酸的影响；滩区中离子浓度介于河床和河岸中，较为接近河岸浓度，说明滩区同时接受地表水和河水补给，受地下水补给较为明显；沿河上游至下游段，主要阴、阳离子（HCO_3^-、Ca^{2+}）沿程略有变化，与河流蒸发、地表水地下水交换作用等因素有关。

关键词 潜流带；渭河；水化学；Piper

Research of hydrochemical properties of hyporheic zone along the WeiHe River in Shaanxi segment

Zhang Nan Zhang Bo Chen Xiaotian

（Yellow River Institute of Hydraulic Research，Zhengzhou 450003）

Abstract By sampling the undercurrent belts of riverfront，shoal and riverbed at Xianyang Xi′an，Lintong and Huaxian in Weihe basin of Shaanxi province in the summer and winter of 2014 and analyzed the water chemical character through Piper trilinear chart，This thesis has come to the following conclusions：All of the water at riverfront，shoal and riverbed under the influence of carbonate. The concentration of ionic concentration at shoal is between riverbed and riverfront，by contrast，it close to riverfront. This result means the shoal recharged by both surface and river water，and the groundwater recharge is more conspicuous than surface water. Besides，from upstream to downstream，the two kinds of main ions（HCO_3^-，Ca^{2+}）have little change in the same river，it related to the such factors as river evaporation、the exchange interaction of surface and underground water and so on.

Key words Hyporheic zone；Weihe River；Hydrochemistry；Piper

---

* **基金项目**：国家自然科学基金资助项目（51309107）。

1 引言

河水和地下水交换－潜流交换对溶质和污染物的归宿起着重要作用。随着河流水生态、环境研究的深入,河水和地下水交混区域－潜流带的生态学研究成为一个热门话题。潜流带是河流或溪流连续性的重要组成部分,有效地连接着河流的陆地、地表和地下[1]。

天然水的化学成分是水在循环过程中与周围环境长期相互作用的结果。在水体的相互转化和运移过程中,水中溶解的物质伴随着水量的交换同步进行[2]。天然水化学组成从一定程度上记录着水体形成和运移的历史,是了解地表水与地下水相互作用的一种有效的示踪方法[3-4]。

渭河水资源作为流域自然资源中最重要的资源之一,其可持续利用是社会、经济和环境发展的基本支撑条件,对陕西的发展具有举足轻重的作用[5]。相关研究表明[6]:渭河流域迅猛发展的社会经济建设带来的水利开发利用工程、傍河地下水开采等人类活动加大了水资源的实际消耗量,也造成水资源供求矛盾,河流径流锐减,地下水超采以及水质恶化等问题。由于渭河水受到严重污染,且渭河河水与潜层地下水相互补给[7],污染物超标的河水补给了浅层地下水,造成地下水的污染[8],导致地面下沉等环境问题。

对于渭河,水污染严重,水质成分较为复杂,本文采用数理性统计、Piper 三线图示法等水化学方法分析渭河流域陕西段潜流带水化学特征。有利于区域浅层地下水的开发利用,增加可用水资源量,使浅层地下水处于良性循环状态,一定程度上缓解渭河流域陕西段经济发展与水资源短缺的矛盾。

2 材料与方法

2.1 研究区概况

渭河位于我国西部干旱半干旱地区,是黄河最大支流,是陕西省关中地区的生命河,发源于甘肃渭源县西南的乌鼠山北侧,流域涉及甘肃、宁夏、陕西 3 省,于陕西省潼关县注入黄河。流域总面积 13.4 万 km^2。渭河流域陕西段主要为渭河流域中下游区域,宝鸡峡至咸阳为中游,河长约 180 km,河道较宽;咸阳至潼关入黄口为下游,河长约 208 km,河道宽阔平缓,泥沙淤积严重。

2.2 采样点分布及研究方法

通过对渭河陕西段渭河干流的野外考察调研、资料收集分析,最终选取渭河中下游地区咸阳、西安、临潼、华县 4 个具有代表性的研究区(见图 1),在每个研究区沿河布设测试点,测试点基本情况见表 1。每个测试点分 3 组取水样化验,即河岸、滩区、河床(见图 2),为保证取水样的一致性,每组分别取 2～3 个,测验结果取均值。测试时间为 2014 年夏冬两季。样品测试项目包括:pH 值、K^+、Na^+、Ca^{2+}、Mg^{2+}、HCO_3^-、Cl^-、SO_4^{2-}、NO_3^- 以及 TDS。其中,pH 值采用 PHS－3C 数字酸度计检测,K^+、Na^+、Ca^{2+}、Mg^{2+} 指标采用 iCAP6300Radial 全谱直读等离子体发射光谱仪检测,Cl^-、SO_4^{2-}、NO_3^- 指标采用 ICS－2000 离子色谱仪检测。

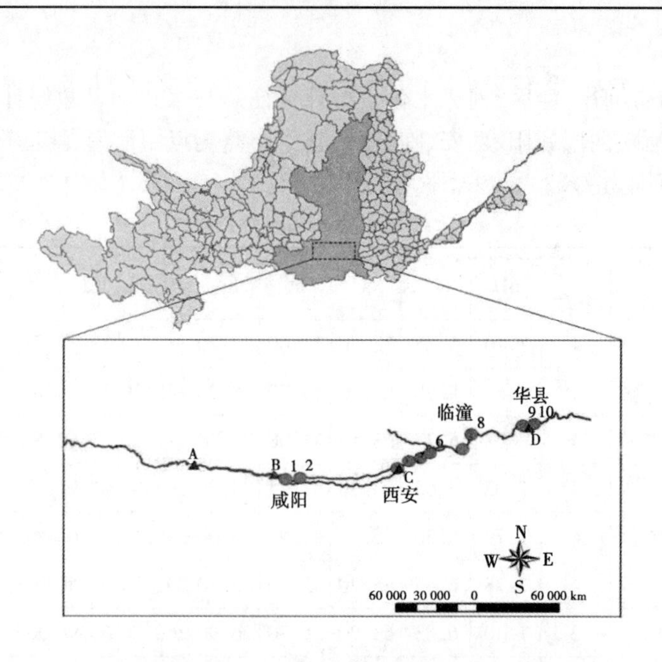

图 1 测试点位置分布(三角形为水文站,圆形为测试点)

表 1 各测试点基本情况

水文站	经纬度	平均流量(m^3/s)	水位(m)	数据范围
A(林家村)	107.05/34.38	85	493	2004～2014 年
B(咸阳)	107.7/34.30	158	382	2004～2014 年
C(临潼)	108.7/34.32	234	352	2004～2014 年
D(华县)	109.77/34.58	257	336	2004～2014 年

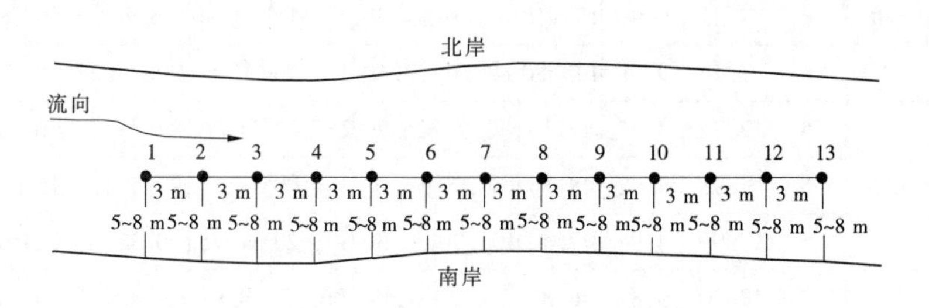

图 2 测试点示意图

3 研究区水化学分布特征

首先对研究区水样进行科学、系统取样,分析测试有关水化学参数,再利用水化学软件(Aqua Chem4.0)[9-11],综合运用统计分析法、Piper 三线图示等方法,较为全面地研究潜流带河岸、滩区、河床水化学成分的时空变异特征。

3.1　统计分析

研究区潜流带河岸、滩区、河床水化学统计特征及其水化学参数统计特征见表2。分析结果显示:渭河陕西段咸阳、西安、临潼、华县4个监测点中河岸、滩区、河床水均呈弱碱性,pH值变化范围为7.32~7.99,平均值为7.65。

表2　各测试点水化学参数统计

采样点		时期	水样个数	pH	K^+	Na^+	Ca^{2+}	Mg^{2+}	HCO_3^-	Cl^-	SO_4^{2-}	NO_3^-	TDS
咸阳	河岸	夏季	4	7.40	5.76	72.50	71.60	27.20	387.40	57.87	75.18	<0.02	712.00
	滩区		4	7.60	5.68	68.70	43.70	21.20	245.10	56.39	85.67	<0.02	545.00
	河床		4	7.78	5.27	63.50	45.00	21.20	217.90	53.62	84.89	19.39	532.00
	河岸	冬季	4	7.98	6.05	63.50	67.25	23.70	202.90	61.91	108.95	26.77	480.50
	滩区		4	7.79	6.50	65.25	75.95	24.00	230.10	63.63	105.50	34.04	506.50
	河床		4	7.78	6.45	65.20	75.20	23.70	231.20	62.50	103.30	33.28	493.00
西安	河岸	夏季	2	7.40	6.63	63.20	85.70	26.90	260.70	64.96	565.35	30.05	538.00
	滩区		2	7.77	7.40	70.15	77.90	27.15	245.40	69.10	118.40	36.83	546.00
	河床		3	7.74	6.72	62.10	79.40	25.10	236.00	63.04	105.70	36.74	505.00
	河岸	冬季	3	7.51	6.58	82.50	100.75	29.75	330.75	78.42	128.20	39.86	648.50
	滩区		2	7.52	7.99	91.30	97.30	31.30	312.50	82.53	132.50	48.90	671.00
	河床		3	7.69	7.42	85.00	95.20	30.40	308.20	81.52	132.20	48.62	649.00
临潼	河岸	夏季	6	7.97	6.56	94.20	34.20	24.90	151.05	88.77	132.85	5.75	475.50
	滩区		6	7.51	7.71	94.30	70.90	27.65	197.75	85.36	139.35	37.29	607.50
	河床		6	7.58	7.49	93.50	70.50	27.90	233.60	83.71	136.50	35.68	593.00
	河岸	冬季	6	7.60	8.73	114.80	123.40	62.90	552.20	106.80	187.00	34.10	928.00
	滩区		6	7.42	9.99	157.10	84.70	34.50	321.10	131.30	186.70	35.89	824.00
	河床		6	7.45	9.68	145.80	82.90	32.60	325.40	131.60	188.80	32.99	794.00
华县	河岸	夏季	5	7.32	4.45	47.13	52.07	25.20	237.07	34.76	83.79	21.50	379.67
	滩区		5	7.98	4.92	48.80	104.70	31.00	304.00	38.15	92.50	89.15	575.00
	河床		5	7.99	4.94	47.40	104.20	30.30	308.20	37.75	90.35	86.02	567.00
	河岸	冬季	5	7.50	9.87	46.35	57.45	5.44	96.75	34.91	124.65	17.50	360.00
	滩区		5	7.52	7.71	59.50	109.35	43.50	396.40	56.56	132.70	22.15	653.50
	河床		5	7.74	7.74	71.80	77.70	27.70	250.10	71.78	126.40	35.93	560.00

2014年夏冬两季4个测点取样期间,渭河陕西段干流河床河水TDS的变化范围为493~794 mg/L,平均586.63 mg/L,远高于世界河流TDS平均值(115 mg/L),但其TDS

小于1 g/L,仍属于淡水河。最小值出现在4处测点最上游咸阳区域。其他点位水样由于蒸发等因素影响,夏冬两季河水径流过程略有增大。河水水化学类型以 HCO_3^-—Ca^{2+} 为主,具有明显的淡水河特征。部分点位水化学类型为 HCO_3^-—$Ca^{2+}Na^+Mg^{2+}$。

滩区pH值变化范围为7.42~7.98,TDS变化范围为506.5~824 mg/L,平均616.06 mg/L,高于河水TDS值。滩区水化学类型以 HCO_3^-—Ca^{2+} 为主,部分点位水化学类型为 HCO_3^-—$Ca^{2+}Mg^{2+}Na^+$ 和 HCO_3^-—$Na^+Ca^{2+}Mg^{2+}$。

河岸pH值平均为7.58,呈碱性,阴阳离子平均浓度从低到高为 $K^+ < NO_3^- < Mg^{2+} < Cl^- < Na^+ < Ca^{2+} < SO_4^{2-} < HCO_3^-$。TDS平均为565 mg/L。

由表2可知,渭河陕西段河水主要离子组成中,咸阳、西安、华县夏冬两季阳离子浓度由大到小依次为 $Ca^{2+} > Na^+ > Mg^{2+} > K^+$。临潼区夏冬两季阳离子浓度由大到小依次为 $Na^+ > Ca^{2+} > Mg^{2+} > K^+$。$Na^+$ 离子成为阳离子中浓度最高的离子,变化的原因可能一是临潼测试点上游汇入渭河陕西段最大支流——泾河;二是咸阳、陕西段傍河水源地分布广泛,与含盐量较高的地下水补给河水有关。阴离子浓度由大到小依次为:$HCO_3^- > SO_4^{2-} > Cl^- > NO_3^-$。$HCO_3^-$ 离子为阴离子中浓度最高的离子,pH值为碱性,反映出河岸、滩区、河床中水体均受到碳酸的影响。

3.2 Piper 三线图示法

为分析陕西段渭河干流潜流带河水水化学组成的影响,对该河流取水样主离子按照当量浓度采用国际上通用的水化学分类方法,利用 Aqua Chem(4.0)软件绘制,主离子按当量浓度分别作Piper三线图,Piper三线图为分析水化学组分常用方法,计算主要阴离子($HCO_3^- > SO_4^{2-} > Cl^-$)和阳离子($Na^+ > Ca^{2+} > Mg^{2+}$)的毫克当量百分数,使毫克当量百分数大于10%的离子参与水化学类型的分类,利用水化学三线图可以表明水体主离子组成变化,体现不同水体化学组成特征,从而辨识其控制端元。

图3分别为咸阳、西安、临潼、华县区河岸、滩区、河床取样点的水样三线图。从图3中可以看出,4个取样区域中阴阳离子分布位于三角形中部,变化不大,仅华县区阳离子偏向右下角,咸阳区阴离子偏向左下角。4个取样区域水化学类型分布如表3所示。离子位置的变动说明随着河水流动,水岩相互作用和蒸发浓缩、河流周边取用水作用,水中的离子含量发生变化,水化学类型也随之发生变化,就阳离子三角图来说,各组分点分布在图的中部和偏右侧,Ca^{2+} 和 Mg^{2+} 是阳离子中的主要组成部分,这两类离子主要来源于碳酸盐和碱土金属,由Piper三线图可知,咸阳取样点中阳离子总毫克当量数中,Ca^{2+} 占到约70%,Mg^{2+} 占到18%,Na^+ 占到12%;从咸阳至临潼间,阳离子总毫克当量数中,Ca^{2+} 所占比例由70%上升到80%,Mg^{2+}、Na^+ 离子所占比例都有所减少,造成这种变化的原因可能与河流周边取用水过程有关,取水过程中,地表水—潜流带—地下水水力交换,河床中的 Ca^{2+} 从沉积物中带出,造成 Ca^{2+} 离子比例增加,其余离子比例相对减少。从阴离子三角图中可以看出,咸阳至华县间,HCO_3^- 的所占比例维持在80%左右,所有水样组分点基本位于中部区域,仅咸阳区略偏向 SO_4^{2-},从78%下降至60%,与河流蒸发、地表水地下水交换作用等因素有关。

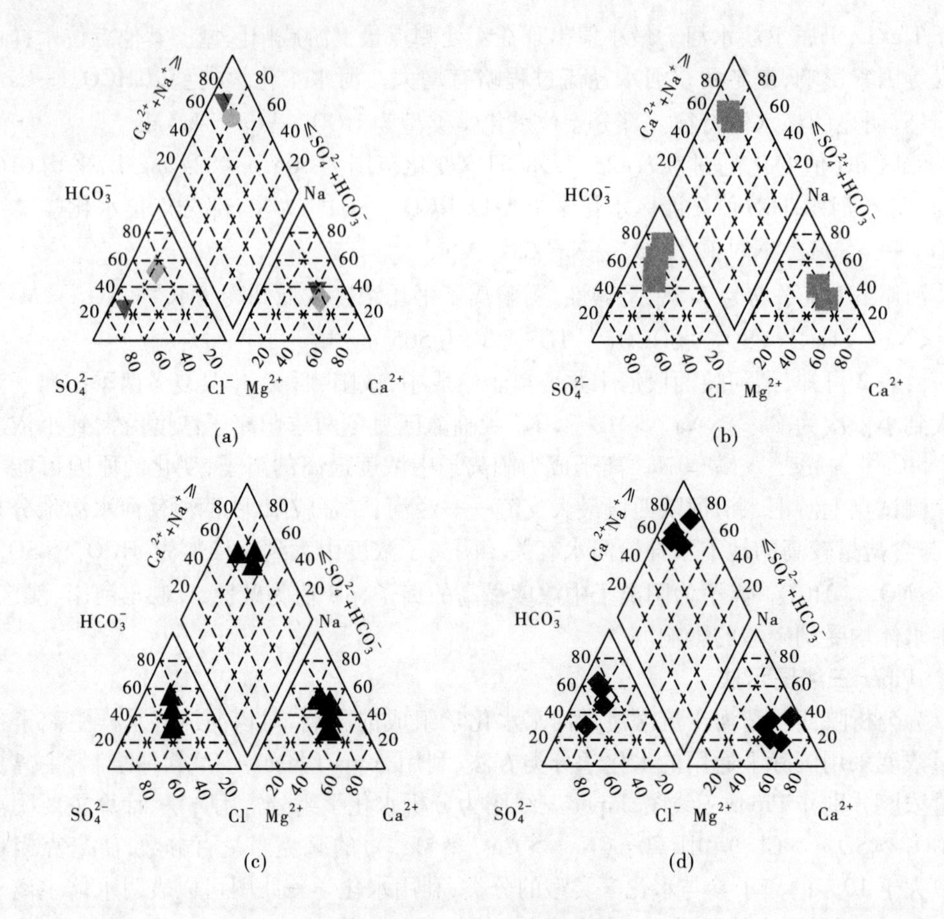

图3　4 个取样点 Piper 三线图

表 3　各测试点水化学类型分布

取样区	咸阳	西安	临潼	华县
河岸	Ca^{2+}—Na^+—Mg^{2+}—HCO_3^-—SO_4^{2-}	Ca^{2+}—Na^+—Mg^{2+}—HCO_3^-—SO_4^{2-}—Cl^-	Na^+—Mg^{2+}—Ca^{2+}—SO_4^{2-}—Cl^-—HCO_3^-	Ca^{2+}—Na^+—SO_4^{2-}—HCO_3^-
滩区	Ca^{2+}—Na^+—Mg^{2+}—HCO_3^-—SO_4^{2-}—Cl^-	Ca^{2+}—Na^+—Mg^{2+}—HCO_3^-—SO_4^{2-}—Cl^-	Na^+—Ca^{2+}—Mg^{2+}—HCO_3^-—SO_4^{2-}—Cl^-	Ca^{2+}—Mg^{2+}—Na^+—HCO_3^-—SO_4^{2-}
河床	Ca^{2+}—Na^+—Mg^{2+}—HCO_3^-—SO_4^{2-}—Cl^-	Ca^{2+}—Na^+—Mg^{2+}—HCO_3^-—SO_4^{2-}—Cl^-	Na^+—Ca^{2+}—Mg^{2+}—HCO_3^-—SO_4^{2-}—Cl^-	Ca^{2+}—Na^+—Mg^{2+}—HCO_3^-—SO_4^{2-}—Cl^-

4　结语

由于研究区水文地质及河流周边取用水等天然－人工因素决定着区域地表水地下水间的补给、径流、排泄。动力场驱动水流的运动与水循环过程，而潜流带是河水与地下水相互作用的区域[12]。通过对陕西段渭河流域潜流带区域水化学特征分析，得出以下结论：

(1)滩区 pH 值变化范围为7.42~7.98,河岸 pH 值平均为7.58,呈碱性,TDS 变化范围为506.5~824 mg/L,平均616.06 mg/L,高于河水 TDS 值。

(2)河岸、滩区、河床中水体均受到碳酸的影响。

(3)滩区中离子浓度介于河床和河岸中,较为接近河岸浓度,说明滩区同时接受地表水和河水补给,受地下水补给较为明显。

(4)沿河上游段至下游段,主要阴阳离子(HCO_3^-、Ca^{2+})沿程略有变化,与河流蒸发、地表水地下水交换作用等因素有关。

参考文献

[1] 袁兴中,罗固源.溪流生态系统潜流带生态学研究概述[J].生态学报,2003,23(5):133-139.

[2] 冯斯美,宋进喜,来文立,等.河流潜流带渗透系数变化研究进展[J].南水北调与水利科技.2013,11(3):123-125.

[3] Winter T C. Recent advances in understanding the interaction of groundwater and surface water[J]. Reviews of Geophysics,1995,33:985-994.

[4] Bencala K E,Kennedy V C,Zellweger G W,et al. Interactions of solutes and streambed sediment, Part 1: An experimental analysis of cation and anion transport in a mountain stream[J]. Water Resources Rsearch,1984,20(12):1797-1803.

[5] 蒋建军.对渭河中下游几个问题的思考[J].地下水,2005,27(3):5-11.

[6] 杨明楠,朱亮.陕西渭河流域水资源开发利用及问题分析[J].地下水,2010,32(6):170-172.

[7] 张博,洪梅,贾仰文,等.基于 Modflow 的流域分布式水文模型研究:以渭河中下游地区为例[J].湿地科学,2009,7(2):148-154.

[8] 彭殿宝,周孝德.渭河流域(陕西段)水体现状及水污染综合治理研究[J].水资源与水工程学报,2010,21(2):128-131.

[9] 赖坤容,姜子军,刘秀花,等.渭河陕西“二华”段浅层地下水水化学特征[J].干旱区研究,2011,28(3):427-431.

[10] 章光新,邓伟,何岩,等. 中国东北松嫩平原地下水水化学特征与演变规律[J].水科学进展,2006,17(1):20-28.

[11] 窦妍,侯光才,钱会,等.干旱-半干旱地区地下水水文地球化学演化规律研究[J].干旱区资源与环境,2010,24(3):88-92.

[12] 金光球,李凌.河流中潜流交换研究进展[J].水科学进展,2008,19(2):285-291.

【作者简介】 张楠(1981—),男,安徽阜阳人,博士,高级工程师,主要从事水资源管理、水文分析计算等方面的研究工作。E-mail:zhangnan19810202@126.com。

浅谈黄河下游水生态现状的解析

吴玉娇[1] 苏乃华[2]

(1.郓城黄河河务局,郓城 274700;2.山东菏泽黄河工程局,菏泽 274000)

摘 要 建构黄河生态文明建设,要根据黄河水生态面临的多重层面,建立以水体保护、生态修复、资源利用为重点,充分发挥黄河基本功能的生态文明创建机制,切实把黄河下游水生态的根本机制研深吃透,在水体开发、利用及调配、节约保护水资源方面要加以保护原有的生态环境,防治黄河下游流域萎缩、功能下降、生态恶化等生态风险。实现维持黄河健康生命的水体性能,为改革开放、社会稳定和经济发展战略打下坚实的基础。

关键词 黄河下游;水生态;现状解析

An analysis of the present situation of water ecology in the lower reaches of the Yellow River

Wu Yujiao[1] Su Naihua[2]

(1. The Yellow River River Service Bureau of Yuncheng, Yuncheng 274700;
2. Heze Engineering Bureau, the Yellow River, Heze 274000)

Abstract Construction of ecological civilization construction in the Yellow River, according to the multiple dimensions of facing the Yellow River water ecosystem, establish to water conservation, ecological restoration, water resource use as the focus, give full play to the basic functions of the Yellow River Ecological Civilization creation mechanism, and the fundamental mechanism of the middle and lower reaches of the Yellow River water ecosystem research thoroughly understand the deep, in water development, utilization and allocation, saving and protection of water resources should be the original ecological environment protection, atrophy of the prevention and control of the lower reaches of the Yellow River Basin, functional decline, deterioration of ecological environment and ecological risk. The performance of the water body in maintaining the healthy life of the Yellow River is to lay a solid foundation for the reform and opening up, social stability and economic development strategy.

Key words the lower reaches of the Yellow River; water ecology; current situation analysis

黄河下游的水体潜藏着的生态风险具有突出性和隐蔽性。进一步做好水质样本采集,对空气质量、生态环境、河床演变情况等进行全面监测,采取数据对比、筛选,确定初始时段的生态变化。

建构之中,缺失可行特性的操作指引。为此,有必要辨识风险评判关涉的若干内涵。结合日常实践,细分评估区段、设定适宜终端、解析深层级的效应。建构在概率根基之上的风险辨析,为这一领域以内的技术调研提供精准参照。

1 生态环境现状解析

黄河下游水生态风险愈演愈烈,由于近年来调水调沙工作的深入进行,黄河主河道高程下降较多,取得了举世瞩目的成绩。但是,在水沙不协调的作用下,河道内淤积的泥沙成分不断发生变化,粗颗粒泥沙在黄河下游部分河道自然沉淀,细颗粒泥沙才能输送到大海,导致河床内淤沙结构发生微变。

近年来,黄河下游有部分河道内采铁、采矿事件时有发生,一方面导致河道内淤沙缺少营养供给,另一方面导致河床高低不平,不仅影响行洪,还使河道原有生态遭到严重破坏,极大降低了黄河泥沙对水质的净化作用。

由于黄河上游修建了大量水库、大坝,虽然都设计了鱼群回流通道,但效果不佳。由于目前河床高、无串沟,给鱼虾繁殖带来了不利因素,加之部分河段内有电鱼、药鱼的现象,致使黄河下游鱼种不断减少,部分鱼种灭绝。

随着人民生活水平的不断提高,观看黄河、进行野炊成为部分市民周末旅游的首选,有的市民在河工程范围内吃、喝、玩,塑料袋满天飞,饮料瓶、碎玻璃瓶、食物被丢的到处都是,并且呈逐年上升趋势,在雨水的冲刷下,都静静的进入了河道内,致使黄河水质遭到污染[1]。

2 暴露潜在生态威胁

黄河下游将面临着多重方面的严峻考验,辨析黄河下游生态潜藏着的不佳影响,进一步考量威胁黄河生态的基本要素,对于细分出来的不佳生态后果,评判其潜藏着的可能存在的生态风险。对黄河水质进行分段监测,掌握各河段内含有的有害成分,摸清各时段的物质浓度、形成规律,解析带有污染倾向的河段环境,有效辨别黄河下游潜藏的生态风险。

在多层级的不佳要素之下,综合评判存在的生态风险,整合初始假设、不确定的特性、解析之中的优势、对应着的弊病等多重依据,深刻研究黄河下游生物体凸显出来的个体病变、群落架构内的真实密度、生物总量、生物特有的年龄构架、平均死亡概率、物种缩减的总倾向。综合风险表征,可分成定性层级和对应着的定量层级,检验生态水准的物质流和对应着的能量流,来判定生态环境的不断变化。

根据黄河下游生态风险评判得来的效应解析深层效应,结合对河道内包含的概率密度、重叠面积测定、联合概率关涉的曲线测定,来辨析污染物特有的浓度高低,选取环境范畴的污染浓度、拟订的适宜浓度,予以精准做商,按照做商得来的差值,评判潜在生态风险,双重曲线叠合之处,折射着生态风险存在的总概率。

3 生态风险评估

黄河下游的生态风险紧密关联着不确定倾向下的若干事件,受某个区段污染、灾害情形之下的不佳影响和未来时段的不佳环境效应,这种生态威胁带有客观特性,它会随时间更替而更替。生态风险受体包含带有侵蚀威胁这样的对象,即风险特有的荷载者、承受的对象,它表征了某一范畴的完备系统或细化的某一组分,生态受体即筛选出来的某一生物或非生物。

调研必备的终端,是生态体系架构内的组分,它表征着组分的特性,通常情形下,评估终端被设定成很易被损毁的特有指标,在外力之下,这些对象带有偏大的损毁可能,终端凸显的特性是可被测定的特性。这种评估终端,可拟订为某群落特有的死亡概率、繁殖被抑制的情形、带有病理表征的这类异常、群落物种数目、物种丰富状态。暴露评估特有的总框架,包含区段范畴的物种流动、筛选风险受体,通过某一受体及潜藏着的环境干扰,包含特有的暴露路径辨析受体及潜藏着的风险关系,来辨识生态环境所暴露的状态,测定风险强度、涵盖着的时空范畴、各类干扰源、隐患暴露特有的可能性。

对黄河水域潜藏的多重生态威胁进行辨识时,分出适当区段,凸显侧重意义。通常状态下,风险辨识必备的这类区段包含若干单元,每类生态单元都应被设定在综合架构之中,妥善予以评价。流域特有的平均效应、单元布设的效应都被涵盖在内。

4 生态风险控制

(1)黄河流域生态环境通过筛选出来的生态受体,包含生物组织、生物体范畴内的某器官、多层级的生态群落。在流域环境之中,压力源布设的范畴偏广,压力源特有的干扰范畴偏大,细化的多样受体对压力源特有的各类反应都带有差异。为此,应当审慎筛选,选出典型情形下的区域受体。

具体而言,筛选出来的典型受体,按照危害状态,解析这一体系附带的真实风险。设定评估终端,也要经过受体。评估终端特有的载体,应被拟订成某一受体。评估终端特有的设定规则带有可测定的特性,只有可被测定,拟订好的评估进程才会凸显高层级的可操作属性。筛选这类终端,还应考量生态情形下的敏感性、设定管理目标。惯用的这类终端,包含某时段的死亡概率、群落物种数目、繁衍之中的损害状态。

(2)黄河下游水域的风险表征,描画了风险评判得来的若干结果,它能为接续的对策拟订提供精准根据。表达这种表征,包含定性解析、定量评判等。定性架构中的这种表征,包含不可被接纳的流域风险,解析了风险特性。

描绘风险表征,包含不利态势下的多样风险。前期时段的这类表征,把暴露出来的一切状态予以整合,测定潜藏着的可能隐患,定量解析路径和风险大小,定量解析关涉的思路,是要建构暴露状态及特有的成效联系;定量层级内的解析不能脱离拟订好的各时段测验,经过审慎测定,建构复杂模型,对应着的环节都潜藏着不确定。

(3)生态风险的效应解析整合了多样危害。综合黄河下游水域的生物病变、生物群落死亡、种群特有的数目缩减、密度缩减、年龄构架变更等,种群丰富状态也在渐渐恶化,生物体系范畴内的物质流、各时段的能量流,也在不断变动,效应解析细化的内涵包含压力响应,若拟订的这类压力包含毒害特性的某一物质,则这类关系表征着毒性效应。在这种情形下,应能辨析浓度及剂量,解析效应关联。

剂量特有的测验能够评判带有毒害特性的某一物质。建构最优模型,妥善予以评价,这个步骤之中,毒理学特有的测定途径已经发育成熟。受到多重限制,很难对收集得来的一切物质都辨析其毒性,黄河水体风险评判应能描画这一曲线,测定最低数值的、最高数值的关联浓度。若水体潜藏着多重威胁,则先要辨析响应,才可拟订最优组合。

5 结语

黄河下游流域特有的生态风险应被精准评价。这种评价路径,整合着风险管控、带有环保特性的多重决策;生态风险评断,侧重简化潜藏着的疑难;风险评估拟订好的完备历程,应带有可操作的优势。评判得来的结果,带有客观特性及成效性,生态风险评判、风险管控依托的路径及对策,都应在接续的实践之中,不断变更完善。

参考文献

[1] 安催花,唐梅英,陈雄波,等.黄河河口综合治理面临的问题与对策[J].人民黄河,2013,35(10):60-62.

【作者简介】 吴玉娇(1974—),男,山东郓城人,高级工程师,主要从事水利工程建设与管理方面的研究工作。E-mail:wuyujiao6146@126.com。

水 土 保 持

2015年5月24日郑州地区天然降雨雨滴特性分析*

申震洲[1,2] 姚文艺[2] 温朋利[3] 李伟伟[2] 魏鹳举[4]

（1. 西安理工大学，西安 710049；2. 黄河水利科学研究院，郑州 450003；
3. 河南省偃师市国土资源局，洛阳 471900；4. 青海大学 水利水电学院，西宁 810016）

摘 要 通过黄土坡面的天然降雨试验，研究了天然降雨过程中不同时间段内的雨滴特性，包括雨滴速度与粒径的大小，研究结果表明，降雨过程是一个降雨强度抛物线变化的过程，先增加到顶峰后再逐渐减小；在天然降雨下，随着雨强的增加，单位时间内雨滴的个数、粒径、终速都会相应增加；天然降雨的雨滴粒径和雨滴终速都比较分散，从大至小均有分布；在该场次降雨过程的主要降雨时间段内，降雨雨滴的终速主要集中在0.6～4.2 m/s，同时形成了两个终速波峰，分别是1 m/s和3.4 m/s；同时可以看到降雨主要是由粒径为0.125～0.375 mm的雨滴组成。其中0.125 mm粒径的雨滴终速主要集中在0.6～1.8 m/s，0.25 mm粒径的雨滴终速主要集中在1～1.4 m/s，0.375 mm粒径的雨滴终速主要集中在1～1.4 m/s，0.5 mm粒径的雨滴终速主要集中在1～1.4 m/s。

关键词 天然降雨；粒径；雨滴终速

Study on the raindrop characters of 20150524 rainfalls in Zhengzhou

Shen Zhenzhou[1,2] Yao Wenyi[2] Wen Pengli[3] Li Weiwei[2] Wei Guanju[4]

（1. Xi′an University of Technology, Xi′an 710049;
2. Yellow River Institute of Hydraulic Research, Zhengzhou 450003;
3. YanShi Bureau of Land and Resources, Luoyang 471900;
4. College of Water Resources and Electric Power, Qinghai University, Xining 810016）

Abstract The experiment is to study the raindrops characteristic under natural rainfall. The results show that: The numbers/diameter/final speed of rainfall were increased with the rainfall intensity under natural rainfall conditions. The final speed and particle size were scattered at natural

* **基金项目**：河南省创新型科技人才队伍建设工程（162101510004）、中央级公益性科研院所基本科研业务专项资金项目（HKY－JBYW－2013－03）、“十二五”国家科技支撑项目（2013BAC05B04）、国家自然科学基金资助项目（41201267）。

raindrop. The final speed of raindrop were mainly 0. 6-4. 2 m/s under natural rainfall condition, they had two wave crests respectively 1 m/s 和 3. 4 m/s; The rainfall was constituent part by 0. 125-0. 375 mm raindrops; the final speed of 0. 125 mm raindrops were about between 0. 6-3. 4 m/s, the final speed of 0. 25 mm raindrops were about between 0. 8-2. 2 m/s, the final speed of 0. 375 mm raindrops were about between 1-1. 8 m/s, the final speed of 0. 5 mm raindrops were about between 1-1. 4 m/s.

Key words natural rainfall; diameter; Speed

黄土高原是黄河泥沙的主要来源,是制约黄河泥沙治理的重要因素。同时,黄土高原也是我国乃至世界上水土流失最为严重的地区之一,其水土流失规律极为复杂,加上现有试验观测方法、手段的发展水平和试验观测内容设置的限制等诸多因素,目前,在流域水土流失规律、侵蚀产沙机理、坝系相对平衡理论等领域的研究中仍未取得重大突破,特别是仍缺乏一个黄土高原实用的水土流失数学模型,还难以建立起科学、合理评价黄土高原水土保持治理蓄水减沙效益,了解入黄泥沙变化趋势的评价预测方法,直接制约了黄土高原水土流失治理的纵深发展[1-11]。通过野外定位试验观测和室内模型试验等多种研究手段,对土壤侵蚀现象进行复演,探索水土流失规律和水土保持措施作用机理,寻求治理开发优化模式,建立黄土高原水土流失数学模型将是今后这一领域研究的重点。

而要建立黄土高原水土流失机理模型,就要深入研究坡面土壤侵蚀过程的机理变化、小流域模型的尺度转换问题,而这些都涉及降雨相似性的问题,所以必须解决土壤侵蚀模型试验中降雨相似的问题[12-15],特别是雨滴特性的问题。本文从天然降雨的降雨雨滴终速、雨滴级配等降雨特性出发,结合不同降雨条件下的土壤侵蚀产沙结果分析模拟降雨和人工降雨的相似性和相似规律,以期推动土壤侵蚀学科的发展。

1 试验设计与数据采集

1.1 试验土槽设计

试验是在黄河水利科学研究院“模型黄河”试验基地进行的。试验土槽坡度为20°,砖混结构既可用于天然降雨试验也可用于径流冲刷试验。试验土槽长5 m、宽1 m、深60 cm。土槽的出口处设有集水槽,集水槽下放置集流桶以收集径流泥沙。

1.2 试验设计

试验用土为郑州邙山表层黄土,颗粒组成中粒径0. 05 ~0. 01 mm 的占43. 4%、粒径0. 02 ~0. 05 mm 的占35. 45%、其他粒径的占21. 15%,土壤干密度控制在1. 2 g/cm^3。

1.3 试验方法

首先在土槽下部铺填10 cm 厚的天然沙以保持试验土壤的透水状况接近于天然状况,然后在其上铺填过筛预处理的邙山黄土20 cm 厚,用木板轻拍土壤,使其密度达到1. 2 g/cm^3,再分两次铺15 cm 厚的处理过的土样,密度均控制在1. 2 g/cm^3,以此避免填土密度的不均匀。土槽在天然降雨时采集样品数据。

1.4 数据采集

将5 m 长的试验小区坡面从下至上每隔1 m 划分为一个断面,共5 个断面。有天然降雨时,用坡面流速雷达枪来量测坡面的流速等水力学参数,量测时,从每个断面的开始至结束 1 m 长的距离内测定流速等水力学参数。同时在坡面上接取径流泥沙样,用激光雨滴谱仪和 JDZ 型自计雨量计以及普通雨量筒记录降雨强度的大小变化,试验后分析降雨的特性及坡面的侵蚀产沙、水力学参数等结果。坡面产流后,每隔 1 min 用集流桶接一个径流全样,同时以 1 min 为步长测定每个断面内坡面流的水动力学参数,如流速、流宽及流深等。试验完毕后,测量每个集流桶内的径流质量(kg)和体积(L),用置换法或烘干法计算该时间段内的侵蚀量和含沙量,并结合降雨量和产流量计算坡面的径流入渗率等特征参数。

2 结果与分析

分析了 2015 年 5 月 24 日该场次天然降雨的不同降雨过程时间段的雨滴特性,结果如下:

(1)分析了 2015 年 5 月 24 日天然降雨过程中的第 1 min 内降雨雨滴的粒径与终速的分布组成(见图 1),从图 1 中可以看到该次降雨第 1 min 内降雨雨滴的终速主要集中在 0.6~5 m/s,同时形成了两个终速波峰,分别是 1 m/s 和 3.4 m/s,即大部分的雨滴终速为 1 m/s 和 3.4 m/s 左右,具有该雨滴终速的雨滴个数分别为 9 个和 17 个;同时可以看到降雨主要是由粒径为 0.125~1.5 mm 的雨滴组成。其中 0.125 mm 粒径的雨滴终速主要集中在 0.6~1.8 m/s,0.25 mm 粒径的雨滴终速主要集中在 1~1.4 m/s,0.375 mm 粒径的雨滴终速主要集中在 1~1.4 m/s,0.5 mm 粒径的雨滴终速主要集中在 1~3.4 m/s。

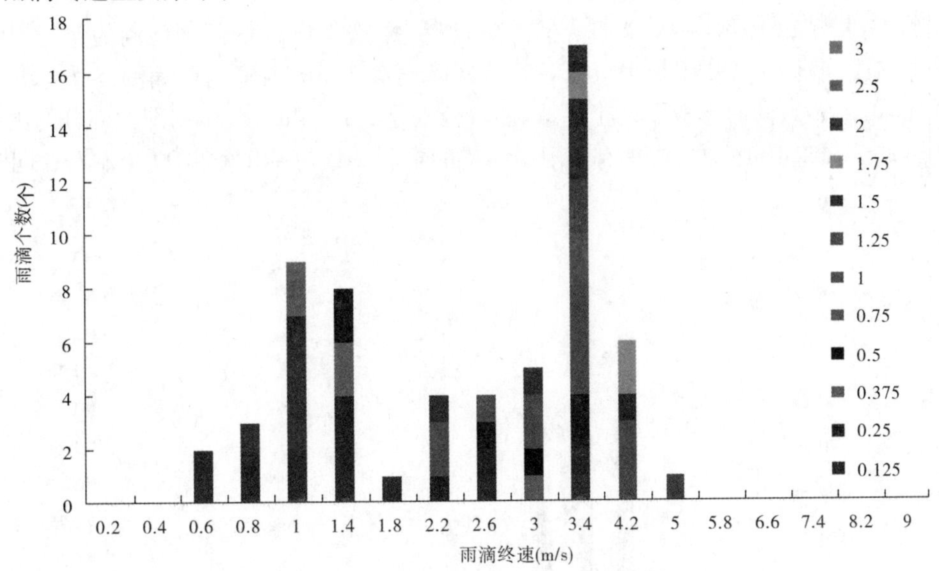

图 1 2015 年 5 月 24 日天然降雨第 1 min 雨滴特性分析

(2)分析了 2015 年 5 月 24 日天然降雨过程中的第 2 min 内降雨雨滴的粒径与终速的分布组成(见图 2),从图 2 中可以看到该次降雨第 2 min 内降雨雨滴的终速主要集中在 0.6~4.2 m/s,同时形成了两个终速波峰,分别是 1 m/s 和 3.4 m/s,即大部分的雨滴终速为 1 m/s 和 3.4 m/s 左右,具有该雨滴终速的雨滴个数分别为 270 个和 70 个左右;同时可以看到降雨主要是由粒径为 0.125~0.375 mm 的雨滴组成。其中 0.125 mm 粒径的

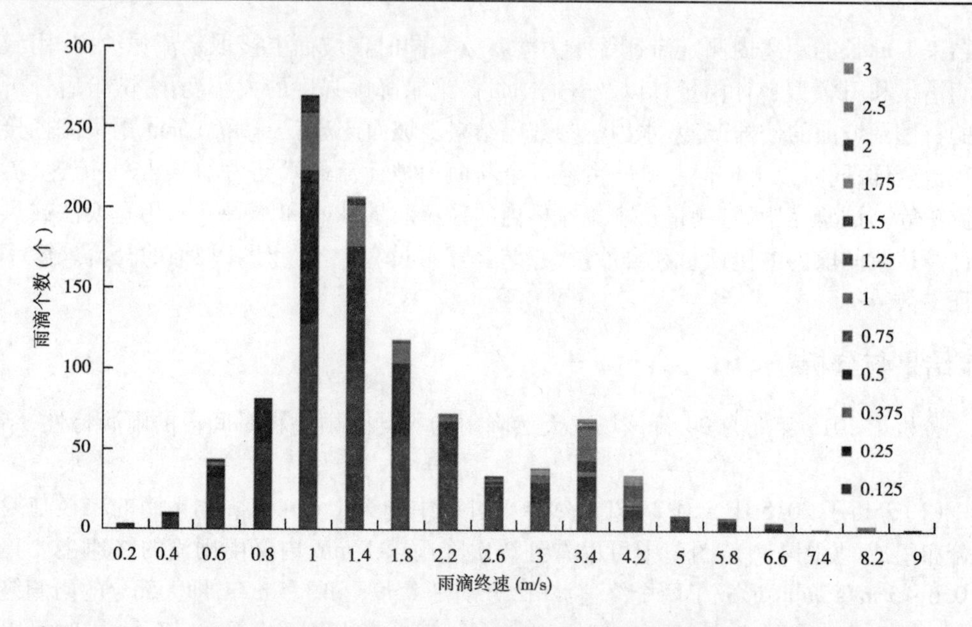

图2　2015 年 5 月 24 日天然降雨第 2 min 雨滴特性分析

雨滴终速主要集中在 0.6 ~ 3.4 m/s，0.25 mm 粒径的雨滴终速主要集中在 0.8 ~ 2.2 m/s，0.375 mm 粒径的雨滴终速主要集中在 1 ~ 1.8 m/s，0.5 mm 粒径的雨滴终速主要集中在 1 ~ 1.4 m/s。

(3)分析了 2015 年 5 月 24 日天然降雨过程中的第 3 min 内降雨雨滴的直径与终速的分布组成(见图3)，从图 3 中可以看到该次降雨第 3 min 内降雨雨滴的终速主要集中在 0.6 ~ 4.2 m/s，同时形成了两个终速波峰，分别是 1 m/s 和 3.4 m/s，即大部分的雨滴终速为 1 m/s 和 3.4 m/s 左右，具有该雨滴终速的雨滴个数为 440 个和 90 个左右；同时可

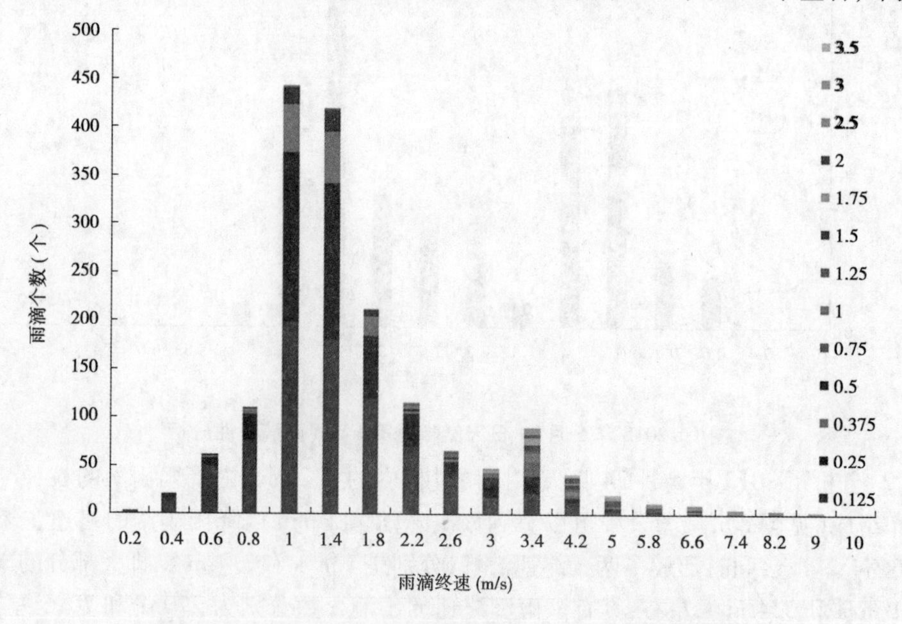

图3　2015 年 5 月 24 日天然降雨第 3 min 雨滴特性分析

以看到降雨主要是由粒径为 0.125 ~ 0.375 mm 的雨滴组成。其中 0.125 mm 粒径的雨滴终速主要集中在 0.4 ~ 3.4 m/s,0.25 mm 粒径的雨滴终速主要集中在 0.8 ~ 2.6 m/s,0.375 mm 粒径的雨滴终速主要集中在 1 ~ 1.8 m/s。

(4)分析了 2015 年 5 月 24 日天然降雨过程中的第 4 min 内降雨雨滴的粒径与终速的分布组成(见图 4),从图 4 中可以看到该次降雨第 4 min 内降雨雨滴的终速主要集中在 0.4 ~ 4.2 m/s,同时形成了两个终速波峰,分别是 1 m/s 和 3.4 m/s,即大部分的雨滴终速为 1 m/s 和 3.4 m/s 左右,具有该雨滴终速的雨滴个数为 105 个和 38 个;同时可以看到降雨主要是由粒径为 0.125 ~ 0.375 mm 的雨滴组成。其中 0.125 mm 粒径的雨滴终速主要集中在 0.6 ~ 1.8 m/s,0.25 mm 粒径的雨滴终速主要集中在 0.6 ~ 1.8 m/s,0.375 mm 粒径的雨滴终速主要集中在 1 ~ 1.4 m/s。

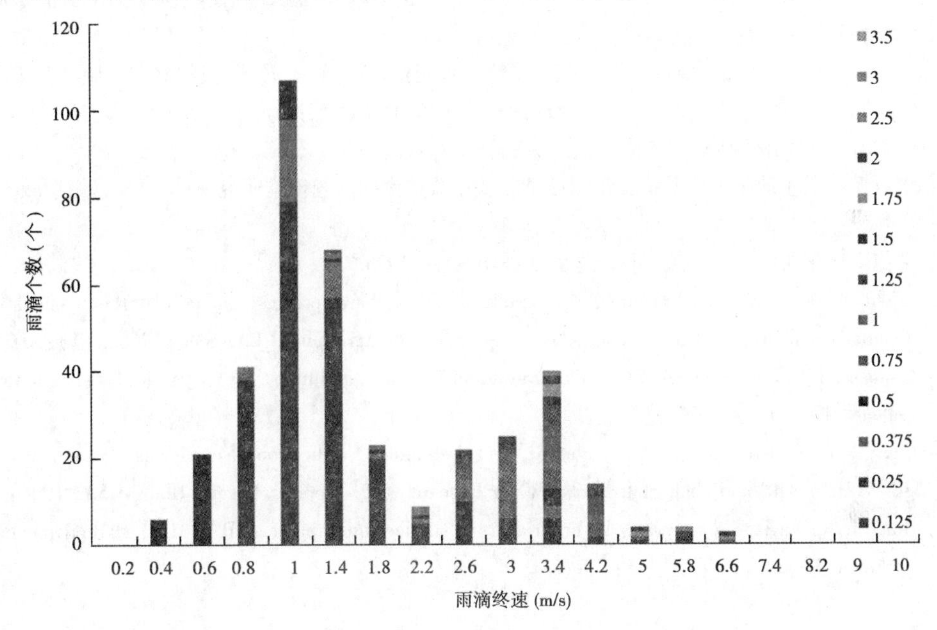

图 4 2015 年 5 月 24 日天然降雨第 4 min 雨滴特性分析

3 结语

通过天然降雨雨滴特性的分析,得到了以下几方面的认识:

(1)天然降雨过程是一个降雨强度抛物线变化的过程,先增加到顶峰后再逐渐减小。

(2)在天然降雨下,随着雨强的增加,单位时间内雨滴的个数、粒径、终速都会相应增加。天然降雨的雨滴粒径和雨滴终速都比较分散,从大到小均有分布。

(3)在该场次降雨过程的主要降雨时间段内,降雨雨滴的终速主要集中在 0.6 ~ 4.2 m/s,同时形成了两个终速波峰,分别是 1 m/s 和 3.4 m/s,即大部分的雨滴终速为 1 m/s 和 3.4 m/s 左右,具有该雨滴终速的雨滴个数为 270 个和 70 个左右;同时可以看到降雨主要是由粒径为 0.125 ~ 0.375 mm 的雨滴组成。其中 0.125 mm 粒径的雨滴终速主要集中在 0.6 ~ 3.4 m/s,0.25 mm 粒径的雨滴终速主要集中在 0.8 ~ 2.2 m/s,0.375 mm 粒径的雨滴终速主要集中在 1 ~ 1. 8 m/s，0. 5 mm 粒径的雨滴终速主要集中在 1 ~ 1. 4 m/s。

参 考 文 献

[1] 唐克丽，等．中国水土保持[M]．北京：科学出版社，2004.

[2] 陈雷．中国的水土保持[J]．中国水土保持，2002(7)：4-6.

[3] 高建恩，吴普特，牛文全，等．黄土高原小流域水力侵蚀模拟试验设计与验证[J]．农业工程学报，2005，21(10)：41-45.

[4] 李书钦，高建恩，赵春，等．坡面水力侵蚀比尺模拟试验设计与验证[J]．中国水土保持科学，2010，18(1)：6-12.

[5] 张红武，徐向舟，吴腾．黄土高原沟道坝系模型设计实例与验证[J]．人民黄河，2006，28(1)：4-5.

[6] 徐向舟，张红武，张羽，等．坡面水土流失比尺模型相似性的试验研究[J]．水土保持学报，2005，19(1)：25-27.

[7] 景可，卢金发，梁季阳．黄河中游侵蚀环境特征和变化趋势[M]．郑州：黄河水利出版社，1997.

[8] 姚文艺．黄河河道实体模拟若干设计理论及其应用[D]．南京：河海大学，2005.

[9] R·拉尔．土壤侵蚀研究方法[M]．北京：科学出版社，1991.

[10] 李占斌．黄土地区坡地系统暴雨侵蚀试验及小流域产沙问题模型研究[D]．西安：陕西机械学院，1991.

[11] 金德生．地貌实验与模拟[M]．北京：地震出版社，1995.

[12] Moldenhauer, W C. Procedure for studying soil characteristics using dislurbed samples and simulatedrainfall[J]. Transactions, American Society of Agricultural Engineer, 1965，8(1)：30-35.

[13] Mamisao J P. Development of agricultural watershed by similitude [D]. M. Sc. Thesis, Iowa State College, 1952：10-30.

[14] Chery D L. Construction, instrumentation, and preliminary verification of a physical hydrological model [R]. USDA-ARS and Utah State Univ. Water Research Lab. Report. Logan, Utah, USA, 1965: 5-10.

[15] Grace R A, Eaglson P S. Similarity criteria in the surface runoff process[R]. MIT, Hydrodynamic Lab, Technical Report No. 77, 1965: 30-42.

【作者简介】 申震洲(1980—)，男，河南汤阴人，高级工程师，硕士，主要从事土壤侵蚀方面的研究工作。E-mail：zzsh80@163. com。

黄丘区典型流域植被结构参数与地表径流的关系*

吕锡芝[1] 焦雪辉[2] 孙 娟[1] 倪用鑫[1] 鲍宏喆[1]

(1. 黄河水利科学研究院 水利部黄土高原水土流失过程与控制重点实验室,郑州 450003;
2. 郑州市农林科学研究所,郑州 450005)

摘 要 为研究植被结构参数与坡面地表径流的关系,选择黄土高原丘陵沟壑区第三副区典型小流域油松林为研究对象,采用野外定位观测的方法,分析坡面上油松林植被结构参数对径流的影响。结果表明:地表径流系数与林分叶面积指数呈负相关关系,即叶面积指数越大地表径流系数越小,拟合的模型为 $R = -0.05\ln(\mathrm{LAI}) + 0.072$。地表径流系数与林分郁闭度呈负相关关系,即郁闭度越大地表径流系数越小,拟合的模型为 $R = -0.11\ln(X) - 0.006$。采用多元线性回归的方法,建立了地表径流与叶面积指数和郁闭度的回归方程。得到的模型为 $R = 0.109 - 0.006\mathrm{LAI} - 0.056X$,表明地表径流系数与林分叶面积指数和郁闭度均呈现负相关关系,将模型标准化后得出影响地表径流系数的林分郁闭度的贡献率为35.2%,叶面积指数的贡献率为64.8%,表明叶面积指数对地表径流系数的主导作用。

关键词 黄土丘陵区;植被结构参数;地表径流

Relationship between vegetation structural parameter and surface runoff in typical watershed in Loess Hilly Region

Lv Xizhi[1] Jiao Xuehui[2] Sun Juan[1] Ni Yongxin[1] Bao Hongzhe[1]

(1. Yellow River Institute of Hydraulic Research, Key Laboratory of the Loess Plateau Soil Erosion and Water Loss Process and Control of Ministry of Water Resources, Zhengzhou , 450003;
2. Zhengzhou Institute of Agriculture and Forestry Science, Zhengzhou 450005)

Abstract To study the relationship between vegetation structural parameter and surface runoff, pinustabulaeformis forest was selected for the study to analyze the effect of vegetation structural parameter on runoff in typical small watershed in Loess Hilly Region Third Deputy District, with the

* **基金项目**:中央级公益性科研院所基本科研业务费专项资金项目(HKF-2014-03、HFY-JBYW-2016-04)、水利部黄土高原水土流失过程与控制重点实验室开放课题基金项目(2015004)。

methods of field observation. The results showed that the surface runoff coefficient and leaf area index were negatively correlated. The surface runoff coefficient decreased with the leaf area index increasing. The model fitting was $R = -0.05\ln(LAI) + 0.072$. The surface runoff coefficient and forest canopy closure were negatively correlated. The surface runoff coefficient decreased with the forest canopy closure increasing. The model fitting was $R = -0.11\ln(X) - 0.006$. Theregression equation of surface runoff with forest leaf area index and canopy closure was established with the method of multiple linear regression. The model fitting was $R = 0.109 - 0.006LAI - 0.056X$ which showed that the surface runoff was negtively correlated with forest leaf area index and canopy closure. Based on model standardization, the contribution rate of forest canopy closure effecting on surface runoff was 35.2% and the leaf area index was 64.8% , which indicated that leaf area index played a leading role in surface runoff.

Key words　loess hilly region; vegetation structural parameters; surface runoff

作为最大的陆地生态系统,森林植被对水文循环的调节作用是巨大的,它影响着水量平衡的每个环节[1-4]。在水资源匮乏的黄土高原地区,森林植被维持自身生长就需要不断蒸腾耗水,而植被的数量和结构的不合理会造成黄土高原地区的水资源不能满足森林植被的正常生长所需,这就导致了水资源的长年短缺伴随着生态环境逐年退化的恶性循环[5-10]。森林植被作为很重要的生态恢复因子,其蓄水保土、截留降水、减少地表径流、拦截泥沙等方面的作用已被大量的研究结果所证实[11-15]。

有研究者认为降低林分密度是维持森林植被水分平衡的途径,但由于树体大小、植被类型的差别,密度并不是一个通用的植被结构指标[16]。王彦辉等在总结了在宁夏固原六盘山、北京延庆等地区的植被蒸散耗水研究后,提出叶面积指数或郁闭度在评价土壤水分承载力及植被蒸散耗水需求时可能比密度更符合生物学的逻辑[17]。在生态系统中,叶面积指数是一个能定量描述冠层结构及其动态的重要植被属性,它是反映植物群体生长状况的一个重要指标,也是生态系统的一个十分重要的结构参数,它能有效地表达植物叶片数量、冠层结构变化、植物群落生长及其环境效应等信息,为生态系统的物质循环和能量循环提供结构化的定量参数,并且在生态系统的碳循环、生产力、土壤－植物－大气系统相互作用、植被遥感信息等许多方面起到重要作用。郁闭度是指森林中乔木树冠遮蔽地面的程度,它是一种反映林分密度的指标,是最基本的林业经营概念之一[18]。相比叶面积指数,郁闭度指标的直观性更强,并且不需要借助任何仪器设备即可测定。因此,本文选择叶面积指数和郁闭度作为反映植被结构的参数。

在森林生态与水文过程之间,具有复杂的响应关系和相互作用,关键影响过程和功能大小也有时空尺度变化和区域差异,而目前科学认识仍不统一并严重滞后,即使在森林影响径流和洪水这些传统方面也还不一致;在森林影响产流方面更是争论很大,森林植被如何对黄土高原地区的水资源形成过程进行调控,其对径流量的影响有多大,由于植被重建导致的径流减少量占该地区径流减少量的比例有多大,这些问题都严重制约着林业生态工程管理的科学决策。关于森林植被影响水文过程尤其是径流的形成过程的研究,在坡面尺度上,植被结构参数对径流的影响研究甚少。鉴于以上问题,本文选择黄土高原丘陵沟壑区第三副区典型小流域油松林为研究对象,采用野外定位观测与室内试验相结合的方法,研究植被结构参数对径流的影响,以期为该区域的森林植被恢复与经营提供理论依据和技术支撑。

1 试验设计及研究方法

1.1 研究区概况

试验地位于甘肃省天水市南郊的罗玉沟小流域,地貌上属于我国黄土高原丘陵沟壑区第三副区。气候属于温带半干旱大陆性气候,雨热同期。多年平均气温为1.04 ℃,最高温度出现在7~8月,平均为22.1 ℃,最低温度出现在1月,多年平均为0.52 ℃。多年平均降水量为533.65 mm,,6~9月4个月间降水总量占全年降水量的85%以上。土壤为黄土质灰褐土,土层厚度50 cm以上。植被类型为温带落叶林带,主要乔木树种有油松(Pinustabulaeform)、刺槐(Quercusvariabilis)等,主要的灌木树种有沙棘(Hippophaerhamnoide Linn)、酸枣(Ziziphusjujubavar. spinosa)等,主要的草本植物有白羊草(Bothriochloaischaemum)、中华羊茅(FestucasinensisKeng)、狗牙根(Cynodondactylon)等。

1.2 试验设计

在流域内油松林坡面上设立固定样地三块,在固定样地内各设置一个天然降雨径流场,位置设置在坡面平整的坡地上。径流场宽5 m,与等高线平行,水平投影长20 m,水平投影面积100 m^2。径流场上部及两侧设置围埂,围埂外侧设置保护带,宽2 m,处理和径流场相同,下部设置集水槽,在径流场集水槽出水口安装地表径流测量系统的平缓导流槽进行引流,确保对接严密无缝隙,承接全部径流小区出水。导流槽下垫面平坦无凸起,导流槽接入分流箱,分流箱出水口与自记雨量计装置的进水口相连。确保分流箱旁路出水口通畅,当发生较大的地表径流时,多余的径流会由此流出。径流场概况见表1。

表1 径流场基本信息表

编号	优势树种	平均树高(m)	平均胸径(cm)	土壤厚度(cm)	坡度(°)	枯落物厚度(cm)
1号	油松	9.5	21.5	70	22	3.8
2号	油松	10.2	22.3	75	24	4.1
3号	油松	8.8	20.8	70	25	2.3

在试验样地内外各设置一个小型气象站,实时监测空气温度(℃)、降雨量(mm)、降雨强度(mm/min)、净辐射(W/m^2)、空气相对湿度(%)、风速(m/s)和风向等气象因子,数据采集频率为每分钟1次。

1.3 数据来源

(1)降雨数据采用林内外气象站监测所得数据。

(2)径流数据采用径流场水箱内HOBO自记式水位计监测所得数据。

(3)叶面积指数采用美国Licor公司生产的LAI-2200植被冠层分析仪,在2014年植被生长季(6~9月)期间,每隔5 d在三块固定样地中巡回监测一次。

(4)郁闭度采用样点观测法在2014年植被生长季(6~9月)期间,每隔5 d在三块固定样地中巡回观测一次。

2　结果及分析

2.1　叶面积指数与地表径流的关系

利用2014年6~9月生长季在油松林固定样地上所测得的叶面积指数与各径流场地表径流数据建立相关关系(见图1),为了消除降雨这一对径流量影响最大的因子,本文采用径流系数来表征径流。研究发现,地表径流系数与林分叶面积指数呈负相关关系,即叶面积指数越大地表径流系数越小。原因可能是随着叶面积指数的增大,极大地削弱了落在林地地表的雨量强度,同时林冠所截留的降雨量也越大,导致地表径流系数减小。

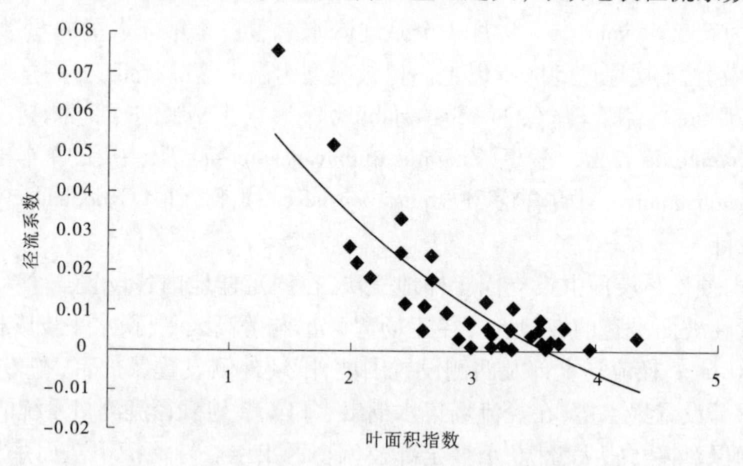

图1　叶面积指数与地表径流系数的关系

基于叶面积指数与地表径流系数数据,建立了地表径流系数与叶面积指数(LAI)的回归方程:

$$R = -0.05\ln(\mathrm{LAI}) + 0.072\ (R^2 = 0.74, n = 36, P < 0.05\cdots)$$

式中:R为坡面地表径流系数;LAI为叶面积指数,m^2/m^2。

经检验,方程R^2大于0.7,P小于0.05,模型拟合效果较好。

2.2　郁闭度与地表径流的关系

利用2014年6~9月生长季在油松林固定样地上所测得的郁闭度与各径流场地表径流数据建立相关关系(见图2)。结果表明,地表径流系数与林分郁闭度呈负相关关系,即郁闭度越大地表径流系数越小。原因可能是随着郁闭度的增大,使得林冠面积增加,更多地截留降雨并减小雨强,从而减小了降雨对林下土壤的冲击,导致地表径流系数减小。

地表径流系数与郁闭度的回归方程:

$$R = -0.11\ln(X) - 0.006\quad (R^2 = 0.61, n = 36, P < 0.05\cdots)$$

式中:R为坡面地表径流系数;X为郁闭度。

经检验,方程R^2大于0.6,P小于0.05,模型拟合效果较好。

2.3　不同植被结构与地表径流的关系

为研究不同的叶面积指数和郁闭度共同对地表径流的影响,本文采用多元线性回归的方法,建立地表径流与叶面积指数和郁闭度的回归方程。运用SPSS软件,先将各指标进行标准化,线性回归得到不同结构指数与地表径流系数的关系为

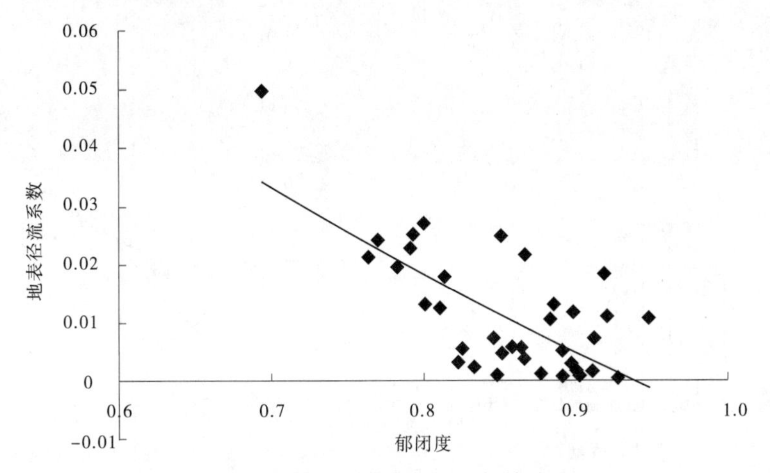

图2 郁闭度与地表径流系数的关系

$$R = 0.109 - 0.006\text{LAI} - 0.056X \quad (R^2 = 0.73)$$

式中:R 为坡面地表径流系数;LAI 为叶面积指数,m^2/m^2;X 为郁闭度。

从上面的模型看叶面积指数和郁闭度都与地表径流系数呈负相关关系,将上述模型系数标准化后为

$$R = 0.109 - 0.648\text{LAI} - 0.352X$$

模型中字母代表意义同上,模型中各指标的系数就是该指标的贡献率,可以看出郁闭度的贡献率为35.2%,叶面积指数的贡献率为64.8%,对地表径流系数影响最大,这是因为叶面积指数增大主要是枝叶的增多,枝叶多了必然导致林冠截留增大从而减少地表的降雨量,而枝叶的增多也有效地降低了降雨强度,从而导致地表径流系数减小。

为检验模型的合理性,对上述模型进行 t 检验、F 检验和残差的正态性检验,检验结果见表2 和图3。其中,F 检验表征模型中各自变量结合起来与因变量之间回归关系的显著性,从表2 看出自变量与因变量的线性关系显著性值小于0.001,达到了极显著性水平,这说明得出的线性回归模型是可靠的,为了进一步验证这一点,又进行了模型残差和累积概率分析(见图3),残差直方图表明模型学生化残差基本成标准正态分布,而观测变量累积概率也接近标准正态分布,从而进一步表明了模型的可靠性。此外,为了更具体地了解模型中每个自变量对因变量的影响是否显著进行了 t 检验(见表2),整体来看,各指标的显著性值都小于0.05,说明各自变量与因变量之间确实存在线性关系。进一步比较发现,模型中表现出叶面积指数对地表径流系数的影响要大于郁闭度,表明叶面积指数对地表径流系数的主导作用。

表2 显著性检验

检验	F 检验	t 常数检验	t 叶面积指数检验	t 郁闭度检验
显著性值	0.000	0.000	0.013	0.032

3 讨论

从经典的霍顿产流机制不能解释森林环境下径流的形成机制,霍顿地表径流一般发

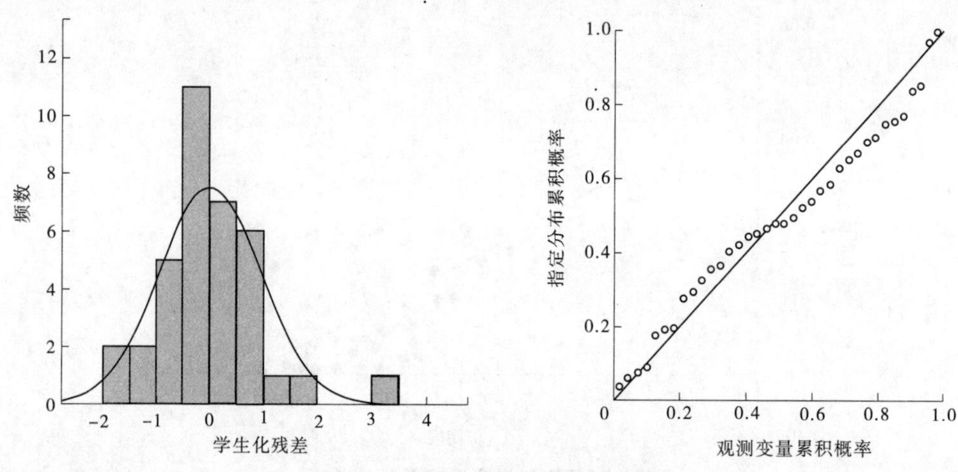

图3　残差直方图和累积概率图

生在植被稀少、土壤发育不良、土壤入渗能力低的条件下，而在湿润地区的森林环境中，由于土壤发育，地表径流以饱和地表径流的形式产生，研究森林植被对坡面径流形成机制的影响，必须将地质、地形、地貌因素的影响排除。前人的研究成果[19-21]虽然都在一定程度上解释了植被对地表径流的影响，但是更多地关注在不同的植被类型下坡面径流的响应，而没有给出在降水条件及下垫面条件相同的情况下，植被本身的结构发生变化时是如何影响坡面径流的。本文针对上述问题，通过对在植被叶面积指数以及郁闭度的变化过程中同时监测地表径流，研究仅在植被结构变化下地表径流是如何变化的，同时要明确相应的结构指数对径流影响的贡献率，这也是本文不同于前人研究的最大特色之处。

4　结语

(1)地表径流系数与林分叶面积指数呈负相关关系，即叶面积指数越大地表径流系数越小。拟合的模型为 $R=-0.05\ln(\mathrm{LAI})+0.072$，经检验，模型拟合效果较好。

(2)地表径流系数与林分郁闭度呈负相关关系，即郁闭度越大地表径流系数越小。拟合的模型为 $R=-0.11\ln(X)-0.006$，经检验，模型拟合效果较好。

(3)采用多元线性回归的方法，建立了地表径流与叶面积指数和郁闭度的回归方程。得到的模型为 $R=0.109-0.006\mathrm{LAI}-0.056X$，表明地表径流系数与林分叶面积指数和郁闭度均呈现负相关关系，将模型标准化后得出影响地表径流系数的林分郁闭度的贡献率为35.2%，叶面积指数的贡献率为64.8%，表明叶面积指数对地表径流系数的主导作用。为检验模型的合理性，对上述模型进行 t 检验、F 检验和残差的正态性检验，检验结果均验证了模型的可靠性。

参考文献

[1] Liu Hj, Li Y, JOSEF T, et al. Quantitative estimation of climate change effects on potential evapotranspiration in Beijing during 1951—2010[J]. Journal of Geographical Sciences, 2014,24(1): 93-112.

[2] PAN C Z, SHANG GUAN Z P. Runoff hydraulic characteristics and sediment generation in sloped

grassplots under simulated rainfall conditions [J]. Journal of Hydrology, 2006, 331: 178-185.

[3] 琚彤军,刘普灵,徐学选. 不同次降雨条件对黄土区主要地类水沙动态过程的影响及其机理研究[J]. 泥沙研究,2007(4):65-71.

[4] 苗连朋,温仲明,张丽. 植被变化与水沙关系研究[J]. 干旱区资源与环境,2015,5(5):75-81.

[5] 石培礼,李文华. 森林植被变化对水文过程和径流的影响效应[J]. 自然资源学报,2001,16(5):481-487.

[6] 太立坤,余雪标,杨曾奖,等. 三种类型森林林下植物多样性及生物量比较[J]. 生态环境学报,2009,18(1):229-234.

[7] 王占礼,黄新会,张振国,等. 黄土裸坡降雨产流过程试验研究[J]. 水土保持通报,2005,25(4):1-4.

[8] 王清华,李怀恩,卢科锋,等. 森林植被变化对径流及洪水的影响分析[J]. 水资源与水工程学报,2004,15(2):21-24.

[9] 王玉杰,王云琦. 森林对坡面产流的影响研究[J]. 世界林业研究,2005,18(3):12-15.

[10] 吴希媛,张丽萍. 降水再分配受雨强、坡度、覆盖度交叉影响机理探讨[J]. 水土保持学报,2006,20(4):28-30.

[11] 肖金强,张志强,武军. 坡面尺度林地植被对地表径流与土壤水分的影响初步研究[J]. 水土保持研究,2006,10(5):227-231.

[12] 于国强,李占斌,李鹏,等. 不同植被类型的坡面径流侵蚀产沙试验研究[J]. 水科学进展,2010,21(5):593-599.

[13] 于国强,李占斌,张霞,等. 野外模拟降雨条件下径流侵蚀产沙试验研究[J]. 水土保持学报, 2009,23(4): 10-14.

[14] 张建军, 纳磊, 董煌标, 等. 黄土高原不同植被覆盖对流域水文的影响 [J] . 生态学报, 2008 , 28 (8) : 3597-3605.

[16] 刘建立. 六盘山叠叠沟坡面生态水文过程与植被承载力研究[D]. 北京:中国林业科学研究院,2008.

[17] 王彦辉,熊伟,于澎涛,等. 干旱缺水地区森林植被蒸散耗水研究[J]. 中国水土保持科学,2004,4(4):19-25.

[18] 时忠杰,王彦辉,熊伟,等. 单株华北落叶松树冠穿透降雨的空间异质性[J]. 生态学报, 2006, 26(9):2877-2886.

[19] Wang Wg, Shao Qx, Yang T, et al. Quantitative assessment of the impact of climate variability and human activities on runoff changes: a case study in four catchments of the Haihe River basin, China[J]. Hydrological processes, 2013,27: 1158-1174.

[20] Zhang X, Cong Z. Trends of precipitation intensity and frequency in hydrological regions of China from 1956 to 2005[J]. Global and Planetary Change,2014, 117:40-51.

[21] Lewis C, Albertson J, Zi T, et al. How does afforestation affect the hydrology of a blanket peat land? A modeling study[J]. Hydrological Processes, 2013, 27(25): 3577-3588.

【作者简介】 吕锡芝(1986—),男,山西惠民人,工程师,博士,主要从事森林水文、水土保持方面的研究工作。E-mail:nihulvxizhi@163.com。

融合机载 LiDAR 与影像的土壤侵蚀监测方法研究*

郭　林[1,2]　袁占良[1]　许　颖[3]

（1. 河南理工大学 测绘与国土信息工程学院，焦作　454000；
2. 南水北调中线干线工程建设管理局河南分局，郑州　450016；
3. 河海大学 地球科学与工程学院，南京　211100）

摘　要　机载激光雷达技术能够快速获取高精度高程信息，并穿透植被得到地面和非地面数据，为大范围土壤侵蚀监测和地貌特征提取提供了新的数据基础，尤其适合于复杂地形情况的应用。本文从点云滤波、特征线提取、点云与影像融合和侵蚀沟参数提取几个方面出发分析机载 LiDAR 应用于土壤侵蚀的优势，并与传统土壤侵蚀监测技术进行比较，旨在为土壤侵蚀监测提供一种新的思路和方法。

关键词　机载 LiDAR；土壤侵蚀；点云；数据融合

Research on soil erosion monitoring method based on the fusion of airborne LiDAR and image

Guo Lin[1,2]　Yuan Zhanliang[1]　Xu Ying[3]

（1. Henan Polytechnic University, School of Surveying and Land Information Engineering, Jiaozuo　454000; 2. Middle Route project construction authority of South-to-North water Transfer, Henan Bureau, Zhengzhou　450016; 3. School of Earth Sciences and Engineering, Hohai University, NanJing　211100）

Abstract　LiDAR (Airborne light detection and ranging) technology has the capability to acquire the elevation of the monitoring terrain and other objects covered by vegetation quickly with high-accuracy, providing a new data resource for large-range soil erosion monitoring and geomorphic feature extraction, is especially suitable for the application with complex terrain. This paper systematically analyses the advantages of this technology used in the field of the soil erosion based

* **基金项目**：水利部重点实验室开放研究基金（2015003）、中央高校项目（2014B38614）。

on the following aspects, such as the filtering of the point clouds, the extraction of the characteristic lines, the fusion of point cloud and image, and the extraction of the erosion gully parameters. Additionally, a comparison is made with traditional monitoring approaches aimedat giving a novel procedure and method for the soil erosion monitoring.

Key words Airborne LiDAR; Soil erosion; point cloud; data fusion

1 引言

土壤侵蚀的主要侵蚀类型包括水力侵蚀、重力侵蚀、风力侵蚀、冻融侵蚀和冰川侵蚀等,土壤侵蚀的加剧发展直接造成了滑坡、泥石流、崩塌等自然灾害的频繁发生,水土保持与治理工作面临着严峻的挑战[1]。为保证治理的有效性和高效性,土壤侵蚀的综合治理必须基于详细的调查、大量系统性的监测数据,只有这样才能去粗取精、去伪存真,才能开发模型、分析土壤侵蚀动态、预报土壤侵蚀及其治理的发展趋势。水土保持监测是水土保持的信息收集中心及传感器,是水土保持与治理工作的基础,是水土保持宏观决策的依据[2-3]。

自研究水土流失问题以来,土壤侵蚀监测技术得到了不断发展。侵蚀沟监测最早是在黄土高原开展的[4]。目前监测方法主要有:实地量测法、立体摄影测量、高精度 GPS 测量、三维激光扫描技术以及光学遥感影像处理分析等。实地量测方法虽然理论成熟、测量精度高,但是监测范围小,不适合大区域作业。Li、Milan、朱良军、Poesen、Abdi 等使用立体摄影测量技术进行侵蚀沟监测[5-9],与实地测量相比范围扩大而且非接触式测量大大节省了外业工作量,但与黄土高原区域分布广泛的侵蚀沟相比,测量范围仍然很小,而且投影变形大、受地面坡度影响等。游智敏用高精度 GPS 监测侵蚀沟侵蚀过程并将其运用到黑龙江市漫川漫岗黑土区,虽然具有速度快、精度高等优越性,但其离散的作业模式要实现对侵蚀沟的精细监测要投入大量人力,况且地形复杂、危险区对监测人员的安全也会造成一定威胁[10-12]。潘少奇等分析由地面三维激光扫描获取的不同精度 DEM 对流域和地形特征研究的影响,尽管扫描仪成本低、点的密度高,但作业区域有限,尤其是扫描的角度和范围对侵蚀沟底部监测有一定的局限性[13-14]。由于侵蚀沟在我国乃至世界范围内分布广,危害严重,因此迫切需要建立一种能在大尺度内快速定量监测和评价侵蚀沟的研究方法,为进一步计算土壤侵蚀量打下基础。

机载激光雷达 LiDAR 点云数据精度高、密度大,不仅具有传统遥感手段难以获取的高精度高程信息,还可以同时获取回波、强度等数据为目标识别、分类提供辅助数据,尤其能对植被下面的地面或非地面数据快速获取,携带多光谱 CCD 相机,具备了同时获得多光谱 CCD 影像的能力,增强对地物的认识和识别能力。本文结合一些特有的地形地貌特征,从基于机载 LiDAR 技术进行土壤侵蚀监测所涉及的几个关键点出发,分析了机载 LiDAR应用于土壤侵蚀的具体方面,显示了此技术的优势和潜力。

2 机载 LiDAR 技术

2.1 机载 LiDAR 系统组成

机载 LiDAR 系统是一种新型的主动式空间对地观测技术,是当前遥感信息获取系统中最先进技术的代表[15]。机载 LiDAR 系统各系统部件的搭载平台为飞机,激光扫描测距系统作为其传感器,能实时获取地球表面的三维空间信息,并同时提供一定的红外光谱信息。机载 LiDAR 系统的主要组成部分包括:①激光扫描仪,测定激光雷达信号发射参考点到地面激光脚点间的距离(见图 1);②惯性导航系统(INS),测定激光扫描系统的姿态参数;③动态差分 GPS 接收机(Differential Global Positioning System,DGPS),确定激光雷达信号发射参考点的空间位置;④成像装置,一般为高分辨率 CCD 相机,记录地面实况,为后续的点云数据处理提供参考,亦可作为一种融合数据源[16]。

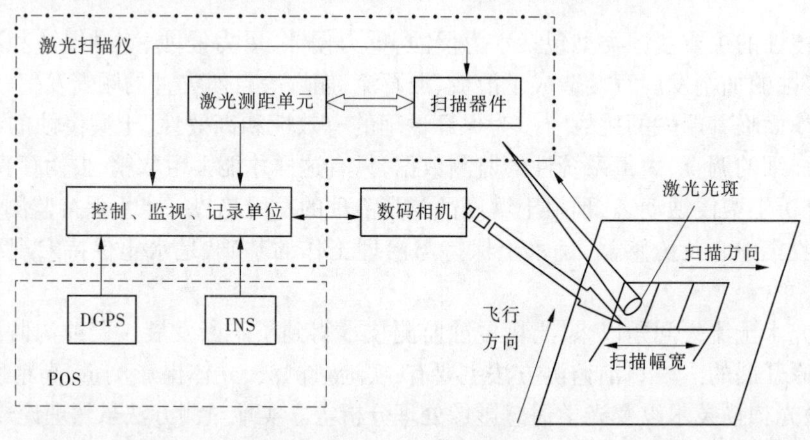

图 1　典型机载 LiDAR 系统组成

2.2　机载 LiDAR 数据特征分析

LiDAR 点云是在同一空间参考系下表达目标空间分布的海量点集合[17]。在应用于土壤侵蚀方面,与传统的影像数据相比,机载 LiDAR 点云数据在内容、形式等方面有很多的不同之处:一是点云精度高,进而获取高精度的数字高程模型(DEM)数据,已在基础测绘、电力、林业、水利等行业广泛应用。二是可以获取多次回波数据。机载 LiDAR 是一种主动测量方式,因此对于复杂地区,尤其是植被覆盖地区,可以穿透植被直接到达地面。LiDAR 点云数据多次回波特性在林区等植被覆盖区域得到了广泛应用,多次回波对应不同的反射面,而这些反射面可能恰恰就是树冠、树枝以及地物地面等介质,因此这对有效区分地面和地物具有重大作用。三是影像信息,可以实时获取与点云数据相对应的影像数据,并且特征连续、光谱信息丰富。在实际应用中,由于点云数据对阴影、水体等部分可能存在盲区,而影像数据恰好可以弥补这一缺点。

在充分分析土壤侵蚀地形地貌特征的基础上,基于机载 LiDAR 技术的点云精度高、密度大、具有多次回波信息并且可以得到影像数据的特点,可以更好、更精确地实现侵蚀沟特征提取以及土壤侵蚀量估算。

3　机载 LiDAR 应用土壤侵蚀关键技术

基于机载 LiDAR 技术进行土壤侵蚀监测主要涉及以下几个关键技术点:原始点云数据不仅包含地形信息,而且包含非地形信息,尤其是在正在治理的地带,植被信息丰富,侵蚀沟属于地形特征,需要对点云进行滤波,得到精确的地面点。为了充分利用影像信息,提高地貌特征提取精度,需要融合点云和影像。在侵蚀沟参数提取方面,由于沟沿线、沟底线和一些特征线不同于城区建筑物或者道路比较规则的线,因此增加了提取的难度。

3.1 机载 LiDAR 点云滤波研究

地面滤波是指从离散的点云数据中区别出地面点和非地面点的过程,是机载 LiDAR 数据后处理的必要步骤之一[18-20]。截至目前,许多文献都提出了关于机载 LiDAR 技术的地面滤波方法。按对点云处理方法不同,大致可以分为四类:一是基于坡度的滤波方法;二是基于内插的滤波方法;三是基于数学形态学的滤波方法;四是基于聚类分割的滤波方法。该类方法考虑的是同类点集合之间的关系,而不仅仅依靠点与点之间的结构差异作为地形结构判断标准,因此在地形地物判断识别上更具合理,滤波结果更可靠。因此,基于聚类分割的滤波方法是目前研究的前沿和方向,它被认为具有更好的鲁棒性。

本文针对土壤侵蚀地区地形起伏大、房屋稀少,植被点云分布不均匀、高程相差比较大的特征,采用基于双重距离空间聚类的方法对点云进行滤波,滤波效果如图 2 所示。

(a) 原始点云

(b) 滤波后点云

图 2 机载 LiDAR 点云数据滤波

3.2 点云和影像融合技术研究

鉴于 LiDAR 数据与高分辨率影像互补的特点,当前有许多研究者都把这两者的融合处理当作一个提取空间信息的有效途径来研究,如基于两者融合检测树木、检测海岸线、构建三维城市模型、立交桥检测等。

目前的机载激光扫描系统都搭载有光学相机,但由于扫描平台的各种误差因素,直接得到的影像的姿态与真实的姿态有偏差[21],如果直接利用从平台上得到的方位元素则会造成点云数据与影像数据配准的误差,于是需要修正影像的外方位元素,使得两种数据能够精确配准,最后生成真实反映地物三维信息和颜色纹理信息的三维彩色影像。

由于点云数据和影像数据对目标的表现形式和数据特点有很大差异,因此两类数据的配准不能完全使用普通图像配准方法。本文考虑到土壤侵蚀地区一般地形复杂、直线特征稀少、面特征基本不存在,因此基于多源数据融合和信息论理论,采用 3D 地形断裂线进行点云数据和影像数据的配准,进而改正点云模型以及孔洞修复,完成点云与影像融合。

3.3 侵蚀沟参数提取

沟蚀所形成的沟壑称为侵蚀沟,根据沟壑程度及表现的形态,沟蚀可分为浅沟侵蚀、切沟侵蚀和冲沟侵蚀等不同类型。侵蚀沟参数包括:沟长、平均沟宽、最大沟宽、平均沟深、最大沟深、沟沿线长、沟谷面积和沟体积。侵蚀沟参数的精确提取与计算可以提高建立区域 DEM 精度进而改进土壤侵蚀量。基于机载 LiDAR 点云和影像融合数据,结合侵蚀沟几何特征进行侵蚀沟参数提取,预测和预报研究区侵蚀沟发生的位置,实现侵蚀沟的三维可视化,进而构建高精度 DEM。

4 机载 LiDAR 在土壤侵蚀应用方面的优势

4.1 沟蚀和面蚀

分散的地表径流从地表冲走表层土壤土粒的现象称为面蚀,如图 3 所示;暂时性线状水流对地表的侵蚀作用称为沟蚀,如图 4 所示。过去几十年对水蚀的研究主要集中在小区域尺度上的面蚀及细沟侵蚀上,比如用通用土壤流失方程估算在一定耕作方式和经营管理制度下产生的年平均土壤侵蚀流失量,此方法是表示坡地土壤流失量与其主要影响因子间的定量关系的侵蚀数学模型,因此土壤流失量的估算多与影响因子有很大关系,当然此方法发展相当成熟。

图 3 面蚀

图 4 沟蚀

通过本文提出的机载 LiDAR 技术进行土壤侵蚀监测的研究,可以监测整个区域的侵蚀沟,对其进行三维可视化,并且对坡度侵蚀地区和沟蚀地区进行区分,明显得到面蚀区域,此时用通用土壤侵蚀方程得到的土壤侵蚀量与基于机载 LiDAR 数据的土壤侵蚀量进行对比,可以进一步验证本文方法的特点。

4.2 土壤侵蚀量的定量化及动态监测

融合机载 LiDAR 点云和影像数据生成高精度 DEM,能精确得到每次土壤侵蚀变化量,而土壤侵蚀的监测需要利用两次及以上观测数据所得到结果,通过三维表面匹配技术,提高不同时相点云之间的相对精度,求取同一位置之间的变化关系,进而进行体积差计算,在测得土壤容重的情况下,可估算侵蚀量。

由于采样密度大,采样精确,利用此种方法进行侵蚀量估算的精度非常高。当然此方法涉及不同时相 DEM 的配准及基于 DEM 的体积计算方法等关键技术问题。

5 结语

机载 LiDAR 遥感技术在土壤侵蚀监测和侵蚀率计算中具有非常大的应用潜力,点云密度和精度已经可以满足建立高精度 DEM 的要求,但是与之相对应的点云数据处理方法和多源数据融合技术还有待改进,因此离自动化监测地形地貌还有一段距离。同时,建立一套适用的监测技术体系,保证监测结果更好地满足科研、生产需要也是迫在眉睫。

参考文献

[1] 高海东, 李占斌, 李鹏, 等. 基于土壤侵蚀控制度的黄土高原水土流失治理潜力研究[J]. 地理学报, 2015, 70(9): 1503-1515.

[2] 索安宁, 李金朝, 王天明, 等. 黄土高原流域土地利用变化的水土流失效应[J]. 水利学报, 2008, 39(7): 767-772.

[3] 张岩, 刘宪春, 李智广, 等. 利用侵蚀模型普查黄土高原土壤侵蚀状况[J]. 农业工程学报, 2012, 28(10): 165-171.

[4] 余叔同. 黄土丘陵区坡沟系统沟蚀发育过程模拟与可视化[D]. 杨凌. 西北农林科技大学,2010.

[5] Li Z, Zhang Y, Yang S, et al. Error assessment of extracting morphological parameters of bank gullies by manual visual interpretation based on QuickBirdimagery[J]. Transactions of the Chinese Society of Agricultural Engineering, 2014, 30(20): 179-186.

[6] Milan, et al. Application of a 3D laser scanner in the assessmentof erosion and deposition volumes and channelchange in a proglacial river[J]. Earth Surface Processes and Landforms,2007:657-674.

[7] 朱良君, 张光辉. 地表微地形测量及定量化方法研究综述[J]. 中国水土保持科学,2013: 114-122.

[8] Poesen J, Nachtergaele J, Verstraeten G, et al. Gully erosion and environmental change: importance and research needs[J]. Catena, 2003, 50(2): 91-133.

[9] Abdi N, Mohammadi A. Assessment Fargas and BLM Models for Identification of Erosion Degree and Critical Sediment Sources (Case Study: Aghbolagh Drainage Basin, Hashtrood City)[J]. Research Journal of Environmental and Earth Sciences, 2014, 6(8): 408-415.

[10] 游智敏,等. 利用 GPS 进行切沟侵蚀监测研究[J]. 水土保持学报,2004,18(5):91-95.

[11] 张鹏,等. 利用高精度 GPS 动态监测沟蚀发育过程[J]. 热带地理,2012,29(4):368-374.

[12] 史学建,等. 基于 GIS 和 RS 的黄土高原土壤侵蚀预测预报技术[M]. 郑州:黄河水利出版社,2011.

[13] 潘少奇, 田丰. 三维激光扫描提取 DEM 的地形及流域特征研究[J]. 水土保持研究, 2009, 16(6): 102-105.

[14] 张姣,等. 利用三维激光扫描技术动态监测沟蚀发育过程的方法研究[J]. 水土保持通报,2011,31(6):89-94.

[15] 辛麒. 基于机载激光雷达数据构建 DEM 的精度分析[D]. 西安:长安大学, 2009.

[16] 殷国伟. 机载三维激光成像系统地面点提取与曲面拟合算法研究[D]. 青岛:中国海洋大学, 2010.

[17] 高志国. 地面三维激光扫描数据处理及建模研究[D]. 西安: 长安大学, 2010.

[18] Cheng-kaiWang, Yi-HsingTseng. Dual-directional profile for digital terrain model generation from airborne laser scanning data[J]. Journal of Applied Remote Sensing,2014,8,pp.

[19] DomenMongus, BorutZalik. Parameter-free ground filtering of LiDAR data for automatic DTM generation[J]. ISPRS Journal of Photogrammetry and Remote Sensing, 2012.

[20] Reutebuch S E, Andersen H-E, McGaughey R J. Light detection and ranging(LiDAR): an emerging tool for multiple resource inwentory[J]. J. Forest. 2001, 103, 286-292.
[21] Kornus W, Ruiz A. Strip adjustment of LIDAR data[J]. V SemanaGeomática de Barcelona, 2003, 11(3).

【作者简介】 郭林(1981—),男,河南鹤壁人,硕士,主要从事激光遥感及图像数据处理方面的研究工作。E-mail:xy1986630@163.com。

水蚀风蚀交错区土体抗剪强度特性研究*

郭文召　刘亚坤　徐向舟

（大连理工大学 水利工程学院，大连　116024）

摘　要　抗剪强度是土壤一个重要力学性质。采取陕西省神木县沟坡表层黄土，在实验室内加水重塑，采用直剪快剪试验方法研究沟坡土体抗剪强度特性，得到以下结论：①抗剪强度、黏聚力和内摩擦角都随干密度的增加而增加，黏聚力呈指数函数增加，内摩擦角呈二次曲线形式增加。②含水率对抗剪强度的作用主要体现在：随含水率的增加，土壤黏聚力呈指数函数减小且有趋于零的趋势，内摩擦角受影响很小。内摩擦角的均值为21.1°。③六道沟小流域的砂黄土与杨凌黄土相比两者摩擦角基本一致，而砂黄土的黏聚力明显偏小，平均只有后者的48%。本文可为沟坡稳定和水土流失的研究提供参考依据。

关键词　抗剪强度；干密度；含水率；风蚀水蚀交错区

A laboratory test for shear strength of the soil in a water-wind erosion area

Guo Wenzhao　Liu Yakun　Xu Xiangzhou

(School of Hydraulic Engineering, Dalian University of Technology, Dalian　116024)

Abstract　Shear strength is one of the most important features for soil. To research the rule of the dry density and moisture content on shear strength, series of experiments based on the sample of the remolded slope loess were done by quick direct shear test. Results reveal that the higher dry density was, the larger shear strength was. Cohesive force and internal friction angle increase with the increases of dry density in the form of an exponential growth and a characteristic of conic, respectively. The influence mechanism of water content on Shear strength is complicated and its effect deceases with the increase of soil water content. The cohesion has an exponential decay with the increase of moisture content, but the friction angle has little change and its average was 21.1°. Besides, friction angle of sand loess and loess are basically identical, but cohesion of sand loess is obviously smaller than that of loess, only 48% of the latter. The concept of "shear strength surface on moisture content" and "shear strength surface on dry density" was put forward, which could explain slope stability. Thus, this paper can provide a reference for the landslide stability analysis

*基金项目：水利部黄土高原水土流失过程与控制重点实验室开放课题（2014001）、国家自然科学基金资助项目（51179021、51479022）。

and soil erosion.

Key words　shear strength; dry density; moisture content; water-wind erosion area

1　引言

水蚀风蚀交错区多处于第四纪抬升中心，区内新构造运动活跃，砂黄土、风积沙及强烈风化的厚层沙岩和泥页岩构成了本区的主要产沙地层[1]。该区所处地理位置的过渡性、气候变化的剧烈性、地形的复杂性，表现为强烈的生态与环境的脆弱性[2]。沙漠化和土壤侵蚀是影响该区水资源和土地利用的两个最严重的问题[3]。此外，在陡峭沟坡区滑坡、崩塌、泥流等重力侵蚀发生频繁[4-5]，而抗剪强度是土壤的一个重要力学性质。因此，弄清该区土体的强度特性，是研究该区水土流失及防治沙漠化的基础工作之一。

影响黄土抗剪强度的因素有很多，含水率、干密度以及应力状态，甚至温度也会对其造成一定的影响。党进谦等[6]分析了非饱和黄土强度的组成和结构强度的来源，得到结构强度与初始含水率间具有幂函数关系。张文毅等[7]通过卸载、直剪快剪试验探讨了含水率对超固结黄土强度特性的影响。褚峰等[8]分析了天然干密度和竖向应力对原状非饱和黄土土壤水特征的影响，得到同一含水率下，原状非饱和黄土的吸力随着天然干密度的增大而增大。以上研究大部分都分析了黄土的强度特性，但风蚀水蚀交错区的砂黄土强度的相关研究还很少。因此，本文以黄土高原六道沟小流域砂黄土为例，采用直剪快剪试验研究干密度和含水率对水蚀风蚀交错区土体抗剪强度影响。

2　研究区概况

研究区位于陕西省神木县六道沟小流域(38°46′~48°51′N,110°21′~110°23′E)。六道沟小流域是典型的半干旱区，北依长城，地处毛乌素沙漠边缘，是水蚀风蚀交错带的强烈侵蚀中心[9-10]。该流域面积6.9 km^2，集中了黄土高原水蚀风蚀带、农牧过渡带、黄土沙地过渡带，“三带”特色极为明显。年均降水量440.8 mm[11]，冬春季干旱少雨、多风沙，夏秋多雨且多暴雨及冰雹。该地区侵蚀类型极其复杂，水蚀、风蚀、重力侵蚀皆有发生[12]。

3　材料与方法

试验用土取自六道沟小流域某陡峭的黄土沟坡，取土深度为地表以下0.2~0.3 m。取样时遵循同一时间、同一深度的原则，来保证土样的均一性。在实验室内进行两种工况的直剪试验：①控制含水率为20%，探究干密度变化(1.45 g/cm^3、1.55 g/cm^3、1.65 g/cm^3、1.75 g/cm^3)对水蚀风蚀交错区土体强度的影响；②控制干密度为1.45 g/cm^3，研究含水率变化(11.8%、13.3%、16.0%、18.0%、20.0%、22.0%、24.0%、26.0%和饱和状态)对水蚀风蚀交错区土体强度的影响。

将现场取回的土样在实验室内加水重塑，并采用直剪快剪试验方法研究沟坡土体抗剪强度特性。土壤的抗剪强度采用南京土壤仪器厂生产的ZJ型应变控制式直剪仪来测定。试件在不同的垂直压力(50 kPa、100 kPa、200 kPa和300 kPa)下，进行不排水快剪试验。所用环刀内径为61.8 mm、高度为20 mm。对非饱和试样，先均匀搅拌成相应含水率的土样,然后在密封的塑料袋中静止24 h后再制样;对饱和试样,采用抽气饱和法进行饱和,并静止10 h以上,使试样充分饱和。剪切速率为12 r/min,剪切时间3~4 min,如测力计读数达到稳定或有显著后退表示试验已减损,但一般宜剪至剪切变形4 mm,若测力计读数继续增加则剪切变形应达到6mm为止。按照《土工试验规程》(SL 237—1999)[13]选取剪应力与剪切位移关系曲线上的峰值点或稳定值作为抗剪强度,如无明显峰值点(稳定值)则取剪切位移等于4 mm对应的剪应力作为抗剪强度。

4 结果与分析

4.1 土体物理力学特性

现场测得六道沟原状沟坡黄土的干密度为1.43~1.72 g/cm^3。黄土粒径0.1 mm以上用筛分,0.1 mm以下用光电颗分仪进行颗分,级配结果见表1。试验黄土中值粒径为0.11 mm,主要以粗颗粒原生矿物为主,其中细砂粒可占总量的53.6%,粒径大于0.05 mm的砂粒可高达68.4%。六道沟的黄土中粉粒和黏粒明显偏小,粉粒占30.0%,黏粒只占1.6%。根据文献[14]中的黄土划分方法及以上分析结果可知,神木县六道沟小流域试验黄土为砂黄土。

表1 土壤粒径级配结果

位置	粒径(mm)组成及含量百分数(%)						
	>0.25	0.25~0.05	0.05~0.01	0.01~0.005	<0.005	0.05~0.005	>0.05
神木六道沟	14.8	53.6	29.0	1.0	1.6	30.0	68.4

4.2 干密度对砂黄土抗剪强度影响分析

控制含水率为20%,不同干密度下砂黄土抗剪强度试验结果如表2所示。由表2可知,抗剪强度τ、黏聚力c和内摩擦角φ都随土壤干密度ρ的增加而增加,黏聚力呈指数函数增加,内摩擦角呈二次曲线形式增加。基于黏聚力c随干密度ρ的变化关系进行回归分析获得的回归方程,相关系数达到0.94:

$$c(\rho) = 1.06e^{2.01\rho} \quad (1.45\ g/cm^3 \leqslant \rho \leqslant 1.75\ g/cm^3, \omega = 20\%) \tag{1}$$

内摩擦角φ与干密度ρ进行回归分析相关系数达到0.97,可获得的回归方程为

$$\varphi(\rho) = -76.34\rho^2 + 271.64\rho - 212.51 \quad (1.45\ g/cm^3 \leqslant \rho \leqslant 1.75\ g/cm^3, \omega = 20\%) \tag{2}$$

表2 不同干密度下砂黄土抗剪强度试验结果

干密度ρ (g/cm^3)	黏聚力c (kPa)	摩擦角φ (°)	tanφ	土体抗剪强度(kPa)		
				σ=100 kPa	σ=200 kPa	σ=300 kPa
1.45	19.0	21.1	0.386	54.3	103.0	131.5
1.55	25.7	24.4	0.454	64.3	130.0	155.0
1.65	26.9	28.6	0.545	77.5	143.7	186.5
1.75	36.7	28.8	0.550	85.6	159.0	195.7

从图 1 可看出，在相同的上覆压力下，砂黄土的天然干密度越大，其抗剪强度越大。干密度、抗剪强度和上覆压力在空间三维的关系如图 2 所示，从图 2 中可以清楚地看到在不同法向压力下黄土的抗剪强度随干密度的变化规律。该曲面为干密度抗剪强度曲面，曲面上的点都处于极限平衡状态。从图 1 中分析可知，若三维坐标空间中的一点 $a(\tau,\sigma,\rho)$ 恰好位于抗剪曲面上，则该点土体中受力已经到达极限平衡状态；若 a 点位于曲面下方则该点土体处于受力平衡而未被破坏的状态，且离抗剪曲面越远土体越稳定；若 a 点位于曲面上方则该点土体处于受力破坏失稳的状态，且离抗剪曲面越远土体越不稳定。

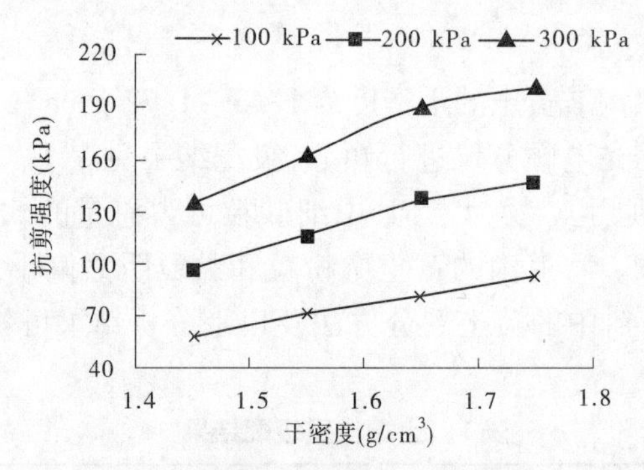

图 1　砂黄土抗剪强度随干密度变化关系曲线

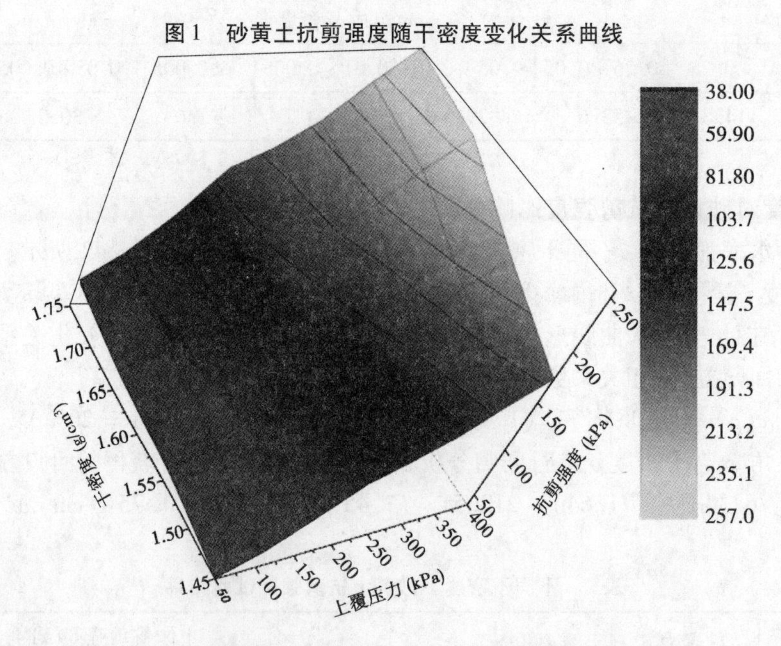

图 2　干密度—抗剪强度—上覆压力的空间三维关系

4.3　含水率对砂黄土抗剪强度影响分析

控制干密度为 1.44 g/cm^3，不同含水率砂黄土抗剪试验结果如表 3 所示，其中饱和试样的含水率为 31.8%。内摩擦角随着含水率的增大有减小的趋势，但程度不明显可以看成是一个常数，均值为 21.1°。黏聚力随含水率的增加而减小，曲线呈现指数函数关系，相关系数达到 0.959。黄土颗粒间的胶结物质一般为碳酸盐类、石膏等，耐水性差，形成了较强的联结强度,使黄土在低含水率下表现出较高的强度,但当含水率增大时,黄土中的易溶盐溶解,土体结构破坏,黏聚力显著降低。当土样达到饱和时(含水率为31.8%)黏聚力 c 值急剧下降到6.1 kPa接近0。这是由于浸水后黄土结构中可溶盐的溶解或软化等因素,大大削弱了土颗粒的联结强度。这与文献[15]中含水率为27.5%时,c 值为4 kPa一致。基于黏聚力随含水率的变化关系进行回归分析获得的回归方程为

$$c(\omega) = 62.06e^{-0.07\omega} \quad (11.8\% \leqslant \omega \leqslant 31.8\%, \rho = 1.44\ g/cm^3) \tag{3}$$

表3 不同含水率下黄土抗剪强度试验结果

含水率(%)	干密度(g/cm^3)	c(kPa)	φ(°)
13.3	1.44	24.9	21.6
16.0	1.44	18.9	21.3
18.0	1.44	17.2	21.1
20.0	1.44	16.9	21.3
22.0	1.44	12.0	21.3
24.0	1.44	11.8	21.9
26.0	1.44	12.0	20.3
饱和	1.44	6.1	20.0

抗剪强度随含水率的变化关系曲线如图3所示,从图3中可以看出黄土抗剪强度随含水率的增大而减小。含水率、抗剪强度和上覆压力在空间三维的关系如图4所示,从图3中可以清楚地看到在不同上覆压力下黄土的抗剪强度随含水率的变化规律。该曲面为含水率抗剪强度曲面,曲面上的点都处于极限平衡状态。对沟坡体内某一点,降雨前后其上覆压力变化不大。若有一点刚好位于曲面内,此点处于极限平衡状态,随着土壤蒸发作用,土壤含水率降低,则此点土体抗剪强度变大,此点落于抗剪曲面下方,此点土体稳定性增强,不会遭到破坏,且离曲面越远稳定性越强;若降雨土壤含水率增大,抗剪强度减小,此点位于抗剪曲面上方,土体遭到破坏。

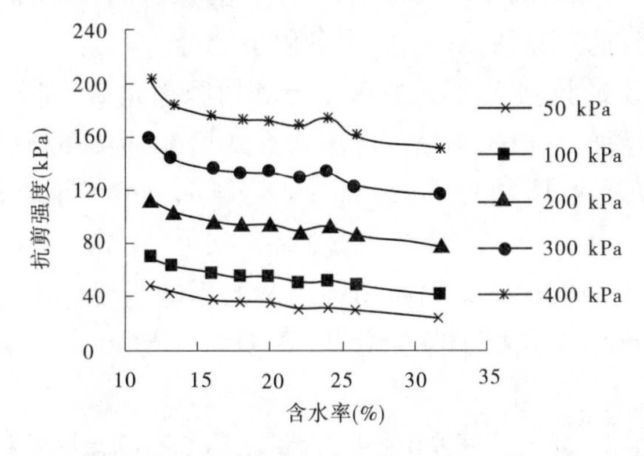

图3 黄土抗剪强度随含水率变化关系曲线

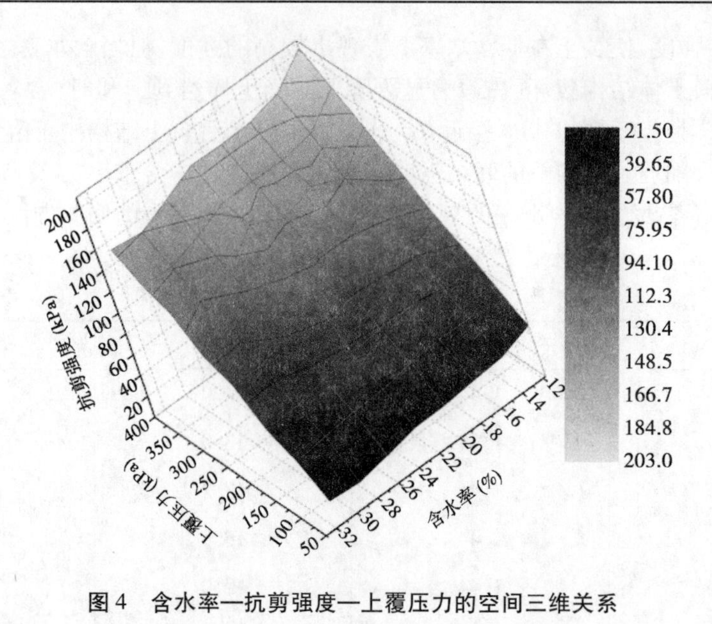

图 4　含水率—抗剪强度—上覆压力的空间三维关系

5　讨论

本文砂黄土抗剪结果与文献[6]中杨凌黄土抗剪结果对比分析发现:两者内摩擦角基本一致;而前者(砂黄土)的黏聚力明显比后者(黄土)偏小,平均只有后者的48%,在低含水率条件下甚至只有后者的35%。本文试验方法与文献[6]的试验方法条件一样,都为直剪快剪试验。可以从以下两个方面来解释黏聚力结果的不同:①砂黄土和黄土(杨凌)粒径组成不同。砂黄土主要以粗颗粒原生矿物为主,粉粒和黏粒很少。黄土以粉粒为主,粗颗粒含量较少。②两者的胶结类型不同。砂黄土的胶结物呈薄膜状,胶结类型为接触式;黄土呈现团聚状的胶结物,胶结类型为基底式[16]。

6　结语

本文用神木六道沟小流域的砂黄土为例,采用直剪快剪试验研究含水率和干密度对水蚀风蚀交错区砂黄土抗剪强度的影响,并得到以下结论:

(1)研究区域砂黄土的抗剪强度 τ、黏聚力 c 和内摩擦角 φ 都随干密度的增加而增加,黏聚力呈指数函数增加,内摩擦角呈二次曲线形式增加,但最终有趋于某一稳定值的趋势,且黏聚力比内摩擦角增加更明显,即 $c(\rho)=1.06e^{2.01\rho}$,$\varphi(\rho)=-76.34\rho^2+271.64\rho-212.51$。

(2)研究区域砂黄土的含水率 ω 对抗剪强度 τ 的影响主要体现在:黏聚力 c 随含水率的增加呈指数函数减小且有趋于零的趋势,而对内摩擦角 φ 影响很小,即 $c(\omega)=62.06e^{-0.07\omega}$,$\varphi(\rho)=21.1°$。

(3)六道沟小流域的砂黄土,以砂粒为主,含量高达68.4%;粉粒和黏粒明显偏小,分别只占30.0%和1.6%。砂黄土与杨凌黄土相比两者内摩擦角基本一致;而砂黄土的黏聚力明显偏小,平均只有后者的48%。

参考文献

[1] 唐克丽,侯庆春,王斌科,等. 黄土高原水蚀风蚀交错带和神木试区的环境背景及整治方向[J]. 中国科学院水土保持研究所集刊, 1993(18) : 2-15.

[2] Wang Jianguo, Fan Jun, Wang Quanjiu, et al. Vegetation above-ground biomass and its affecting factors in water/wind erosion crisscross region on Loess Plateau[J]. The journal of applied ecology, 2011, 22: 556-564.

[3] Xiaobo Yi, Li Wang. Land Suitability Assessment on a Watershed of Loess Plateau Using the Analytic Hierarchy Process[J]. PLOS ONE, 2013, 8(7):1-11.

[4] Xu X Z, Liu Z Y, Wang W L, et al. Which is more hazardous: avalanche, landslide, or mudslide[J]. Natural Hazards, 2015, 76: 1939-1945.

[5] Xu X Z, Liu Z Y, Xiao P Q, et al. Gravity erosion on the steep loess slope: Behavior, trigger and sensitivity[J]. Catena, 2015, 135: 231-239.

[6] 党进谦,李靖. 非饱和黄土的结构强度与抗剪强度[J]. 水利学报, 2001, 32(7): 79-84.

[7] 张文毅,党进谦,朱彭涛,等. 重塑黄土强度试验研究[J] . 水电能源科学, 2011, 29(5): 53-55.

[8] 褚峰,邵生俊,陈存礼. 干密度和竖向应力对原状非饱和黄土土水特征影响的试验研究[J]. 岩石力学与工程学报, 2014, 33(2): 413-420.

[9] 姜娜,邵明安,雷廷武,等. 水蚀风蚀交错带典型土地利用方式土壤水分变化特征[J]. 北京林业大学学报, 2007, 29(6): 134-137.

[10] Wang Y Q, Shao M A. Spatial variability of soil physical properties in a region of the loess plateau of pr china subject to wind and water erosion[J]. Land Degradation & Development, 2013, 24: 296-304.

[11] 陈利利,张建军,张亭亭,等. 陕西省神木县2012年土地利用结构特征分析[J]. 中国水土保持科学, 2015, 13(1): 59-67.

[12] 王文龙,李占斌,李鹏,等. 神府东胜煤田原生地面放水冲刷试验研究[J]. 农业工程学报, 2005, 21(supp): 59-62.

[13] 南京水利科学研究院. SL 237—1999 土工试验规程[S]. 北京:中国水利水电出版社, 1999.

[14] 唐克丽. 中国水土保持[M]. 北京:科学出版社, 2003.

[15] 张永双,曲永新. 陕北晋西砂黄土的胶结物与胶结作用研究[J]. 工程地质学报, 2005, 13(1): 18-28.

[16] 刘东生,等. 黄土的物质成分和结构[M]. 北京:科学出版社, 1966.

【作者简介】 郭文召(1987—),男,河南洛阳人,博士,主要从事水土保持方面的研究工作。E-mail: wenzhaoguo@mail.dlut.edu.cn。

基于MODIS遥感产品的2000～2013年黄河流域植被结构特征时空变化分析

王志慧　姚文艺　左仲国　孔祥兵　王玲玲　董国涛

（黄河水利科学研究院 水利部黄土高原水土流失过程与控制重点实验室，郑州　450003）

摘　要　植被的结构特征是影响植被水土保持效应的重要因素之一，植被结构特征的时空变化分析对评估水土保持植被措施生态效益有着重要的意义。植被绿量（Live Vegetation Volumn ，LVV）能够反映植被三维空间结构特征和植被生态效益水平。本文利用2000～2013年的MODIS遥感产品时间序列数据，基于Mann-Kendall趋势检验与Sen斜率分析方法对黄河流域三大区域（源区、黄土高原、下游区）以及16个主要子流域的年尺度植被LVV进行时空变化分析。结果表明，LVV空间平均值从大到小为：下游区＞源区＞黄土高原，变异系数从大到小为：黄土高原＞源区＞下游区。在子流域中，金堤河LVV平均值最大，泾河LVV变异系数最大。2000～2013年期间，黄河流域LVV显著增加与显著减少区域分别占50.3%和1.4%。源区、黄土高原、下游区的变化幅度分别为每年0.002 5、0.003 1、0.005 8，相对变化幅度分别为1.49%、2.15%、1.98%。在子流域中，黄土高原内延河、无定河、窟野河、皇甫川等主要产沙输沙流域的下垫面植被LVV相对变化幅度均位于黄河流域前列，其中延河流域内的LVV的变化面积比与相对变化幅度均为全流域最高。该研究可为探索黄河流域产流产沙的锐减原因提供下垫面植被变化信息。

关键字　MODIS产品；黄河流域；植被覆盖度；叶面积指数；植被绿量；时空变化分析

Spatio-temporal change analysis of vegetation structural characteristics of Yellow River basin during 2000-2013 based on MODIS products

Wang Zhihui　Yao Wenyi　Zuo Zhongguo　Kong Xiangbing
Wang Lingling　Dong Guotao

（Yellow River Institute of Hydraulic Research，Key Laboratory of the Loess Plateau Soil Erosion and Water Process and Control，Ministry of Water Resources，Zhengzhou　450003）

Abstract　Vegetation structural characteristic is an important factor determining soil and water conservation effect of vegetation, and the spatio-temporal change analysis of vegetation structural characteristics is very significant to assess the ecological benefit of Vegetation Recovery Measures for soil and water conservation. Live vegetation volumn (LVV) is able to reflect three dimensional spatial structure and ecological effects of vegetation. In this paper, the spatio-temporal changes of LVV of three regions (river source area, loess plateau and downstream region) and sixteen main sub basins in the Yellow River Basin were analyzed using time-series MODIS products based on Mann-Kendall trend test and Sen′s slope analysis methods. The results show that the spatial average of LVV is sorted from the highest to the lowest: downstream region > river source area > loess plateau, and the coefficient of variation is sorted from the highest to the lowest: loess plateau > river source area > downstream region. For all sixteen sub basins, the average of LVV for the JinDi River Basin is the highest, and the coefficient of variation for the Jin River Basin is the highest. During theperiod from 2000 to 2013, the areas where there is a significant increasing and decreasing trend account for 50.3% and 1.4% in the Yellow River Basin respectively. The variation range of LVVs for river source area, loess plateau and downstream region are 0.002 5 per year, 0.003 1 per year and 0.005 8 per year respectively, and the relative variation range of LVVs for these three regions are 1.49%, 2.15% and 1.98%. For the dominant sediment-yielding basins in the loess plateau including Yanhe River Basin, Wudinghe River Basin, Kuyehe River Basin and Huangpuchuan Basin, the relative variation ranges of LVVs are at the top, and the area ratio of changed area and relative variation range for the Yanhe River Basin are highest in the Yellow River Basin. This study is able to provide vegetation variation situation for further exploring the reason of significant decreasing of runoff and sediment yield for the Yellow River Basin.

Key words MODIS products; Yellow River Basin; vegetation fractional coverage; leaf area index; live vegetation volumn; spatio-temporal change analysis

1 引言

植被是陆地生态系统中不可或缺的重要组成部分,并且在截留降水、减少地表径流、防止沙漠化进程和水土保持方面都发挥着不可替代的作用[1-2]。在干旱/半干旱地区,严重的植被破坏和不合理的人为土地利用开发均会导致土地生产力下降和严重的生态环境问题[3],因此植被恢复与重建是控制水土流失和改善生态环境的最重要措施。在过去的几十年中,在我国人口快速增长和经济迅猛发展的背景下,土地生产力退化、沙漠化以及水土流失已经严重影响了农业生产和经济社会的可持续发展。

根据 2010 年首度发布的《黄河流域水土保持公报》,黄河流域水土流失面积 46.5 万 km^2,占总流域面积的 62%,其中强烈、极强烈、剧烈水力侵蚀面积分别占全国相应等级水力侵蚀面积的 39%、64%、89%,是我国乃至世界上水土流失最严重的地区。黄河上中游地区人类活动对自然植被的破坏是造成该生态问题的主要原因,尤其是对坡地植被的破坏会大大增加水土流失和洪涝灾害的风险[4-6]。为了解决这一生态环境问题,我国政府于 1999 年启动了“退耕还林”重点生态恢复工程,该工程通过在原坡地农田上植树植草来增加坡地植被覆盖率,减少水土流失的风险[7]。目前大量研究已经表明近十年内人类活动对黄土高原下垫面影响巨大,植被覆盖率明显增加[8-11],同时对黄土高原的产流产沙也产生了显著的影响[12-13]。

但是,也有相关研究指出,该生态恢复工程的效益被夸大且存在一定的负影响。

Wang 等[14]指出截至2005年,植树造林工程中的新种植树苗的存活率仅为24%。在干旱/半干旱地区种植大量速生乔木和灌木,该类植被根系可以吸收较深层的土壤水分,从而导致地表水位下降,使得当地浅根草本植被因缺水而大量死亡,出现大量裸露土壤,最终导致该地区水土流失更为严重[15-16]。因此,对近十几年内黄河流域的植被变化进行分析有助于全面了解黄河流域上、中、下游以及各子流域内植被总体变化幅度与变化程度,并对科学评价流域生态环境和制订科学有效的水土保持措施有重要意义。

目前,遥感技术已经成为监测区域尺度植被动态变化的最有效工具。Wang 等[17]利用1982~2006年的GIMMS NDVI(normalized difference vegetation index)时间序列对塔里木河流域植被动态变化情况进行了分析,并对区域植被未来变化情况进行了预测。Sun 等[10]利用1981~2010年的遥感NDVI产品时间序列对黄土高原植被变化进行了分析,研究结果发现,2001~2010年植被NDVI呈显著上升趋势,增长率为近30年内最大,为1981~1990年植被NDVI变化率的5倍。这足以说明在近十几年内,人类活动对黄土高原下垫面影响巨大。Wang 等[18]利用2000~2010年的MODIS NDVI产品时间序列对我国南方山区的植被变化进行了动态分析,并利用残差法评估了气候变化与人类活动对植被变化的影响作用。Jiapaer 等[19]利用1982~2012年的GLASS LAI产品时间序列对新疆地区的植被动态变化进行了分析,并进一步探讨了植被变化与降雨和温度的相关性。

在使用最为广泛的通用水土流失方程(RUSLE)中,植被覆盖度(Vegetation Fractional Coverage, VFC)和管理因子 C 值的计算主要考虑5个次因子:前期土地利用、冠层覆盖、地面覆盖、表面粗糙度、土壤水分[20]。其中与植被紧密相关的变量包括:冠层覆盖度、枯落层覆盖度、冠层高度、地下生物量等[21]。显而易见,植被的结构参数是影响植被水土保持效应的重要因素之一。植被覆盖度是指植被的整体在地面的垂直投影面积占统计区域总面积的百分比,该参数仅能代表植被的水平结构特征,且VFC已经广泛用于 C 因子的计算[22-23]。叶面积指数(Leaf Area Index, LAI)是指单位土地面积上植物叶片总面积占土地面积的倍数,该参数可以反映植被垂直结构特征,相关研究表明该参数与VFC相比能够更好地反映植被的水土保持效益,并提高 C 因子估算精度[24-25]。植被绿量是指所有生长中植物茎叶所占据的空间体积,该指标突破了覆盖度等二维指标的局限性,能够反映植被三维空间结构特征和植被生态效益水平[26],该参数可以由VFC与LAI相乘得到[27]。曹建军[28]在福建马尾松林区的研究表明,与VFC和LAI植被结构参数相比,季度和全年尺度下的LVV与植被水土保持效益的相关性最高。因此,本文基于MODIS遥感产品数据对2000~2013年间黄河流域内的LVV植被三维结构参数进行动态变化分析,从而评估植被潜在水土保持效益的时空变化情况。

2 研究区与数据

2.1 研究区介绍

黄河发源于我国青海省巴颜喀拉山脉,流经9个省区,于山东东营市垦利县注入渤海(见图1),全长5 464 km,是我国第二长河,是世界第五长河。黄河干流河道可分为上、中、下游和11个河段。从青海卡日曲至青海贵德龙羊峡以上部分为河源段。河源至内蒙古自治区托克托县的河口镇为上游,河道长3 471.6 km,流域面积42.8万 km^2,占全河流域面积的 53.8%。黄河自河口镇至河南郑州市的桃花峪为中游。中游河段长 1 206.4 km，流域面积 34.4 万 km^2，占全流域面积的 43.3%。黄河中游河段流经黄土高原地区，支流带入大量泥沙，使黄河成为世界上含沙量最多的河流。黄土高原海拔一般为 1 000 ~ 1 300 m，地貌起伏不平，坡陡沟深，沟谷面积占 40% ~ 50%。黄河桃花峪至入海口为下游，流域面积 2.3 万 km^2，仅占全流域面积的 3%，河道长 785.6 km。黄河主要支流有白河、黑河、湟水、祖厉河、清水河、大黑河、窟野河、无定河、汾河、渭河、洛河、沁河、大汶河等。

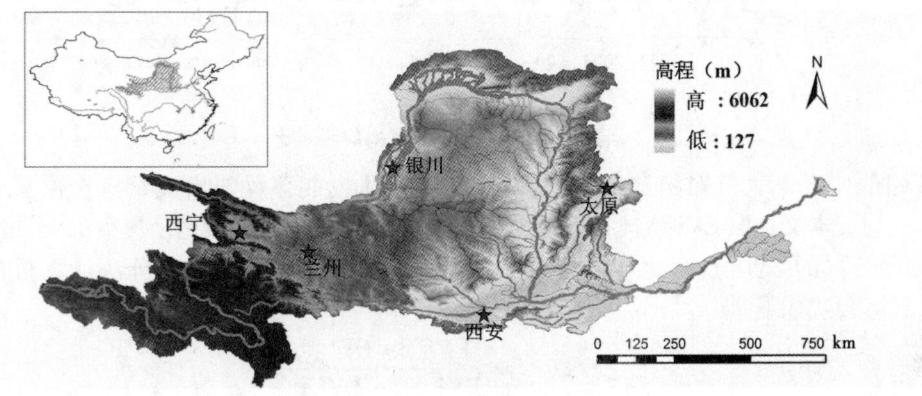

图 1 黄河与黄河流域地理位置

2.2 遥感产品

本文使用了 2000 ~ 2013 年的 EVI 产品（MOD13A2）、LAI 产品（MOD15A2）以及土地覆盖类型产品（MCD12Q1），免费下载地址为：http://ladsweb.nascom.nasa.gov/data/search.html。其中，EVI 产品空间分辨率为 1 km，时间分辨率为 16 d；LAI 产品空间分辨率为 1 km，时间分辨率为 8 d；土地覆盖产品空间分辨率为 1 km，时间分辨率为 1 年。整个黄河流域覆盖了 6 个 MODIS Tile（H25 – 27，V04 – 05）。

3 数据处理

3.1 遥感产品数据预处理

对下载得到的 MODIS 产品时间序列数据，利用 MODIS 数据处理软件 MRT（MODIS Reprojection Tools，MRT）进行数据提取、批量拼接、投影转换。最后对拼接后的影像进行裁剪得到研究区数据。由于在实际成像过程中受到云与气溶胶的影响导致遥感影像中存在不可避免的噪声信号，从而不能客观地反映地表真实情况。针对这一问题，本文采用 Chen 等[29] 提出的基于 Savitzky-Golay 滤波的时间序列重构方法，该方法是通过结合 MODIS 产品自带的像素质量评价数据和一个迭代流程算法将时间序列曲线逐渐逼近高质量像素的上包络线来实现对时间序列的重构，研究试验表明该方法简单易行、鲁棒性强，且能够有效去除由云和大气条件引起的遥感数据时间序列噪声。遥感数据时间序列重构前后对比情况如图 2 所示。从图 2 中可以看出，原始时间序列中存在大量的噪声信号，不能够反映植被真实变化情况，而经过时间序列重构后的数据，符合植被物候变化规律，大大提高了植被变化分析精度。

3.2 植被覆盖度计算

由于黄河流域植被覆盖度较低且 NDVI 植被指数对背景较为敏感，而 EVI 植被指数

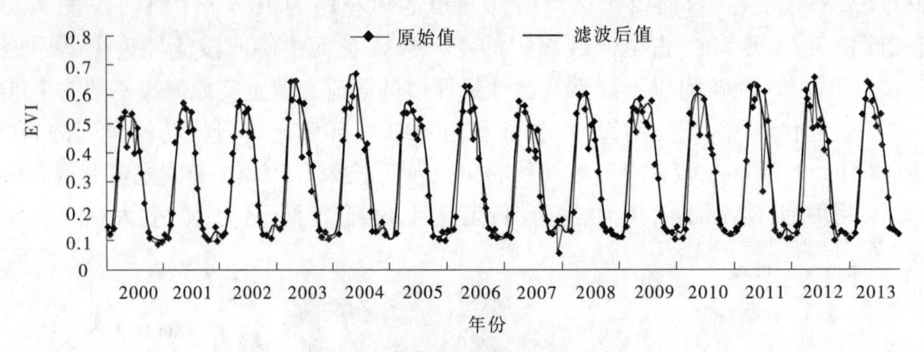

图 2　EVI 时间序列重构前后对比

可以消除背景和大气对植被信号的影响,同时 EVI 也能够反映出茂密植被覆盖度的变化。因此,本文选取 EVI 植被指数对植被覆盖度进行反演。由于完全覆盖的不同植被类型具有不同的 EVI 值,因此本文选用了结合土地覆盖类型的像元二分法计算植被覆盖度,计算公式如下:

$$VFC_{i,j} = \frac{EVI_{i,j} - EVI_{min}}{EVI_{max,j} - EVI_{min}} \tag{1}$$

式中:$VFC_{i,j}$表示第 j 类土地覆盖类型中的第 i 个像素的植被覆盖度;$EVI_{max,j}$为第 j 类土地覆盖类型中 95% 下分位数对应的 EVI 值,此处的 EVI 值来自 EVI 年最大值数据;EVI_{min}为裸地类型中 5% 下分位数对应的 EVI 值,此处的 EVI 值来自 EVI 年最小值数据。

3.3　季度与全年尺度的 LAI 和 VFC

按照上述方法对 MODIS 时间序列产品处理后,可得到 2000 ~ 2013 年内时间分辨率为 8 d的 LAI 数据和时间分辨率为 16 d 的 VFC。然后,分别按照全年和季度尺度对时间序列进行重构,季节尺度的标准为:春季(3 ~ 5 月),夏季(6 ~ 8 月),秋季(9 ~ 11 月),冬季(12 ~ 翌年 2 月)。最终可得到 2000 ~ 2013 年的年尺度和季节尺度的 LAI 与 VFC 时间序列数据。

4　研究方法

4.1　植被绿量时间序列计算

根据植被绿量的计算公式[27-28],将年尺度和季节尺度的 LAI 和 VFC 进行相乘,从而得到相应尺度的 LVV 时间序列数据。

$$LVV = LAI \cdot VFC \tag{2}$$

4.2　Mann-Kendall 趋势检验与 Sen 斜率分析

本文采用 Mann-Kendall 非参数检验方法对黄河流域植被 LVV 时间序列的变化趋势进行分析,利用下式计算 Mann-Kendall 检验统计量[30]:

$$S = \sum_{i=1}^{n-1} \sum_{j=i+1}^{n} \mathrm{sgn}(x_j - x_i) \quad (1 \leqslant k < j \leqslant n) \tag{3}$$

$$\mathrm{sgn}(x_j - x_i) = \begin{cases} 1 & (x_j - x_i > 0) \\ 0 & (x_j - x_i = 0) \\ -1 & (x_j - x_i < 0) \end{cases}$$

式中：x_j 和 x_i 分别为第 j 年和第 i 年的观测数值，$j>i$；n 为序列的记录长度。

随机序列 S 近似服从正态分布。

利用下式计算统计检验值 Z_c：

$$Z_c = \begin{cases} \dfrac{S+1}{\sqrt{\mathrm{var}(S)}} & (S>0) \\ 0 & (S=0) \\ \dfrac{S+1}{\sqrt{\mathrm{var}(S)}} & (S<0) \end{cases} \tag{4}$$

$$\mathrm{var}(S) = \sum_{i=1}^{n} n(n-1)(2n+5)/18$$

式中：$\sqrt{\mathrm{var}(S)}$ 是 S 的标准差。若 $|Z_c| > Z_{1-\alpha/2}$，拒绝零假设（无变化趋势）；若 $|Z_c| \leqslant Z_{1-\alpha/2}$ 则接受零假设。$Z_{1-\alpha/2}$ 从标准正态分布函数中获得，α 为显著性水平，本文将 α 定为 0.05。用 Kendall 倾斜度 β 表示单调变化趋势的大小：

$$\beta = \mathrm{Median}\left(\frac{x_j - x_i}{j-i}\right) \quad (1 \leqslant i < j \leqslant n) \tag{5}$$

$$R = \frac{\beta}{\frac{1}{n}\sum_{i=1}^{n} x_i} \times 100\% \tag{6}$$

式中：β 表示趋势变化幅度（年$^{-1}$），$\beta>0$ 表示上升趋势，$\beta<0$ 表示下降趋势。但由于不同像素的 LVV 基数不同，不能直接用 β 来对不同趋势变化进行比较。因此，本文提出了相对变化率 R，如式（6）所示，该值按照其均数大小对 β 进行了标准化，能够充分表示趋势变化的程度，使得不同像素的趋势变化具有可比性。

5　结果与分析

5.1　全年与季度尺度 LVV 空间分布特征

5.1.1　像素尺度空间分布特征

为了对整个黄河流域内 LVV 的空间分布特征进行评价分析，本文将 2000 ~ 2013 年的年尺度 LVV 与季尺度 LVV 分别进行平均，该数据则代表了黄河流域内 LVV 近 14 年的平均水平，年平均 LVV 如图 3 所示，季节平均 LVV 如图 4 所示。从图 3 中可以看出，全年尺度的 LVV 在空间上呈现由西北向东南递增的趋势，且最大值出现在子午岭、黄龙以及秦岭一带的森林地区。黄河源区内扎陵湖、鄂陵湖周边地区以及黄土高原西北部的 LVV 均处于较低水平，说明该地区内植被潜在水土保持效益较低。黄河下游区域的 LVV 也处于较高水平，说明下游植被三维绿量均好于黄土高原与黄河源区。

从图 4 中可以看出，黄河流域的 LVV 变化具有明显的季节性特征。春季，黄河源区内的黑河、白河流域、黄土高原低纬度地区与黄河下游区的植被 LVV 较大，其余区域的植被由于物候差异 LVV 均处于较低水平。夏季，黄河源区内川、青、甘交界处，湟水流域，子午岭，黄龙以及秦岭一带的山区森林地区的 LVV 均处于较高水平（LVV > 1.0），黄土高原西北部的沙漠化地区 LVV 处于最低，值得注意的是，黄河源区内扎陵湖、鄂陵湖北部区域

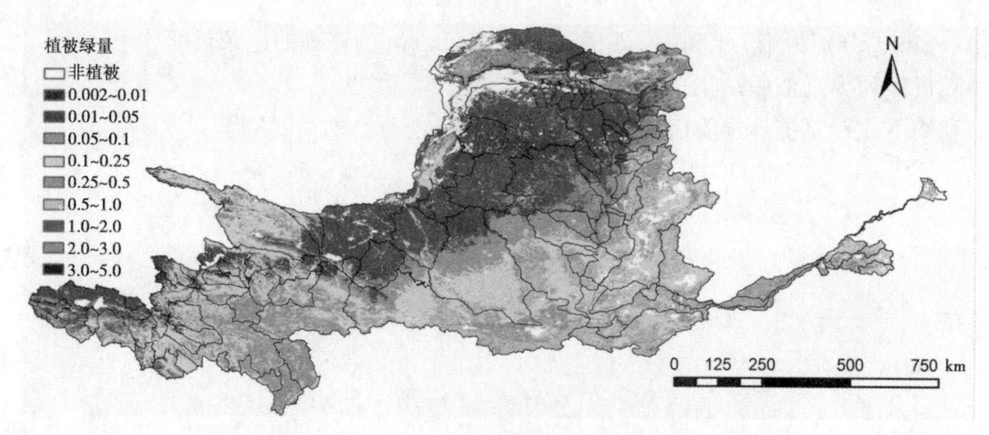

图3　黄河流域2000～2013年全年尺度平均LVV空间分布

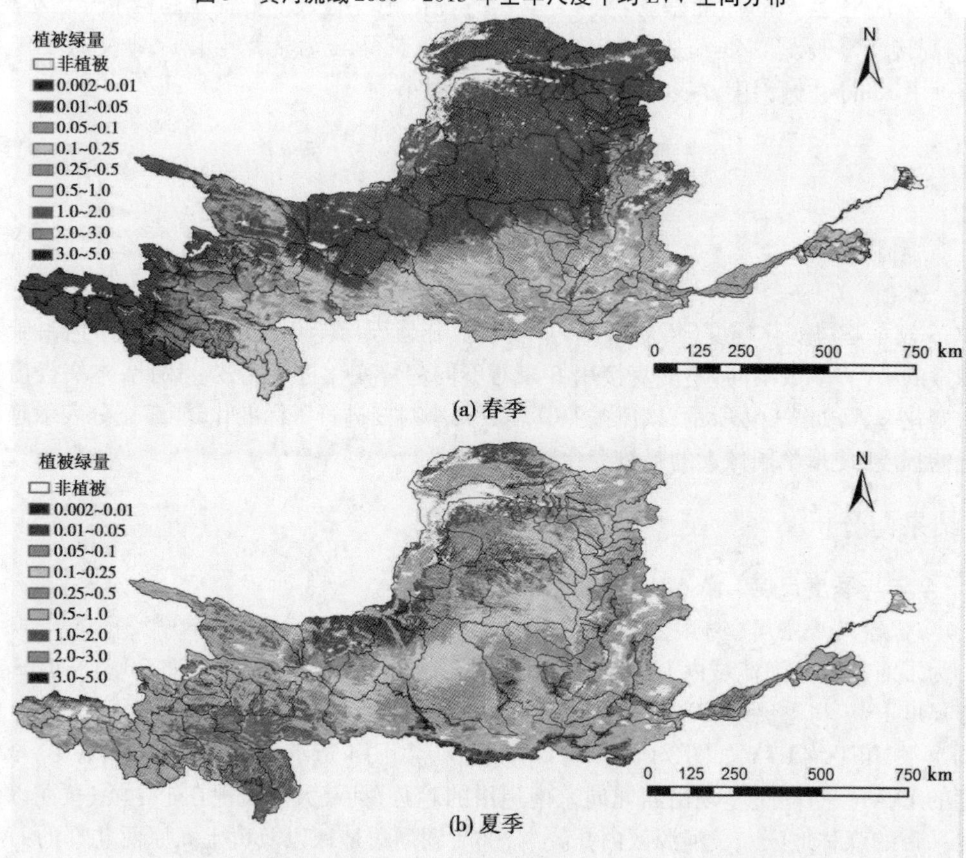

(a) 春季

(b) 夏季

图4　黄河流域2000～2013年季节尺度平均LVV空间分布

的LVV在夏季仍然处于较低水平。秋季,整个流域内的植被LVV要高于春季时的植被LVV。冬季,整个流域内的植被LVV均处于全年最低水平,但值得注意的是,渭河流域和黄河下游区内的农田区域LVV在冬季仍然保持了较高水平(LVV＞0.1),成为全黄河流域内LVV最高的区域,这说明该区域内的农作物可能属于双季作物。

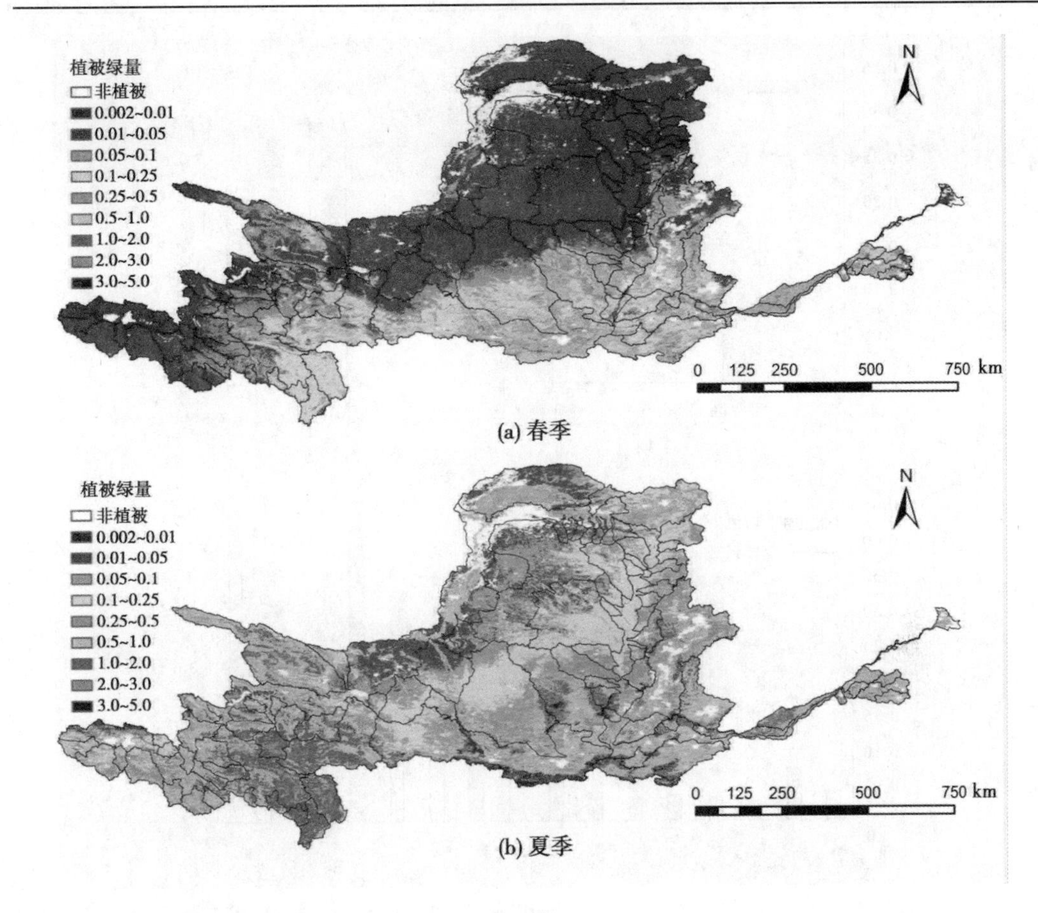

(a) 春季

(b) 夏季

续图4

5.1.2 区域/流域尺度空间分布特征

为了对不同流域植被年尺度LVV进行有效评价，本文对黄河流域内三大区域（黄河源区、黄土高原区、黄河下游区），以及黄河中下游16个主要子流域的年LVV的空间平均值与变异系数（标准差/均值）进行了评价，平均值越高说明该区域内植被三维绿量越高，变异系数越高说明该区域内植被绿量的空间异质性越高，区域植被结构特征空间分布差异大。LVV统计结果如图5所示。从图5中可以看出，在黄河流域三大区域内，黄河下游区的LVV最大且变异系数最小，说明该区域的植被生长状况最好且植被结构特征空间分布较为均一。黄土高原区的LVV最小且变异系数最大，说明该区域的植被生长状况最差且植被结构空间分布异质性强，潜在水土流失的风险最高。

在16个主要的子流域中，金堤河流域LVV最大，黄土高原区域内流域LVV平均值从大到小为伊洛河>渭河>沁河>北洛河>汾河>泾河>延河，其中皇甫川、窟野河、无定河、闭流区的LVV均低于0.05，说明这些流域内的植被绿量处于黄土高原最低水平，如图5(b)所示。泾河流域的变异系数是所有子流域中最高，说明该流域内的植被类型与结构特征最为多样化。其中，皇甫川流域的变异系数最低。

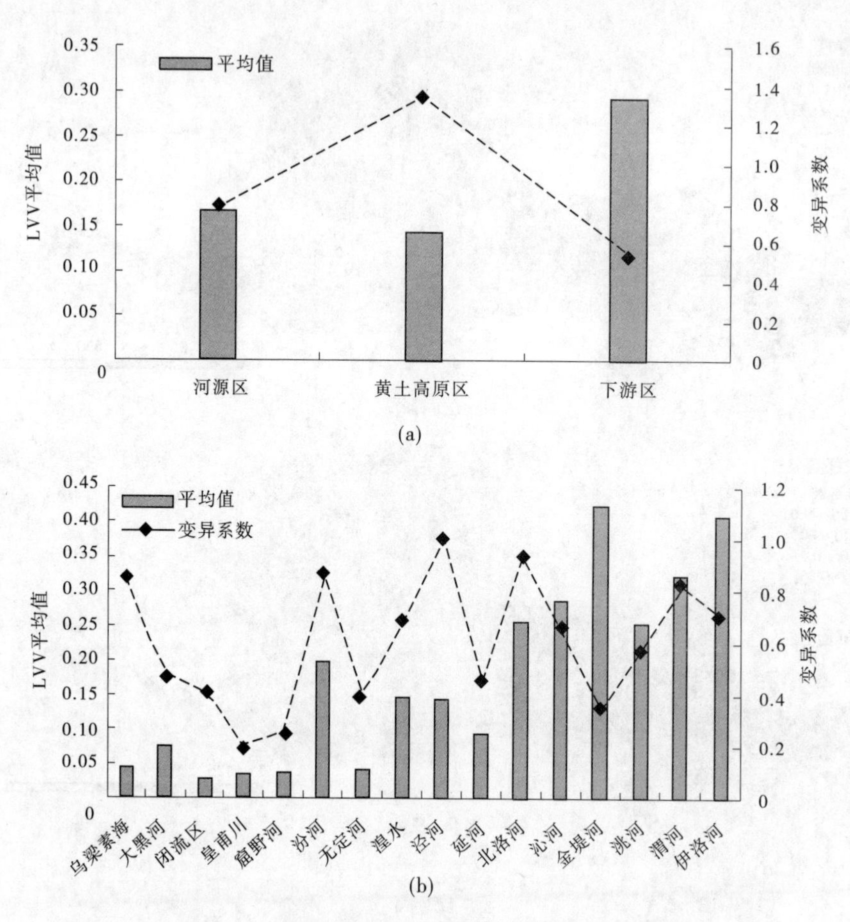

图5　黄河源区、黄土高原、黄河下游区以及16个主要子流域的年LVV的空间平均值与变异系数统计结果

5.2　年尺度LVV时空变化特征分析

5.2.1　像素尺度变化趋势空间分布特征

本文利用Mann-Kendall趋势检验与Sen斜率估计方法对2000～2013年黄河流域的年LVV时间序列进行时空变化分析。将M-K趋势检验显著性水平大于0.05的区域划定为非显著变化区域，并将显著变化区域内的变化幅度（年$^{-1}$）与相对变化幅度划分为了7个等级，如图6所示。从图6中可以看出，黄河流域年尺度LVV非显著变化区域占48.3%，显著减少区域占1.4%，显著增加区域占50.3%，说明近十多年间黄河流域植被三维绿量呈现总体上升趋势，生态环境有所改善。变化幅度较高区域（>0.005年$^{-1}$）主要分布在河口至龙门河道附近区域、延河、泾河、汾河、北洛河、金堤河以及河源区内的部分地区。少量的显著减少区域主要集中在黄河源区、渭河、乌梁素海的部分区域。图6(b)显示大部分区域的相对变化幅度保持在2%以上，而相对变化幅度>5%的区域主要集中在河口至龙门河道附近区域、延河、无定河、青陕甘交界处，说明这些区域植被结构特征发生了巨大的变化。

5.2.2　区域/流域尺度时间变化特征

为了对区域/流域尺度的植被LVV变化情况进行有效评价，本文对黄河流域内三大

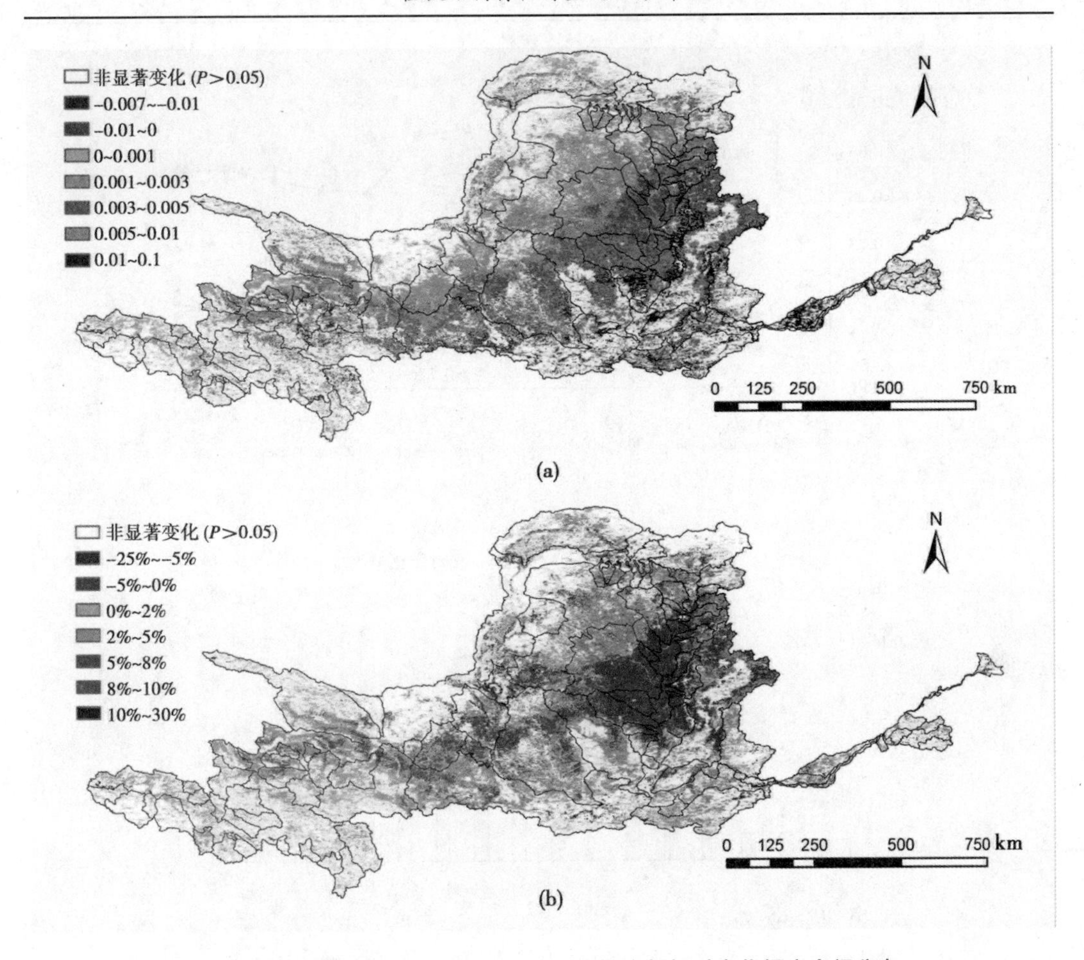

图 6　黄河流域 2000～2013 年 LVV 变化幅度与相对变化幅度空间分布

区域(黄河源区、黄土高原区、黄河下游区),以及黄河中下游 16 个主要子流域的年 LVV 空间平均值时间序列进行 M-K 检验与 Sen 斜率分析,若显著性水平小于 0.5,则认为该趋势变化为显著变化,具有统计学意义,从而得到不同区域/流域尺度的变化幅度与相对变化幅度。图 7 表示的是 2000～2013 年间三大区域 LVV 平均值随时间的变化曲线。从图 7 中可以看出,三大区域均呈现着 LVV 增加趋势,下游区的变化幅度最大(0.005 8 $年^{-1}$),河源区的变化幅度最小(0.002 5 $年^{-1}$)。黄土高原的相对变化幅度最大,达到了 2.15%,说明近十几年内黄土高原植被三维绿量变化显著。河源区的相对变化幅度最小,仅为 1.49%,值得注意的是,2009 年河源区 LVV 下降显著。

在所选子流域中,金堤河变化幅度最大(0.008 6 $年^{-1}$),但相对变化幅度仅为 2.03%。在黄土高原地区只有大黑河流域的变化趋势没有通过 $P<0.05$ 的显著性检验。其中,汾河与延河流域的变化幅度最大,分别为 0.006 8 $年^{-1}$和 0.006 6 $年^{-1}$,但相对变化幅度分别为 3.4% 和 6.98%,延河流域的相对变化幅度是整个黄河流域中最大的。闭流区、皇甫川、窟野河、无定河流域虽然变化幅度较小,但其相对变化幅度仅次于延河流域,说明这些流域的植被绿量在近十几年间经历了显著的变化过程,如图 7(b)所示。

5.2.3　区域/流域单元内部时空分布特征

为了更精细地反映黄河流域区域/流域单元内部 LVV 时空变化分布特征,本文将

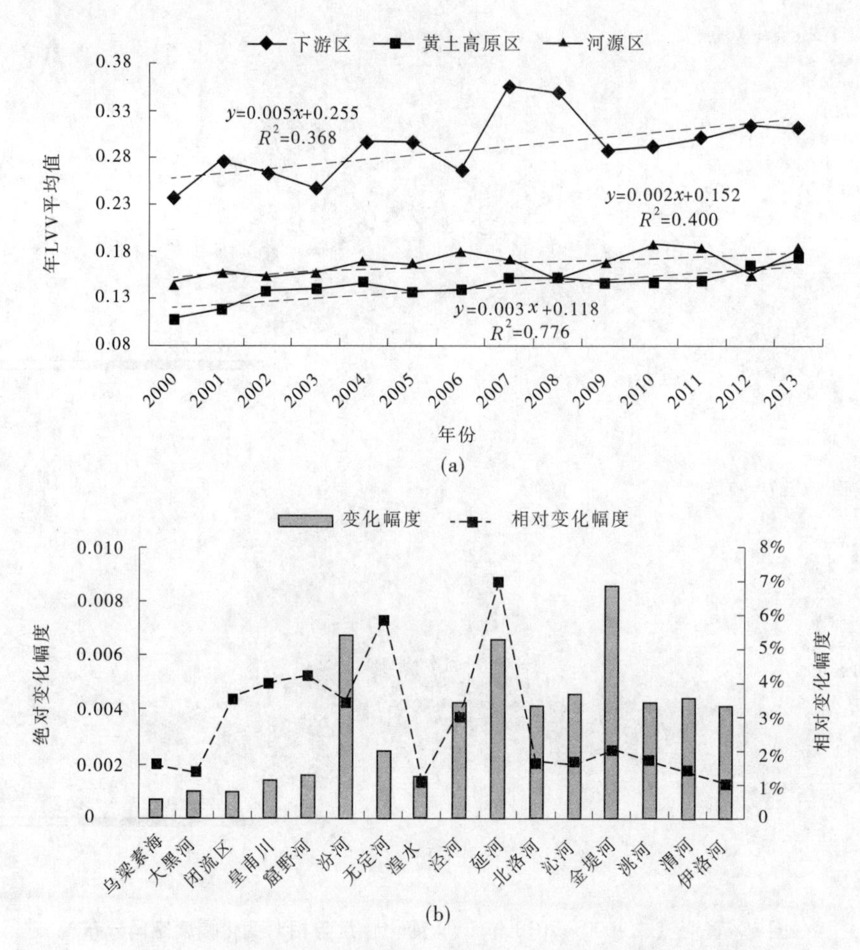

图7　黄河源区、黄土高原、黄河下游区以及16个主要子流域的变化幅度(年$^{-1}$)与相对变化幅度统计结果

LVV相对变化幅度中7个不同等级所对应的面积比例进行统计。从图8(a)中可以看出，黄土高原区有56.29%的区域呈现显著增加趋势，仅有1.39%的区域呈现出显著减少的趋势，而黄河源区与黄河下游显著增加区域分别占30.98%与30.53%。黄河下游趋势显著减少区域所占面积最高，达到4.18%。黄河三大区内LVV相对变化率的主要分布区间为2%～5%，其中黄土高原内5%～8%区间所占的面积也达到了20.52%，该值远高于黄河源区与黄河下游区同样区间值所占比例。

在16个子流域中，伊洛河流域内显著减少区域所占比例最大，达到5.44%，延河流域内显著减少区域所占比例最小，仅为0.03%。延河流域内97.8%的区域都呈现出显著增加趋势，位于整个黄河流域之首，排序依次是无定河、皇甫川、窟野河、泾河。大黑河流域的显著增加区域最少，仅有17.4%，说明该流域内部的LVV变化程度最为轻微。从不同区间LVV相对变化率面积比来看，所有流域的LVV相对变化率主要集中在2%～8%，其中，延河流域内相对变化率大于5%的区域面积比最大，说明延河流域内部不仅变化面积大而且变化程度剧烈。

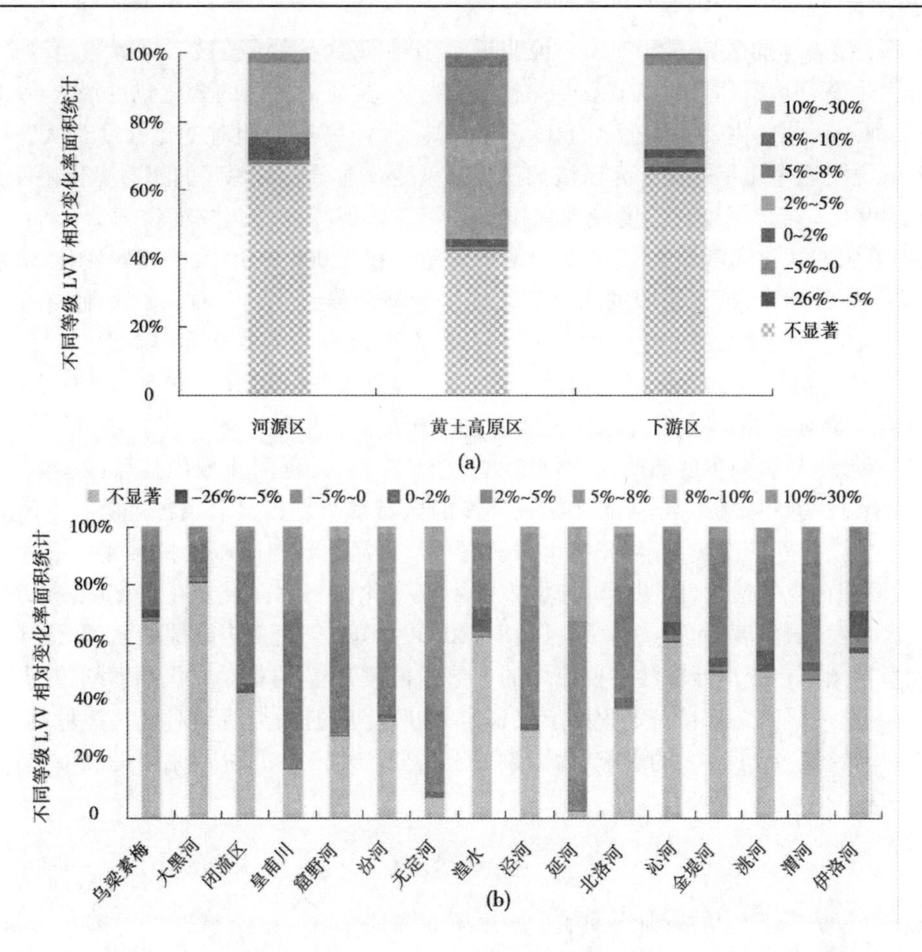

图 8　黄河源区、黄土高原、黄河下游区与各子流域内不同等级 LVV 年相对变化率面积统计

6　结语

本文利用 MODIS 遥感卫星产品时间序列数据,基于 Mann-Kendall 趋势检验与 Sen 斜率分析方法对 2000 ~ 2013 年的黄河流域内三大区域(黄河源区、黄土高原区、黄河下游区)以及 16 个主要子流域的植被三维绿量(LVV)进行了时空变化特征分析。论文主要有以下结论:

(1)在黄河流域三大区域内,黄河下游区的 LVV 最大且空间变异系数最小,说明该区域的植被生长状况最好且植被结构特征空间分布较为均一。黄土高原区的 LVV 最小且变异系数最大,说明该区域的植被生长状况最差且植被结构空间分布异质性强,潜在水土流失的风险最高。在 16 个主要的子流域中,金堤河流域 LVV 最大,黄土高原区域内流域 LVV 平均值从大到小为伊洛河 > 渭河 > 沁河 > 北洛河 > 汾河 > 泾河 > 延河,其中皇甫川、窟野河、无定河、闭流区的 LVV 均低于 0.05,处于黄土高原最低水平。泾河流域的 LVV 变异系数是所有子流域中最高,说明该流域内的植被类型与结构特征最为多样化。皇甫川流域的变异系数最低,说明该流域内植被结构特征单一。

(2)在像素尺度上,黄河流域年尺度 LVV 非显著变化区域占 48.3%,显著减少区域占1.4%,显著增加区域占50.3%。说明近十多年间黄河流域植被三维绿量呈现总体上升趋势,生态环境有所改善。在区域/流域尺度上,黄河下游区的变化幅度最大(0.005 8 年$^{-1}$),河源区的变化幅度最小(0.002 5 年$^{-1}$)。黄土高原的相对变化幅度最大,达到了2.15%,说明近十几年内黄土高原植被三维绿量变化显著。河源区的相对变化幅度最小,仅为1.49%。金堤河变化幅度最大(0.008 6 年$^{-1}$),但相对变化幅度仅为2.03%。汾河与延河流域的变化幅度最大,分别为0.006 8 年$^{-1}$和0.006 6 年$^{-1}$,但相对变化幅度分别为3.4%和6.98%,延河流域的相对变化幅度是整个黄河流域中最大。闭流区、皇甫川、窟野河、无定河流域虽然变化幅度较小,但其相对变化幅度仅次于延河流域。

(3)黄土高原区、黄河源区、黄河下游LVV显著增加区域分别占56.29%、30.98%、30.53%。黄河下游LVV显著减少区域所占面积最高,达到4.18%。在16个子流域中,伊洛河流域内显著减少区域所占比例最大,达到5.44%,延河流域内显著减少区域所占比例最小,仅为0.03%。延河流域内97.8%的区域都呈现出显著增加趋势,位于整个黄河流域之首,排序依次是无定河、皇甫川、窟野河、泾河。延河流域内相对变化率大于5%的区域面积比也是最大,说明延河流域内部不仅变化面积大而且变化程度剧烈。从像素尺度、区域/流域尺度的时空分析均已表明,2000~2013年间黄土高原内延河、无定河、窟野河、皇甫川等传统产沙输沙主要流域的下垫面植被LVV的相对变化幅度均位于黄河流域前列。这一研究结果在一定程度上佐证了2000年后的人类活动对这些流域的下垫面植被结构特征造成了巨大的影响,为探索黄土高原产流产沙的锐减原因提供下垫面植被变化信息。

参考文献

[1] Chen L, Wei W, Fu B, et al. Soil and water conservation on the Loess Plateau in China: review and perspective[J]. Progress in Physical Geography, 2007, 31(4):389-403.

[2] Zhu L Q, Zhu W B. Research on Effects of Land Use/Cover Change on Soil Erosion[J]. Advanced Materials Research, 2012, 433-440:1038-1043.

[3] Xin Z, Yu X, Lu X X. Factors controlling sediment yield in China's Loess Plateau[J]. Earth Surface Processes & Landforms, 2011, 36(6):816-826.

[4] Yang X, Zhang K, Jia B, et al. Desertification assessment in China: An overview[J]. Journal of Arid Environments, 2005, 63:517-531.

[5] Fu B J, Meng Q H, Qiu Y, et al. Effects of land use on soil erosion and nitrogen loss in the hilly area of the Loess Plateau, China[J]. Land Degradation & Development, 2003, 15(1):87-96.

[6] Maeda E E, Pellikka P K E, Siljander M, et al. Potential impacts of agricultural expansion and climate change on soil erosion in the Eastern Arc Mountains of Kenya[J]. Geomorphology, 2010, 123(3):279-289.

[7] Lü Y, Fu B, Fu X, et al. A policy-driven large scale ecological restoration: quantifying ecosystem services changes in the Loess Plateau of China. [J]. Plos One, 2012, 7(2):e31782.

[8] Liu Y, Fu B, Lü Y, et al. Hydrological responses and soil erosion potential of abandoned cropland in the Loess Plateau, China[J]. Geomorphology, 2012, 138(1):404-414.

[9] Sun W, Shao Q, Liu J. Soil erosion and its response to the changes of precipitation and vegetation cover on the Loess Plateau[J]. 地理学报(英文版), 2013, 23(6):1091-1106.

[10] Sun W, Song X, Mu X, et al. Spatiotemporal vegetation cover variations associated with climate change and ecological restoration in the Loess Plateau[J]. Agricultural & Forest Meteorology, 2015:87-99.
[11] Xin Z, Ran L, Lu X. Soil Erosion Control and Sediment Load Reduction in the Loess Plateau: Policy Perspectives[J]. International Journal of Water Resources Development, 2012, 28(2):325-341.
[12] 姚文艺, 冉大川, 陈江南. 黄河流域近期水沙变化及其趋势预测[J]. 水科学进展, 2013, 24(5): 607-616.
[13] 冉大川, 姚文艺, 吴永红,等. 延河流域 1997—2006 年林草植被减洪减沙效应分析[J]. 中国水土保持科学, 2014, 12:1-9.
[14] Wang X, Chen F, Hasi E, et al. Desertification in China: An assessment[J]. Earth-Science Reviews, 2008, 88(3):188-206.
[15] Zhang Q, Xu C Y, Yang T. Variability of Water Resource in the Yellow River Basin of Past 50 Years, China[J]. Water Resources Management, 2009, 23(6):1157-1170.
[16] Wang Y, Shao M, Liu Z. Vertical distribution and influencing factors of soil water content within 21-m profile on the Chinese Loess Plateau[J]. Geoderma, 2013, 193-194(2):300-310.
[17] Wang Y, Shen Y, Chen Y, et al. Vegetation dynamics and their response to hydroclimatic factors in the Tarim River Basin, China[J]. Ecohydrology, 2013, 6(6):927-936.
[18] Wang Jing, Wang Kelin, Zhang Mingyang, et al. Impacts of climate change and haman activities on vegetation cover in hilly southern China[J]. Ecological Engineering, 2015, 81:451-461.
[19] Jiapaer G, Liang S, Yi Q, et al. Vegetation dynamics and responses to recent climate change in Xinjiang using leaf area index as an indicator[J]. Ecological Indicators, 2015:64-76.
[20] 冯强, 赵文武. USLE/RUSLE 中植被覆盖与管理因子研究进展[J]. 生态学报, 2014, 34(16): 4461-4472.
[21] Panagos P, Borrelli P, Meusburger K, et al. Estimating the soil erosion cover-management factor at the European scale[J]. Land Use Policy, 2015:38-50.
[22] Liu B Z, Liu S H, Zheng S D. Soil conservation and coefficient of soil conservation of crops[J]. Research of Soil and Water Conservation, 1999, 6(2) : 32-36, 113.
[23] Fu B, Yu L, Lü Y, et al. Assessing the soil erosion control service of ecosystems change in the Loess Plateau of China[J]. Ecological Complexity, 2011, 8(4):284-293.
[24] 林杰. 基于植被结构特征的土壤侵蚀遥感定量反演[D]. 南京林业大学, 2011.
[25] 孙佳佳, 于东升, 史学正,等. 植被叶面积指数与覆盖度定量表征红壤区土壤侵蚀关系的对比研究[J]. 土壤学报, 2010, 47:1060-1066.
[26] 安勇, 卓丽环. 哈尔滨市紫丁香绿量[J]. 东北林业大学学报, 2004, 32:81-83.
[27] 陈芳, 周志翔, 王鹏程,等. 武汉钢铁公司厂区绿地绿量的定量研究[J]. 应用生态学报, 2006, 17:592-596.
[28] 曹建军. 林下水蚀区侵蚀过程与植被恢复度多角度遥感监测研究[D]. 上海:华东师范大学, 2014.
[29] Chen J, Per Jönsson, Tamura M, et al. A simple method for reconstructing a high-quality NDVI time-series data set based on the Savitzky-Golay filter[J]. Remote Sensing of Environment, 2004, 91:332-344.
[30] 李占玲, 徐宗学. 黑河上游山区径流变化特征分析[J]. 干旱区资源与环境, 2012(9):51-56.

【作者简介】 王志慧(1985—),男,山西太原人,博士,工程师,主要从事植被生态遥感与水土流失模拟与监测方面的研究工作。E-mail:wzh8588@ aliyun. com. cn。

伊洛河流域水土流失治理状况及建议

王国重[1]　屈建钢[2]　刘香君[3]　张　展[1]

（1. 黄河水文水资源科学研究院，郑州　450004；
2. 河南省水土保持监督监测总站，郑州　450008；
3. 河南省水利勘测设计研究有限公司，郑州　450008）

摘　要　伊洛河流域是我国生态过渡带和生态环境脆弱带，水土流失严重。针对该流域水土流失治理现状，在分析取得的经验与不足的基础上，根据流域的实际情况，提出一些建议，以实现流域经济发展与环境生态保护相适应，促进区域生态文明建设，也为该流域今后的进一步规划治理提供依据。

关键词　伊洛河；水土流失；生态文明；治理

The controlled situation and some proposals about soil erosion in Yi-Luo River basin

Wang Guozhong[1]　Qu Jiangang[2]　Liu Xiangjun[3]　ZhangZhan[1]

（1. Hydrology and water resources of Yellow River scientific research institute, Zhengzhou　450004;
2. Soil and water conservation supervision and inspection station in Henan Province, Zhengzhou　450008; 3. Henan Water and Power Consulting Engineering Co., Ltd, Zhengzhou　450008）

Abstract　Yi-Luo River basin is the zone of ecological transition and fragile environment with serious soil erosion in China, some suggestions are put forward together with the actual situation of the basin based on its current situation of soil erosion controlled and analyzed its experience and shortage, in order to match economic development with environmental conservation, promote regional ecological civilization construction and also provide the basis for future planning and management in this basin.

Key words　Yi-Luo River; soil erosion; ecological civilization; treatment

1　流域概况

伊洛河是伊河与洛河的合称，黄河三门峡以下的最大支流。伊河发源于河南省栾川县陶湾乡三合村的闷墩岭，在偃师顾县乡杨村与洛河汇合。洛河发源于陕西省蓝田县灞源乡，流经陕西、河南两省，在巩义市神堤村注入黄河（见图 1[1]）。伊洛河流域总面积

18 881 km²,其中在陕西境内为3 064 km²,河南境内15 817 km²。该流域素有“五山四陵一平川”之称,即山地占52.4%、丘陵占39.7%、平原占7.9%。地处山地平原过渡带、温带和北亚热带交界带、南北两区分界带,是我国生态过渡带和生态环境脆弱带[2]。

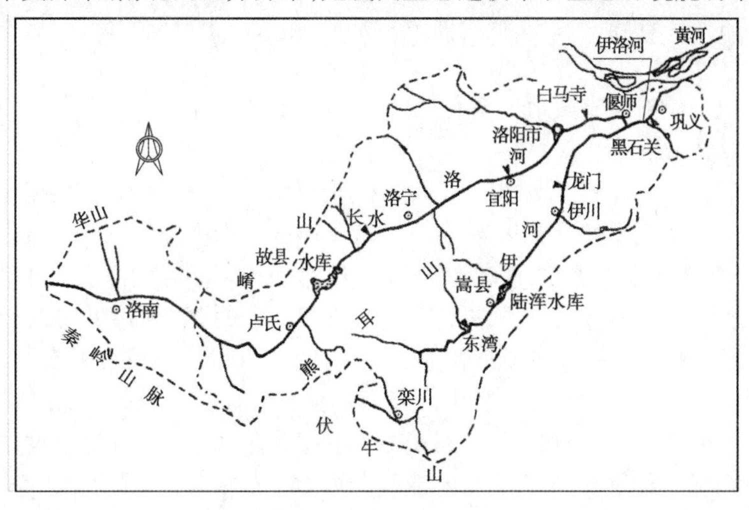

图1　伊洛河流域示意图

该流域属暖温带半干旱大陆性气候,大部分处在黄土高原边缘,多为土石山区,山高坡陡,极易产生水土流失[3]。区域多年平均降雨量726.9 mm[4],降雨在年内年际分布不均,丰水年雨量与枯水年差异较大,汛期雨量约占全年雨量的60%,使得土壤侵蚀强度随气候呈季节性变化[5],汛期和丰水年侵蚀强度极高。加上陡坡开荒,毁林种植等人类活动,加剧了水土流失。该区域水土流失面积12 624 km²,占整个流域面积的66.3%,土壤侵蚀类型主要表现为水力侵蚀和重力侵蚀,兼有风力侵蚀。这种土壤侵蚀变化特性使得伊洛河泥沙含量年内年际变化也很大,平均年输沙量约2 300万t,占黄河年泥沙量的1.3%。流域平均侵蚀模数2 000~3 000 t/(km²·年),最高达8 000 t/(km²·年)。

2　水土流失治理状况及存在的问题

2.1　水土流失治理现状

伊洛河流域是我国最早开展水土保持工作的地区之一,特别在90年代以来,水土保持工作走上了正规化、法制化道路,流域治理坚持“预防为主,全面规划,综合治理,因地制宜,加强管理,注重效益”的水保方针,积极开展以小流域为单元的综合治理。

截至2000年底,伊洛河流域内建设基本农田1 771.48 km²,在荒山荒坡和退耕地上营造水土保持林2 636.51 km²,人工种草55.95 km²,封禁治理558.20 km²,建成治沟骨干工程29座、淤地坝1 631座、谷坊68 439座、水窖12 144眼、塘坝191座。全流域初步治理措施面积达到4 463.95 km²(不包括封禁治理面积),治理度达35.4%。

2.2　取得的经验

2.2.1　水土流失重点防治分区

为有效地预防和治理水土流失,促进经济社会的可持续发展,伊洛河流域实施分区防治战略,根据流域实际情况和水土流失程度,把流域划分为:重点预防区和重点治理区。重点预防区主要分布在伊洛河的上、中游的秦岭山区、伏牛山区、熊尔山区,该区植被覆盖高,水土流失轻微;重点治理区位于秦岭东部晋陕豫接壤地区"金三角"的边缘和流域中下游地区,前者矿产资源丰富、工矿企业较为密集,人为水土流失十分严重,后者属于黄土丘陵沟壑区第三副区,地形破碎,气候干旱且多暴雨,土壤抗侵蚀强度差,加之对区域植被的人为破坏,成为伊洛河流域水土流失较为严重的区域。

2.2.2 水土保持治理类型区划分

根据重点防治分区,把流域划分为丘陵区、土石山区、冲积平原区,根据各区的土壤侵蚀情况、社会经济状况及其发展趋势,分别采取不同的治理措施。以水土流失严重的丘陵区为水土保持生态建设的重点,以减少入黄泥沙、维护黄河健康生命、保证区域粮食安全、改善生态环境促进人与自然和谐发展为目标。在重点治理区,通过加快以治沟骨干工程为主体的小流域综合治理,促进陡坡耕地的退耕还林还草,加快植被建设;在水资源条件及植被条件较好的预防保护区(秦岭山区),要加强天然林、次生林区的预防保护,坚决制止毁林毁草,陡坡开荒,充分利用生态系统的自我修复能力,采取封山禁牧、封育轮牧,恢复区域植被;在矿产资源丰富、人为水土流失严重的土石山区,加强对矿山企业的管理,按照"谁破坏,谁治理"的原则,强化企业在矿产资源开发过程中的水土保持行为。

2.2.3 存在的问题

2.2.3.1 生态恶化的趋势尚未得到有效遏制

由于对生态环境保护的意识和对水土保持的认识不到位,注重经济建设,对水土保持工作抓得还很不够,"以牺牲生态环境换取眼前利益"的行为仍然存在,陡坡开荒、毁林毁草、破坏天然植被的现象时有发生。

2.2.3.2 水土保持工作投资严重不足

国家投资少,地方配套难,群众自筹能力低,致使骨干工程不能实施,防治效果不佳。水保预防监督建设、水土流失监测和水保科技工作有待向正常化、规范化、法制化进一步提高。

2.2.3.3 政策落实不力,影响到治理和管护

只注意发动群众搞治理,忽视了群众的切身利益,在很大程度上挫伤了群众的积极性。现在虽然制定了一系列方针政策,明确了责任权利,但由于种种原因,政策落实不够。

2.2.3.4 技术力量薄弱

由于水土保持工作多年间断,现在搞起来没有经验。抓水保的干部及各部门技术员,只懂本行业技术,达不到水保技术员的要求,搞水保工作势必造成工程设计不合理,布局不恰当,达不到治理要求。

3 今后的设想

3.1 优化农业结构,防治水土流失

该流域中上游多为土石山区,山高坡陡、沟壑纵横,农业生产条件较差,但植被覆盖较好、林地面积比重大、生物资源丰富、土特产种类繁多,林牧产业、医药业等方面具有很大的发展潜力,这就需要改变以种植业为主的农业结构、发展多种经营。今后应当着重改良

林果、畜牧品种，加强林草的利用和养护，形成具有特色的林牧产业；中下游丘陵地区，水土流失严重，耕层薄、肥力低、有机质含量少、保水保肥能力差。该区应在生态适宜性基础上，围绕林草植被恢复和林草资源的合理开发利用，发展畜牧业、林果业，加强农业生产基础设施建设，发展生态型农业。下游平原区交通便利、土地熟化程度高、耕作条件较好，有利于精耕细作与集约化、专业化生产，宜发展高效机械化农业。今后应以市场为导向，强化商品粮生产，发展城郊型农业[6]。

3.2 合理开发资源，保护生态环境

以山地为主的中上游地区，其生物资源十分丰富，同时也拥有较多的、价值量较高的有色金属矿产资源，如钼、钨、金等。下游地区则拥有相当可观的金属与非金属矿产资源，下游地区因为区位优越、交通方便、工业基础较好、开发比较容易等有利条件，更容易将资源优势转化为经济优势。但也应该看到，矿产资源的不合理开采也带来了一系列的诸如环境污染、生态破坏、矿产资源浪费、加速枯竭等问题。有计划地开采，协调经济效益与环境效益、当前利益与长远利益应是今后考虑的主要问题[7]。

3.3 发展旅游优势，促进可持续发展

伊洛河流域是中华民族的发祥地，该流域发掘出的“裴李岗文化”“仰韶文化”“龙山文化”“二里头文化”遗址就是明证[8]。洛河，在我国历史上有着显赫的地位。首先，是“河图洛书”，把它与古文字紧密连系在一起，把洪荒蒙昧的社会推向了文明的阶梯。自古以来，洛河被视为神河，历代帝王常来此祭祀，曹植的《洛神赋》更是脍炙人口。尤其伊洛河所流经的洛阳、郑州都在我国八大古都之列，历史文化的积淀比较深厚，我国的姓氏也大多源于这里[9]。

在自然生态资源中，宜阳县的花果山森林公园、栾川县的龙峪湾国家森林公园、重渡沟自然风景区、老君山自然保护区、卢氏县大鲵保护区、嵩县天池山风景区、白云山森林公园、龙池曼自然保护区、洛宁县神灵寨等，都具有很好的观光休闲、探险求异和科学考察价值。而仰韶村文化遗址、偃师市二里头文化遗址、龙门石窟、汉魏古城、隋唐古城、光武陵、白马寺、灵山寺、秦赵会盟台、玄奘故里、李贺故里、二程故里、二程墓、伊皋书院以及众多帝陵等一系列丰富的人文景观，更是探古寻根、凭吊历史的佳处。

3.4 加大投资力度，贯彻水土保持法律法规，建设生态文明

一方面要加大政府投入，专款专用；另一方面积极拓宽水土保持资金投入渠道，鼓励民营、外资企业和国际金融机构等各方面的力量参与水保事业，引导群众投资，开展国际间交流合作，建立良性循环的水土保持投入长效机制。

同时，要认真贯彻水土保持法律法规，加大依法征收水土保持补偿费的力度，不断完善水土流失生态补偿制度、建立健全水土保持监测网络。以水土流失重点防治区和重点治理区划分为主线，坚决遏制人为水土流失。此外，把发展经济与生态保护、资源利用与改善民生相结合，加强水保专业的人才培养，引进先进的水保技术和理念，促进区域生态文明建设。

参考文献

[1] 刘富叶.伊洛河流域设计洪水研究[J].人民黄河,2004,26(7):17-19.
[2] 黄萍,叶永忠,高红梅,等.河南省伊洛河流域生物多样性调查及评价[J].河南师范大学学报(自然科学版),2012,40(1):142-145.
[3] 和继军,蔡强国,王学强.北方土石山区不同坡度的径流小区水土流失规律研究[J].地理研究,2010,29(6):1017-1026.
[4] 徐帅,高天立,葛雷.伊洛河流域水生态现状及保护对策[J].河南科技,2014(16):184-186.
[5] 孙虎,王继夏.汉丹江流域水土流失类型区划分及分布规律[J].西北大学学报(自然科学版),2009,39(5):879-882.
[6] 王兵,臧玲.伊洛河流域开发战略研究[J].地域研究与开发,2007,26(6):53-56.
[7] 孙宝静,路增祥,傅学生,等.黄金矿山经济指标的优化及其途径[J].黄金,2010,31(4):1-3.
[8] 张洋.基于3S技术的伊洛河流域景观格局变化研究[D].开封:河南大学,2009.
[9] 张玉霞.中原古城古国与姓氏起源[J].三门峡职业技术学院学报,2007,6(4):39-45.

【作者简介】 王国重(1972—),男,河南南阳人,博士,高级工程师,主要从事水土保持、水资源规划利用方面的研究工作。E-mail:Zhonggw2020@163.com。

重大水工程建设与安全

高韧性抗冲击环氧树脂砂浆性能

李贵勋[1] 张 雷[2] 杨 勇[1]

(黄河水利科学研究院,郑州 450003)

摘 要 通过选择不同类型的固化剂,研究固化剂对环氧树脂砂浆力学性能的影响,优选出高韧性抗冲击环氧树脂砂浆。试验结果证明:采用芳胺固化的环氧树脂砂浆在冲击试验中10 kg 落锤冲击200 次未破坏,抗压强度达到102.53 MPa,弯曲强度达到16.63 MPa,拉伸强度达到20.66 MPa,呈现出优良的综合力学性能。

关键词 高韧性;抗冲击;芳胺;环氧

The performance of high impact toughness epoxy resin mortar

Li Guixun[1] Zhang Lei[2] Yang Yong[1]

(Yellow River Institute of Hydraulic Research, Yellow River Conservancy Commission, Zhengzhou 450003)

Abstract Theeffect of curing agent on the mechanical properties of epoxy resin mortarwasanalyzed, in order to obtain an epoxy resin mortar with good toughness and impact through choosing different types of curing agent. The results showed thatepoxy resin mortar cured by aromatic amine exhibits excellent comprehensive mechanical properties. It was not destroyedby the 10 kg drop hammer up to 200 times. The compressive strength was 102.53 MPa, the flexural strength was 16.63 MPa, and the tensile strength reached 20.66 MPa.

Key words High Impact Toughness; Impact resistance; aromatic amine; epoxy resin

1 引言

环氧树脂是一种具有良好的粘接、耐腐蚀、绝缘、高强度等性能的高分子材料,用途广泛[1],其优良的物理化学性能通过固化交联后即可实现。同一种环氧树脂采用不同的固化剂所表现出的性能可能会截然不同,通过选择不同固化剂可对环氧树脂的性能进行调节[2-3]。因此,固化剂自身结构和性能在环氧树脂配方设计中地位突出[4]。自20 世纪五六十年代以来,环氧树脂已在抗磨防腐领域较为广泛地应用,如环氧树脂砂浆涂层,但环氧树脂砂浆在使用中也存在有明显缺点,即固化后抗冲击性能较差,尤其在低温下更差,在使用过程中受到硬物冲击或者水流汽蚀作用时就会破裂，进而被剥离失去抗磨防腐作用。该缺点在一定程度上限制了环氧树脂在水工结构抗磨防腐领域更为广泛地应用推广。因此，研发高韧性抗冲击环氧树脂砂浆具有重要的应用意义[5-6]。

实现环氧树脂砂浆增韧的技术途径有很多，如添加热塑性树脂、纳米粒子等，但利用改进固化剂来提高环氧树脂砂浆性能的方法，不仅环氧树脂砂浆力学性能可以明显提高，而且操作简单、成本低廉[6-7]。因此，开发性能优异、工艺简单的固化剂是目前环氧树脂砂浆改性的研究热点之一。本文选取有利于环氧树脂韧性提高的聚醚胺固化剂及有利于综合性能提高的芳胺固化剂，与常用的小分子直链脂肪胺固化剂对比，研究以上几种固化剂对环氧树脂砂浆性能的影响，优选出最佳配方。同时也研究了不同固化体系的环氧树脂作为环氧树脂砂浆底胶的粘接性能。

2 试验部分

2.1 主要原料

环氧树脂（EP），无锡蓝星石油化工有限责任公司；聚醚胺（D23）、芳胺（MP），上海阿拉丁生化科技股份有限公司；小分子直链脂肪胺（DA、TA、651）、柔韧剂（DP），西陇化工股份有限公司；金刚砂（SiC），白鸽（集团）股份有限公司。

2.2 试样制备

环氧树脂、固化剂分别加热到一定温度，与柔韧剂等组分以一定比例混合，搅拌均匀后与金刚砂混合搅拌，制成《环氧树脂砂浆技术规程》（DL/T 5193—2004）所要求的试样以备测试。其中，1 号样为聚醚胺固化的环氧树脂砂浆，2 号样为芳胺固化的环氧树脂砂浆，3 号样为小分子直链脂肪胺与芳胺复配固化的环氧树脂砂浆，4、5 号样为小分子直链脂肪胺固化的环氧树脂砂浆。

2.3 性能测试

不同固化剂固化的环氧树脂砂浆力学性能测试均依据 DL/T 5193—2004 执行。

利用 SANA 抗压抗折一体化试验机 CDT 305 －2 进行抗压试验，负荷加载速度为 1 200 N/s，试样为边长 40 mm 的立方体。

利用长春新科数显式落锤冲击试验机 WLJ －300 进行抗冲试验，落锤质量 8 kg、10 kg，试样为直径（150 ±1） mm、高（35 ±0.5） mm 的圆柱体。

利用上海华龙微机控制电子万能试验机 WDW －2000 进行抗折试验，负荷加载速度为 5 m/min，试样为 25 mm ×25 mm ×320 mm 的棱柱体。

利用上海华龙微机控制电子万能试验机 WDW －2000 进行拉伸、粘接试验，负荷加载速度为 1 m/min，试样为“8”字形试件。

3 结果与讨论

3.1 固化剂对环氧树脂砂浆冲击性能的影响

不同固化体系环氧树脂砂浆力学性能见表 1。

表 1　不同固化体系环氧树脂砂浆力学性能

试样	抗压强度 (MPa)	拉伸强度 (MPa)	粘接强度 (MPa)	弯曲强度 (MPa)	冲击性能
1	99.32	19.23	6.78	15.75	>200 次未断裂(10 kg 落锤)
2	102.53	20.66	11.42	16.63	>200 次未断裂(10 kg 落锤)
3	96.26	15.09	12.40	9.65	>200 次未断裂(10 kg 落锤)
4	87.01	14.28	10.86	10.21	149 次断裂(8 kg 落锤)
5	87.20	14.44	11.85	8.92	96 次断裂(8 kg 落锤)

从表 1 可以看出,虽然加入了柔韧剂,但小分子直链脂肪胺固化的环氧树脂砂浆均出现断裂情况,说明该固化体系的环氧树脂砂浆较脆,抗冲击韧性较差。聚醚胺、芳胺等固化体系的抗冲击性能均较好,10 kg 落锤冲击 200 次均未破坏,说明聚醚胺、芳胺固化剂均起到了提高环氧树脂砂浆韧性的作用,得到了高抗冲击性能的环氧树脂砂浆。

3.2　固化剂对环氧树脂砂浆抗压强度的影响

从表 1 和图 1 可以看出,小分子直链脂肪胺固化的环氧树脂砂浆抗压强度较低,大约 87 MPa,主要由于这种固化剂为小分子固化剂,环氧树脂固化后较脆,在外力作用下易发生破坏。芳胺固化体系的抗压强度最好,达到 102.53 MPa,主要由于芳胺固化剂分子中含有苯环结构,该化学结构刚性优异,其固化后的环氧树脂刚性优良[8],所以芳胺固化体系的抗压强度最佳。

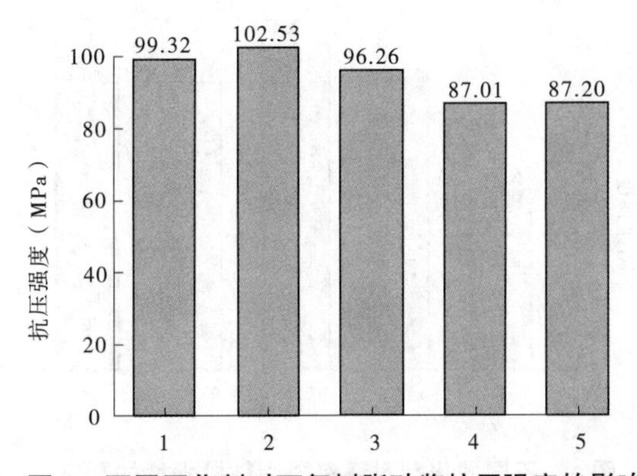

图 1　不同固化剂对环氧树脂砂浆抗压强度的影响

3.3　固化剂对环氧树脂砂浆拉伸强度、弯曲强度的影响

环氧树脂砂浆的拉伸性能、弯曲性能主要受固化后环氧树脂的化学结构影响。从表 1和图 2、图 3 中可以看出,聚醚胺、芳胺固化的环氧树脂砂浆拉伸强度、弯曲强度较好。大分子结构的聚醚胺固化体系和芳胺固化体系均在较高温度下固化,这两种固化体系的固化反应更完全、固化程度更好,所以其刚性、抗断裂性能更高,从而表现出拉伸性能、弯曲性能较高[9]。聚醚胺与芳胺复配固化环氧树脂砂浆,聚醚胺为小分子增韧固化剂,其加入使环氧树脂砂浆韧性增加,从而造成体现刚性的两个参数拉伸性能、弯曲性能变小。小分子直链脂肪胺固化剂的分子量较低,固化后环氧树脂砂浆较脆,抗断裂性能不好,所

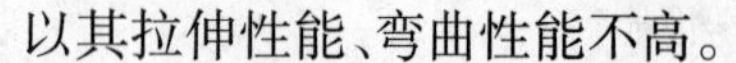
以其拉伸性能、弯曲性能不高。

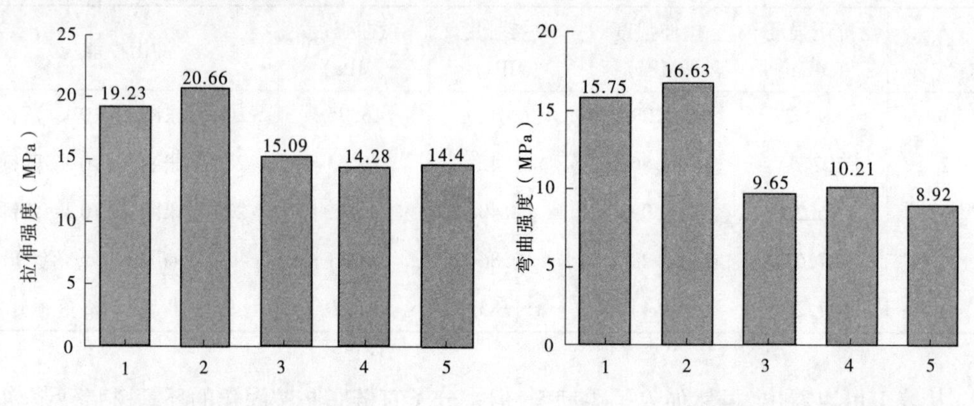

图 2　不同固化剂对环氧树脂砂浆拉伸强度的影响

图 3　不同固化剂对环氧树脂砂浆弯曲强度的影响

3.4　固化剂对环氧树脂粘接性能的影响

从表 1 和图 4 中可以看出，聚醚胺固化体系的粘接性能较差，芳胺、脂肪胺等固化体系的粘接性能较好，相差不大。主要是由于聚醚胺固化剂为长链大分子固化剂，在环氧树脂固化过程中其热运动受到限制，不能更好地浸润到测试用的“8”字模内，从而造成粘接性能较差。芳胺、脂肪胺等固化分子量不大，在固化过程中易于运动，更易浸润到“8”字模内，所以粘接性能较好。

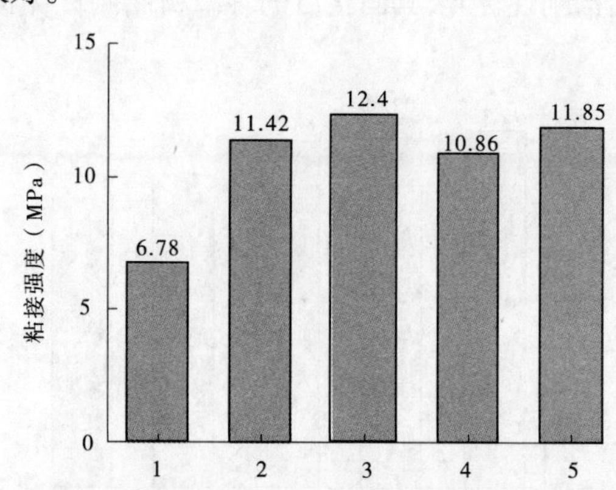

图 4　不同固化剂对环氧树脂粘接强度的影响

4　结语

（1）通过采用不同类型的环氧树脂砂浆固化剂，环氧树脂砂浆的抗冲击性能明显改善，芳胺、聚醚胺等固化体系在冲击试验中 10 kg 落锤冲击 200 次均未断裂。

（2）采用芳胺固化环氧树脂砂浆的综合力学性能最好，其抗压强度达到 102.53 MPa、弯曲强度达到 16.63 MPa、拉伸强度达到 20.66 MPa。

（3）在粘接试验中，以小分子直链脂肪胺固化的环氧树脂的粘接性能较好，其中聚醚胺与芳胺复配固化的环氧树脂粘接性能达到 12.40 MPa。通过粘接试验证明，环氧树脂砂浆底胶可选择粘接性能好的小分子直链脂肪胺固化的环氧树脂。

参 考 文 献

[1] 陈净. 国内环氧树脂行业现状及未来发展趋势[J]. 中国涂料, 2012(7):25-27.

[2] 梁玮, 张林. 反应型环氧树脂固化剂的研究现状与发展趋势[J]. 化学与黏合, 2013(1):71-74.

[3] Zhonggang W, X Meiran, Z Yunfeng, et al. Synthesis and properties of novel liquid ester-free reworkable cycloaliphatic diepoxides for electronic packaging application[J]. Polymer, 2003, 44(4):923-929.

[4] 刘秀. 水下施工固化环氧建筑结构胶粘剂制备与应用[D]. 大连:大连理工大学,2012.

[5] 祝君. 环氧砂浆大面积应用的研究[D]. 西安:西安理工大学, 2005.

[6] 郭金龙, 郭文瑛, 谢汝剑, 等. 环氧砂浆固化剂的研究进展[J]. 功能材料, 2010(S1):20-22.

[7] 梁剑锋, 刘戎治, 周子鹄, 等. 环氧砂浆强度力学性能研究[J]. 中国涂料, 2007(10):20-22.

[8] 陈连喜, 张惠玲, 刘全文, 等. 芳香胺改性双氰胺/环氧树脂体系的固化特性[J]. 武汉大学学报(理学版), 2006(4):426-430.

[9] 唐小东, 夏建陵, 黄坤, 等. 环氧树脂固化剂用聚醚胺的研究进展[J]. 热固性树脂, 2013(3):47-52.

【作者简介】 李贵勋(1984—),男,河南原阳人,博士,主要从事水力机械和水工建筑物磨蚀防护方面的研究工作。E-mail:liguixun@ qq. com。

碳纳米管/硅灰对水泥基复合材料力学性能的影响*

刘 慧[1,2] 李树慧[3]

(1. 黄河水利科学研究院,郑州 450003;
2. 水利部堤防安全与病害防治工程技术研究中心,郑州 450003;
3. 河南水利与环境职业学院,郑州 450008)

摘 要 本文研究了多壁碳纳米管复合硅灰对水泥砂浆试样力学性能的影响,试验结果表明,硅灰颗粒对多壁碳纳米管具有良好的分散效果,能够促进多壁碳纳米管在水泥基材料中的均匀分散。多壁碳纳米管与硅灰复合掺入水泥基材料后,有效降低了试样的孔隙率,减少了试样的有害孔数量,使得试样的孔隙结构更加密实,从而明显增强了试样的强度。当掺入10%硅灰,多壁碳纳米管掺量分别为0.15%和0.08%时,试样的抗压强度和抗折强度分别达到最大值,并且增长均在35%以上,表现了多壁碳纳米管与硅灰复合后对水泥基材料力学性能良好的增强效果。

关键词 多壁碳纳米管;硅灰;水泥基材料;力学性能

Carbon nanotubes/silica fume on the properties of cement-based compound material mechanics

Liu Hui[1,2] Li Shuhui[3]

(1. Yellow River Institute of Hydraulic Research, Zhengzhou 450003;
2. Research Center on Levee Safety Disaster Prevention, Zhengzhou 450003;
3. Henan Vocational College of Water Resources and Environment, Zhengzhou 450008)

Abstract The influence of multi-walled carbon nanotubes (MWCNTs) mixed with silica fume (SF) on the mechanical property of cement-based composites was investigated. Results indicate that SF particles have a favorable dispersion effect on MWCNTs, and MWCNTs can be dispersed uniformly in cement materials by SF particles. MWCNTs mixed with SF decrease the sample porosity and amount of harmful pore effectively, densifying the pore structure of samples; consequently the specimens have higher strength. When the MWCNTs addition is 0.15% and 0.08%, the compressive strength and flexural strength of sample filled with 10% SF reaches

* **基金项目:**“十二五”国家科技支撑计划课题(2013BAC05B01)、水利部公益性行业科研专项经费资助项目(201501003)。

maximum value, respectively, and the increase percent are both above 35%, displaying well reinforcement effect of MWCNTs with SF particles on the mechanical property of cement-based composites.

Key words Multi-walled carbon nanotubes; Silica fume; Cement-based composites; Mechanical property

1 引言

碳纳米管(Carbon Nanotubes,CNTs)是一种拥有高长径比的碳纳米晶体纤维材料,由单层或多层的石墨片卷曲而成,其拥有优良的力学、电学和物理化学性能以及独特的纳米材料效应[1-2]。碳纳米管质轻高强,其强度和韧性极高,远优于其他纤维材料。根据纳米管中碳原子层数的不同,碳纳米管分为单壁碳纳米管(SWCNTs)和多壁碳纳米管(MWCNTs)两种[3],多壁碳纳米管因其相对较低的造价,已能进行大规模生产,并且已广泛应用于增强聚合物、金属和陶瓷等材料。碳纳米管存在强大的分子间范德华引力,并且其超高的长径比和极大的比表面积使其极易缠绕,形成聚团。而对复合材料来说,增强相在基体中的分散均匀程度将直接影响复合材料的整体性能,因此实现碳纳米管在基体中的均匀分散,是首先必须解决的关键问题。目前,对碳纳米管在基体中的分散方法,主要分为机械搅拌法、超声波分散法、表面活性剂处理以及表面活性剂超声处理等方法[4-6]。微硅粉又称硅灰(SF),是硅铁合金厂冶炼硅铁合金时的一种副产物,其颗粒极细,比表面积大,具有火山灰活性,已普遍用作水泥混凝土材料的添加物来改善水泥基材料的物理力学性能[7],并且由于其微纳米尺寸,能够促进微纳米纤维之间的分散,可以改善碳纳米材料与水泥石之间的界面结合,从而促进碳纳米材料在水泥基材料中的分散[8-11]。

本文研究了碳纳米管/硅灰对水泥基材料力学性能的增强作用,并分析了硅灰对碳纳米管在水泥基材料中的分散作用和效果。

2 试验

2.1 原材料

多壁碳纳米管,购自深圳市纳米港有限公司,由催化热解法制备,其物理参数如表1所示。多壁碳纳米管的悬浮液微观形貌如图1所示。P·O 42.5R型水泥,大连小野田水泥厂生产,其化学组成和物理力学性能如表2和表3所示。所用硅灰为埃肯国际贸易有限公司上海公司生产的微硅粉,如表4所示。聚羧酸高性能减水剂,大连市铭源全科开发有限公司生产。细集料选用中国ISO标准砂,厦门艾思欧标准砂有限公司生产。试验用水为蒸馏水。

表1 多壁碳纳米管物理参数

产品	直径(nm)	长度(μm)	纯度(%)	比表面积(m^2/g)
MWCNTs	20~40	5~15	>97	90~120

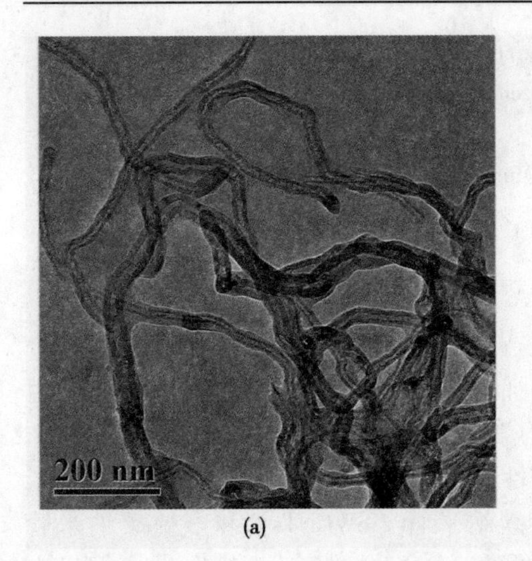

(a)

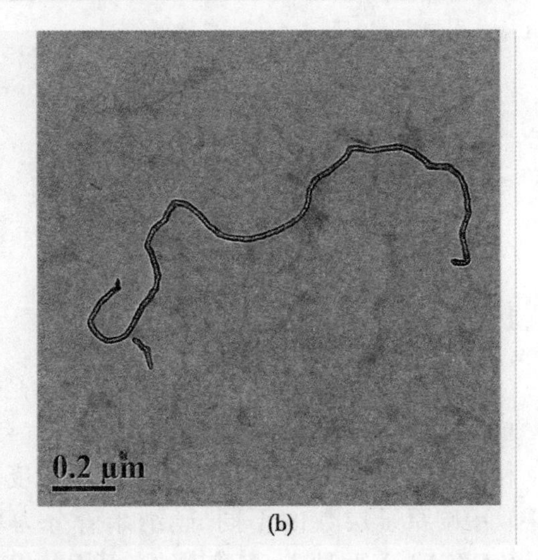

(b)

图1 多壁碳纳米管微观形貌

表2 水泥化学组成 (%)

CaO	SiO_2	Al_2O_3	Fe_2O_3	SO_3	MgO	Na_2O
61.13	21.45	5.24	2.89	2.50	2.08	0.77

表3 水泥基本物理和力学性质

烧失量(%)	凝结时间(min)		比表面积(m^2/g)	弯曲强度(MPa)		抗压强度(MPa)	
	初凝	终凝		3 d	28 d	3 d	28 d
3.52	187	239	330	6.0	8.2	28.5	52.5

表4 硅灰物理参数

产品	SiO_2含量(%)	比重(g/cm^3)	平均粒径(μm)	比表面积(m^2/g)	密度(kg/m^3)
硅灰	>97.5	1.94	0.15	23	312

2.2 样品制备

试验研究选定水灰比为0.35,砂灰比为1.5,多壁碳纳米管掺量分别为水泥质量的0.05%、0.08%、0.1%和0.15%,硅灰掺量均为水泥质量的10%,同时分别制取只掺加硅灰和只掺加多壁碳纳米管的试样以进行对比分析。试样配合比如表5所示。

表5 多壁碳纳米管/硅灰水泥砂浆试样配合比

编号	水灰比	砂灰比	硅灰(%)	多壁碳纳米管(%)	减水剂(%)
1#	0.35	1.5	0	0	1.0
2#	0.35	1.5	10	0.05	1.0
3#	0.35	1.5	10	0.08	1.0
4#	0.35	1.5	10	0.1	1.0
5#	0.35	1.5	10	0.15	1.0
6#	0.35	1.5	10	0	1.0
7#	0.35	1.5	0	0.08	1.0

砂浆试样制作过程中,为使多壁碳纳米管在拌和物中分散均匀,预先将多壁碳纳米管与硅灰搅拌均匀,然后将其和水泥倒入搅拌锅中机械搅拌5 min,最后加入水和减水剂进行搅拌,慢转2 min,快转4 min。之后将搅拌均匀的混合物浇注入40 mm×40 mm×160 mm的涂油模具中,并振捣密实排除气泡,养护24 h后拆模,在恒定室温下放入水中养护至28 d龄期。

2.3 测试方法

试样抗折强度采用三点弯曲试验测定,跨距为100 mm,加载速率为0.05 mm/min,采用电子液压万能试验机(WDW-50)进行测试。抗压强度依据《水泥胶砂强度检验方法(ISO法)》(GB/T 17671—1999),采用微机全自动压力试验机(WHY-300)进行测试。样品微观形貌采用场发射扫描电子显微镜(NOVA NANOSEM450, FEI Co.)进行观测,并对试样进行EDS能谱检测(Oxford INCA-7260, FEI Co.)和压汞测试(AUTOPORE 9500)。

3 结果与讨论

3.1 多壁碳纳米管/硅灰水泥砂浆的力学性能

图2所示为不同多壁碳纳米管掺量的水泥硅灰砂浆试样在28 d龄期的抗压强度和抗折强度变化情况。1#试样为空白砂浆试样,由图2可知,多壁碳纳米管与硅灰复合掺入水泥基材料后,试样的力学性能得到了明显的提高,当多壁碳纳米管掺量为0.15%时,5#砂浆试样的抗压强度达到最大值82.7 MPa,相对1#试样增加了37%;当多壁碳纳米管掺量为0.08 %时,3#试样的抗折强度达到最大值13.3 MPa,相对提高了36%。由此可以看出,多壁碳纳米管与硅灰复合能够对水泥基材料的强度起到明显的增强作用,使得水泥基材料的力学性能得到极大的提升。

图3所示为多壁碳纳米管/硅灰砂浆试样3#与只掺加等量多壁碳纳米管试样(7#)和只掺加等量硅灰试样(6#)的强度对比情况。由图3可以看出,多壁碳纳米管与硅灰复合掺入水泥基材料后,试样的抗压强度和抗折强度均明显高于只掺加等量多壁碳纳米管和只掺加等量硅灰试样的强度。由此可以推知,硅灰能够促进多壁碳纳米管在水泥基材料中的均匀分散,使得多壁碳纳米管发挥出对水泥基材料独特的纳米增强作用,二者复合能够对水泥基材料的强度表现出明显的增强作用。

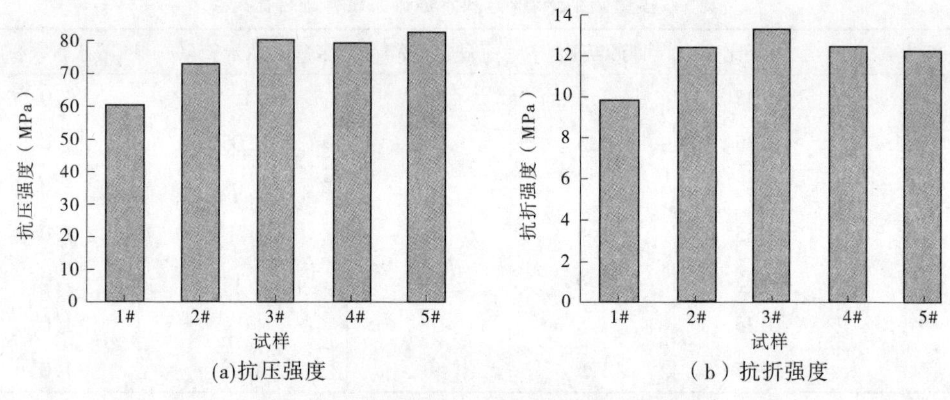

(a)抗压强度 （b）抗折强度

图2 多壁碳纳米管/硅灰水泥砂浆力学性能

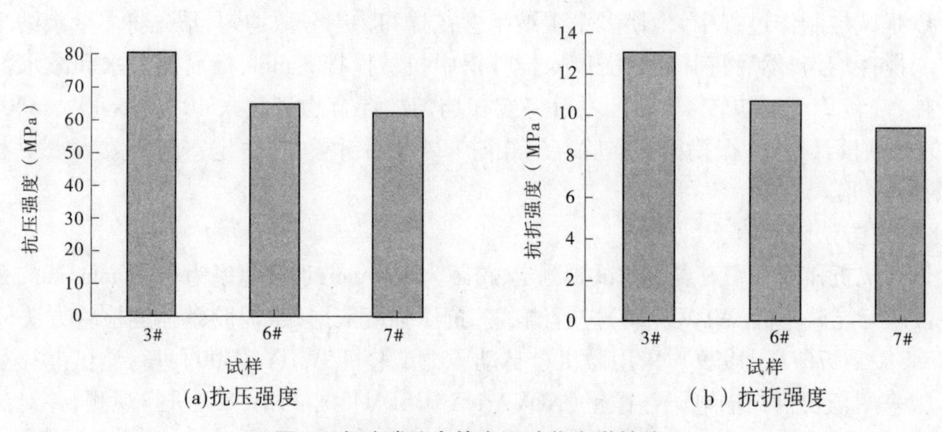

(a)抗压强度 （b）抗折强度

图3 多壁碳纳米管水泥砂浆力学性能

3.2 多壁碳纳米管/硅灰水泥砂浆试样微观测试结果

图4所示为多壁碳纳米管掺量为0.08%的水泥硅灰砂浆试样的元素面扫描和能谱测试结果，图4(b)、(c)、(d)分别表示试样中硅、碳和氧元素的分布情况，由图4(c)可看出碳元素在水泥基体中呈现出较均匀的分布状态，说明硅灰能够促进多壁碳纳米管在水泥材料中的均匀分散。图4(e)为该区域内的EDS元素含量测试结果，其中碳元素含量为9.06%、氧元素含量为52.19%、铝元素含量为0.94%、硅元素含量为9.05%、钙元素为25.64%。由此定性定量地说明了多壁碳纳米管在此区域内的存在和分布状态。

表6所示为多壁碳纳米管/硅灰水泥砂浆试样压汞测试结果，由表可知硅灰和多壁碳纳米管的复合加入，有效降低了水泥砂浆的孔隙率，并且随着多壁碳纳米管含量的增大，水泥砂浆试样的总进汞体积和孔隙率也随之减小，多壁碳纳米管掺量为0.15%的5#水泥砂浆试样，其孔隙率达到最小值8.43%，相对1#空白试样下降了37.9%。图5所示为多壁碳纳米管/硅灰水泥砂浆试样的孔径分布情况，由图看出1#空白砂浆试样的孔径范围主要分布在100 nm和100 μm之间，而当多壁碳纳米管和硅灰复合掺入后，砂浆试样在此范围内的孔隙数量随着碳纳米管掺量的增大而逐渐减少，并且其孔径在50 nm以内的孔隙数量较1#试样明显增多。由此说明，多壁碳纳米管与硅灰复合掺入水泥基材料能够有效降低试样的孔隙率，并减少试样在100 nm和100 μm孔径之间的有害孔的数量，增加

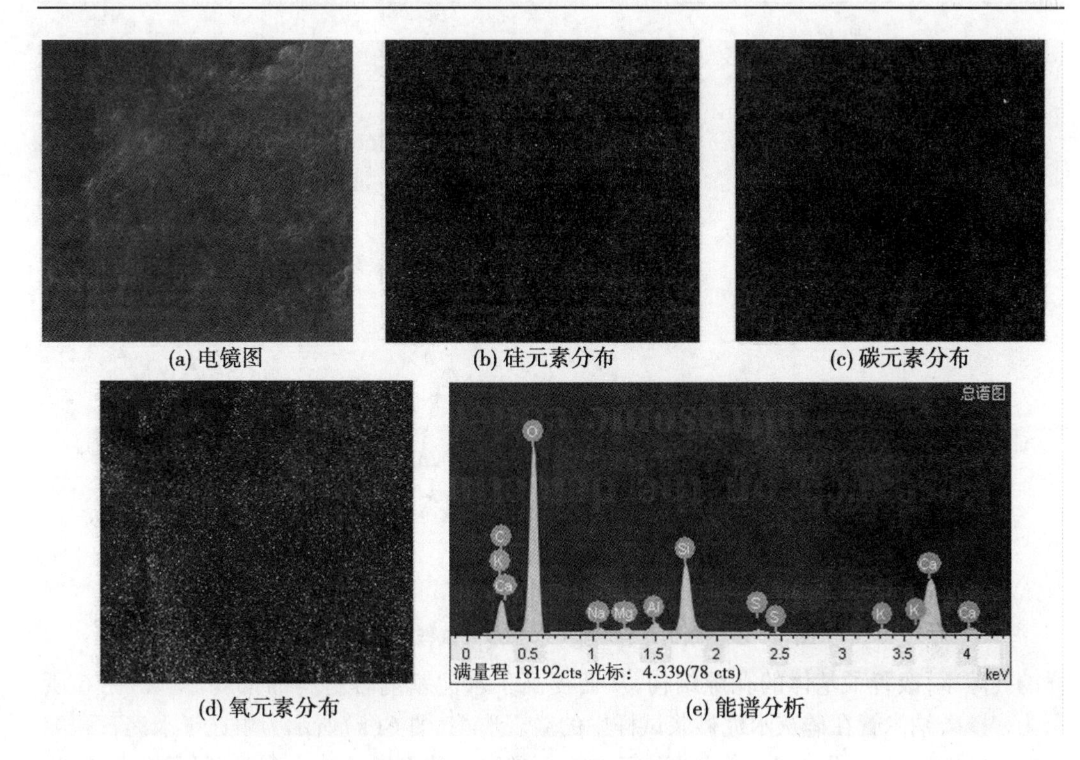

(a) 电镜图 (b) 硅元素分布 (c) 碳元素分布

(d) 氧元素分布 (e) 能谱分析

图4 多壁碳纳米管/硅灰水泥砂浆试样面扫描和能谱分析

孔径在 50 nm 以内的孔隙数量,从而使得试样内部的孔隙结构更加密实,有利于试样强度的提高。

表6 多壁碳纳米管/硅灰水泥砂浆试样压汞测试结果

试样编号	总进汞体积(mL/g)	总孔表面积(m^2/g)	中孔直径(体积)(nm)	中孔直径(面积)(nm)	平均孔直径(nm)	孔隙率(%)
1#	0.063 8	5.223	2 050.6	9.7	48.8	13.58
2#	0.062 5	11.284	49.1	10.3	23.2	12.03
3#	0.047 5	9.116	29.4	10.4	20.9	10.42
4#	0.045 4	10.234	17.8	10.5	17.8	10.29
5#	0.036 5	8.245	18.6	10.0	17.7	8.43

3.3 讨论

由上分析可知,多壁碳纳米管与硅灰复合加入水泥砂浆试样后,能够有效地提高试样的力学强度。硅灰颗粒的粒径在微纳米范围,因而能够促进多壁碳纳米管在水泥基体中的均匀分散,提高多壁碳纳米管与水泥基体之间的界面结合,从而使多壁碳纳米管体现出对水泥基材料优异的力学增强效应。多壁碳纳米管对水泥基复合材料力学强度的增强主要归于其良好的拔出、桥联作用和孔隙填充作用[12]。当多壁碳纳米管在水泥基材料中达到最佳掺量时,通过拔出、桥联作用减少并延缓了水泥石中微裂缝的形成,而且降低了试

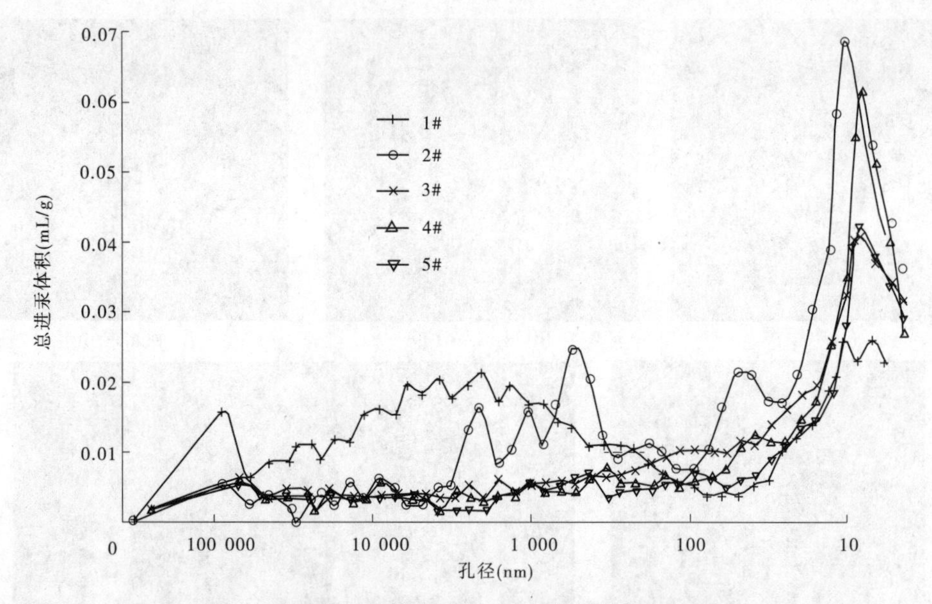

图5　多壁碳纳米管/硅灰水泥砂浆试样的孔径分布

样的孔隙率,改善了基体的孔隙结构,从而提高了水泥基复合材料的强度[13-14]。图6所示为多壁碳纳米管在硅灰水泥砂浆试样中的微观形貌,图6(a)所示为填充于水泥石孔隙中的多壁碳纳米管,图6(b)所示为位于水泥石裂缝处的多壁碳纳米管,起到了拔出、桥联和孔隙填充的作用。但当多壁碳纳米管的掺量继续增大后,则可能会导致碳纳米管的分散均匀性变差,导致水泥基材料中孔隙和微孔洞的增加,进而影响试样强度的继续增长。

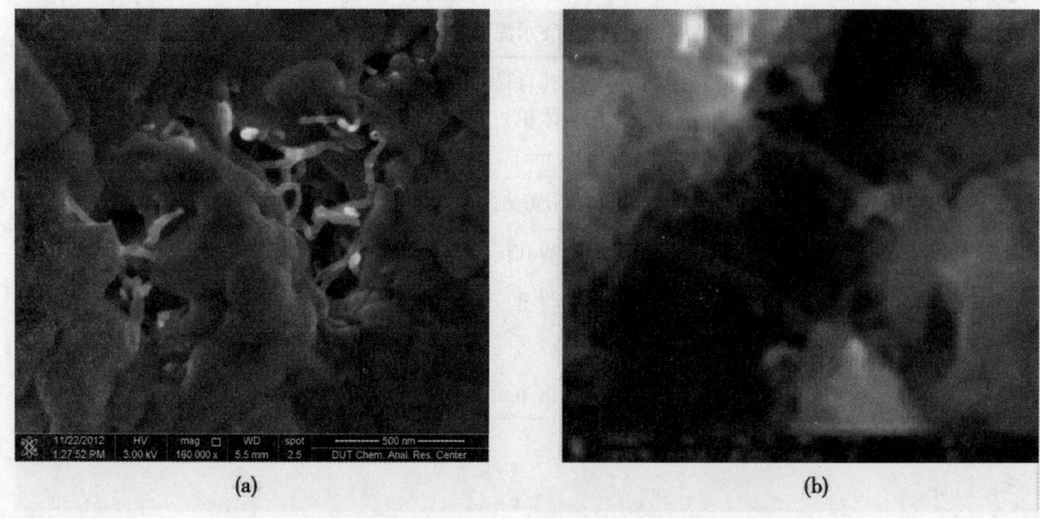

图6　多壁碳纳米管在水泥硅灰砂浆试样中的微观形貌

4　结语

本文制备了多壁碳纳米管/硅灰水泥砂浆试样,通过强度测试和微观测试分析讨论了多壁碳纳米管复合硅灰对水泥基材料力学性能的影响。试验结果表明,硅灰对多壁碳纳米管具有良好的分散效果,能够促进碳纳米管在水泥基材料中的均匀分散。多壁碳纳米管与硅灰复合掺入水泥基材料后,能够有效降低试样的孔隙率,并减少试样的有害孔数量,增加50 nm以内的无害孔数量,显著改善试样的孔隙结构,使得试样的内部结构更加密实,从而使试样的强度得到明显的增强。当掺入10%硅灰,碳纳米管掺量分别为0.15%和0.08%时,试样的抗压强度和抗折强度分别达到最大值,并且相对提高均在35%以上,表现了碳纳米管与硅灰对水泥基材料力学性能良好的增强效果。

参考文献

[1] Iijima S. Helical microtubules of graphitic carbon [J]. Nature,1991,354 (6348):56.

[2] 曹伟,宋雪梅,王波,等.碳纳米管的研究进展[J].材料导报,2007,21(5):77-82.

[3] 程筠,甘仲惟.碳纳米管研究综述[J].高等函授学报,2000,13(2):21-23.

[4] 梅启林.纳米材料的表面处理及其聚合物复合材料的性能研究[D].武汉:武汉理工大学,2008.

[5] Yazdanbakhsh A, Grasley Z, Tyson B, et al. Distribution of Carbon Nanofibers and Nanotubes in Cementitious Composites[J]. Transportation Research Board, 2010, 2142: 89-95.

[6] 罗健林,段忠东.表面活性剂对碳纳米管在水性体系中分散效果的影响[J].精细化工,2008,25(8): 733-738.

[7] 马艳芳,李宁,常钧.硅灰性能及其再利用的研究进展[J].无机盐工业,2009,4(10):8-10.

[8] Chung D D L. Dispersion of Short Fibers in Cement [J]. Journal of materials in civil engineering, 2005, 17(4): 379-383.

[9] Sanchez F, Zhang L, Ince C. Multi-scale Performance and Durability of Carbon Nanofiber/Cement Composites[J]. Nanotechnology in Construction 3, 2009:345-350.

[10] Diamond S, Sahu S. Densified silica fume: particle sizes and dispersion in concrete[J]. Materials and structures, 2006, 39(9):849-859.

[11] Sanchez F, Ince C. Microstructure and macroscopic properties of hybrid carbon nanofiber/silica fume cement composites[J]. Composites Science and Technology, 2009,69(7-8):1310-1318.

[12] Tyson B M, Abu Al-Rub R K, Yazdanbakhsh A, et al. Carbon Nanotubes and Carbon Nanofibers for Enhancing the Mechanical Properties of Nanocomposite Cementitious Materials[J]. Journal of Materials in Civil Engineering, 2011, 23(7), 1028-1035.

[13] LI Gengying, WANG Peiming, ZHAO Xiaohua. Mechanical behavior and microstructure of cement composites incorporating surface-treated multi-walled carbon nanotubes[J]. Carbon, 2005, 43(6): 1239-1245.

[14] Konsta-Gdoutos M S, Metaxa Z S, Shah S P. Mult-scale mechanical and fracture characteristics and early-age strain capacity of high performance carbon nanotube/cement nanocomposites[J]. Cement and Concrete Composites, 2010, 32(2):110-115.

【作者简介】 刘慧(1981—),女,河南驻马店人,高级工程师,博士,主要从事工程材料和水土保持方面的研究工作。E-mail:tuzi951@163.com。

超声编码信号检测方法研究

李长征　冷元宝

（黄河水利科学研究院，郑州　450003）

摘　要　以Barker码为例，介绍了由编码和载波信号得到调制信号的方法。经过试验测试，得到了实际激发出的Barker码调制信号，分析了信号的相位变化特征和余震。分别以调制信号和常规的短脉冲信号为激发源，试验检测了混凝土块的结合面，发现编码调制信号经过脉冲压缩后能明显提高信噪比。将编码调制信号用于超声相控阵技术，分析了聚焦特征。数值模拟结果表明，超声相控阵激励编码调制信号能够提高信噪比，利用压缩信号进行成像，能够确定缺陷位置。

关键词　Barker；编码信号；调制；缺陷检测；超声相控阵

Research on the detecting method using ultrasonic coded signal

Li Changzheng　Leng Yuanbao

(The Yellow River Institute of Hydraulic Research, Zhengzhou　450003)

Abstract　The method of obtaining modulate signal utilizing code and carrier wave is introduced by the example of Barker code. Barker modulate signal is got through the experiment. The signal's phase and aftershock are analyzed. The joint surface of concrete blocks is detected utilizing modulate signal and conventional short pulse respectively. It is found that the signal noise ratio (SNR) will be improved after compressing the modulate signal. Coded modulate signal is applied in the ultrasonic phase technique and the focusing characteristics are analyzed. The simulating results show that ultrasonic phase restoring to coded modulate signal can improve SNR obviously. The position of defect will be located utilizing the compression signal.

Key words　Barker; coded signal; modulate; defect detecting; ultrasonic phase array

1　引言

超声在传播介质中的幅度随传播距离成指数衰减，传播较长距离后信号将变得很弱，回波信噪比下降，甚至信号完全被噪声淹没，不能成像。大功率的超声发射可增加发射信号的强度，但依靠单一增加发射电压提高换能器的发射功率是有限的。同时，提高发射信号强度对电源和器件的要求较高，也不利于野外检测和系统小型化的要求。采用超声编码发射技术可以在不增加发射信号功率的前提下，提高发射信号能量，在接收端利用脉冲压缩的方法，提高接收信号的信噪比，把信号从噪声中“挖掘”出来，最终提高缺陷的成像质量。

在超声领域，Newhouse[1]首次将脉冲压缩方法引入到医学超声成像研究中，在此后的30多年里，人们对脉冲压缩应用的各种编码方法进行了深入研究和开发，包括m序列伪随机码[2]、Barker码[3]、Golay码[4]、Chirp[5]和伪Chirp码等都被用于超声编码激励的研究和分析。Laurence[6]用13位的Barker码检测活体器官，提高约11 dB的信噪比。Klaus-werner[7]将Barker码作为机器人的探测信号，以区分不同探测物的反射信号。Chiao[8]模拟了频率独立衰减和非线性传播对Chirp码和Golay码激励的影响。Nowicki[9]对不同编码信号反射后的压缩结果进行了比较和分析。Jaehee[10]研究了编码激励谐波检测的应用。Serge[11]用Chirp编码激励的时间反转方法检测牙齿内部质量。Jerzy[12]试验检测了水和生物组织的编码激励的声场。国内超声编码领域的研究，主要应用于血流成像、流量检测和岩石物性成像[13-15]。

介质衰减对超声信号的影响是研究人员必须面对的难题，Misaridis[16-18]等模拟了生物体中衰减对脉冲压缩结果的影响，发现较深位置的异常体成像效果明显降低。在工程地球物理探测领域，由于混凝土和岩石对超声有不同程度的吸收作用，限制了声学检测方法的应用。应用编码激励方法检测混凝土内容缺陷，将提高信噪比并改善探测效果。目前编码激励方法在工程检测中的研究较少。如果将编码阵列信号引入到工程地球物理探测中，提高探测信号信噪比并对衰减介质实现缺陷检测，具有重要的应用前景。目前，GE，Siemens，Acuson等国外公司相继推出了商品化的应用数字编码激励技术的超声诊断设备。国内在此方面的研究仍处于初步阶段。

本文主要基于有代表性的Barker码研究，用试验的方法研究其激励信号特征和脉冲压缩特性，数值计算了阵列Barker码信号的聚焦特性。建立了缺陷存在条件下的固体模型，用编码信号激励的相控阵检测方法，得到阵列的接收信号，进而利用阵列的接收信号进行合成孔径聚焦（SAFT）成像，并且对比了加入噪声前后的压缩信号特征和缺陷成像效果。

2 Barker编码和调制

Barker用序列$\{a_k\}$表示，a_k为1或-1，$k=0,1,2,3,\cdots,N-1$，其自相关函数的峰值为码长N，副瓣峰值为1，时带积等于码的长度，码序列越长，时带积越大，但目前为止发现的最长Barker的长度为13，见表1。自相关函数的性质如下：

$$r_c(m)=\sum_{k=0}^{N-1}a_k a_{k-m}=\begin{cases}N & (m=0)\\ 0\text{ 或 }\pm 1 & (m\neq 0)\end{cases} \tag{1}$$

二相编码信号是在瞬间实现相位的突变，载波信号的选取有多种方法，可以是线性调频（LFM）信号或其他形式的载波。本文主要是研究余弦形式的载波，编码调制的信号$s=\cos(2\pi f_0 t+\varphi)$，载波的频率为$f_0$，在$t$时刻码为1时，$\varphi$为$\pi$，码为$-1$时，$\varphi$为0。

表1　Barker码序列

长度 N	序列	自相关函数 r_c(m)
5	+1, +1, +1, -1, +1	5,0,1,0,1
7	+1, +1, +1, -1, -1, +1, -1	7,0, -1,0, -1,0, -1
11	+1, +1, +1, -1, -1, -1, +1, -1, -1, +1, -1	11,0, -1,0, -1,0, -1,0, -1,0, -1
13	+1, +1, +1, +1, +1, -1, -1, +1, +1, -1, +1, -1, +1	13,0,1,0,1,0,1,0,1,0,1,0,1

用相乘的形式表示信号的调制关系,如图1所示,13位Barker $s_1(t)$与载波信号$s_2(t)$相乘,得到调制后的信号$s_3(t)$。载波信号$s_2(t)$实现了瞬间的相位反转,即从0变为π或从π变为0。当编码$s_1(t)$改变为其他码时,如Golay码,L序列码,则调制信号$s_3(t)$也做相应改变。

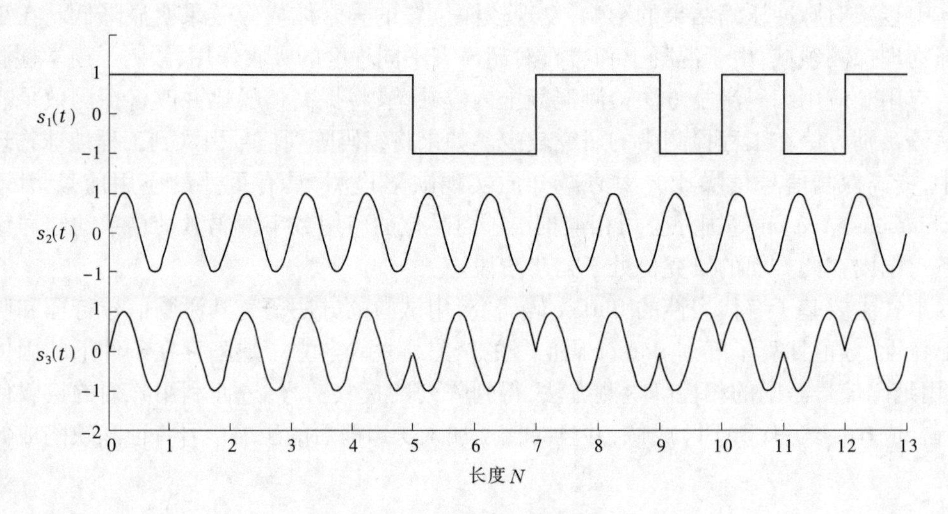

图1　信号调制关系

3　试验激励Barker码调制信号

用分别用1、2、3个周期的载波调制激励中心频率均为500 kHz的换能器,收发换能器采用对接的方式,得到的接收信号如图2所示。

图2中的虚线标记了相邻码元间相位突变点,以图2(a)为例,相位突变的位置较调制信号相位改变时间滞后,末端信号的幅度包络有所下降,在激励信号末端有余震的存在,使激励信号的时宽较调制信号的时宽长。随着载波周期的增加,图2(a)、(b)、(c)相邻码元处的相位突变更加直观。总体分析,激励信号与编码信号有相近的相位改变特征,试验得到的激励信号较为理想。表2为图2对应的压缩信号参数,可见随着载波周期的增加,压缩信号主瓣宽度增加,主副瓣比变化较小。

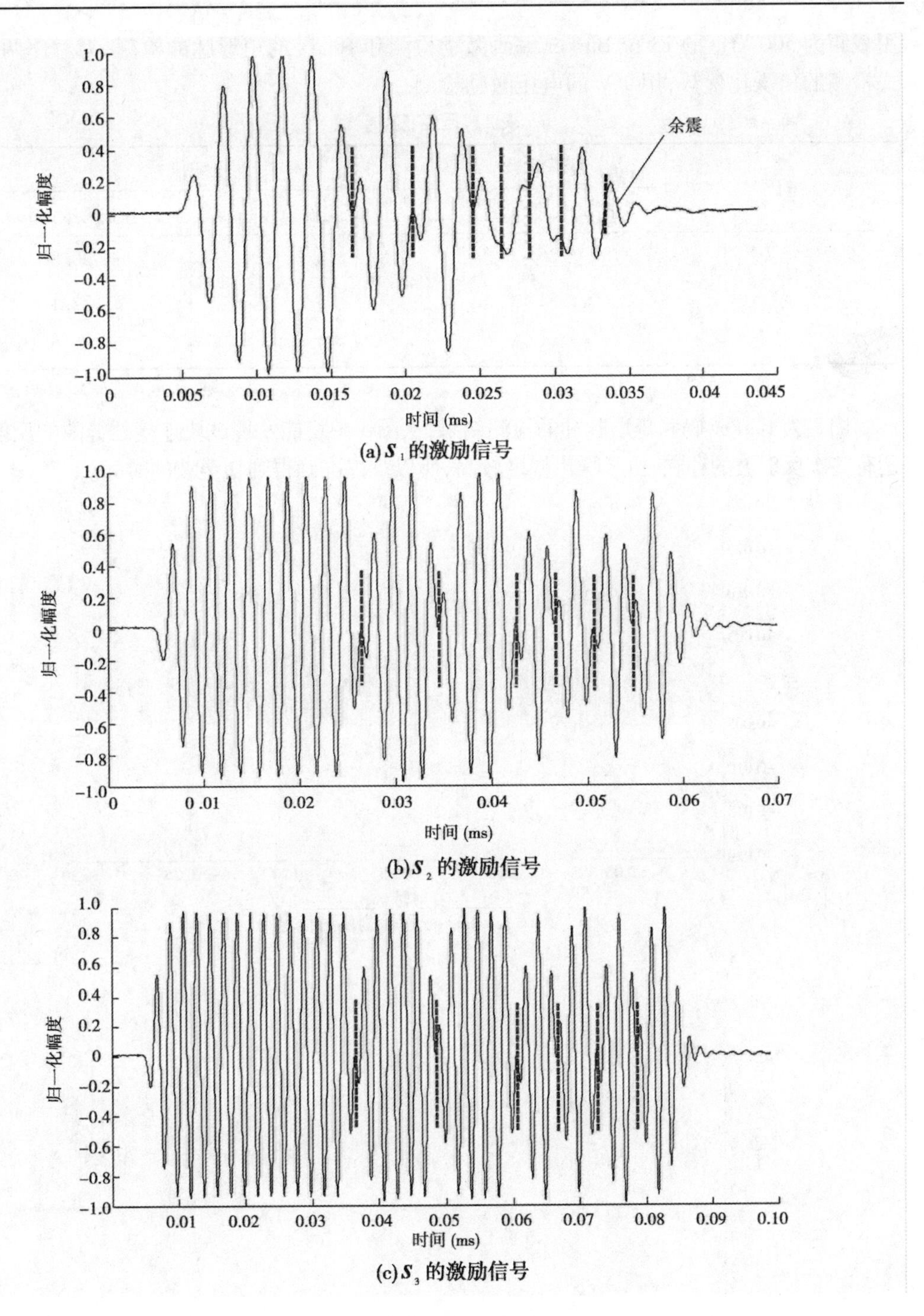

(a) S_1 的激励信号

(b) S_2 的激励信号

(c) S_3 的激励信号

图 2 试验激励信号

4 Barker 编码调制信号的缺陷检测

两块相同规格的混凝土试块(12 cm × 12 cm × 12 cm)上下叠放,连接处的缝隙宽约 1.5 mm。采用收发分置的检测方式,发射探头与接收探头在岩块顶部,相距 3 cm。分别用载频为 500 kHz 的 13 位 Barker 编码激励检测和 10 μs 的矩形脉冲检测，为对比两种方式检测的信噪比优势，用 9 V 的电压激励检测。

表 2　压缩信号参数

编码	编码信号	压缩信号	
	时间长度(μs)	-6 dB 主瓣宽度(μs)	主副瓣比(dB)
s_1	26	4.3	20.8
s_2	52	5.6	22.1
s_3	78	7.3	22.0

图 3 为 Barker 码和矩形脉冲的检测结果，从图 3 中均能发现试块连接处缝隙的反射波，还有多次反射波的存在，由于噪声幅度较高，所以难以准确得到初至波的时间。

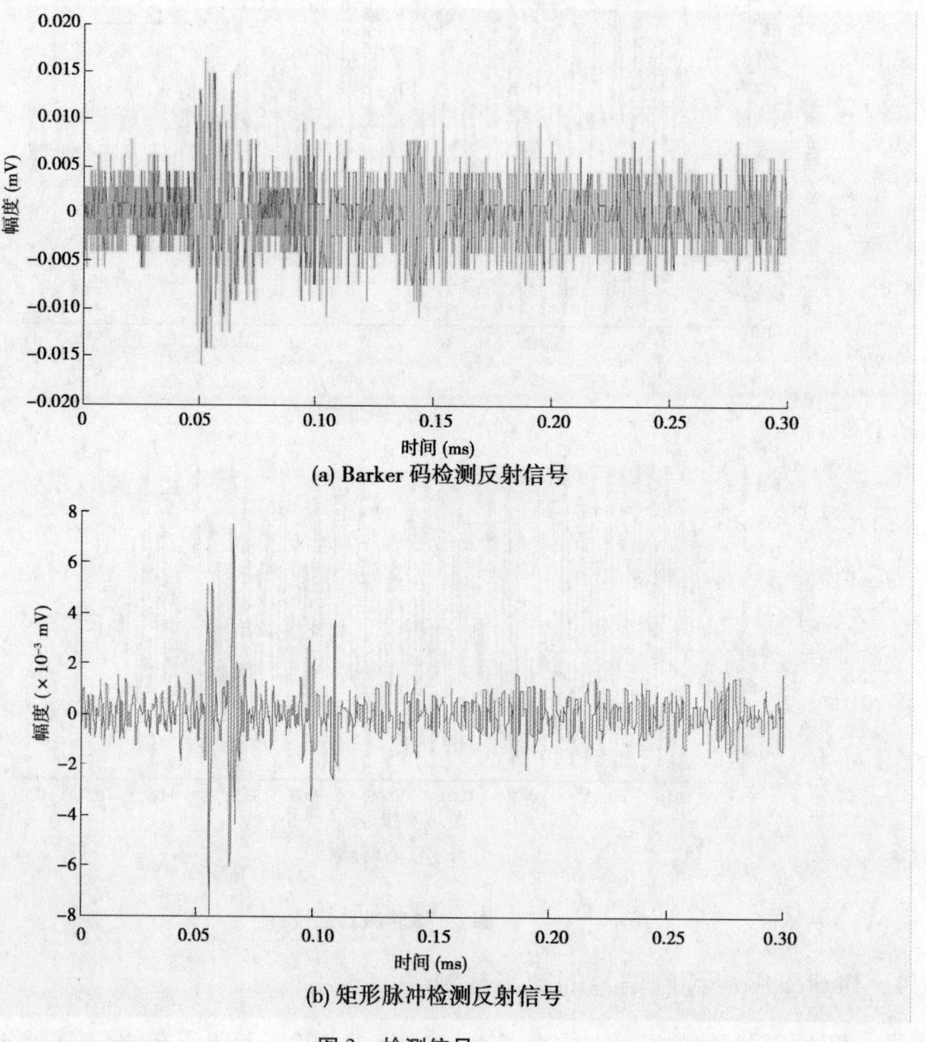

(a) Barker 码检测反射信号

(b) 矩形脉冲检测反射信号

图 3　检测信号

图 4 为 Barker 码反射信号的脉冲压缩信号,可明显看到反射波的压缩峰和多次波的压缩峰,比较图 4 和图 3(a),图 3(a)中信噪比为 22 dB,图 4 中信噪比为 8. 7 dB,可见信号压缩后信噪比明显提高,连接处缝隙的反射波压缩信号的主瓣宽度(第 1 个主瓣)为 2. 6 μs,远小于压缩前的时宽 26 μs,其中峰值时间为 0. 045 μs。可见,Barker 码信号检测混凝土内部缺陷是有效的,在提高固体缺陷检测信噪比方面有一定的技术优势。

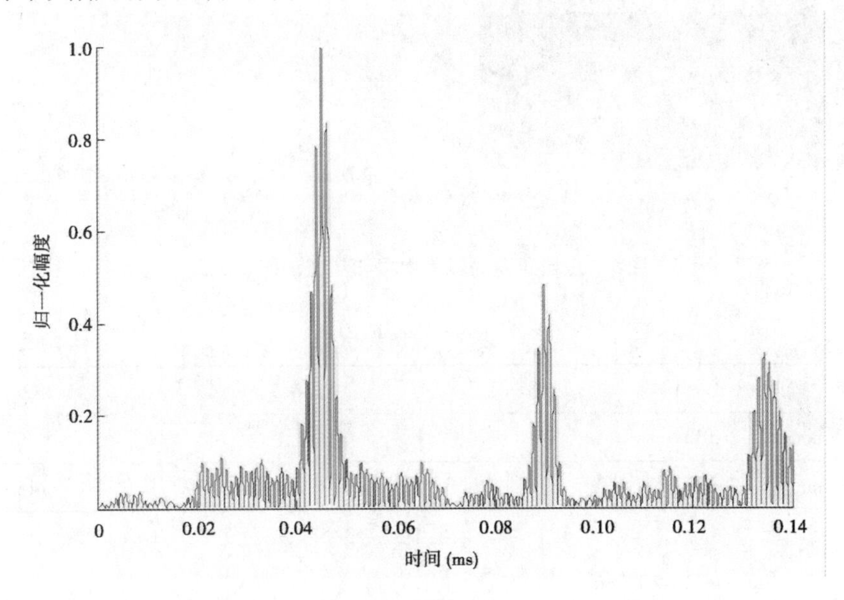

图 4 压缩信号

5 Barker 编码信号相控阵检测

5.1 聚焦效果研究

研究相控阵阵元在聚焦工作模式下,激发编码调制后的信号,计算其聚焦效果。

阵元参数:采用 32 个条形阵元,阵元宽度 4 mm,中心间距 5 mm。介质参数:横波速度 1 120 m/s,纵波速度 2 670 m/s,密度 1 180 kg/m^3。选取 1 周期的 Barker 编码信号作为源信号(见图 2(a)),载波频率 500 kHz。用有限差分法,计算波场的聚焦特性。

图 5 为焦点距离的聚焦效果和焦斑的等值线图,焦瓣较为明显且能量集中,在两侧有栅瓣产生。表 3 为不同距离焦点在信噪比为 -3 dB 时焦斑的大小对比,可见在其他参数不变的条件下,焦点越深,焦斑的长度越大,焦斑的宽度也将逐渐增大。说明随着焦点深度的增加会引起焦斑的增大,导致分辨率降低。

5.2 阵列编码信号缺陷检测的数值模拟

采用数值计算的方法研究阵列二相编码信号的检测效果。缺陷模型如图 6 所示。模型高 26 cm、宽 18 cm,阵元置于混凝土模型顶面,采用聚焦方式检测,每个阵元均为收发合置。第一个阵元左侧距离模型左侧 0. 5 cm,缺陷顶面距离模型顶部 21. 3 cm,缺陷左侧距离模型左侧 7. 1 cm,缺陷高 2 cm、宽 3 cm。

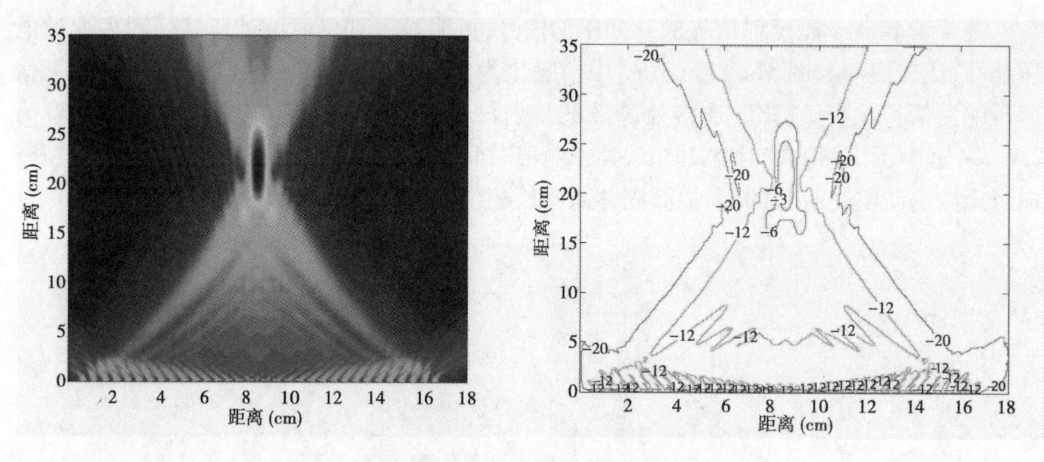

图 5　焦点距离的聚焦效果和集斑的等值线图

（焦点在阵元中心轴线上(21.3 cm)）

表 3　焦斑大小

焦点位置(cm)	21.3	26.7	32
焦斑宽度(mm)(－3 dB)	7	7.1	9.6
焦斑长度(mm)(－3 dB)	69	104	145

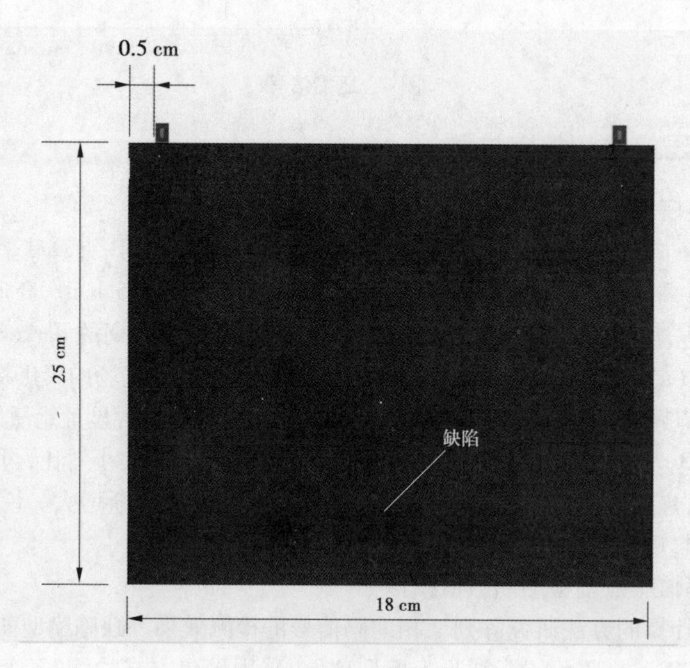

图 6　缺陷模型

图 7(a)为 32 个阵元的接收信号，其中 A 区直达波信号的幅度较 B 区反射纵波幅度高，为了凸显反射信号，对 A 区的信号进行了压制，C 区的信号为反射横波和其他转换波，C 区信号成分较为复杂，只分析 B 区的信号。图 7(b)为反射波的压缩信号，其中 B 区信

号为图7(a)中B区信号的压缩结果,可见压缩信号的时宽明显变窄。

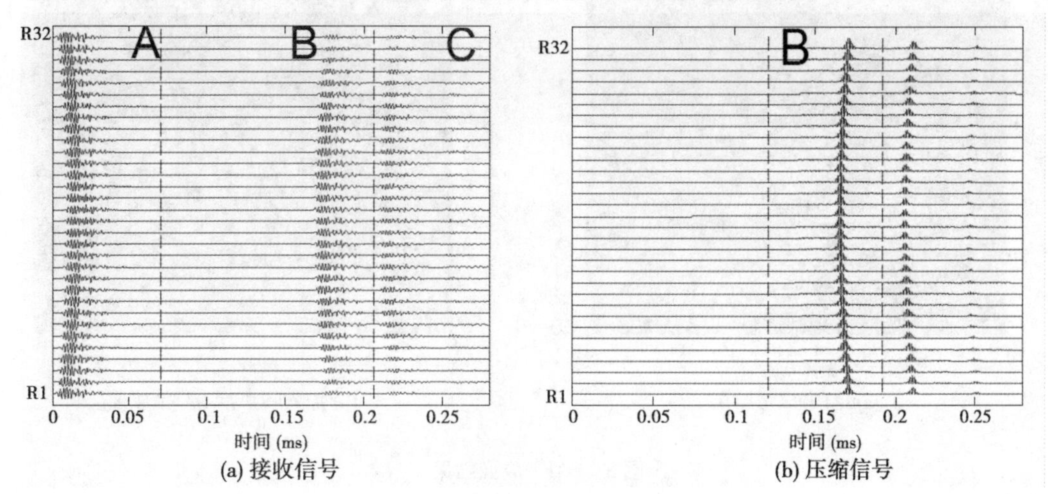

(a) 接收信号

(b) 压缩信号

图7 接收信号与压缩信号

选取32个阵元中的8个进行压缩参数的分析,如表4所示。信号压缩前的时间宽度约为26 μs,压缩后的宽度为3.5 μs,约为压缩前时宽的1/7,说明信号压缩后较大程度地提高了分辨率,主副瓣比为20 dB左右,低于理论值22 dB,这是由模拟激励信号的性质决定的。

表4 压缩结果

阵元	2	6	10	14	18	22	26	30
主瓣宽度(μs)	3.5	3.5	3.5	3.5	3.5	3.5	3.5	3.5
主副瓣比(dB)	20.7	20.5	20	20.2	20.4	20.2	20.0	20.8

为验证编码信号的抗噪性,将图7(a)的接收信号加入了相同程度的噪声,信噪比为11 dB,经过压缩后的信噪比为33 dB左右,较压缩前提高22 dB。利用SAFT成像方法对缺陷成像,结果见图8,其中黑色线框为缺陷的位置,图8(a)、(b)分别为无噪声和加入噪声的成像结果,可见无论是否加噪声,压缩信号的SAFT成像结果均能精确反应缺陷的位置。即使存在噪声情况,脉冲压缩信号也能有效抑制噪声,并对缺陷精确成像。

6 结语

用试验的方法,得到Barker码调制的激励信号,与编码调制信号对比,信号在码元连接处的相位反转特性明显,随着码元载波周期的增加,相位反转特性更加直观,得到的激励信号较为理想。由于相位反转引起的时延和余震信号的产生,激励信号的脉冲压缩效果要低于理想编码信号的脉冲压缩效果。

利用有限差分方法,计算了编码信号的聚焦特性,随着聚焦深度的增加,焦斑明显拉长,且面积增大,聚焦效果降低。

用试验得到的Barker编码调制信号作为激励源,数值计算了含缺陷混凝土构件模型

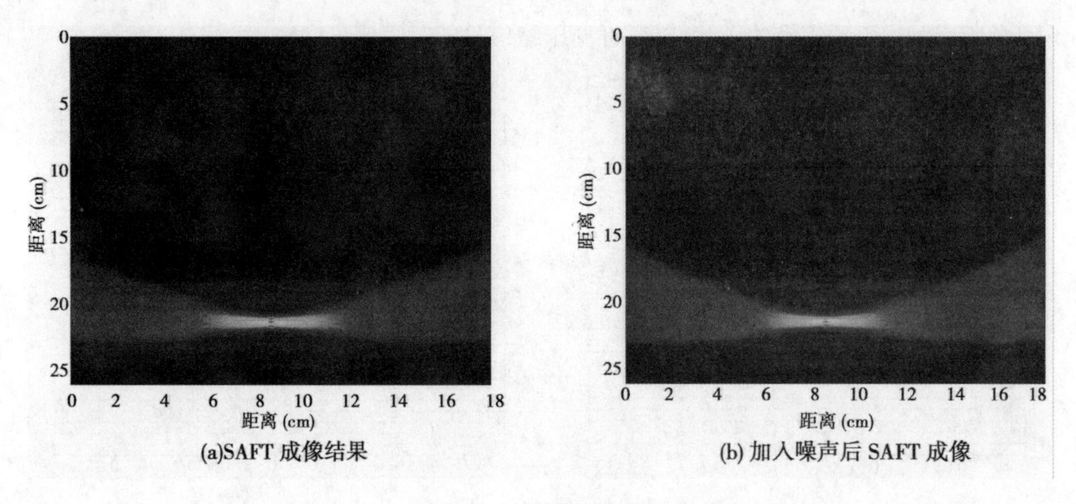

图 8　SAFT 成像结果

的相控阵检测效果,结果表明,压缩后的二相编码回波信号时宽变窄,能够明显提高分辨率;在噪声存在条件下,压缩后的信噪比有明显的改善。利用 SAFT 成像方法,对缺陷进行了成像,结果表明缺陷的成像位置与实际位置较为吻合。综合分析,利用编码信号检测岩土内部缺陷具有较好的技术优势。

参 考 文 献

[1] P Bendick, V Newhouse. Ultrasonic random-signal flow measurement system[J]. The Journal of the Acoustical Society of America,1974,56:860-870.

[2] 杜明辉, 邓华秋. 利用 m 序列技术检测诱发电位的快速算法[J]. 华南理工大学学报: 自然科学版, 1996(10):1-6.

[3] 彭虎, 杜宏伟, 韩雪梅, 等. 巴克码在高帧率超声成像系统中应用的仿真研究[J]. 北京生物医学工程,2004,23:251-253 .

[4] 宋小军, 他得安, 王威琪. 利用 Golay 码测量长骨中传播的超声导波[J]. 仪器仪表学报, 2012,33: 529-536.

[5] 李明, 陈晓冬, 李妍, 等. Chirp 编码的鲁棒医学超声内窥合成孔径方法[J]. 声学学报, 2012,37: 237-243.

[6] L R Welch, M D Fox. Practical spread spectrum pulse compression for ultrasonic tissue imaging[J]. Ultrasonics,Ferroelectrics and Frequency Control, IEEE Transactions on, 1998,45: 349-355.

[7] K W Jorg, M Berg. First results in eliminating crosstalk and noise by applying pseudo-random sequences to mobile robot sonar sensing[J]. Intelligent Robots and Systems'96, IROS 96, Proceedings of the 1996 IEEE/RSJ International Conference on, 1996:292-297.

[8] R Y Chiao, X Hao. Coded excitation for diagnostic ultrasound: a system developer's perspective[J]. Ultrasonics, 2003 IEEE Symposium on, 2003:437-448.

[9] A Nowicki, Z Klimonda, M Lewandowski, et al. Comparison of sound fields generated by different coded excitations—experimental results[J]. Ultrasonics, 2006,44:121-129.

[10] J Song, S Kim, H y Sohn, et al. Coded excitation for ultrasound tissue harmonic imaging[J]. Ultrasonics, 2010:613-619.

[11] S Dos Santos, Z Prevorovsky. Imaging of human tooth using ultrasound based chirp-coded nonlinear time reversal acoustics[J]. Ultrasonics, 2011,51:667-674.

[12] J Litniewski, A Nowicki, Z Klimonda et al. Sound fields for coded excitations in water and tissue: experimental approach[J]. Ultrasound in medicine & biology, 2007,33:601-607.

[13] 彭旗宇, 高上凯. 医学超声成像中的编码激励技术及其应用[J]. 生物医学工程学杂志,2015,1:175-180.

[14] 刘波. 基于脉冲压缩与二相编码激励的超声检测提高信噪比研究[D]. 西安:陕西师范大学, 2011.

[15] 綦磊,张涛,蒲诚. 编码激励带宽对超声气体流量测量性能的影响[J]. 电子测量技术,2010(6):50-53.

[16] T Misaridis, J A Jensen. Use of modulated excitation signals in medical ultrasound. Part Ⅱ: design and performance for medical imaging applications[J]. Ultrasonics, Ferroelectrics and Frequency Control, IEEE Transactions on, 2005,52:192-207.

[17] T Misaridis, J A Jensen. Use of modulated excitation signals in medical ultrasound. Part Ⅰ: Basic concepts and expected benefits[J]. Ultrasonics, Ferroelectrics and Frequency Control, IEEE Transactions on, 2005,52:177-191.

[18] T Misaridis, J A Jensen. Use of modulated excitation signals in medical ultrasound. Part Ⅲ: high frame rate imaging[J]. Ultrasonics, Ferroelectrics and Frequency Control, IEEE Transactions on, 2005,52:208-219.

【作者简介】 李长征(1978—),男,河南武陟人,声学博士,主要从事超声检测和水声探测研究方面的工作。E-mail:Hnlz@163.com。

高水位运作下土坝劈裂灌浆浆液固结机理的耦合效应分析*

武 科

（山东大学，济南 250061）

摘 要 针对高水位运作下土坝劈裂灌浆防渗加固浆液固结机理，基于应变硬化－渗流耦合计算模型，采用三维有限差分数值计算方法，考虑土坝迎水坡高水位特性以及灌浆浆液在坝体内渗透固结过程，结合广东某大型水库施工过程，揭示了坝体灌浆过程中浆液所产生的孔隙水压力、应力应变等分布规律，阐述了高水位运作下土坝劈裂灌浆浆液在土体内渗流固结机理，探讨了其对坝体稳定性的影响，进而得到劈裂灌浆技术可以应用于高水位运作下的土坝防渗加固工程，且对灌浆效果影响不大。

关键词 劈裂灌浆；固结；有限差分；土坝

Study on the coupling effect of slurry consolidation by splitting grouting for earth dam under high water level operation

Wu Ke

（Shandong University，Jinan 250061）

Abstract Based on 3-D explicit finite difference method，the hardening-seepage coupled model is used to analyze the stability of a certain dam in Guangdong province by splitting grouting under high water level operation though considering high water level and solid-fluid-coupled theory. The regularities of distribution of pore pressure and stress-strain in the dam were studied during splitting grouting. The consolidation mechanics was disclosured and stability of the dam was evaluated. It could be founded that the technology of splitting grouting was able to used to dam reinforcement under high water level operation and influenced the effect of splitting grouting less.

Key words splitting grouted；consolidation；finite difference；dam

* **基金项目**：水利部堤防安全与病害防治工程技术研究中心开放课题基金资助（2014008）。

1 引言

虽然土坝劈裂灌浆防渗加固技术已在土石坝、软土地基、隧道等加固工程中得到广泛应用[1-5],其施工过程要求在水库低水位期进行,但是该技术能否在水库、堤坝正常蓄水或高水位运作下开展防渗加固施工的研究,目前依然处于探索阶段——该技术在广东省普宁市三坑上水库土坝、泉州市山美水库大坝、马河水库坝体等多座堤坝处于蓄水期防渗加固工程中得到很好的应用[6-7],其理论研究还基本处于低水位期施工工艺及灌浆效果等方面的工作[1,8]。为此,本文以流固耦合理论为基础,并考虑水库蓄水,即在高水位运作下坝体开展劈裂灌浆防渗加固,结合广东某水库劈裂灌浆实际工程,采用有限差分数值计算方法,基于应变硬化－渗流耦合计算模型,针对坝体灌浆过程中浆液所产生的孔隙水压力、应力应变等分布规律开展了研究工作,阐述了高水位运作下土坝劈裂灌浆防渗加固技术的可行性和安全性,揭示了土坝劈裂灌浆浆液在土体内渗流固结机理,探讨了其对坝体稳定性的影响,评价了灌浆效果,为该技术的浆液固结效应评价理论和推广应用提供了重要的参考依据。

2 工程概况

根据广东某水库1964～1998年35年记录资料计算,多年平均年径流量19 451 m^3,水库正常水位54.5 m,相应库容8 000万m^3;原设计200年一遇设计洪水位56.77 m,相应库容9 111万m^3,为大(2)型水库工程。现枢纽建筑物包括一座主坝,坝高41 m、坝长438 m,均质土坝,设计坝顶高程61 m;四座副坝,坝高6～13.5 m,均质土坝。该坝动工兴建于1958年,1959年竣工,共完成主坝(筑至54 m)、低涵和开放式溢洪道三项建筑物,以后经1961年、1964年、1971年和1986年四次加高、改建、配套而达成现规模。由于建设时间跨度大、次数多、标准低以及历史条件限制等,工程先天不足,质量差,隐患多,坝坡稳定安全系数达不到相关规范要求,土坝施工质量差、基岩破碎,坝坡接合部、坝坡多处渗漏,并出现牛皮胀。为此,基于以上原因对此坝采用劈裂帷幕灌浆技术进行防渗加固。主坝灌浆工程采用坝体劈裂灌浆、坝基帷幕灌浆、坝体与坝基接触带部位高喷灌浆三结合进行除险加固。坝体防渗加固设计采用了河槽段两道劈裂灌浆,中间山头和两岸坡段采用三道劈裂灌浆处理方案。目的是通过坝体内部各土区的应力调整,建立防渗帷幕土墙,使土坝坝体在变形稳定和渗透稳定问题得到解决。同时,本工程还包括如下项目:坝体和坝基加固,改换大坝边坡使边坡稳定安全系数满足相关规范要求。上游坡采用削坡办法改缓边坡,因此改建后坝轴线向下游平行移动8.88 m,坝后坡削坡、排渗设施增补完整[9]。

3 计算分析方法与原理

本文采用快速拉格朗日($FLAC^{3D}$)分析方法,考虑应力场和泥浆相互影响作用,通过应变硬化－渗流耦合模型来模拟浆液渗流固结的变化规律[10]。

3.1 计算模型

依据现场调研和设计资料分析,基于$FLAC^{3D}$有限差分计算方法,简化数学模型,截取从0+060断面到0+250断面,全长190 m的坝体作为分析体,其上下游比降分别为

1∶2.5、1∶2.2。设灌浆心墙厚度为 30 cm,灌浆影响带为 8 m,其他部分为坝体填土。在 FLAC^{3D}中建立数学模型,划分 25 429 个单元,28 602 个节点。水平方向为 X 轴,垂直方向为 Y 轴,沿坝轴线方向为 Z 轴,如图 1 所示。

图 1　数值计算模型

在劈裂灌浆浆液加固效应的数值计算中,由于坝体内注入了一定量的泥浆,使其稳定性发生改变,其中最能反映坝体稳定状况的力学参数凝聚力 c 和内摩擦角 φ 都会有不同程度地提高,因此在数值模拟计算时,灌浆帷幕影响带采用应变硬化模型(Strain) Hardening Model),非帷幕带采用 Mohr Coulomb 模型。应变硬化模型采用剪切硬化参数增量 Δk^s 和张拉硬化参数增量 Δk^t 两个硬化参数进行标定,表示为

$$\Delta k^s = \frac{1}{\sqrt{2}}\left[(\Delta\varepsilon_1^{ps} - \Delta\varepsilon_m^{ps})^2 + (\Delta\varepsilon_m^{ps})^2 + (\Delta\varepsilon_3^{ps} - \Delta\varepsilon_m^{ps})^2\right]^{1/2} \tag{1}$$

$$\Delta k^t = \left|\Delta\varepsilon_3^{pt}\right| \tag{2}$$

其中,$\Delta\varepsilon_m^{ps} = \frac{1}{3}(\Delta\varepsilon_1^{ps} + \Delta\varepsilon_3^{ps})$ 为体塑性剪应变增量;$\Delta\varepsilon_1^{ps} = \lambda^s$,$\Delta\varepsilon_3^{ps} = -\lambda^s N_\varphi$,$\Delta\varepsilon_3^{pt} = \lambda^t$ 为塑性应变增量。

基于 Mohr-Coulomb 的破坏准则主应力形式的 Taylor 级数开展,可得

$$\begin{aligned} f_1(c,\varphi) = {} & \sigma_1 - \sigma_3\frac{1+\sin\varphi_0}{1-\sin\varphi_0} + 2c_0\sqrt{\frac{1+\sin\varphi_0}{1-\sin\varphi_0}} + 2\Delta c\sqrt{\frac{1+\sin\varphi_0}{1-\sin\varphi_0}} + \Delta\varphi_0\frac{2c_0}{1-\sin\varphi_0} + \\ & \Delta\varphi\sigma_3\frac{2\cos\varphi_0}{(1-\sin\varphi_0)^2} + \frac{1}{2}\left[\Delta\varphi\Delta c\frac{4}{1-\sin\varphi_0} - \Delta\varphi\left(\frac{2\cos\varphi_0}{(1-\sin\varphi_0)^2}c_0 - \right.\right. \\ & \left.\left.\frac{4-2\sin\varphi_0(1-\sin\varphi_0)}{(1-\sin\varphi_0)^4}\sigma_3\right)\right] + \cdots + \frac{1}{n!}\left(\Delta c\frac{\partial}{\partial c} + \Delta\varphi\frac{\partial}{\partial\varphi}\right)^n f_2(c,\varphi) + \\ & O(c,\varphi)^n \end{aligned} \tag{3}$$

式中:c_0,φ_0 分别为坝体土灌浆前凝聚力和内摩擦角的初始值;Δc,$\Delta\varphi$ 分别为坝体土灌浆后凝聚力和内摩擦角的变化值。

另外,对于浆液在土体内渗流固结过程,是通过将流体质点平衡方程代入本构方程中,得到流体的连续方程:

$$\frac{1}{M}\frac{\partial p}{\partial t}+\frac{n}{s}\frac{\partial s}{\partial t}=\frac{1}{s}(-q_{i,i}+q_v)-\alpha\frac{\partial e}{\partial t}+\beta\frac{\partial T}{\partial t} \tag{4}$$

在 $FLAC^{3D}$ 中,流体的区域被离散为8节点六面体的区域。孔隙压力和饱和状态被作为节点变量。实际上,每一个区域又被离散为四面体,在四面体中孔隙压力和饱和状态被认为是线性变化。

在耦合计算过程中,首先从静力学平衡状态开始,水力耦合的模拟包含许多计算步骤,每一步都包含一步或更多步的流体计算,直到满足静力平衡方程为止。由于流体的流动,孔隙压力增加在流体循环步中被计算;其对体积应变的贡献是在力学循环步中被计算,然后体积应变作为一个区域值被分配到各个节点上[11]。

3.2 计算模型力学参数

该坝填坝土料取自水库周边流纹斑岩残积风化土,除坝面浅部含有砂卵石、碎石,或局部含有风化碎块外,坝料土质较均匀。大坝河床沙砾已清除,河谷基岩为微风化流纹斑岩,岩面稍氧化呈铁质薄膜。在计算过程中,我们根据该工程的工程地质勘察报告、水文资料以及室内土工试验,参考《中小型水利水电工程地质勘察经验汇编》和《岩石力学参数手册》,计算力学参数取值见表1。

表1 坝体计算力学参数

力学参数名称	隙孔率 n	渗透系数 k(cm/s)	凝聚力 c(kPa)	内摩擦角 φ(°)	弹性模量 E(MPa)	密度 γ(t/m^3)
灌浆带	0.30	8.23×10^{-8}	40.00	25.00	20.00	2.00
灌浆影响带	0.38	5.23×10^{-7}	34.50	23.00	18.00	1.92
土坝填土	0.47	6.56×10^{-5}	28.80	21.00	16.00	1.80

3.3 计算分析方法

计算模拟过程中,可以假定在坝体中间灌浆心墙区域预留灌浆孔,在孔内施加0.5 MPa的灌浆压力,以此模拟实际工程中的灌浆压力,灌浆过程分为2次复灌进行,每循环一次包括灌浆期与停灌期两个时期,其中停灌期间卸除0.5 MPa的灌浆压力;灌浆加固期间水库水位处于高水位运行下(31.0 m),考虑初始地应力平衡计算,设坝体底部为不透水边界,如图2所示。

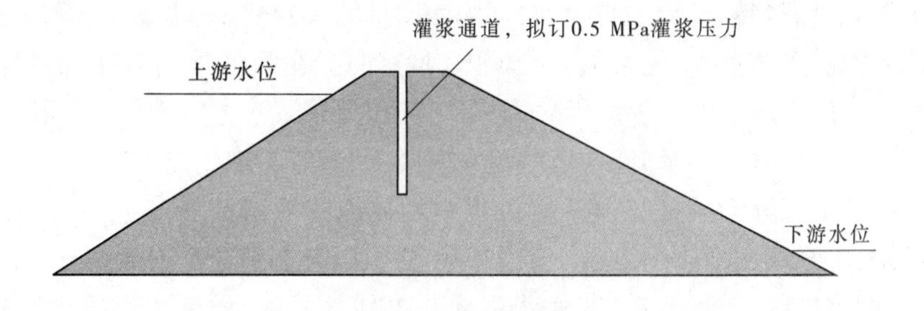

图2 灌浆孔示意图

4　计算结果分析

基于 $FLAC^{3D}$计算所得到的计算结果,均以土坝最大横断面 0 + 190 为分析断面。

4.1　孔隙水压力分析

图 3 给出了水库高水位蓄水期间土坝劈裂灌浆前后坝体内孔隙水压力分布。由图可知:①坝体内孔隙水压力由迎水面逐渐向背水面递减,并且由坝体底部逐渐向坝体顶部递减。②通过劈裂灌浆防渗加固,坝体的防渗效果在灌浆区域得到了改善,通过灌浆区所形成的防渗墙的孔隙水得到消减,致使孔压减小。

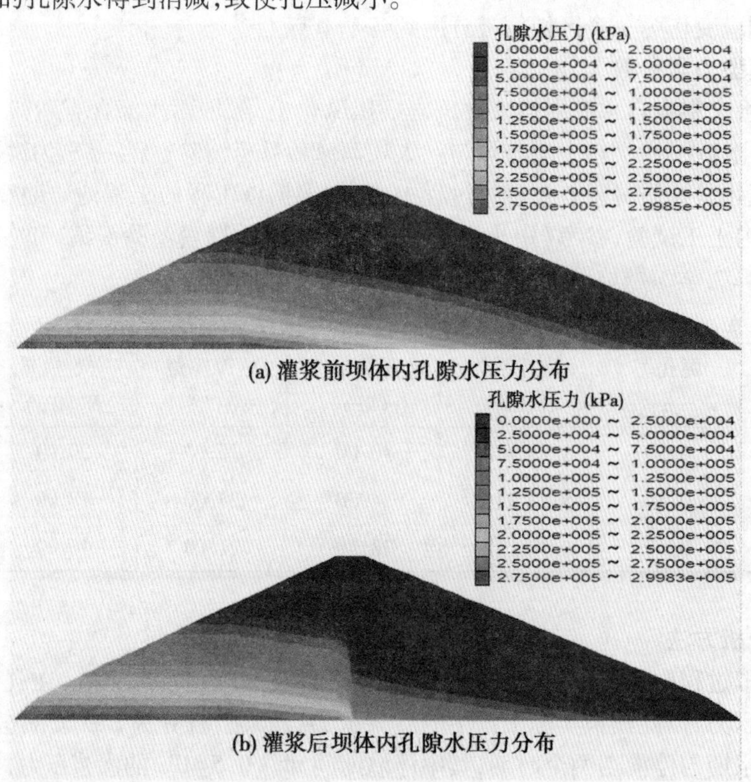

(a) 灌浆前坝体内孔隙水压力分布

(b) 灌浆后坝体内孔隙水压力分布

图 3　水库高水位蓄水期间土坝劈裂灌浆前后坝体内孔隙水压力分布

图 4 给出了土坝劈裂灌浆过程中浆液在土体内渗透矢量图。由图可知:①土坝劈裂灌浆过程中泥浆以灌浆轴线为中心线,向坝体四周扩散,最终汇集于坝体底部。通过泥浆浆液在坝体内部的渗透过程,泥浆填充了坝体内各种孔洞、裂缝等病害体,使坝体稳定性得到了改善。②由于该水库土坝属于病害坝体,劈裂灌浆浆液通过坝体内的孔洞、裂缝等多种病害体通道,也渗透到坝体迎水坡和背水坡两侧,这点与现场监测一致[10]。

图 5 给出了土坝劈裂灌浆 2 次注浆过程中坝体内浆液渗流所产生的孔隙水压力分布。由图可知:①浆液在坝体内渗透所产生的孔隙水压力在垂直于坝轴线方向,以灌浆轴线为中心,向四周扩散,对称分布,其大小以灌浆轴线处最大,逐渐向远离灌浆轴线处减小;在沿坝轴线方向,其大小以底部最大,随着高程的增加而减小。这与浆液在坝体内渗流矢量趋势基本一致。②随着复灌次数的增加,浆液在坝体内渗透区域逐渐扩大,均以灌

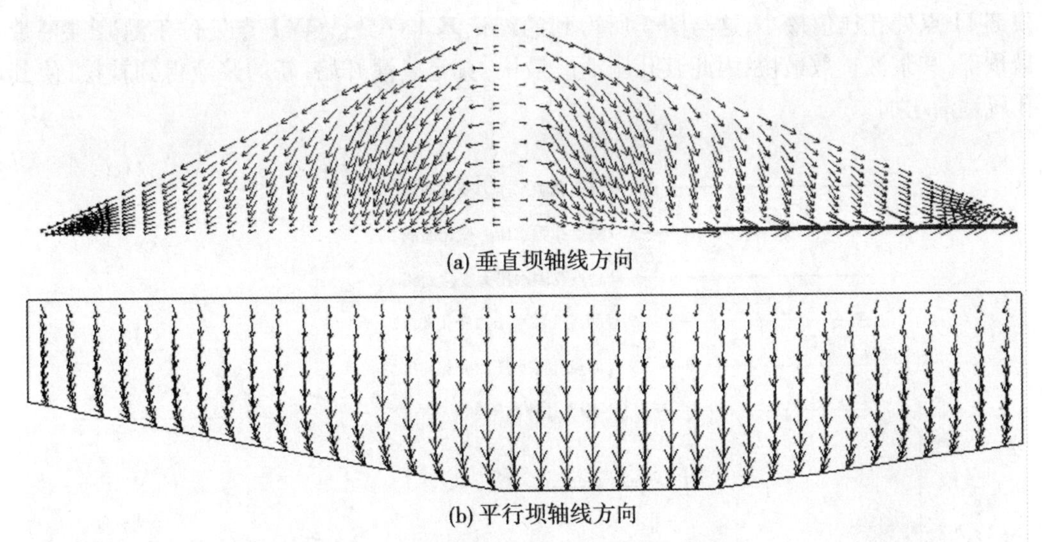

(a) 垂直坝轴线方向

(b) 平行坝轴线方向

图 4　土坝劈裂灌浆过程中浆液渗透矢量图

浆轴线为中心,向坝体四周扩散,填充坝体内空隙、裂缝等病害体。③随着复灌次数的增加,浆液在坝体内渗透所产生的孔隙水压力也逐渐增大;与此同时,浆液扩散区域也逐渐增大,从而更为有效地填充坝体内所存在的病害体,改善坝体内应力状态,提高坝体防渗效果。④浆液分布始终以灌浆轴线为中心,向四周扩散,且主要影响灌浆轴线附近有效区域,这与实际工程灌浆效果也基本一致[12]。

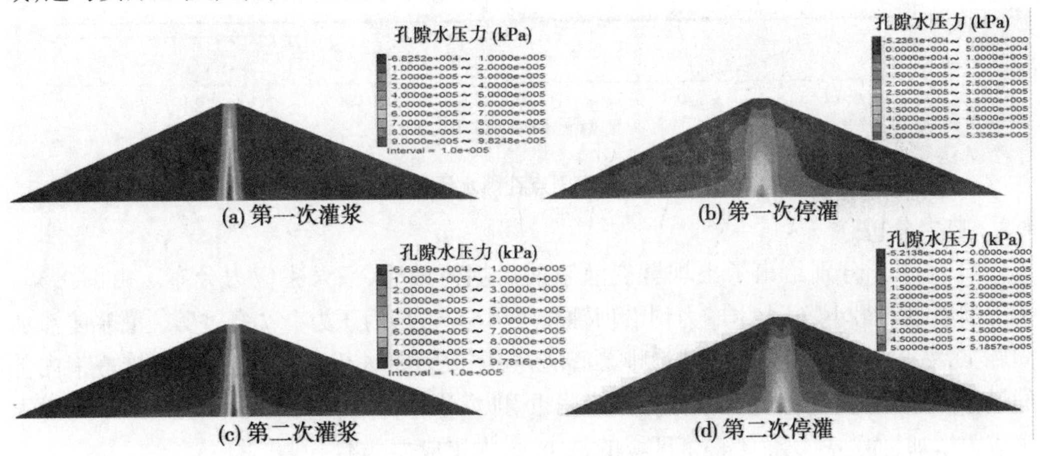

(a) 第一次灌浆　(b) 第一次停灌

(c) 第二次灌浆　(d) 第二次停灌

图 5　土坝灌浆过程中孔隙水压力分布

图 6 给出了灌浆帷幕带沿坝轴线不同高程点孔隙水压力与灌浆时间之间关系,其中 1 点位于灌浆帷幕带底部,11 点位于灌浆帷幕带顶部,3、5、7、9 点平均差值在 1 点与 11 点之间。由图可知:①随着灌浆时间的增加,由于浆液在坝体内渗透,在灌浆帷幕带沿坝轴线不同高程点处所产生的孔隙水压力也逐渐增大。②在坝体停灌过程中,浆液所产生的孔隙水压力值有所波动,但随着复灌的开始,其大小也逐渐增加。这是由于停灌过程中,浆液要逐渐向坝体四周扩散,填充坝体内的病害体,致使该处孔压产生波动,但随着复灌进行,新的浆液得到补偿,从而孔压继续增加。③灌浆帷幕带底部 1 点处孔压值最大,

顶部 11 点处孔压值最小,这与图 5 所得到的结论基本一致。④11 点处位于灌浆帷幕带最顶部,其浆液扩散最快,因此其孔压消散最快,直至复灌开始,新的浆液得到补偿,使其孔压逐渐增加。

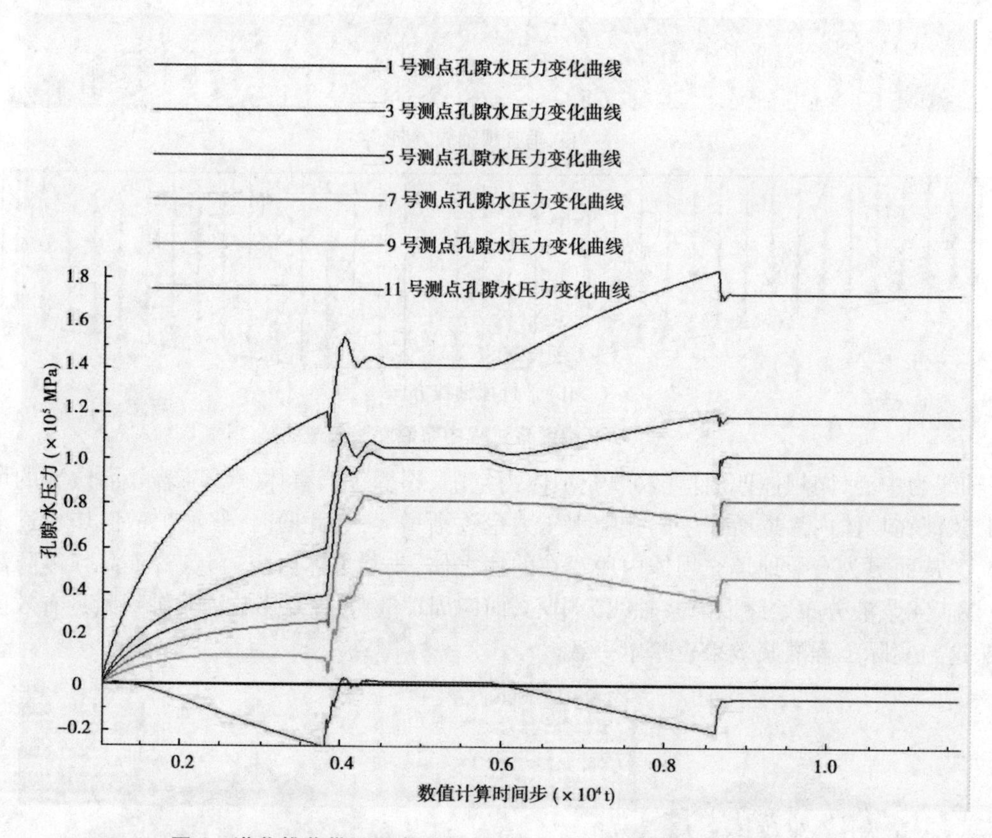

图 6　灌浆帷幕带沿坝高不同点孔隙水压力与灌浆时间之间关系

4.2　应力分析

图 7、图 8 分别给出了土坝劈裂灌浆前后坝体最小、最大主应力分布。由图可知:①土坝灌浆前最小、最大主应力均沿坝轴线对称分布,均为压力。②经过劈裂灌浆防渗加固施工,灌浆后坝体内部形成防渗帷幕心墙,坝体应力将进行二次调整,灌浆帷幕带内部的最小、最大主应力减小,而灌浆帷幕带附近,即灌浆帷幕带和坝体填土连接处最小、最大主应力增加,而远离灌浆帷幕带区域的最小、最大主应力基本不变。

4.3　应变分析

图 9、图 10 分别给出了土坝劈裂灌浆前后坝体垂直、水平位移分布。由图可知:

(1)水平位移:①灌浆前坝体水平位移不再呈对称状,上游坡出现指向下游的水平位移,而下游坡出现指向上游的水平位移。②灌浆后,上游坝坡的水平位移发生了很大变化。首先是位置上的变化,从距坝顶 21 m 处转移到坝顶附近;其次是大小的变化,水平位移量增加了 0.016 m,方向不变。③比较施工过程中和加固后土坝投入正常运行情况下的水平位移可以看出,前者的水平位移要比后者的水平位移在坝体上半部分增加较多,而下半部分增加较少。④在水库高水位情况下进行灌浆,坝体前坡不会产生平行于坝体轴

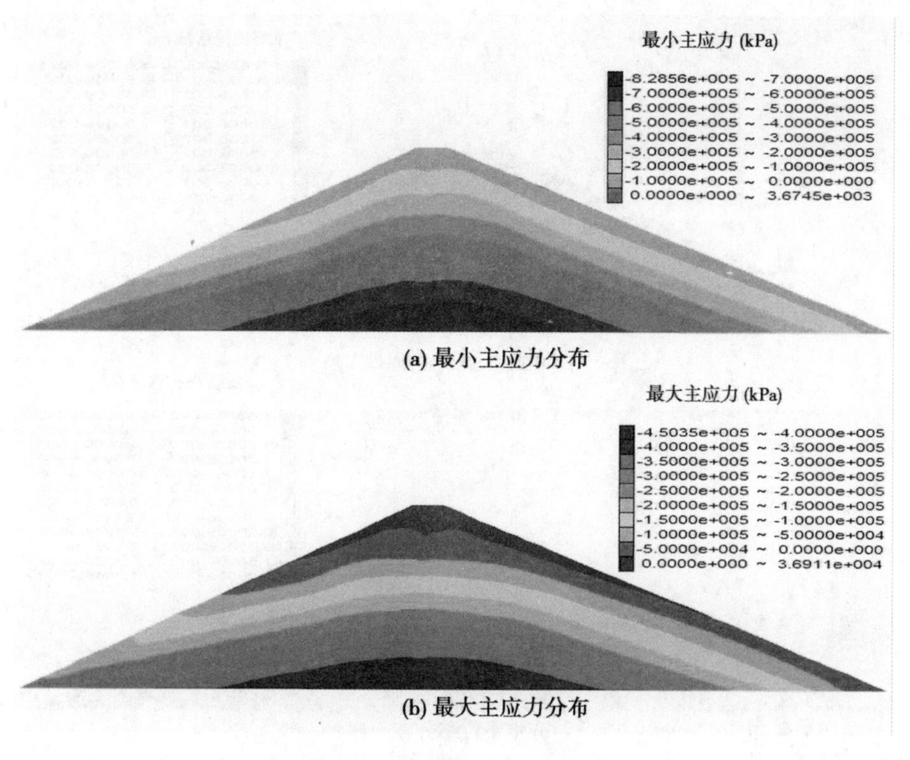

(a) 最小主应力分布

(b) 最大主应力分布

图 7　劈裂灌浆前坝体最小、最大主应力分布

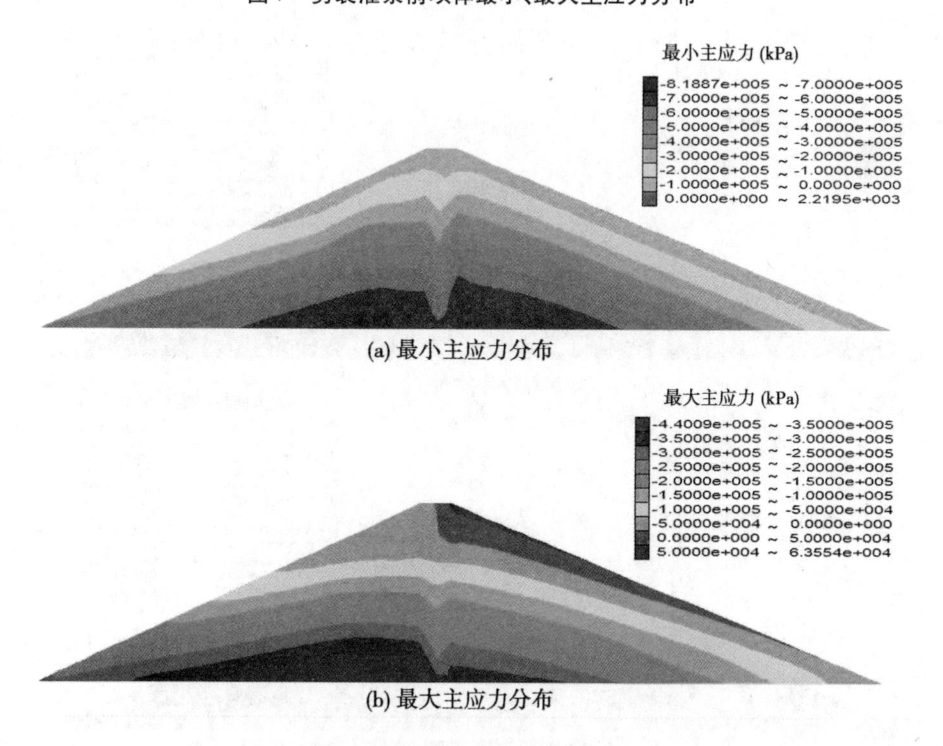

(a) 最小主应力分布

(b) 最大主应力分布

图 8　劈裂灌浆后坝体最小、最大主应力分布

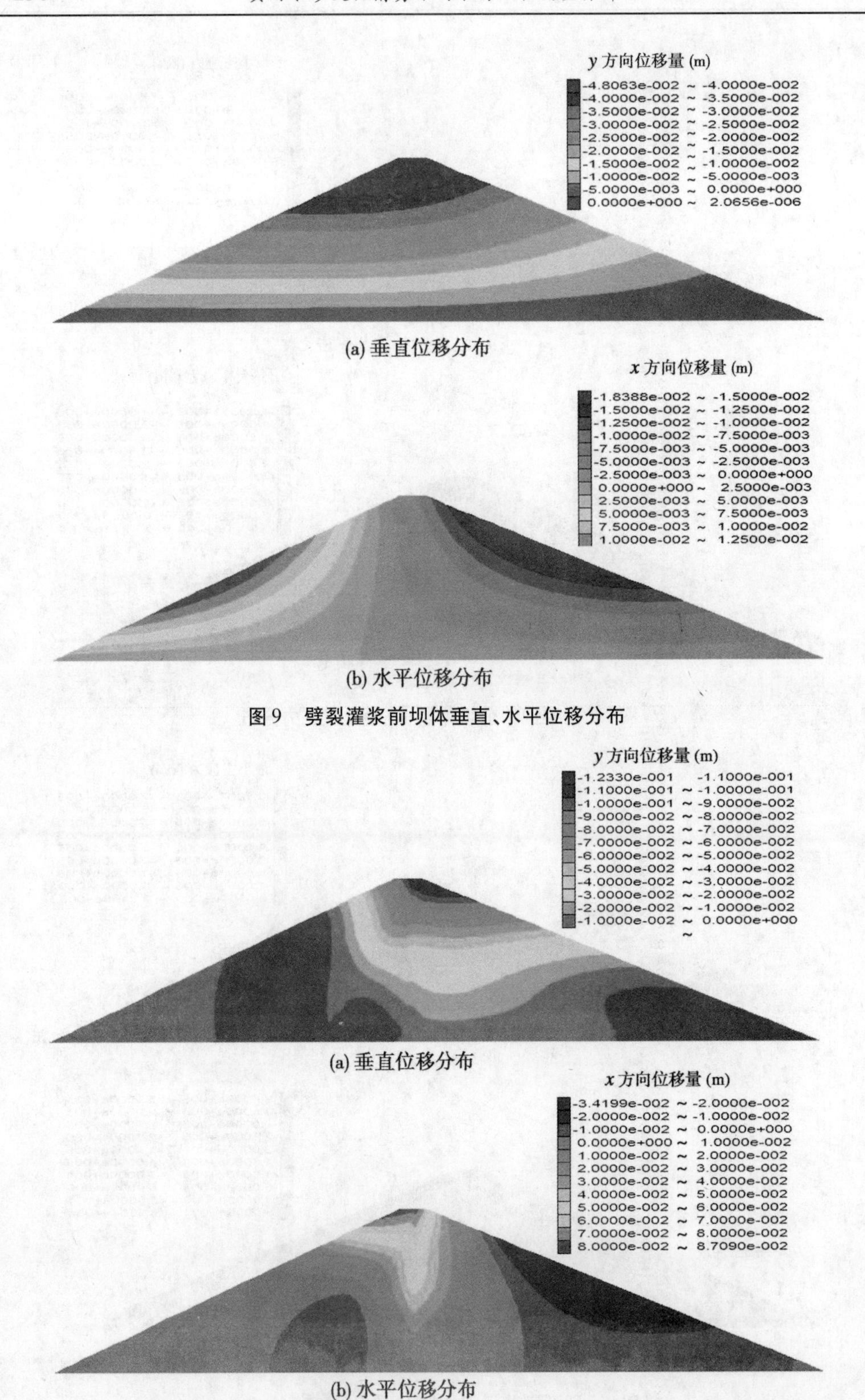

(a) 垂直位移分布

(b) 水平位移分布

图 9　劈裂灌浆前坝体垂直、水平位移分布

(a) 垂直位移分布

(b) 水平位移分布

图 10　劈裂灌浆后坝体垂直、水平位移分布

线的裂缝,但可能在坝后坡产生,这是由于蓄水时,坝前坡受水压力作用,以及水在坝体内渗流引起的。

(2)垂直位移:①比较灌浆前水库不蓄水和高水位的情况下坝体的垂直位移图可以发现,水库在高水位时,垂直位移从坝顶最大处变动到迎水坡顶部,分布规律不再是沿坝轴线对称分布。②垂直位移作用范围变化很大,在水库不蓄水的情况下灌浆后垂直位移主要是发生在灌浆帷幕带范围以内,且对称于坝轴线分布;而在高水位下灌浆后垂直位移不再沿坝轴线对称分布。③比较灌浆前后水库在高水位情况下坝体的垂直位移图可以发现,垂直位移在灌浆前最大值为0.049 m,而灌浆后最大值为0.125 m。

5 结语

本文以流固耦合理论为基础,并考虑水库蓄水——高水位运作下坝体开展劈裂灌浆防渗加固,针对坝体灌浆过程中浆液所产生的孔隙水压力、应力应变等分布规律开展了研究工作,阐述了高水位运作下土坝劈裂灌浆防渗加固技术的可行性和安全性,揭示了土坝劈裂灌浆浆液在土体内渗流固结机理,探讨了其对坝体稳定性的影响。其结论如下:

(1)土坝劈裂灌浆过程中浆液以灌浆轴线为中心线,向坝体四周扩散,对称分布。

(2)随着复灌次数的增加,浆液在坝体内渗透所产生的孔隙水压力也逐渐增大;与此同时,浆液扩散区域也逐渐增大,从而更为有效地填充坝体内所存在的病害体,改善坝体内应力状态,提高坝体防渗效果。

(3)随着灌浆时间的增大,由于浆液在坝体内渗透,在灌浆帷幕带沿坝轴线不同高程点处所产生的孔隙水压力也逐渐增大。而在坝体停灌过程中,浆液所产生的孔隙水压力值有所波动,但随着复灌的开始,其大小也逐渐增加。这是由于停灌过程中,浆液要逐渐向坝体四周扩散,填充坝体内的病害体,致使该处孔压产生波动,但随着复灌进行,新的浆液得到补偿,从而孔压继续增加。

(4)随着劈裂灌浆防渗加固施工过程,灌浆后坝体内部形成防渗帷幕心墙,坝体应力将进行二次调整,灌浆帷幕带内部的最小、最大主应力减小,而灌浆帷幕带附近,即灌浆帷幕带和坝体填土连接处最小、最大主应力增加,而远离灌浆帷幕带区域的最小、最大主应力基本不变。

(5)在灌浆过程中,坝体上部灌浆帷幕带内的水平位移较其他部位的位移量大,灌浆引起的水平位移方向指向坝体内部;垂直位移变化量大的地方主要位于灌浆帷幕带内,灌浆帷幕带内的坝体填土与其他坝体填土之间产生了沉降差。

通过模拟分析水库高水位运行下水库坝体的防渗稳定性可知,灌入坝体的浆液所形成的防渗帷幕起到了防渗作用,达到了防渗要求。因此,在高水位运行下或蓄水期堤坝防渗加固工程都可采用劈裂灌浆加固技术,但应做好与之相应的坝体位移变形监测。

参考文献

[1] 武科, 马秀媛, 赵青. FLAC^{3D}在土坝劈裂灌浆防渗稳定性分析中的应用[J]. 岩土力学, 2005, 26(3):484-487.

[2] WU Ke, BAI Yongnian, LI Shucai. Application of splitting grouting on the dam reinforcement[C].

Proceedings of the 2nd International Conference GEDMAR08, 2008, 755-761.
[3] 钟龙,张木建.高水位运行下高土坝的劈裂灌浆施工实践[J].人民珠江,1999,3:44-46.
[4] 赵军辉. 堤坝劈裂灌浆造孔间距改变的效果分析[J]. 施工技术, 2007, 36:256-257.
[5] 邹金峰, 李亮, 杨小礼, 等. 劈裂注浆能耗分析[J]. 中国铁道科学, 2006, 27(2):52-55.
[6] 许重富. 山美水库大坝防渗加固工程效果分析[J]. 中国水利, 2010, 29-32.
[7] 李存法, 田志刚, 于英武, 等. 马河水库坝体防渗加固工程中的灌浆技术[J]. 中国建筑防水, 2005, 34-35.
[8] 武科, 马秀媛, 尚蕾. 土坝加固效果分析[J]. 山东大学学报(工学版), 2004, 34(2):80-83.
[9] 武科. 土坝劈裂灌浆加固试验研究及数值模拟分析[D]. 济南:山东大学, 2004.
[10] Itasca Consultiong Group Inc. FLAC^{3D} User Service Manual[M]. USA: [s. n.], 1997.
[11] 马秀媛, 朱维申, 李树忱. 某抽水蓄能电站围堰渗流稳定性分析[J]. 山东大学学报(工学版), 2003, 33(1):86-89.
[12] 马明月, 武科, 白永年. 劈裂灌浆加固技术现场试验研究[J]. 水利科技与经济, 2010, 16(5):487-489.

【作者简介】 武科(1978—),男,河北枣强人,副教授,主要从事岩土工程灾害预警与治理方面的教学与科研工作。E-mail:wk4223@163.com。

黄河泥沙在煤矿绿色开采和塌陷区生态重建中的应用研究

杨　勇[1]　郑　军[1]　丁泽霖[2]

（1. 黄河水利科学研究院，郑州　450003；
2. 华北水利水电大学 水利学院，郑州　450000）

摘　要　黄河流域煤炭资源丰富，已开采的煤矿都不同程度地存在采空塌陷危害，利用黄河泥沙对地下采煤工作面进行随采随填，或者对采空区表面进行淤填，既可消耗巨量淤积泥沙，又可降低采空区地质灾害，达到以害治害的效果，也有利于降低河床高程，提高防洪效益。本文以黄河泥沙作为主要材料，开展了充填材料配合比试验和土地复垦种植试验，探讨利用黄河泥沙用于煤矿绿色开采和塌陷区生态重建的可行性，试验结果表明：①对于粒径＞0.075 mm 的泥沙，通过添加一定比例的水泥、粉煤灰、外加剂和水，能满足煤矿充填设计要求，可作为煤矿充填主要材料使用；②对于黏粒含量高的细颗粒泥沙，其保水保肥性能较好，能够有效改善沙化土地农作物产量，可作为煤矿塌陷区的土地复垦材料。因此，巨量的黄河泥沙可以用于煤矿绿色开采和塌陷区生态重建。

关键词　黄河泥沙；绿色开采；生态重建；配合比试验；土地复垦

Application study on the Yellow River sediment in the green mining of coal mine and ecological reconstruction of subsidence Area

Yang Yong[1]　Zheng Jun[1]　Ding Zelin[2]

（1. Yellow River Institute of Hydraulic Research, Zhengzhou　450003；
2. School of Water Conserlancy, North China University of Water Resources and Electric Power, Zhengzhou　450000）

Abstract　Coal resources of the Yellow River basin is rich, the mining of coal mine has been mined in varying degrees, and there is a danger of mining collapse, the Yellow River sediment of the underground coal mining face of with the mining with filling, or filling the surface og the goaf, not only consume the massive sediment, but also reduce mining geological disasters in goaf, achieve result of using harm to cure harm, it also helps to reduce the height of the river bed and improve flood control efficiency. In this paper, the Yellow River sediment is the main material, mix proportion test of filling materials and land reclamation planting experiment were carried out. Discussion on the feasibility of using the Yellow River sediment for the ecological reconstruction of green mining and collapse area in coal mine, test results show that: ①For grain size > 0.075 mm, by adding a certain proportion of cement, fly ash, admixture and water, can meet the design requirements of coal mine filling, can be used as the main material used in coal mine filling; ②For a high content of clay of the fine sediment and the water retaining preserving fertilizer performance is good, can effectively improve the desertified land crop yields, as the coal mine subsidence land reclamation material. Therefore, a huge amount of sediment in the Yellow River can be used in coal mining subsidence area and ecological reconstruction.

Key words Yellow River sediment; green mining; ecological reconstruction; Mix ratio test; land reclamation

1 引言

“水少沙多、水沙关系不协调”是黄河难治的症结，泥沙进入下游河道抬高河床壅高水位，危及下游人民生命财产安全。同时，随着科学技术的发展、经济社会的进步和对黄河泥沙资源属性认识的进一步加深，黄河泥沙在淤沙造田、改性建材等方面得到了大量的应用。但与巨量的黄河淤积泥沙相比，泥沙处理量仍显不足，因此需要继续为泥沙寻求其他的处理途径，使黄河泥沙资源利用成为实现黄河长治久安的重要手段[1]。另外，黄河流域矿产资源丰富，其中煤炭储量约占全国总量的67%，我国确定的13个大型煤炭基地，其中就有6个集中在此区域。目前，90%以上的煤炭产量来自于井工开采，且多采用走向长壁全部垮落法开采，土地不可避免地产生下沉，如河南省三门峡、焦作、濮阳，山东省济宁、菏泽、泰安等地的煤矿塌陷区，对矿区的生产、生活及生态环境产生极大破坏。

为了解决煤矿塌陷区治理问题及寻求矿山绿色无废开采之路，我国科研院所及厂矿企业进行了积极的探索，逐步确立了绿色开采的理念，然而，由于缺乏来源丰富、方便获取且成本低廉的充填原材料，充填技术并没有在采矿中得到广泛应用。黄河泥沙数量多，且采沙输沙技术成熟，可视为理想的原材料，利用黄河泥沙可对采空区表面进行淤填，或者对地下采煤工作面进行随采随填[2-3]，既消耗了巨量淤积泥沙，同时降低了采空区地质灾害，达到以害治害的效果，也有利于降低河床高程，提高防洪效益，具有黄河治理、绿色矿产开采、农田土地利用、生态环境等多重社会效益。

2 沿黄煤矿分布及采空区治理

河南省沿黄50 km范围内的煤矿，主要分布在义马矿区、荥巩矿区、郑州矿区、济源矿区等4个矿区31座煤矿，合计总产量7 175万t/年，每年采出空间约为5 100 m^3，充填开采空间总量大，部分煤矿情况见表1。另外，山东省沿黄流域内分布着兖州、济宁、新汶、淄博、肥城、巨野、黄河北等7大矿区，这些矿区探明煤炭储量为160多亿t，年开采量达8 500万t/年。上述煤矿距离黄河较近，可以减少运输成本，以黄河泥沙作为充填开采及土地复垦材料，具备一定的地理优势和资源优势。

表1 河南省沿黄 50 km 范围内部分煤矿统计

序号	矿名	建矿时间	年产量(万 t/年)	与黄河最近距离(km)
1	石壕煤矿	1985 年	60	15
2	耿村煤矿	1975 年	300	23
3	千秋矿	1956 年	100	30
4	跃进煤矿		180	27
5	观音堂煤矿		30	18
6	杨村煤矿		120	24
7	龙王庄煤矿	2004 年	45	14
8	新安煤矿	1988 年(投产)	120	23
9	宜洛煤矿	2005 年(重组)	90	17
10	龙门煤矿	2004 年(重组)	50	34
11	焦村煤矿	2005 年(重组)	90	26
12	孟津煤矿	2004 年(重组)	120	9

随着经济的飞速发展对能源的持续增加，下游沿黄采煤区塌陷面积的持续扩大，需要开展大区域、大规模、大生态综合治理，需要大量的泥沙资源。以山东菏泽市《采煤塌陷地治理规划》为例，对位于汶上、梁山、嘉祥、任城境内的塌陷区，涉及矿井 13 对、矿区面积 730 km^2，规划为西北部引黄充填治理区域，拟采用抽取黄河泥沙实施充填的方法，以恢复耕地为主，着力打造农业生态园区[4]。

3 利用黄河泥沙进行充填开采配合比试验

充填开采是随着采煤工作面的推进，向采空区送入矸石、膏体等充填材料，并在充填体保护下进行采煤的技术，这种技术可以有效减少地表沉陷。适合采用泥沙充填的方法有两种：一种是水沙充填，用水挟带沙子进入开采后的空间，将沙子留下，水排出矿井的方法；另外一种是膏体充填，该技术把物料制成不需脱水的牙膏状浆体，通过泵压和重力作用，经过管道输送至井下，适时充填采空区。前者是直接利用泥沙的方法，但是由于需要脱排水，系统复杂、效率低等，目前煤矿已经基本不用，后者当前是一种主流的方法。

为了研究黄河泥沙作为煤矿充填材料的可行性，本文以焦作某煤矿目前使用的充填材料为基准，以黄河淤积泥沙为主料，通过掺入水泥、粉煤灰及适量的外加剂，进行配合比试验，验证充填材料的物理和力学性能是否满足目前煤矿充填的要求。设计充填材料的基本物理力学性能要求如表 2 所示。

表 2 设计充填材料基本物理力学性能指标

指标	性能要求
和易性	流动性好,保水性好,黏聚性好
离析和泌水	无离析,不泌水(泌水率 =0)
初凝时间	2 ~4 h
终凝时间	6 ~8 h
坍落度	260 ~280 mm
28 d 抗压强度	2 MPa(小煤层),6 MPa(大煤层)

本试验所采用的基本材料如下:

(1)集料:黄河泥沙(粒径 >0.075 mm 的泥沙);

(2)水泥:普通硅酸盐水泥(42.5 级);

(3)粉煤灰:郑州市某电厂粉煤灰;

(4)外加剂:包括减水剂、促凝剂、激发剂等。

分别研究了水泥掺量(15% ~25%)、粉煤灰掺量(15% ~25%)、减水剂掺量(水泥掺量的 0.5% ~3.0%)、促凝剂掺量(水泥掺量及粉煤灰掺量体积分数的 15% ~30%)、激发剂掺量(水泥掺量的 1.0% ~2.0%)对充填体性能的影响,试验配合比及结果见表 3。

表 3 试验配合比及试验结果

配比编号	配合比(kg/m^3)							泌水率(%)	凝结时间(h)		坍落度(mm)
	C	F	S	W	X	Y	Z		初凝	终凝	
1	400	400	800	400	0	0	0	25	>10	—	247
2	400	400	800	400	2	127	8	0	1.3	7.0	260
3	400	400	800	400	4	127	8	0	1.3	7.0	260
4	400	400	800	400	6	127	8	0	1.5	9.0	270
5	400	400	800	400	8	127	8	0	1.7	8.5	260
6	400	400	800	400	2	85	8	0	2.5	10.0	260
7	400	400	800	400	2	106	8	0	1.7	7.0	253
8	400	400	800	400	2	106	4	0	2.5	9.0	260
9	400	400	800	400	2	106	6	0	2.0	7.5	262

注:C 表示水泥,F 表示粉煤灰,S 表示泥沙,W 表示水,X 表示减水剂,Y 表示促凝剂,Z 表示激发剂。

从表 3 中可以看出:①未添加外加剂时,充填料浆的泌水情况比较严重,初凝时间均大于 10 h,终凝时间不符合充填设计要求;②充填料浆的坍落度随着水泥掺量增加而增大,随粉煤灰掺量增加而减小;③第 9 组配合比,充填材料的泌水率、凝结时间及坍落度均能达到设计充填材料基本物理指标。经测试,充填体 28 d 抗压强度达到 10 MPa,达到了填充材料力学指标。

4 利用黄河泥沙进行煤矿塌陷区土地复垦种植试验

由于开采沉陷使含水层水位下降,土壤更干燥,加剧了沉陷区土地的沙化,农作物生长受到影响。充填复垦就是通过管道将泥沙远距离输送到煤矿塌陷区,以达到恢复改善煤矿塌陷区生态环境、切实增加耕地面积的目的。

4.1 用于煤矿塌陷区土地复垦的黄河淤积泥沙特性分析

根据煤矿塌陷区位置,选定毗邻黄河河道作为抽沙地点,分析淤积泥沙的物理特性,表4是不同抽沙点样品质地分析结果。

表4 抽沙点样品质地分析结果

样品编号	物理性黏粒(%)	物理性砂粒(%)	土壤类型
1-1	1.54	98.46	松砂土
1-2	1.94	98.06	松砂土
1-3	1.76	98.24	松砂土
2-1	41.84	58.17	中壤土
2-2	43.85	56.15	中壤土
2-3	44.25	55.75	中壤土

注:样品编号第一位数字代表抽沙地点,第二位数字代表该抽沙点样品,将0.01 mm作为物理性黏粒和物理性砂粒的划分界限。

从表4中可以看出:1号抽沙点黄河泥沙粒径较大,以砂粒为主,属于松砂土,保水保肥性差,无法用于土地复垦种植,可用于煤矿充填;2号抽沙点黏粒含量较高,为中壤土,保水保肥性好,可以用于煤矿塌陷区土地复垦。

4.2 煤矿塌陷区土地复垦试验设计

选取某砂质低产田为复垦改良试验田,通过分析该试验田的土壤质地组成,设计在20 cm厚的耕作层内掺入黏粒含量高的黄河泥沙以改善土地的质地组成,随着黏粒含量增加,土壤的保水保肥性越好,农作物产量逐步提高。

将宽10 m、长150 m的试验田按每段30 m长划分成5个试验小区,1号、2号小区保持不变作为比照小区,在3号、4号、5号小区分别掺入黄河泥沙(在2号抽沙点获取)2.5 t、5 t、7.5 t,利用旋耕机进行上下土壤混掺均匀。小麦品种为矮抗58,试验于2014年10月至2015年6月进行。

4.3 小麦产量及土壤质地变化

在相同耕种、施肥浇水及除草、灭虫条件下,小麦于2015年6月收割,对每一个小区进行记产,并重新测定试验小区土壤的机械组成,得到小区土壤黏粒含量及小麦产量情况,如表5所示。

表5 试验田土壤质地变化及小麦产量结果

小区编号	物理性黏粒(%)	物理性砂粒(%)	质地	小麦亩产(kg)
1号	9.84	90.16	紧砂土	148.75
2号	9.84	90.16	紧砂土	156.82
3号	11.54	88.46	砂壤土	153.54
4号	13.54	86.46	砂壤土	276.04
5号	16.94	83.06	砂壤土	385.31

从表5中可以得出:①黏粒含量高的黄河泥沙掺入使原土壤质地发生了变化,改善了土地质地结构;②黏粒含量高的黄河泥沙掺量少的试验小区小麦产量未见明显提升,分析原因主要是黄河河道内抽出多年淤积泥沙,常年未种植农作物也未见阳光,土壤养分少,导致整体土壤肥力不高;③当黏粒含量高的黄河泥沙掺量达7.5 t,试验田黏粒含量提高到16.94%时,小麦亩产达到385.31 kg,是未改良土地小麦产量的2倍以上。

5 结语

黄河泥沙淤积量大,距离煤炭开采区近的河段,具备煤矿塌陷区充填复垦及煤矿绿色开采的资源优势及地理优势。本文以黄河泥沙作为主要材料,开展了充填材料配合比试验和土地复垦种植试验,探讨利用黄河泥沙用于煤矿绿色开采和塌陷区生态重建的可行性,试验结果表明:①粒径>0.075 mm的泥沙,通过添加一定比例的水泥、粉煤灰、外加剂和水,其泌水情况、凝结时间及坍落度均符合充填材料要求,可作为煤矿充填材料使用;②黏粒含量高粒径细的泥沙掺入沙化土地中,增加其保水保肥性,能够有效提高作物产量,可作为煤矿塌陷区的充填复垦材料。

利用黄河泥沙开展绿色开采和塌陷区生态重建,还需要在以下几个方面进行探索或研究:

(1)水沙置换和生态补偿等政策研究。

(2)结合泥沙时空分布和地方发展规划,方案优化及工艺设计。

(3)经济高效抽输沙技术。

(4)绿色开采和塌陷区生态重建经济性分析。

(5)大区域和大规模利用黄河泥沙进行绿色开采或土地复垦生态重建,需要水利、土地、地矿等跨部门多学科联合攻关。

参考文献

[1] 王培俊, 胡振琪, 邵芳,等. 黄河泥沙作为采煤沉陷地充填复垦材料的可行性分析[J]. 煤炭学报, 2014, 39(06):1133-1139.

[2] 陈杰, 张卫松, 李涛,等. 矸石充填普采面采煤充填工艺及矿压显现[J]. 采矿与安全工程学报,

2010, 27(2):195-199.
[3] 施士虎, 李浩宇, 陈慧泉. 矿山充填技术的创新与发展[J]. 中国矿山工程, 2010, 39(5):10-13.
[4] 闫大鹏, 李德营, 周风华,等. 煤矿塌陷区利用黄河泥沙进行治理方案研究[J]. 中国水土保持, 2013, 9:34-36.

【作者简介】 杨勇(1972—),男,河南洛阳人,教授级高级工程师,博士,主要从事泥沙资源利用、水利量测、非金属材料抗磨蚀方面的研究工作。E-mail:80032007@qq.com。

基于 DIC 的 FRP－混凝土黏结界面直剪试验研究

张 雷[1] 雷 冬[2] 杨 勇[1] 李贵勋[1]

（1. 黄河水利科学研究院，郑州 450003；2. 河海大学，南京 210098）

摘 要 目前，纤维增强复合材料（FRP）广泛应用于混凝土结构的加固中，FRP 板材与混凝土之间的黏结界面是 FRP 板材加固混凝土结构时的关键部位，其黏结性能的好坏直接决定结构加固的成败。本文在自行研制的试验装置上，开展了 FRP－混凝土试件的直剪脱黏试验，借助先进的数字图像相关 DIC 技术，精确测量试件 FRP 板表面的应变分布，研究了 FRP 板表面应变沿板长的分布规律以及试件的黏结强度，揭示了 FRP－混凝土界面剥离破坏过程，为实际除险加固工程中 FRP－混凝土黏结界面处理提供技术指导。

关键词 FRP－混凝土；直剪；黏结强度；DIC；脱黏试验

Experimental study on direct shear between FRP-concrete in terface based on DIC

Zhang Lei[1] Lei Dong[2] Yang Yong[1] Li Guixun[1]

（1. Yellow River Institute of Hydraulic Research, Zhengzhou 450003；
2. Hohai University, Nanjing 210098）

Abstract Fiber reinforced polymer（FRP）is widely used in reinforced concrete structures, the bonding interface between FRP plate and concrete is the key part of FRP plate reinforcement concrete structure. Based on the direct shear test device, the direct shear debonding test between FRP-concrete interface was carried out, and the strain distribution on the surface of the FRP plate was measured by digital image correlation method. The strain distribution rule along FRP plate surface and the bond strength of the specimens were studied, then the stripping of FRP and concrete interface failure process were well revealed, which can provide technical guidance for actual engineering of FRP bonded concrete.

Key words FRP-concrete; direct shear; bonding strength; DIC; debonding test

1 引言

FRP 与混凝土之间有效地传递应力，是 FRP－混凝土有效提高加固后结构的承载力的关键。大量的试验及工程表明:FRP－混凝土的破坏往往是 FRP－混凝土界面的剥离破坏或是界面附近混凝土局部破坏[1-2],破坏前没有明显征兆,属于脆性破坏。因此,FRP－混凝土界面黏结性能的好坏直接决定结构加固的成败。在大多外荷载条件下,该界面往往处于剪切应力状态。目前,研究 FRP－混凝土界面黏结性能的试验有四种:单剪试验、双剪试验、梁式试验和修正梁试验。单剪试验或双剪试验因其受力状态明确且简单易行较常用,本文采用单剪法对 FRP－混凝土界面的力学性能及黏结机制进行了深入研究和探讨。

Van Gemert[3] 在 1980 年率先通过双剪试验,研究了钢板加固混凝土结构的黏结性能,给出了钢板－混凝土界面的最大剪应力和平均剪应力值、应力分布的传递规律以及计算公式。Sharma 等[4] 基于单剪试验,着重研究 FRP－混凝土界面有效黏结长度对黏结强度的影响。以上剪切试验在测量钢板或者 FRP 板应变时,将大量的应变片沿着板长度方向均匀贴在板面上,读取应变片的读数,利用公式得到局部平均黏结剪应力和局部滑移量。但是,大量的试验结果表明,由此得到的黏结滑移本构关系并不能呈现令人满意的规律,原因是混凝土材料组分,包括试验时产生的裂缝都是随机分布的,且黏结胶层厚度并不均匀,另外在用应变片测量时由于测量标距的限制,测点处应变片得到的应变值与实际应变值会存在一定的误差[5-6]。因此,需要寻找一种全新的能够准确测量 FRP 板整体变形的测量手段。

数字图像相关 DIC(Digital Image Correlation,DIC),于 20 世纪 80 年代由日本学者 Yamaguchi[7] 以及美国的 Peters 和 Ranson[8] 教授分别独立提出。Yamaguchi[7] 的研究思路是采用激光光束照射物体表面形成散斑,并借助计算机,测量物体变形前后光强的相关函数峰值,同时基于相关理论得出物体的位移,从而实现小区域小变形的实时测量。Peters 与 Ronson[8] 利用计算机和图像扫描设备获得物体变形前后的散斑图,通过对物体变形前后得到的灰度场进行迭代运算,找出相关系数的极值从而得到封闭区域内的位移场与应变场,再通过边界积分方程求得变形场。

本试验借助先进的数字图像相关技术,测量 FRP 板的表面变形,可以较好地克服上述试验的部分局限性,消除应变片的一些弊端。通过详细地观察 FRP－混凝土脱黏过程,分析脱黏不同阶段的应力传递,建立 FRP－混凝土界面脱黏规律,为实际除险加固工程中 FRP－混凝土黏结界面处理提供技术指导。

2 基于 DIC 的 FRP－混凝土黏结直剪试验

2.1 试验装置

全部的试验在自主设计制作的装置(见图 1)上完成。该装置有如下组成部分:带四个孔的上底板、带八个孔的下底板、四根带螺纹的钢条、两块焊有小刚条(作为下拉头连接试验机夹头)的挡板、上拉头、夹具。

2.2 试件制作

2.2.1 混凝土试件

同批浇筑 8 块混凝土立方体试件,强度等级为 C30,尺寸为长 100 mm、宽 50 mm、高 300 mm。用磨砂纸打磨待测混凝土表面,并用干抹布将表面擦干净。混凝土配合比见表 1。

图1　试验装置

表1　柱体混凝土试件配合比

W/C	配合比(kg/m³)							
	水泥	黄沙	碎石	粉煤灰	矿粉	减水剂	膨胀剂	水
0.44	340	849	919	51	27	8.19	36.0	200

2.2.2　FRP 板

姚谏[9]等人指出,当 FRP 板与混凝土的宽度比大于等于 1/4 时,试件破坏前的剥离发展过程几乎观察不到,没有预兆,破坏突然发生,将 FRP 板宽度尺寸定为 20 mm。板长根据试验要求的不同黏结长度与夹持的长度之和确定。

混凝土与 FRP 板的力学性能见表 2。

表2　混凝土及 FRP 板的力学性能指标

混凝土		FRP 板		
立方体抗压强度 f_{cu} (MPa)	弹性模量 E_c (MPa)	抗拉强度 f_{FRP} (MPa)	弹性模量 E_{FRP} (GPa)	极限拉应变 ε_{FRP} (%)
29.3	28.2	4 114	256	1.61

2.2.3　混凝土与 FRP 板的黏结

将切割后的混凝土试件与 FRP 板用树脂胶进行黏结,黏结长度分别为 80 mm(型号

SS - 80)、90 mm(型号 SS - 90)、100 mm(型号 SS - 100)、110 mm(型号 SS - 110)、120 mm(型号 SS - 120)、150 mm(型号 SS - 150)、160 mm(型号 SS - 160)、180 mm(型号 SS - 180)八种不同类型,将 FRP 板用树脂胶贴于待测混凝土表面,用滚轮挤出里面气泡。施重物于 FRP 板上,持续 3 d,保证 FRP 板与混凝土完全黏结,待胶水完全将混凝土试件与 FRP 板完全黏结牢固,将试件组装到装置上,进行试验。

2.3 试验方案

本试验采用光测技术对 FRP 板表面变形进行测量,为了得到光测用的散斑,分别用白、黑两种颜色的喷漆喷涂于待测面。将光测镜头数据线连接计算机,观察计算机屏幕,调节镜头的高度与焦距,直到能清晰地看到 FRP 板上的散斑为止。设置照相频率为 5 幅/s。将固定有 FRP - 混凝土试件的组装好的试验装置放在 10 t 试验机上进行试验。采用位移控制下的单调加载模式,拉伸速率为 0.03 mm/min。直剪装置如图 2 所示。

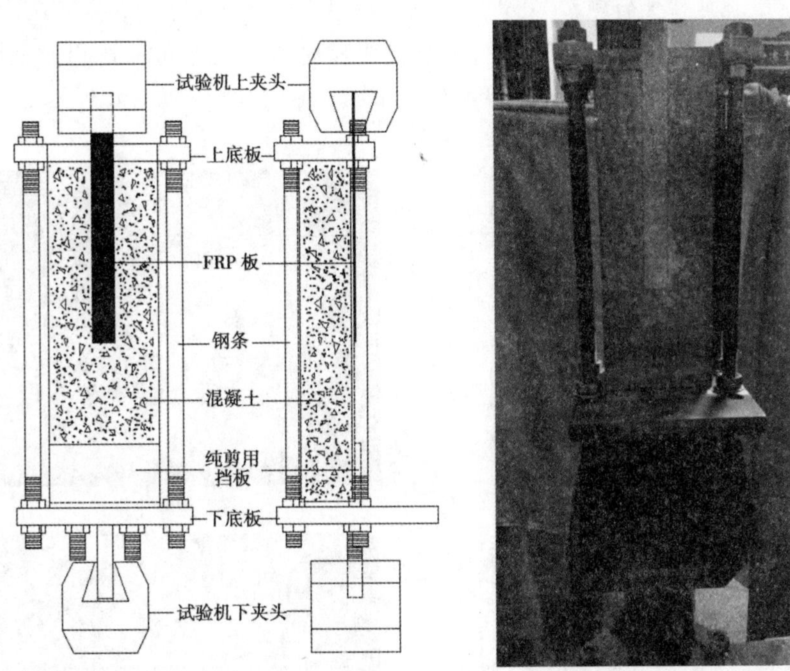

图 2 直剪装置

3 试验结果及分析

3.1 试验现象

3.1.1 肉眼观察到的试验现象

对于试件 SS - 80、SS - 90、SS - 100,从开始加载到破坏,并没有观察到任何明显的现象,只是当荷载增加到非常接近极限荷载时,能听到噼啪声,最后“嘭”的一声,FRP 板与混凝土表面剥离。对于试件 SS - 110 ~ SS - 180,从加载之后的很长一段时间里,并不能看到黏结面外沿明显的变化,随着外加荷载的增加,黏结面靠近 FRP 自由端处能观察到沿着 FRP 板长度方向上的裂缝(见图 3),荷载继续增加,伴随着撕裂的噼啪声,裂缝向下扩展(试件 SS - 180 比较明显),最后破坏。

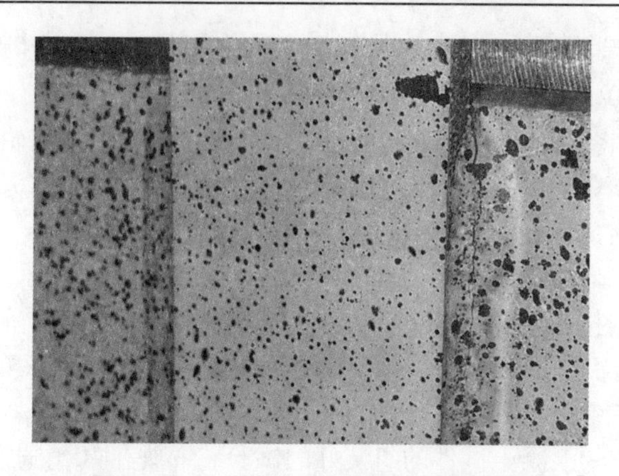

图 3　FRP - 混凝土黏结面外沿裂缝扩展

3.1.2　光测微机屏幕上的现象

选择观察试件竖直方向上的应变,可以很明显地观察到不同时刻 FRP 板的应变分布。以试件 SS - 150 不同时刻应变分布情况为例,分析 FRP 板应变分布变化,如图 4 所示。

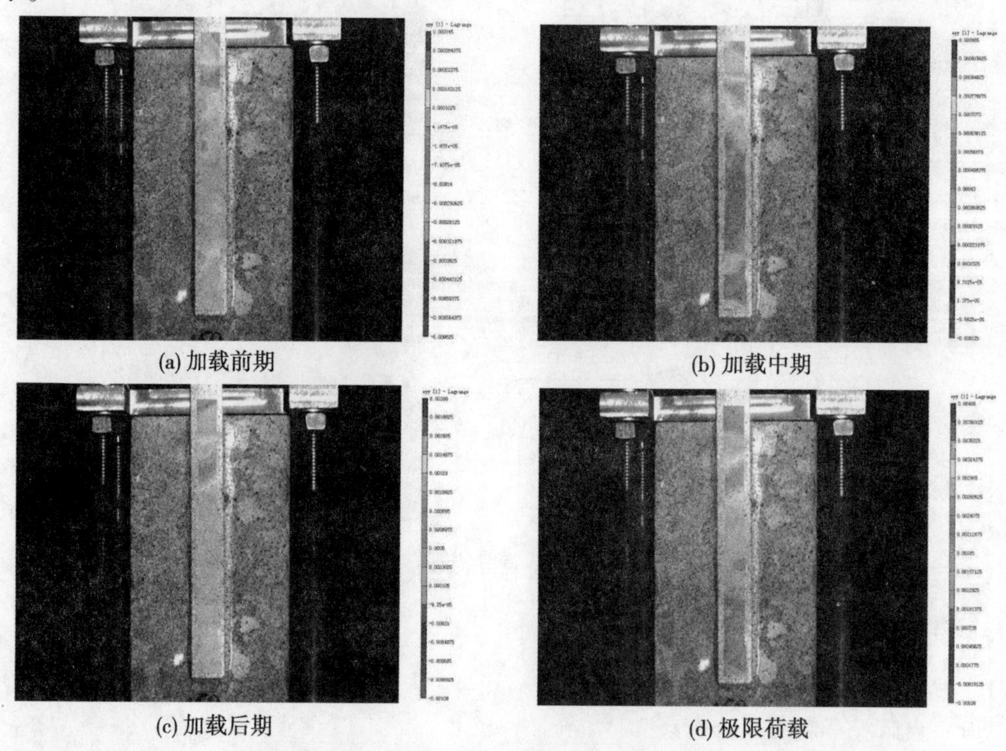

(a) 加载前期　(b) 加载中期　(c) 加载后期　(d) 极限荷载

图 4　试件 SS - 150 上 FRP 板不同时刻的应变分布情况

从图中可以看出 FRP 加固混凝土黏结界面脱黏可以分如下三个时期:

(1)加载前期,板上各部分应变均很小。应变峰值出现在加载端附近的一个小区域内,其值为 $\varepsilon_{yy}=0.000\ 345$。随着荷载增加,当应变峰值达到 0. 000 985 时,其附近区域的应变也超过了 0. 000 779,此时应变峰值的位置基本上没有变化。

(2)加载中期,荷载继续增大,峰值应变($\varepsilon_{yy}=0.00208$)在持续增加的同时,其位置也在向板的自由端移动。整个板的应变都较加载前期有所增加,应变最小值0.000 5出现在板的自由端。板中与自由端之间的区域的应变都很小,为0.000 1~0.000 3。

(3)加载后期,应变峰值($\varepsilon_{yy}=0.00408$)的位置较加载中期时基本上没有变化,自由端的应变也仅仅达到0.001。

3.2 试验数据分析

3.2.1 试件的荷载—位移曲线

从试验机上的数据可以得到试件的荷载—位移曲线,如图5所示(以试件SS－120为例)。

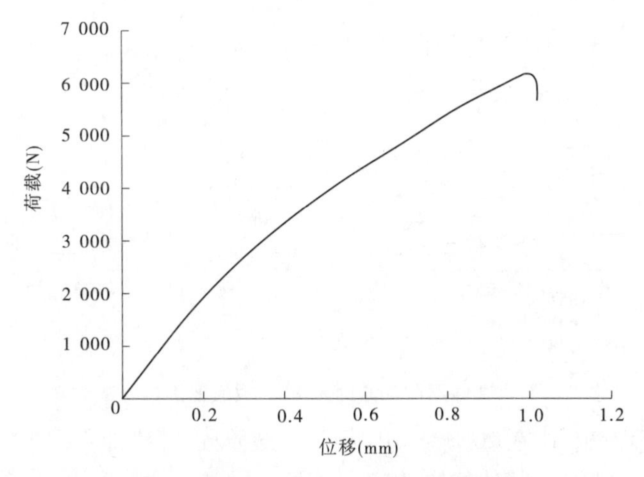

图5 试件SS－120的荷载—位移曲线

3.2.2 试验测得的极限承载力、加载端滑移量及破坏模式

按界面的极限承载力(直接剪切强度)将各试件进行汇总,如图6所示。

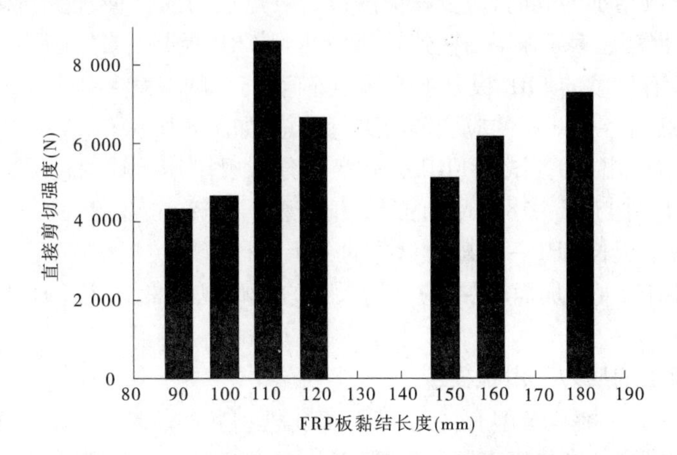

图6 不同黏结长度的FRP－混凝土试件极限承载力分布

从图6中可以看出:除去试件SS－80,随着黏结长度的增加,界面极限承载力是先增大(黏结长度为110 mm时达到最大值),然后呈现平稳的趋势。SS－80试件虽然黏结长

度仅仅为80 mm,但是其界面极限承载力却很大,可能的原因是FRP板正好贴于粗集料集中的部分,该部分砂浆比较少。试件SS-110,其界面极限承载力最大,也是基于这个原因。

3.2.3 FRP板表面应变分布

Ali-Ahmad等[10]指出,在进行FRP-混凝土黏结性能试验时,FRP板始终处于弹性范围内,FRP板表面的应变分布能较好地反映FRP-混凝土黏结面的应变分布情况。分析DIC采集的数据,选取了试件SS-150在不同加载时刻(不同荷载阶段)——极限荷载的20%、40%、80%、100%的FRP板应变沿板长的分布,如图7所示。

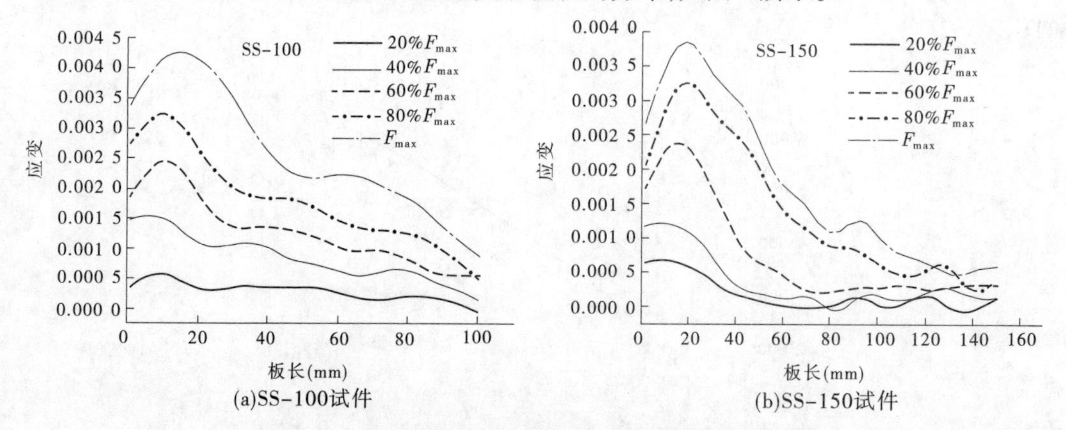

图7 不同试件不同加载时刻FRP板应变沿板长的分布

从图7中可以看出:①在20%与40%极限荷载阶段,除离加载端40 mm范围内,应变有比较明显的增长,FRP板其他位置的应变并没有增加多少,可以认为,FRP-混凝土的有效黏结长度在100 mm附近,或者略小于100 mm;②外荷载继续增加,板的整体应变增加,自由端也开始向混凝土表面传递剪应力,但较其他部分,应变值相对比较小;③随着荷载的增加,应变继续增加的同时,应变峰值的位置一点点向前推移,说明原来应变峰值各处的FRP渐渐与混凝土表面剥离,直到外荷载达到FRP板与混凝土所能承受的最大剪力,而自由端又没有后续的FRP板分担这部分外荷载时,试件发生剥离破坏。

将在极限荷载时各个试件的应变分布进行汇总,如图8所示。

从图8中可以看出:①各试件FRP板应变的分布规律是一致的;②由于试验机夹头的影响,SS-120试件与SS-180试件的最大值应变都比较小;③除去影响试验结果的一些因素,结合对各个板长FRP-混凝土试件的分析,可以预见:极限荷载下各试件应变最大值随FRP板黏结长度增加而增加,应变沿板长的分布规律曲线应随FRP板黏结长度增加层层向外延伸。

3.3 FRP-混凝土的应力-滑移模型

目前常用的应力-滑移模型有精确模型、简化模型和双线性模型,Lu等[11]基于参数研究法,将该三种模型与中尺度有限元模拟结果比较,发现三个模型,各有优劣,精确模型计算精确,但是计算较复杂;简化模型计算简单,但不能精确模拟,只能得到一个类似的趋势;而双线性模型介于这两者之间。因此,本文采用双线性模型与试验结果进行比较。双线性模型的表达式为

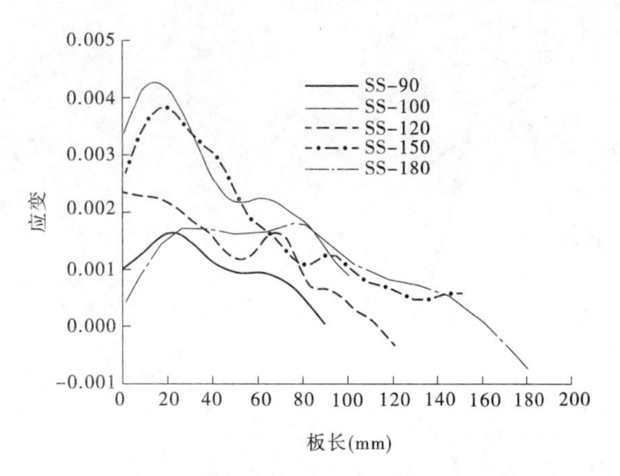

图 8 不同试件极限荷载时 FRP 板应变沿板长分布

$$\tau = \begin{cases} \tau_{max} \dfrac{s}{s_0} & s \leqslant s_0 \\ \tau_{max} \dfrac{s_f - s}{s_f - s_0} & s_0 < s < s_f \\ 0 & s > s_f \end{cases} \tag{1}$$

式中：τ_{max} 为最大剪应力，由式（2）得到；s_0 为最大剪应力对应的滑移量，由式（3）得到；s_f 为剪应力为零时对应的滑移量，由式（4）得到。

$$\tau_{max} = \alpha_1 \beta_\omega f_t \tag{2}$$

$$s_0 = \alpha_2 \beta_\omega f_t + s_e \tag{3}$$

$$s_f = 2G_f / \tau_{max} = 2 \times 0.308 \beta_\omega^2 \sqrt{f_t} \tag{4}$$

式中：α_1 和 α_2 为相应的调整系数；f_t 为混凝土抗拉强度设计值；β_ω 为 FRP 板宽度系数，由式（5）得到；s_f 为剪应力为零时对应的滑移量，由式（6）得到。

$$\beta_\omega = \sqrt{\frac{2 - b_f/b_c}{1 + b_f/b_c}} \tag{5}$$

$$s_e = \tau_{max} / K_0 \tag{6}$$

式中：b_c 为混凝土试件的宽度；b_f 为 FRP 板材的宽度，K_0 与黏结剂的剪切强度 G_t 和黏结厚度 t_a 以及混凝土的剪切强度 G_c 和有效黏结厚度 t_c 有关。

$$K_0 = K_a K_c / (K_a + K_c) \tag{7}$$

取试件 SS－150 与双线性模型进行比较，如图 9 所示。

从图 9 中可以看到，双线性模型可以较好地符合试验中的应力—滑移曲线的上升，而下降段有一定的偏差。

3.4 与陈－滕抗剪黏结强度模型公式的比较

本文采用基于断裂力学理论[12]和大量试验结果的陈－滕[13]抗剪黏结强度公式，与试验结果做比较。图 10 是直剪试验剥离破坏时 FRP 板应力与其抗拉强度之比 σ_{FRP}/f_{FRP} 随 FRP 板黏结长度与有效黏结长度之比 l_{FRP}/l_e 变化的比较。

从图 10 中可以看出：①当黏结长度 $l_{FRP} = 150$ mm 时，试验结果与计算结果能较好地

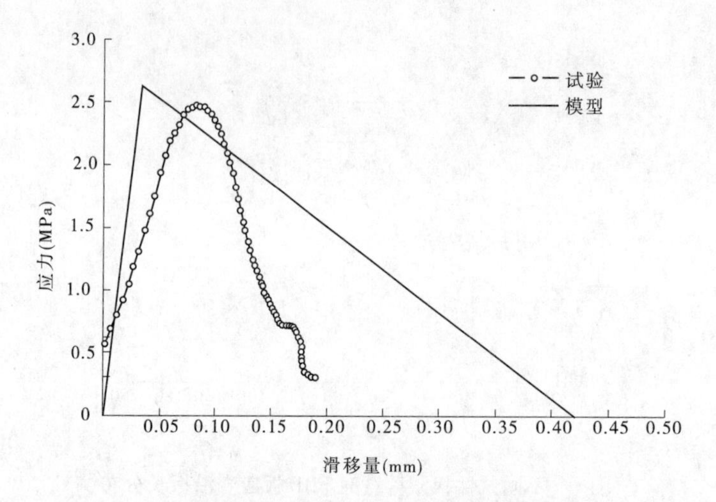

图 9　试验与双线性模型的应力—滑移曲线比较

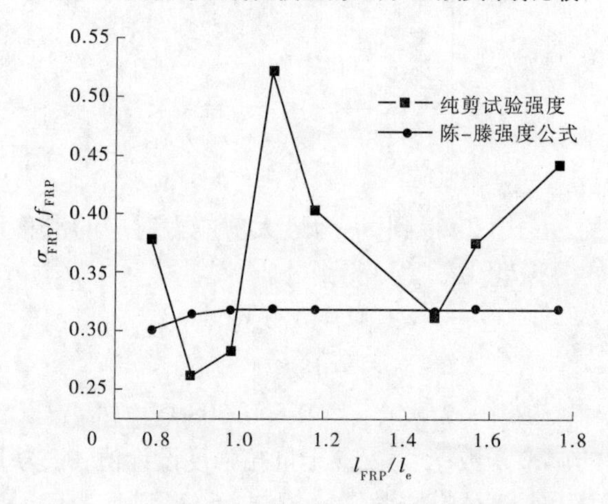

图 10　直剪试验中对应不同黏结长度的黏结强度

吻合；②当黏结长度 $l_{FRP}=90$ mm、100 mm、160 mm 时，试验结果与计算结果误差为 15%左右；③当黏结长度 $l_{FRP}=80$ mm、110 mm、120 mm、180 mm 时，试验结果与计算结果存在较大的误差，均大于 25%。

3.5　FRP 板 - 混凝土试件的有效黏结长度

Sharma 等[4]根据 FRP - 混凝土的黏结强度不会因 FRP 板的黏结长度增加而持续增加这个现象，提出“有效黏结长度”的概念。陈和滕[13]通过大量试验，提出了对有效黏结长度的计算公式。本文通过分析应变—板长曲线这条途径，粗略估计 FRP 板 - 混凝土试件的有效黏结长度，与陈 - 滕有效黏结长度做一下对比。

在 3.2 小节对试件 SS - 100、SS - 150 的论述中，已经说明了粗略估计了该批试件 FRP 板的有效黏结长度为 100mm 左右。陈 - 滕公式计算出的有效长度为

$$l_e = \sqrt{\frac{E_{FRP}t_{FRP}}{\sqrt{f'_c}}} = \sqrt{\frac{256\ 000 \times 0.2}{\sqrt{0.76 \times 30}}} \approx 103.6(\text{mm})$$

由此可以说明：①分析应变—板长曲线确实可以估计 FRP 板 - 混凝土的有效黏结长

度;②通过分析,再次验证陈－滕公式中关于有效黏结长度计算公式的正确性。

4 结语

本文在自行研制的试验装置上,开展了 FRP－混凝土试件的直剪脱黏试验,借助先进的数字图像相关 DIC 技术,精确测量 FRP－混凝土试件 FRP 板表面的应变分布,研究了 FRP 板表面应变沿板长的分布规律以及试件的黏结强度,揭示了 FRP－混凝土界面剥离破坏过程,得到以下主要结论:

(1)FRP 板与混凝土界面的剪应力并不是均匀分布的,剥离是从加载端开始的,表现为脆性破坏。

(2)FRP 板的应变—板长分布间接反映了试件粘贴质量,与陈－滕公式计算结果所反映的强度误差有对应关系。

(3)分析 FRP 板表面的应变沿板长的分布,可估计 FRP 板的有效黏结长度。

在工程应用中 FRP 板有效黏结长度的确定,对降低加固成本,减小施工工作量有比较大的意义。

在试验过程中也发现存在以下问题影响试验效果,需在以后试验中进一步研究:

(1)试验中有两个试件胶层发生破坏,因此树脂胶质量与 FRP 和混凝土粘贴质量对破坏模式有直接影响,以后试验必须确保树脂胶的黏结强度和可靠性;

(2)控制试验机夹头夹紧 FRP 板对试验的有效性和提高试验的成功率至关重要,以后试验需要加强对夹头装置的设计,确保 FRP 板受力均匀。

参 考 文 献

[1] McKenna J K, Erki M A. Strengthening of reinforced concrete flexural members using externally applied steel plates and fibre composite sheets-a survey[J]. Canadian Journal of Civil Engineering, 1994, 21(1):16-24.

[2] Sebastian W M. Significance of midspan debonding failure in FRP-plated concrete beams[J]. Journal of Structural Engineering, 2001, 127(7): 792-798.

[3] Van Gemert D A. Repairing of concrete structures by externally bonded steel plates[J]. Int. J. of Adhesion,1980,2:67-72.

[4] Sharma S, Mohamed Ali M, Goldar Detal. Plate-concrete interfacial bond strength of PRP and metallic plated concrete specimens [J]. Composites ,PartB : Engineering, 2006, 37(1):54-63.

[5] 陆新征. FRP－混凝土界面行为研究[D]. 北京:清华大学, 2004.

[6] Dai J, Ueda T, Sato Y. Development of the nonlinear bond stress-slip model of fiber reinforced plastics sheet-concrete interfaces with a simple method[J]. Journal of Composites for Construction, ASCE, 2005, 9(1):52-62.

[7] Yamaguchi I. A laser-speckle strain gauge[J]. Journal of Physics(E),1981, 14(5):1270-1273.

[8] Peters W H, Ranson W F. Digital Imaging Techniques in Experimental Stress Analysis[J]. Optical Engineering,1982,21(3):427-431.

[9] 姚谏,滕锦光. FRP 复合材料与混凝土的粘结强度试验研究[J]. 建筑结构学报,2003,24 (5):10-18.

[10] Ali-Ahmad M, Subramaniam K, Ghosn M. Experimental investigation and fracture analysis of debonding between concrete and FRP sheets[J]. Journal of Engineering Mechanics, 2006, 132(9): 914-923.

[11] Lu X Z, Teng J G, Ye L P, et al. Bond-slip models for FRP sheets/plates bonded to concrete[J]. Engineering Structures, 2005, 27(6): 920-937.

[12] YUAN H, WU Z, YOSHIZAWA H. Theoretical solutions on interfacial stress transfer of externally bonded steel/composite laminates[J]. Journal of Structural Mechanics and Earthquake Engineering, JSCE, 2001, 675/1-55, 27-39.

[13] Chen J F, Teng J G. Anchorage strength models for FRP and steel plates bonded to concrete[J]. Journal of Structural Engineering, 2001, 127(7): 784-791.

【作者简介】 张雷(1982—),男,山东青州人,高级工程师,博士,主要从事水利工程(水工结构和水轮机)修复与加固方面的研究工作。E-mail:hkyzhanglei@173. com。